教育部高等学校材料类专业教学指导委员会规划教材

材料科学研究与工程技术系列

电子封装结构与设计

Structure and Design of Electronic Packaging

刘 威 张 威 王 尚 主编

内容简介

本书是作者根据多年的教学和科研工作经验编写而成，对于进一步完善专业体系建设，提高人才培养质量具有重要意义。

本书共分为8章。第1、2章主要介绍电子封装的基本概念和结构设计基础；第3～6章介绍四种封装，分别是塑料封装、陶瓷封装、金属封装和薄膜封装；第7章介绍三种芯片互连方法，包括引线键合、载带自动键合以及倒装芯片键合；第8章介绍先进封装，包括晶圆级封装、2.5D与3D封装以及系统级封装。

本书适合作为普通高等院校电子封装技术、电子科学与技术、微电子技术等专业高年级本科生和研究生的教材，也可以作为微电子制造领域及相关专业工程技术人员的参考书。

图书在版编目(CIP)数据

电子封装结构与设计/刘威，张威，王尚主编. —哈尔滨：哈尔滨工业大学出版社，2023.10(2025.2重印)
ISBN 978-7-5767-0948-3

Ⅰ.①电… Ⅱ.①刘…②张…③王… Ⅲ.①电子技术—封装工艺—结构设计 Ⅳ.①TN05

中国国家版本馆CIP数据核字(2023)第127271号

策划编辑 许雅莹 宋晓翠
责任编辑 王晓丹 庞亭亭
封面设计 刘 乐
出版发行 哈尔滨工业大学出版社
社 址 哈尔滨市南岗区复华四道街10号 邮编150006
传 真 0451-86414749
网 址 http://hitpress.hit.edu.cn
印 刷 哈尔滨圣铂印刷有限公司
开 本 787 mm×1 092 mm 1/16 印张16 字数379千字
版 次 2023年10月第1版 2025年2月第2次印刷
书 号 ISBN 978-7-5767-0948-3
定 价 58.00元

前　言

电子封装是将微元器件再加工及组合构成微系统及工作环境的制造技术。同时，电子封装是研究微电子产品制造的科学与技术，是一门飞速发展的新兴交叉学科，涉及设计、环境、测试、材料、制造和可靠性等多学科领域。哈尔滨工业大学电子封装技术本科专业于2007年获得教育部批准，是我国首批获得批准的电子制造类国防特色紧缺专业。电子封装结构与设计是电子封装技术本科专业的核心课程，在培养学生工程知识学习能力、问题分析能力以及科研能力方面具有重要的地位。本书是作者根据多年的教学和科研工作经验编写而成，对于进一步完善专业体系建设，提高人才培养质量具有重要意义，于2021年入选教育部高等学校材料类专业教学指导委员会规划教材建设项目。

本书首先介绍电子元器件与组件结构设计基础，让学生掌握电子器件与组件结构中力学、传热及电磁设计的基本知识；其次介绍各种电子元器件与组件结构，包括塑料封装、陶瓷封装、金属封装、薄膜封装以及芯片互连；最后综述先进封装，包括晶圆级封装、2.5D与3D封装及系统级封装等。

本书共分为8章。第1章概论，主要介绍电子封装的基本概念、功能、层次及过程，封装的要求及面临的挑战，电子元器件及组件分类；第2章结构设计基础，主要介绍力学结构设计、传热基础、电磁设计基础；第3章塑料封装，主要介绍塑料封装器件结构、塑封流程、模塑材料、引线框架、塑料封装失效机理；第4章陶瓷封装，主要介绍陶瓷封装器件结构、陶瓷封装材料、陶瓷芯片载体制造工艺、微组装及陶瓷封装发展；第5章金属封装，主要介绍元件及组件金属封装、被覆金属电路板封装；第6章薄膜封装，主要介绍薄膜封装结构、薄膜封装材料、薄膜封装工艺；第7章芯片互连，主要介绍引线键合、载带自动键合以及倒装芯片键合三种芯片互连方法；第8章先进封装，主要介绍晶圆级封装、2.5D与3D封装以及系统级封装等先进封装形式。

本书由刘威、张威、王尚主编。刘威负责统稿与定稿，并编写第1～4章；张威编写第6～8章；王尚编写第5章。此外，安荣、杭春进在初稿编写中收集资料并撰写了部分内容；田艳红、王晨曦、孔令超对本书的编写给予了许多宝贵意见。在此，对上述各位以及为本书出版给予支持与帮助的人士表示衷心的感谢！

限于作者水平，书中不足之处在所难免，恳请广大读者批评指正。

编　者

2023年3月

目　录

第1章 概 论

自1947年晶体管发明以来，电子产品发生了巨大的变化。电子产品中的真空管被晶体管代替且尺寸进一步减小。与大尺寸的真空管相比，晶体管特征尺寸为微米量级，晶体管成为主流的微电子器件。为了获得性能更高的微电子器件，20世纪60年代早期，发展形成了集成电路(Intergrated Circuit，IC)技术，在单个芯片上集成几百个晶体管成为可能。由半导体元器件组成的IC形成了整个现代电子产品的基石。图1.1所示是晶体管向IC转变过程示意图。晶体管尺寸持续不断地减小使得在单个芯片上集成的晶体管数目不断增加，由几十个发展到几百个再到几千个，相应地称为小规模集成电路(Small Scale Integration，SSI)、中规模集成电路(Medium Scale Integration，MSI)和大规模集成电路(Large Scale Integration，LSI)。这种发展导致了集成上百万个晶体管的集成电路的出现，即超大规模集成电路(Very Large Scale Integration，VLSI)和甚大规模集成电路(Ultra Large Scale Integration，ULSI)。受现代及未来电子产品性能需求的推动，半导体产业界的先驱们预见即将到来吉规模集成电路(Grand Scale Integration，GSI)和太规模集成电路(Super Scale Integration，SSI)晶体管集成时代。微电子加工技术目前已跨入超亚微米乃至纳米时代，在单个IC芯片上可以集成数百万甚至上亿个晶体管，甚至形成一个完整的电子系统。IC芯片再通过封装技术形成可以进行后续组装的电子元器件或组件。英特尔甚至计划在2030年实现单个电子元器件中集成1万亿个晶体管。

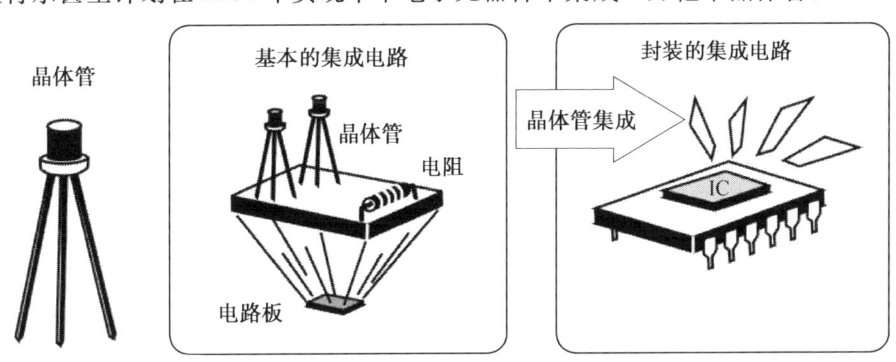

图1.1 晶体管向IC转变过程示意图

1.1 电子封装简介

1.1.1 电子封装的概念

封装的狭义概念是指把芯片上的电路管脚用导线接引到外部接头处实现与其他元器件连接。封装的广义概念是指将微元器件再加工及组合构成微系统及工作环境的制造技术。

电子封装所形成的电子元器件或组件内部有集成众多晶体管的IC芯片，有些还包括电阻、二极管、电容等无源元器件，其他元器件，或微部件。这些元器件及微部件需要互连在一起从而形成完整的电路或功能。

1.1.2 电子封装的功能

电子封装的功能是对IC芯片、器件及内部互连结构进行保护，提供能源并进行冷却，并且将微电子部分和外部环境进行电气和机械连接。无论是单个晶体管芯片还是超大规模集成电路，都必须对其进行封装。电子封装是微电子系统必不可少的一个部分。封装面临的最大挑战在于实现所有微电子系统所设计的功能，而不是限制其性能。为了实现这一目标，电子封装技术已经从最初的简单金属封装（TO封装）发展到非常复杂的多层陶瓷和多层薄膜封装结构，甚至是裸芯片堆叠的3D封装结构。然而，由于半导体技术向高密度集成、高性能和多功能化方向发展，满足现在和今后微电子系统封装的设计和加工变得越来越复杂，越来越具有挑战性。

IC和器件内部的互连结构都需要机械支撑和环境保护。为了让电子元器件正常工作，必须给电路提供电能，这些电能会消耗和转换成热能。因为所有电路（特别是集成电路）芯片最好在一个合适的温度范围内工作，所以封装体必须能够提供一种合适的方式进行散热。

综上所述，电子封装主要有以下4个主要功能：①信号分配，主要考虑布图和电磁性能；②电源分配，主要考虑电磁、结构和材料；③散热，主要考虑结构和材料；④元器件和互连结构的保护，包括机械、化学、电磁防护。封装的主要功能如图1.2所示。

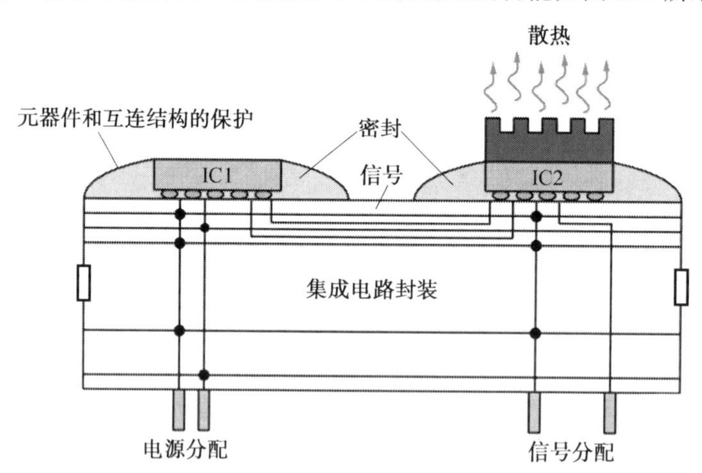

图1.2 封装的主要功能

1.1.3 电子封装的层次

将IC芯片包封保护形成独立的器件或组件一般称之为一级封装。如果包封的芯片只有一个，也称之为单芯片模块（Single Chip Module，SCM）或单芯片封装（Single Chip Package，SCP）；如果是将多个裸芯片键合到基板上，称为多芯片模块（Multi-Chip Module,MCM)或多芯片封装(Multi-Chip Package,MCP)。SCM 经常与 MCM、无源元器件(如电容器、电阻、电感)、滤波器、光学器件和射频(Radio Frequency,RF)器件等组装到印制电路板(Printed Wiring Board,PWB)上,该过程也称为二级封装。在二级封装结构中,承载 SCM 和 MCM 等一级封装元器件的 PWB 通常是覆铜环氧玻璃叠层板,其表面或内部有金属薄膜图形,内部由导电的通孔实现不同叠层之间的电气信号互连,该结构通常称为印制电路板或卡。下一级封装也称为三级封装,三级封装可能是一个小型电子装置或一个较大系统的组成部分。在较大系统中,几个卡会插入一个作为基体的 PWB 上,这些卡有时被称为子卡,而作为基体的 PWB 被称为母板或背板。图 1.3 所示是封装的层次。

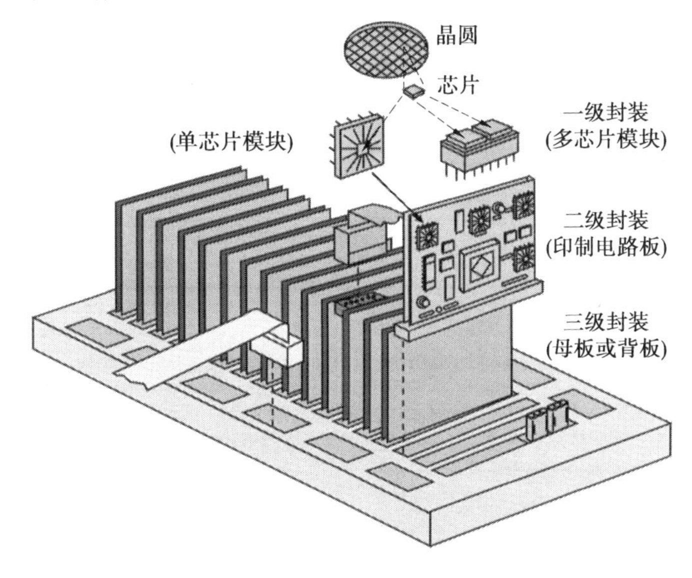

图 1.3 封装的层次

1.1.4 电子封装的过程

电子封装的主要功能是对 IC 芯片及互连结构进行保护、供电、散热,以及在芯片与外部环境之间提供电气和机械互连。各类器件都有与其结构适应的封装工艺步骤。图 1.4 所示是双列直插封装(Dual In-line Package,DIP)的流程。自 20 世纪 60 年代 IC 芯片发明之后出现的第一个较为复杂的封装解决方案就是 DIP。DIP 之后开发出了多种封装结构及封装方法,但 DIP 低成本和高可靠性的特性使其沿用至今。封装流程一般与 IC 芯片的加工分开进行,IC 芯片在晶圆层级加工完成后被切割成独立的 IC 芯片,然后对 IC 芯片进行封装。用 Au、Al 或 Cu 引线键合(Wire Bonding,WB)的方法将 IC 芯片上的输入/输出(Input/Output,I/O)连接焊盘和引线框架(Lead Frame)上的焊盘互连,实现 WB。当 IC 芯片与引线框架通过 WB 工艺实现连接后,整个结构用塑封材料(如环氧树脂)进行密封或者使用传递模塑工艺进行封装。塑料封装后只能看到整个结构外露的元器件引脚,其他的组成部分(如芯片、引线、焊盘和部分的引线框架)已经被环氧树脂密封。环氧树脂密封后所形成器件的引线框架边框将被切除,分立的引脚被弯曲成型,制备成所需的形状。封装后的 DIP 成品上将被标注生产厂商名称、产品名称、批次等产品信息。

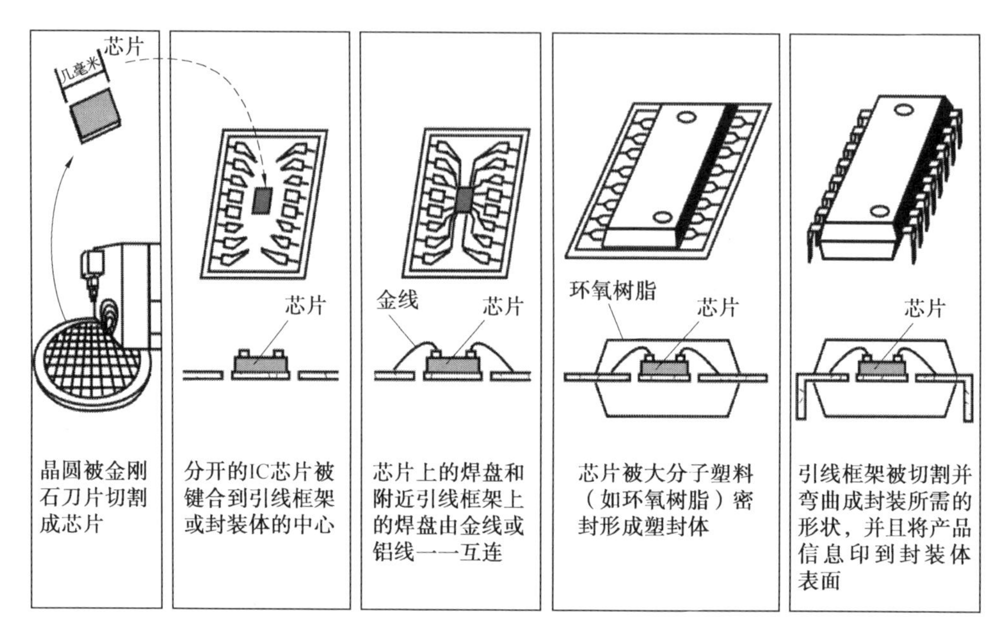

图 1.4 DIP 的流程

1.2 封装的要求及面临的挑战

1.2.1 半导体技术发展路线图

随着国际半导体工业标准的建立，半导体行业为其发展制定了量化战略，为了确保未来半导体产业稳定的发展，一些半导体公司（如半导体工业联盟（Semiconductor Industry Association，SIA））每两年就推出一个半导体产业的技术发展路线图，这个路线图被称为国际半导体技术路线图（International Technology Roadmap for Semiconductors，ITRS）。SIA 于 1992 年推出了第一个 ITRS，规划了未来 10～15 年不同半导体产品的技术需求，包括低成本半导体、手持式产品、高性价比产品、高性能产品、存储器以及恶劣环境下使用的半导体产品。新的路线图详细梳理了从晶体管级到金属互连层的整个过程层次结构，涉及晶体管之间以及晶体管与外界的信号传输。金属图形必须与高密度的硅通孔（Through Silicon Via，TSV）兼容，以便在晶圆层级上处理芯片的 3D 堆叠，以实现最终芯片产品的功能。

1.2.2 IC 封装的重要参数

IC 封装有 3 个重要参数：

①电子封装元器件 I/O 引脚的数目。I/O 数目和芯片的尺寸决定了 IC 封装结构中引线间距，以及封装结构中金属引线分布方式。

②IC 芯片的尺寸。芯片尺寸大小会影响封装结构及可靠性。

③器件的功耗。器件的功耗决定了 IC 芯片和器件封装选择的材料和结构。

早期 ITRS 对封装的要求见表 1.1，其中给出了低成本和高性能 IC 芯片产品在一些重要参数（如 I/O 数目、成本、功耗以及工作频率等）方面的预测。

表 1.1 早期 ITRS 对封装的要求

年份		2002	2005	2008	2011	2014
低成本产品	成本（每引脚）/美分	0.34～0.77	0.29～0.66	0.25～0.57	0.22～0.49	0.19～0.42
	功耗/W	2.0	2.4	2.5	2.6	2.7
	I/O 数目	101～365	109～395	160～580	201～730	254～920
	工作频率/MHz	100	100	125	125	150
高性能产品	成本（每引脚）/美分	2.66	2.28	1.95	1.68	1.44
	功耗/W	129	160	170	174	183
	I/O 数目	2 248	3 158	4 437	6 234	8 758
	工作频率/MHz	800	1 000	1 250	1 500	1 800

表 1.1 中提供了两类产品参数的上下限。低成本产品要求功耗每引脚的数值最低；高性能产品并不追求具备低功耗的特性，表中提供了其对功耗、I/O 数目、工作频率的需求。比如，在 2002 年高性能产品的功耗为 129 W，而 2014 年达到 183 W；I/O 数目也由 2 248上升到 8 758；封装后高性能电子产品的工作频率由 800 MHz 上升到1.8 GHz。这些都是早期 ITRS 对电子产品发展的预测，并不代表电子封装技术真实的发展情况。ITRS 的这些预测数据提出时，还不能确定和知晓用何种具体的方案来实现未来 IC 芯片的这些封装需求。ITRS 的目的是指导封装工程师们能够在未来开发出新的封装技术以满足未来 IC 芯片的这些需求。目前，上述指标早已实现，且更高性能的电子产品也已被成功制造。

ITRS 2028 关键参数的总体规划见表 1.2，该规划涉及节点尺寸、逻辑电路 1/2 间距、2D 闪存 1/2 间距、动态随机存取存储器（Dynamic Random Access Memory，DRAM）1/2 间距、鳍式场效电晶体管（FinFET）1/2 间距、闪存层数和晶圆直径等。

表 1.2 ITRS 2028 关键参数的总体规划

年份	2015	2020	2025	2028
节点尺寸/nm	10	4	1.8	—
逻辑电路 1/2 间距/nm	32	20	10	7
2D 闪存 1/2 间距/nm	15	10	8	8
动态随机存取存储器 1/2 间距/nm	24	15.5	10	7.7
鳍式场效电晶体管 1/2 间距/nm	24	13.5	7.5	5.3
鳍宽度/nm	7.2	6.3	5.4	5.0
6T 静态随机存取存储器单元面积/nm^2	6×104	2×104	6×103	3×103

续表1.2

年份	2015	2020	2025	2028
储存型闪存	128 Gb/256 Gb	512 Gb/1 T	2 T/4 T	4 T/8 T
闪存层数	16～32	40～76	96～192	192～384
动态随机存储器/(Gb·$chip^{-1}$)	8	24	32	32
晶圆直径/mm	300	450	450	450

1.2.3 IC 封装的挑战

电子元器件的封装已经成为限制 IC 芯片性能的瓶颈，图 1.5 所示是裸 IC 芯片与封装后 IC 芯片性能差异。裸 IC 芯片的最高工作频率一般要高于封装之后电子元器件所能达到的工作频率极限，因此，芯片封装技术的发展和进步会影响 IC 芯片在应用中的效能。目前裸 IC 芯片的性能指标高出芯片封装后得到器件所能达到的性能指标。另外，由于晶圆直径的不断增大、良品率的大幅度提升和大批量的生产，裸 IC 芯片的制造成本不断降低。而传统的封装需要对单个裸 IC 芯片进行封装，因此，封装成本在电子元器件制造成本中正占据越来越高的比重。以上两个因素使得电子封装面临更为复杂的挑战。

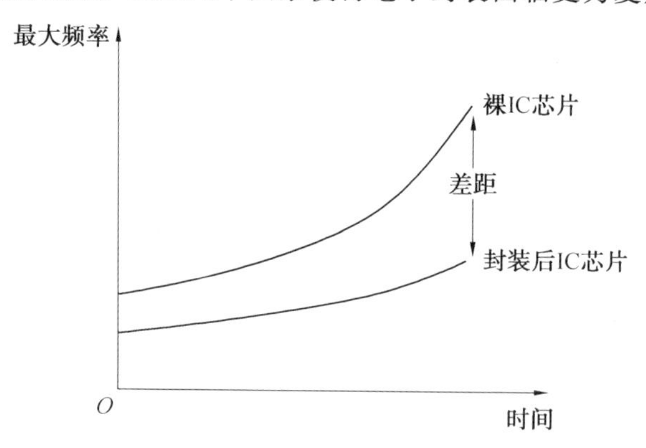

图 1.5　裸 IC 芯片与封装后 IC 芯片性能差异

人们必须解决电子元器件产品需要实现更高的性能和降低封装成本这一挑战。为了解决上述矛盾和关键问题，封装工程师和系统集成工程师们必须具备非常坚实的多学科、多领域的知识储备，包括材料、加工制造、组装、测试、可靠性、电气、机械、传热设计等领域。

1.3 电子元器件及组件分类

IC 芯片的类型多种多样，且需要不同电路实现其功能。因此不能使用同一种方法对所有的 IC 芯片进行封装。许多类型的 IC 芯片封装技术都得到了发展以满足不同芯片对封装的要求。这些封装技术在电子元器件结构、封装材料、封装工艺、键合方法、封装尺寸、器件 I/O 数目、封装散热效果、器件电气性能、服役可靠性和制造成本等方面各有不同。电子元器件及组件的分类方式众多，可以按照封装材料、元器件引脚形态、组装的形式、芯片与基板连接方式、功能和结构特征，以及气密性等进行分类。

1.3.1 按照封装材料分类

按照封装材料分类，电子元器件与组件可以分为陶瓷封装、金属封装、塑料封装、薄膜封装。

1. 陶瓷封装

陶瓷封装是以陶瓷作为基板或壳体材料的封装形式，陶瓷基板及壳体如图1.6所示。陶瓷包括 Al_2O_3、AlN、莫来石和各种玻璃－陶瓷，如掺玻璃的氧化铝和结晶玻璃等。陶瓷材料的电气性能优良，适用于高密度封装。

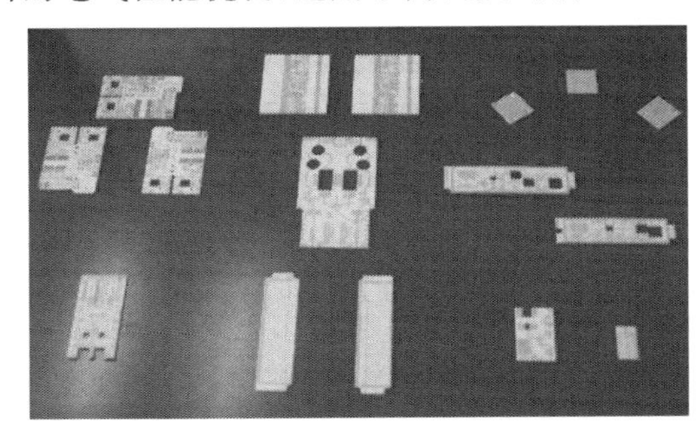

图1.6 陶瓷基板及壳体

2. 金属封装

金属封装是采用金属外壳或被覆有机、无机物作为绝缘层的金属作为基板材料的封装形式，金属封装器件如图1.7所示。

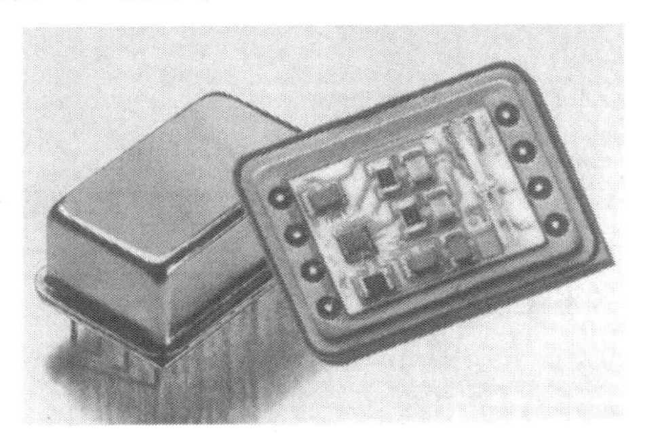

图1.7 金属封装器件

3. 塑料封装

塑料封装是采用塑料或树脂封装保护芯片及引线框架的一种封装形式，塑料封装器件如图1.8所示。塑料的可塑性强、成本低廉、工艺简单，适合大批量生产。

4. 薄膜封装

薄膜封装是在封装过程中采用导体、介质淀积和布图技术在基板表面制作导线、绝缘层及器件，薄膜封装器件如图1.9所示，基板表面薄膜的制备技术类似于IC芯片的加工技术。

图 1.8 塑料封装器件

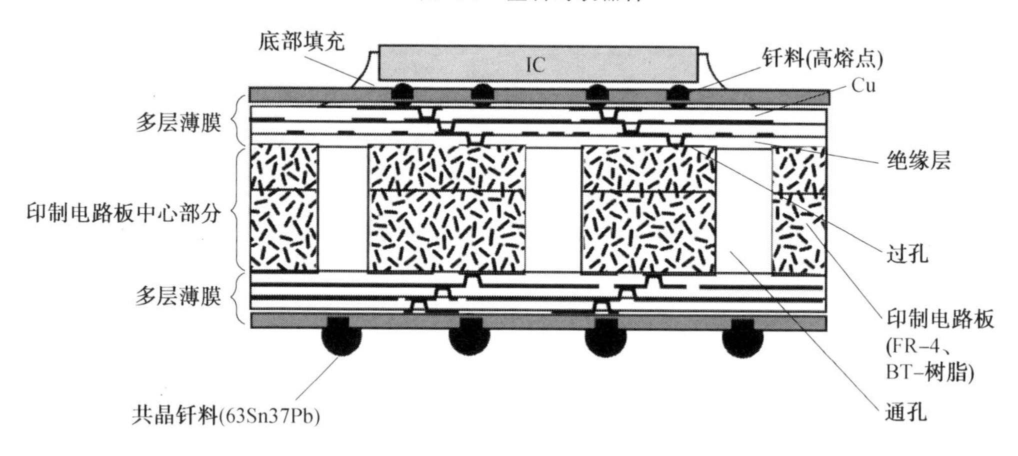

图 1.9 薄膜封装器件

1.3.2 按照元器件引脚形态分类

按照元器件引脚形态分类可分为单列直插式封装(Single In-line Package，SIP)、双列直插式封装(Dual In-line Package，DIP)、交错双列直插式封装(Zig-zag In-line Package，ZIP)、四方扁平封装(Quad Flat Package，QFP)、小外形封装(Small Outline Package，SOP)、J 型引脚小外形封装(Small Outline with J-lead，SOJ)、无引线芯片承载封装(Leadless Ceramic Chip Carrier，LCCC)、带引线的塑料芯片载体(Plastic Leaded Chip Carrier，PLCC)、球栅阵列(Ball Grid Array，BGA)等，如图 1.10 所示。

1.3.3 按照组装的形式分类

按照电子元器件与 PWB 的组装形式分类，可以分为表面贴装器件(Surface Mount Device，SMD)和插装元器件。表面贴装器件及插装元器件组装形式如图 1.11 所示。

如果封装后器件的引脚是插入到 PWB 的通孔中进行组装的，这种封装形式称为通孔插入式封装；如果封装好的器件不是插入到 PWB 的通孔，而是贴装在 PWB 的焊盘表面，这种封装形式的器件可以被归类为表面贴装式封装。表面贴装式封装与通孔插入式

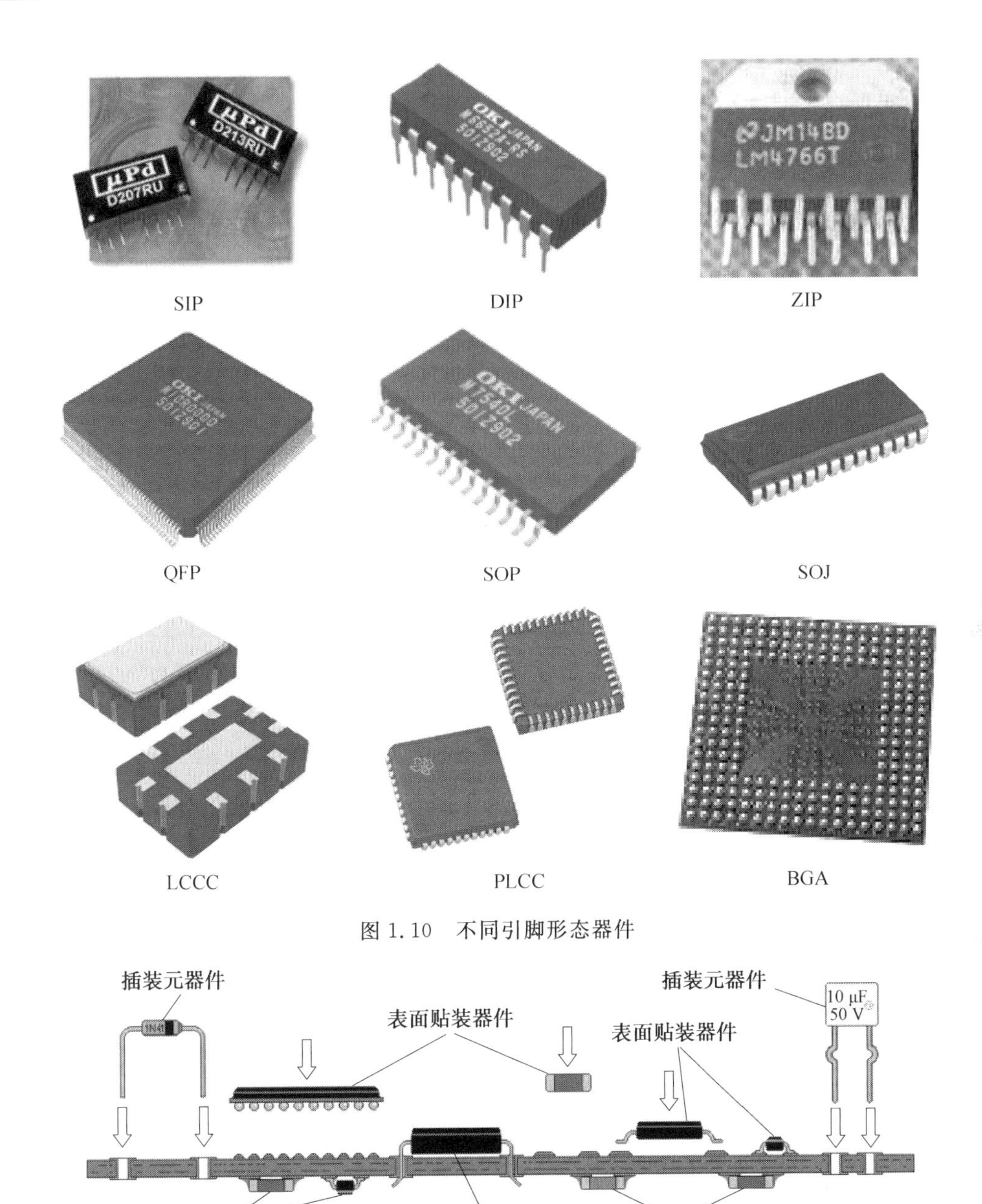

图 1.10 不同引脚形态器件

图 1.11 表面贴装器件及插装元器件组装形式

封装相比，其优势在于可以利用 PWB 的正反两面来贴装电子元器件，可以实现 PWB 更高的组装密度。单列直插封装器件、双列直插封装器件和针栅阵列封装器件(Pin Grid Array, PGA)都属于通孔插入式封装形式。DIP 的 I/O 引脚分布在器件的两侧。为了实现更高密度的封装和组装，可以采用如 PGA 的结构将 I/O 以面阵列形式分布在器件的底面。典型的表面贴装器件有 SOP、SOJ、QFP、四方扁平无引脚器件(Quad Flat Non-lead, QFN)、LCCC、BGA 等结构。SOP 是存储器制造中使用最广泛的封装形式，它的引脚较少，封装成本较低。QFP 是 SOP 封装形式的扩展，该结构具有更多引脚数量且分布在器件的四边。SOP 和 QFP 都有引脚，LCCC 或 QFN 没有引脚，是靠焊盘通过表面贴装的形式与印制电路板(Printed Circuit Board, PCB)组装。20 世纪 80 年代末期出现的 BGA 以焊球式封装替代了引脚式封装。焊球以阵列形式分布在器件的底面从而显著提高了表面贴装形式器件的引脚数目和密度。

1.3.4 按照芯片与基板连接方式分类

在一级封装器件或组件中，按照芯片与基板连接方式可以分为倒装芯片键合(Flip Chip, FC)、WB、载带自动键合(Tape Automated Bonding, TAB)，FC 器件、WB 器件和 TAB 器件的结构如图 1.12 所示。FC 器件是以凸点(Bump)为互连介质，实现芯片 I/O 与基板或引线框架焊盘互连的一类器件；WB 器件是芯片背面与基板或引线框架通过树脂粘接、钎料焊接或玻璃浆料烧结进行固定，芯片正面的 I/O 使用 WB 的方式实现与基板或引线框架焊盘互连的一类器件；TAB 器件是以载带作为芯片的载体，以热压等方式实现芯片 I/O 与载带焊盘之间自动键合的一类器件。

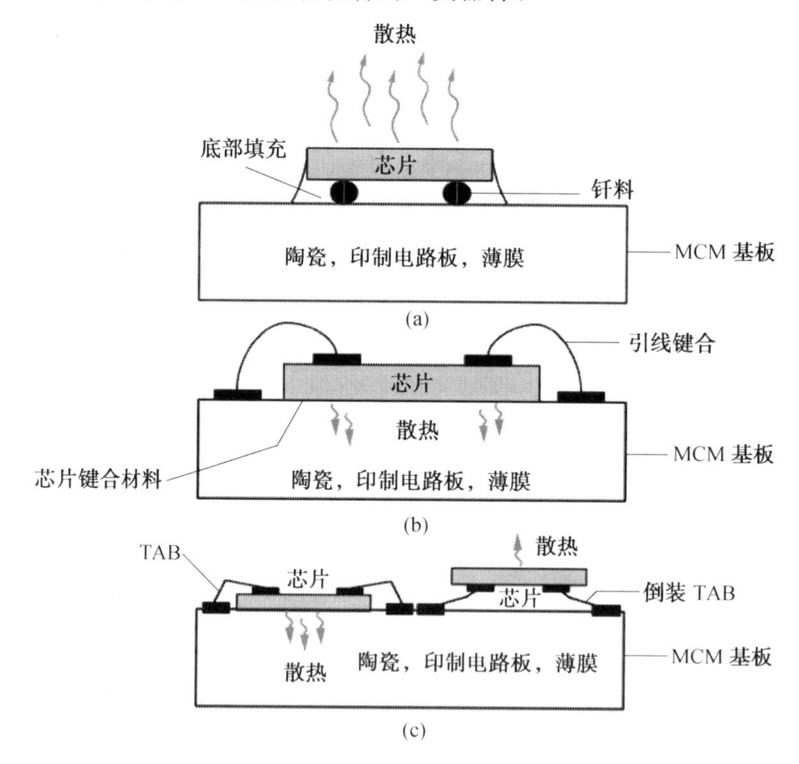

图 1.12 FC 器件、WB 器件和 TAB 器件的结构

1.3.5 按照功能和结构特征分类

按功能和结构特征分类，电子元器件与组件可以分为芯片尺寸封装(Chip Scale Package, CSP)、微机电系统(Micro Electro-Mechanical System, MEMS)、MCM、3D 封装、片上系统(System on Chip, SoC)、系统级封装(System in Package, SiP)和晶圆级封

装(Wafer Level Package, WLP)。

1. 芯片尺寸封装

CSP是为满足现代电子产品的高密度需求而发展形成的新型封装形式。20世纪60年代的DIP封装后产品面积大约是裸芯片的100倍。封装技术的不断发展使得电子元器件封装面积和芯片面积比逐渐变小,WB键合BGA器件和FC键合BGA(CSP)器件对比如图1.13所示。CSP有不同的分类方法和定义:松下公司将CSP定义为封装好器件的边长与裸芯片边长的差小于1 mm的产品;美国国防部元器件供应中心的J-STK-012标准把CSP定义为封装好器件的面积小于或等于裸芯片面积120%的封装;日本电子工业协会把CSP定义为裸芯片面积与封装好器件面积之比大于80%的封装。这些定义虽然有些差别,但都揭示了CSP器件的主要特点:封装器件的尺寸小且与裸芯片尺寸十分接近。

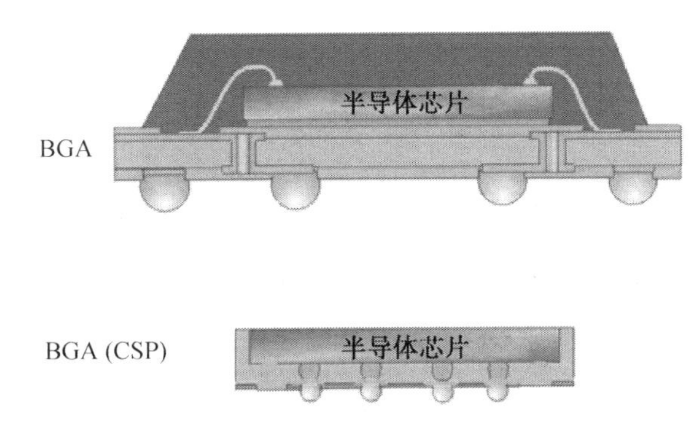

图1.13 WB键合BGA器件和FC键合BGA(CSP)器件对比

CSP器件的主要特点具体如下:

①体积小。在各种封装结构中,CSP器件是面积、厚度和体积最小的封装形式之一。在I/O数量相同的情况下,CSP的面积一般不到引脚间距为0.5 mm的QFP器件的1/10,是WB键合BGA器件(或PGA器件)面积的1/3~1/10。因此,CSP器件在组装时占用PWB的面积更小,可提高电子产品在PWB的组装密度。

②I/O数量多。在相同尺寸的各类封装结构和形式中,由于CSP器件能够采用面阵列的形式,因此其可以排布更多的I/O数量。例如,对于40 mm×40 mm尺寸的封装器件,QFP器件的I/O数最多为304个,WB键合BGA器件的I/O数可以达到600~700个,而CSP器件的I/O数很容易超过1 000个。

③电气性能优异。与QFP器件或WB键合BGA器件相比,CSP器件内部芯片与封装基板布线以及芯片到器件引脚的互连线的长度显著缩短,进而减小寄生信号干扰,缩短信号传输延迟时间,有利于改善和提升器件的高频性能。

④散热性能好。CSP器件的厚度可以做得很薄,封装体内部芯片产生的热量可以通过更短的路径传到外部环境。通过对流散热或安装热沉可以有效使芯片散热。

⑤CSP器件质量更轻。与相同引线数的QFP器件相比,CSP器件可以达到QFP器件质量的五分之一以下,比使用WB键合方式制备的BGA器件质量小得多。对于航空、航天等对电子产品或系统质量有严苛要求的领域,CSP器件更有优势。

⑥CSP 器件适用于表面贴装。CSP 器件 I/O 端一般分布在封装体的底部，使其更适用于表面贴装。

2. 微机电系统

MEMS 是集微机构、微执行器、微传感器、信号处理和控制电路、通信、接口和电源等于一体的微器件或系统。

MEMS 应用于 iPhone 和 Wii 游戏机是其在消费电子市场发展的里程碑，为其推广和普及带来了巨大推动力。

(1)MEMS 的特点。

①微型化。MEMS 器件密度高、体积小、质量轻、功耗低、信号响应时间短。

②一般以 Si 为主要材料，其机械电气性能优良。Si 的强度、硬度和杨氏模量高，密度与 Al 类似，导热系数接近 Mo 和 W 金属材料。

③适用于批量生产。可以使用 Si 微加工工艺在一个 Si 晶圆上同时制造大量 MEMS 部件或完整的 MEMS 产品。批量生产可以使 MEMS 器件的制造成本大幅度降低。

④高集成度。MEMS 产品可以把不同功能、不同方向性的传感器或执行器集成在一起，或制备出微传感器或微执行器阵列，甚至把具备不同功能的器件集成在一起，形成功能复杂的微系统。通过微传感器、微执行器和微电子元器件的集成，可制造出具备复杂功能和高可靠性的 MEMS 产品。

⑤多领域和学科交叉。MEMS 的制造和设计需要电子、机械、材料、制造、控制、物理、化学和生物等多领域和学科尖端成果的交叉融合。

(2)MEMS 的作用。

MEMS 有很多典型的应用，如游戏机、手机、照相机、鼠标和设备防跌落保护装置等，具体如下：

①游戏机。任天堂(Nintendo)公司的 Wii 和索尼(Sony)公司的 PS3 基于运动的控制器的游戏以 MEMS 技术为引擎，其控制器能够通过 MEMS 对速度、方向、加速度的变化甚至最细微的运动做出快速响应，使游戏体验者的身体、胳膊、手腕和手的运动能够与游戏中的人物和场景互动。身体或手的倾斜动作能够让游戏中的人或物体运动，高精度 MEMS(如三轴加速度传感器)能够把控制器或游戏手柄变成一个虚拟的武器、机车的挡杆或乐器等。

②手机。苹果公司的 iPhone 通过在手机中植入三轴 MEMS 加速度传感器，可以根据用户手持手机的方向实现手机屏幕显示从垂直旋转成水平，图 1.14 所示是 MEMS 加速度传感器示意图。MEMS 加速度传感器的应用为苹果公司带来巨额收入，使得 MEMS 在智能手机中迅速被使用。MEMS 加速度传感器给电子产品用户带来了操作感受的巨大变革。传统非智能手机屏幕上的翻页、图片的放大缩小等都需要手机用户通过物理按键或转轮等来完成。而集成了 MEMS 加速度传感器的智能手机设备可去掉这些实体按键或零件，MEMS 加速度传感器可通过手机用户的不同动作判断使用者的意图，例如通过晃动手机接听电话，通过倾斜手机来实现手机页面的翻页动作，使原本手机各种复杂的操作变得十分简便。除 MEMS 加速度传感器的应用外，Microvision 还生产了基

于 MEMS 投影仪的显示芯片，该 MEMS 芯片能将智能手机当作投影仪来使用，将智能手机屏幕上的图片或影像投影到墙面上。

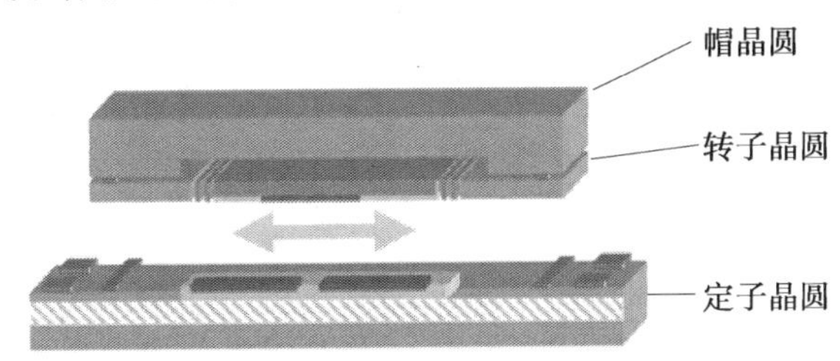

图 1.14 MEMS 加速度传感器示意图

③照相机。MEMS 技术可以实现精密机械结构快速、可重复和精确的移动，如数码相机自动聚焦的精度控制在 1 μm 精度内和快门功能的高性能显著地提高了相机中光学元器件的对准精度，相机的功耗也可降低一半以上。以 Si 加工技术为基础的 MEMS 可以使相机尺寸显著减小，将数码相机的自动聚焦、快门、变焦和图像稳定等主要功能集成到智能手机中。由于相机模块是基于 Si 基 MEMS 设计，模块的尺寸只有一个糖块的几分之一，智能手机和其他移动电子设备的尺寸和功率会进一步减小和降低。

另外，MEMS 陀螺仪已被广泛应用于数码相机和摄像机的防抖模块，以消除按快门瞬间产生的抖动对成像的影响。MEMS 陀螺仪可以节省空间和明显降低功耗，能同时量测间距和旋转轴的角加速度，很容易与其他的运动传感器集成在一起。

④鼠标。MEMS 惯性传感器为鼠标操作带来了巨大革新。在鼠标中内置 MEMS 惯性传感器可使系统监测操作者的三维控制动作，并把检测数据发送给与之相连的电脑操作系统。意法半导体公司已推出的三维方位 MEMS 加速度传感器，可以通过一个表面贴装器件，整合集成三维方位检测和鼠标单击、双击功能。

⑤设备防跌落保护装置。目前除笔记本电脑外，手机、数码相机、DV 等产品中的内置硬盘也对大量数据的存储有需求。而便携式电子设备时常有因跌落而造成数据存储装置受损的危险，MEMS 三轴加速度传感器应用于这些设备中可以最大程度上保护数据。

MEMS 加速度传感器可检测到重力加速度，在设备跌落时，微控制器会发出命令将存储装置的读写头从易受损的盘片上移开，以避免设备落地时读写头对盘片可能造成的划伤，使硬盘在跌过程中受到保护。这项功能同样可以推广到其他电子设备，在设备跌落时，通过断电以及触发保护装置等手段对设备进行保护。

3. 多芯片模块

MCM 将多块未封装的集成电路芯片高密度安装在同一基板上构成一个完整的部件，如图 1.15 所示。

多芯片组件技术的基本类型根据多层互连基板的结构和工艺技术的不同，大体上可分为以下三类：

(1)层压介质 MCM(MCM－L)。

MCM－L 是采用多层印制电路板制成的 MCM，制造工艺较成熟，生产成本较低，但由于芯片的安装方式和基板的结构所限，高密度布线困难，因此电性能较差。

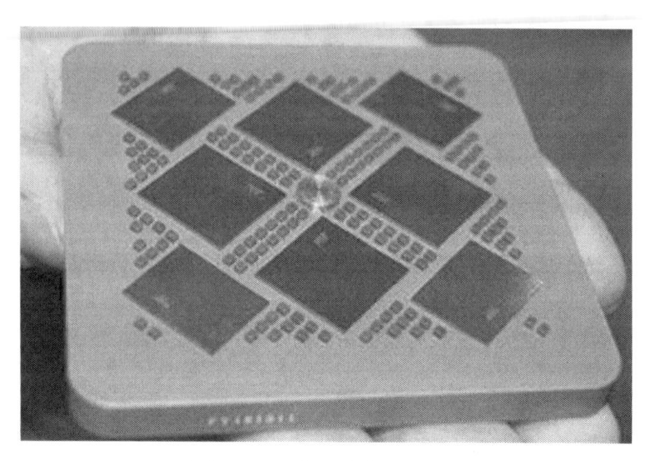

图 1.15 多芯片模块照片

(2)陶瓷或玻璃瓷 MCM(MCM－C)。

MCM－C 是采用高密度多层布线陶瓷基板制成的 MCM,结构和制造工艺都与先进 IC 极为相似,其优点是布线层数多,布线密度、封装效率和性能均较高,主要用于工作频率为 30～50 MHz 的高可靠产品。它的制造过程可分为高温共烧陶瓷法(High Temperature Co-fired Ceramics, HTCC)和低温共烧陶瓷法(Low Temperature Co-fired Ceramics, LTCC)。由于低温共烧条件下可采用 Ag、Au、Cu 等金属和一些特殊的非传导性材料,近年来,低温共烧陶瓷法占主导地位。

(3)硅或介质材料上的淀积布线 MCM(MCM－D)。

MCM－D 是采用薄膜多层布线基板制成的 MCM,其基体材料又分为陶瓷基体薄膜多层布线基板的 MCM(MCM－D/C)、金属基体薄膜多层布线基板的 MCM(MCM－D/M)、硅基薄膜多层布线基板的 MCM(MCM－D/Si)三种,MCM－D 的组装密度很高,主要用于 500 MHz 以上的产品。

4. 3D 封装

3D 封装是手机等便携式电子产品小型化和多功能化的必然产物,如图 1.16 所示。常见的 3D 封装有芯片堆叠和封装堆叠两种形式。3D 封装仅强调在芯片垂直方向上的多芯片堆叠,如今 3D 封装已从芯片堆叠发展向封装堆叠,扩大了 3D 封装的内涵。

手机是加速开发 3D 封装的主动力,手机已从低端(通话和收发短消息)向高端(拍照、电视、广播、MP3、彩屏、和弦振声、蓝牙和游戏等)发展,并要求手机体积小、质量轻、功能多。为此,高端手机用芯片必须具有强大的内存容量。

在 2D 封装结构中,一般需要大量长程互连,这将导致系统内部电路 RC 延迟的增加。为了提高信号传输速度,必须降低 RC 延迟。可用 3D 封装的短程垂直互连来替代 2D 封装的长程互连。

5. 系统级芯片封装

SoC 的定义多种多样,由于其内涵丰富、应用范围广,很难给出准确定义。一般说来,SoC 称为系统级芯片,有时也称为片上系统,意指它是一个产品,是一个有专用目标的集成电路,其中包含完整系统并有嵌入软件的全部内容。同时 SoC 又是一种技术,用以实

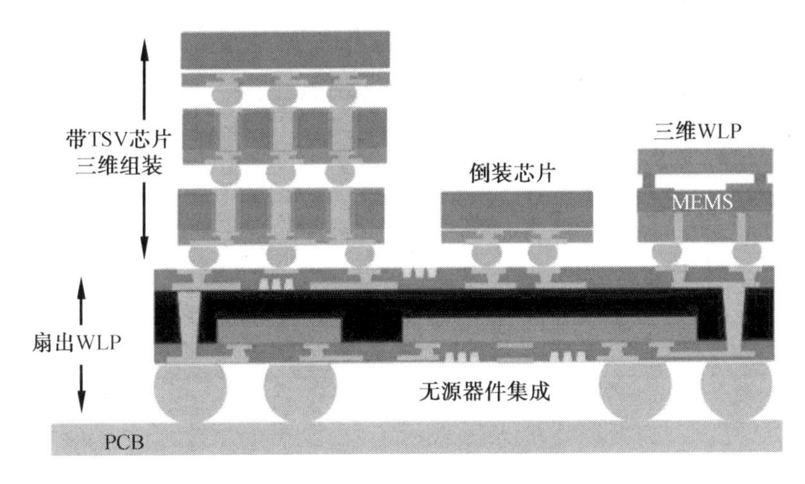

图 1.16 3D 封装结构示意图

现从确定系统功能开始，到软/硬件划分，并完成设计的整个过程。从狭义角度讲，SoC 是信息系统核心的芯片集成，是将系统关键部件集成在一块芯片上；从广义角度讲，SoC 是一个微小型系统，如果说中央处理器(Central Processing Unit, CPU)是大脑，那么 SoC 就是包括大脑、心脏、眼睛和手的系统。国内外学术界一般倾向将 SoC 定义为将微处理器、模拟 IP 核、数字 IP 核和存储器(或片外存储控制接口)集成在单一芯片上，它通常是客户定制的，或是面向特定用途的标准产品。

SoC 定义的基本内容主要表现在它的构成和形成过程两方面。系统级芯片的构成可以是系统级芯片控制逻辑模块、微处理器/微控制器 CPU 内核模块、数字信号处理器(Digital Signal Processor, DSP)模块、嵌入的存储器模块、和外部进行通信的接口模块、含有 ADC /DAC 的模拟前端模块、电源提供和功耗管理模块，对于一个无线 SoC 还有射频前端模块、用户定义逻辑(它可以由现场可编程门阵列(Field Programmable Gate Array,FPGA)或专用集成电路(Application Specific Integrated Circuit,ASIC)实现)以及微电子机械模块，一个 SoC 芯片内嵌有基本软件模块或可载入的用户软件等。系统级芯片形成或产生过程包含以下三个方面：

①基于单片集成系统的软硬件协同设计和验证。

②开发和研究 IP 核生成及复用技术，特别是大容量的存储模块嵌入的重复应用等。

③超深亚微米(Ultra-deep Submicron,UDSM)、纳米集成电路的设计理论和技术。

SoC 技术具有半导体工艺技术系统集成、软件系统和硬件系统集成的特点。

SoC 具有降低耗电量、减少体积、增加系统功能、提高速度、节省成本等优势，以此创造其产品价值与市场需求。

6. 系统级封装

系统级封装(SiP)在一个封装中组合多种 IC 芯片(三种 SiP 结构如图 1.17 所示)和多种电子元器件(如分立元器件和埋置元器件)，以实现与 SoC 同等的多种功能。

迄今为止，在 IC 芯片领域，系统级芯片是最高级的芯片；在 IC 封装领域，系统级封装是最高级的封装。SiP 有多种定义和解释，其中一种定义是多芯片堆叠的 3D 封装内系统集成(System-in-3D Package),SiP 是强调封装内包含了某种系统的功能。

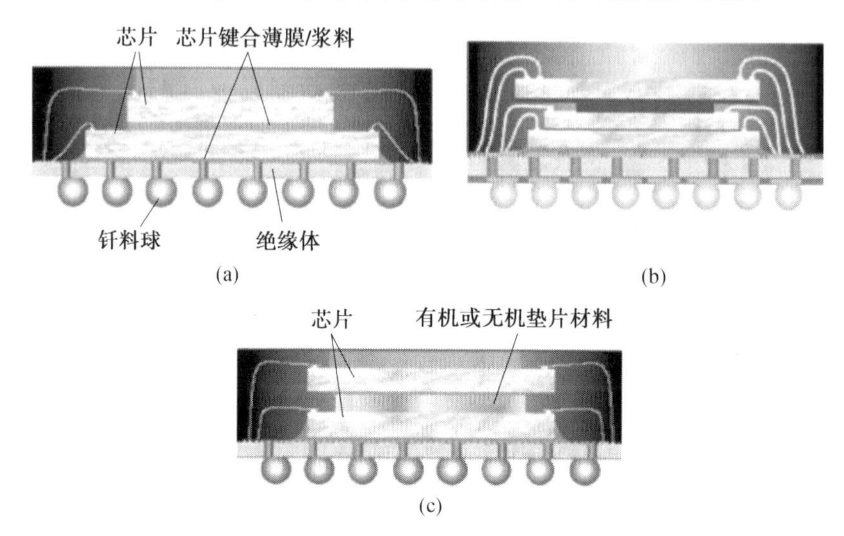

图 1.17　三种 SiP 结构

通常高密度内存和模拟器件难以完全集成在 SoC 中,而 SiP 却能将它们整合在一起,所以 SiP 是 SoC 的一种很好的补充,它与 SoC 相比具有如下优点:

①可采用市售的商用电子元器件,降低产品制造成本。

②上市周期短,风险小。

③可采用混合组装技术安装各类 IC 和各类无源元器件,这些 IC 和元器件间可采用 WB、FC 和 TAB 互连。

④可采用混合设计技术,为客户带来灵活性。

⑤封装内的元器件向垂直方向发展,可互相堆叠,极大地提高了封装密度,节省封装基板面积。

⑥“埋置型无源元器件”可集成到各类基板中,可避免大量分立元器件。

⑦能克服 SoC 所遇到的各种困难。

正因为 SiP 具有上述优点,其越来越受到业界的青睐。

7. 晶圆级封装

WLP 把芯片与封装的连接引入到晶圆处理中,把封装的全过程置于晶圆状态下进行。图 1.18 所示是 WLP 器件。这种封装方法目前用于 I/O 相对较少的小型芯片,例如线性、模拟和集成被动设备。将来 WLP 可能用于较大的芯片和含有较高 I/O 的设备,例如存储器、基带处理器和 ASIC 等。

自 20 世纪 90 年代中期起,Tessera 在 WLP 领域建立了庞大的知识产权组合,而且仍在继续创新晶圆级解决方案,以应对市场日益增长的需求,如进一步小型化、降低成本、满足功能和可靠性等。

Tessera 的 WLP 技术一般使用一个缓冲层以最大限度地减少因半导体芯片(一般为硅)和与之组装的印制电路板之间的热膨胀不匹配而导致的可靠性问题,同时保持较高的性能和较低的成本。此方法让 WLP 技术应用到更大、I/O 更多的设备上。

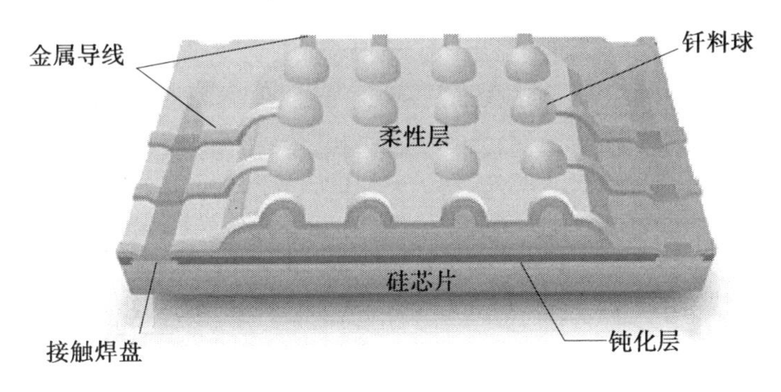

图 1.18 WLP 器件

成本、尺寸、测试和老化筛选都是封装行业的主要推动力。与传统封装技术相比，WLP 具有某些可直接影响这些趋势的优势。例如，WLP 的组装、老化和最终测试因 WLP 庞大的平行加工和测试能力而使成本明显降低。另外，如果在晶圆制造的后端增加 WLP，则可缩短测试周期。

1.3.6 按照气密性分类

电子封装元器件按照是否具有气密性可以分为气密性封装器件和非气密性封装器件。气密性封装器件为芯片、互连焊点、基板等提供相对无法渗透的封装结构，保护芯片及器件内部结构免受水分、化学、机械以及电磁场的危害。此类器件通常用在恶劣环境或对可靠性要求很高的领域或场合。比较典型的封装形式包括陶瓷封装和金属封装。非气密性封装器件则无法有效隔绝水分、气体等进入封装体内部。典型的封装形式是塑料封装。

本章参考文献

[1] RAO R T. 微系统封装基础[M]. 黄庆安，唐杰影，译. 南京：东南大学出版社，2005.
[2] RAO R T，EUGENE J R，ALAN G K，et al. 微电子封装手册[M]. 2 版. 中国电子学会电子封装专业委员会，电子封装丛书编辑委员会，译. 北京：电子工业出版社，2001.
[3] HOEFFLINGER B. ITRS：the international technology roadmap for semiconductors[M]. Berlin：Springer，2011.
[4] 王传声，叶天培. 多芯片组件技术手册[M]. 北京：电子工业出版社，2006.
[5] BAKOGLU H B. Circuits，interconnections and packaging for VLSI[M]. Boston：Addison-Wesley，1990.
[6] DALL J Y. Packaging of electronic systems[M]. New York：McGraw Hill，1990.
[7] JAEGER R . Microelectronic circuits design[M]. New York：McGraw Hill，1997.
[8] STREETMAN B G. Solid state electronic devices[M]. 4th ed. New Jersey：Prentice Hall，1995.
[9] GARROU P. Wafer level chip scale packaging（WL-CSP）：an overview[J]. IEEE Transactions on Advanced Packaging，2000，23(2)：198-205.

[10] HACKLER D, WILSON D, PRACK E. Ultra-Thin Wafer-Level Chip Scale Packaging[C]//International Symposium on Microelectronics. International Microelectronics Assembly and Packaging Society, 2019(1): 000157-000162.

[11] JUDY J W. Microelectromechanical systems(MEMS): fabrication, design and applications[J]. Smart materials and Structures, 2001, 10(6): 1115.

[12] MARKKU T, MERVI P K, MATTHIAS P, et al. Handbook of silicon based MEMS materials and technologies[M]. 3th ed. Amsterdam: Elsevier, 2020.

[13] BUTLER J T, BRIGHT V M, COMTOIS J H. Multichip module packaging of microelectro mechanical systems[J]. Sensors and Actuators A: Physical, 1998, 70(1-2): 15-22.

[14] MEADE R, ARDALAN S, DAVENPORT M, et al. TeraPHY: a high-density electronic-photonic chiplet for optical I/O from a multi-chip module[C]//2019 Optical Fiber Communications Conference and Exhibition(OFC). IEEE, 2019: 1-3.

[15] LANCASTER A, KESWANI M. Integrated circuit packaging review with an emphasis on 3D packaging[J]. Integration, 2018, 60: 204-212.

第2章　结构设计基础

电子器件与组件的可靠性优劣，取决于产品的功能是否能够实现，以及产品的服役时间是否能达到预期。如手机、电脑等个人应用电子产品服役时间较短，一般为几年；汽车、军用电子产品服役时间较长，需要服役数年或数十年。如何通过电子器件与组件的结构设计，实现电子产品的功能及达到电子产品的服役寿命，需要从多方面进行考虑，比如虽然所有电子产品失效的最终表现都是电气失效，但失效的根本原因可能是力、热、电等因素或这些因素共同作用的结果。电子产品功能的实现与电磁信号的正确传递密不可分。因此，本章将从力学、传热、电磁三个方面介绍电子元器件与组件结构设计基础。

2.1　力学结构设计

电子元器件与组件通常涉及多种异质材料，主要包括芯片、基板、键合材料、塑封材料、陶瓷、金属等，每种材料都有各自的特性。封装结构在外界压力或温度变化的作用下，各种材料会按照各自的属性收缩或膨胀，产生应力、形变、分层等，引发一系列的可靠性问题。

封装材料常见的机械属性包括热膨胀系数（Coefficient of Thermal Expansion, CTE）、杨氏模量（Young's Modules）、泊松比（Poisson Ratio）等。

1. 热膨胀系数

温度的变化使物体的长度或体积发生相应变化的现象称为热膨胀。其本质是晶体点阵结构间的平均距离随温度变化而变化，常用线膨胀系数或体膨胀系数来描述。线膨胀系数是指固态物质每升高一单位温度时，其长度的变化量与原始长度的比值。

2. 杨氏模量

根据胡克定律，在物体的弹性极限内，应力与应变的比值称为材料的杨氏模量，杨氏模量反映了材料的刚性。杨氏模量越大，材料越不容易发生形变。

3. 泊松比

材料沿载荷方向被拉伸（或压缩）变形的同时，垂直于载荷的方向会产生缩短（或伸长）的变形。横向正应变与垂直方向正应变绝对值的比值即为泊松比。在材料弹性变形阶段内，泊松比是一个常数，材料的泊松比一般通过试验测定。

2.1.1　抗热应力及热形变失效设计

1. 热应力及热形变

电子元器件在服役时会不断地进行导通和关断，每次开关过程中都会有能量的消耗，同时消耗的能量转化为热能，从而使电子元器件内部有大量的热量产生，导致器件内部温度发生变化以及出现温度不均匀的现象。此外，有些电子元器件（如功率半导体器件）可能应用于极恶劣环境中，外界极高温至极低温环境的变化也会造成功率半导体器件温度的变化。由于电子元器件封装体中材料多样，不同材料的热膨胀系数可能不能很好地匹配，因此，当温度改变时，会在电子元器件封装体内部产生应力。该应力既可能局部存在（如个别芯片、部分引线等），也可能全局存在（如钎料层、基板等）。这将会直接影响器件的性能，并且长期使用将会造成器件失效，如钎料层分层、芯片产生裂纹等。

热形变失效是指由电子元器件或组件所处环境温度的变化或工作期间电子元器件或组件内部热效应引起的热应力和应变导致的变形失效。电子元器件或组件中各个组成部分都存在热应力，这是由于各部分的材料不同，而不同材料的热膨胀系数不匹配，电子元器件或组件内部的温度梯度以及各组成部分的几何位置的限制引起热应力。图 2.1 所示是焊点热变形示意图。图中芯片或芯片载体以凸点作为桥梁，通过焊接方法与基板实现机械和电气互连。如图 2.1(a)所示，以温度 T_0 时作为参考点，芯片或芯片载体与基板形成的互连结构没有热应变。由于环境温度或工作温度的变化，当温度由 T_0 升高到 T_{max}，如图 2.1(b)所示。由于基板(α_b)和芯片或器件(α_c)的热膨胀系数不匹配，因此焊点产生剪切形变，假设 $\alpha_b > \alpha_c$，器件和基板没有发生弯曲和翘曲，且各点的温度相同。同样当温度由 T_0 降低到 T_{min} 时，焊点的变形与图 2.1(b)所示情形相反，如图 2.1(c)所示。当温度由 T_0 升高到 T_{max} 时，芯片或器件的单位伸长量为 $\alpha_c(T_{max}-T_0)$，相应的基板单位伸长量为 $\alpha_b(T_{max}-T_0)$，二者之间的切向位移可以表示为

$$L(\alpha_b-\alpha_c)(T_{max}-T_0) \tag{2.1}$$

式中，L 为焊点到中性点间距(Distance from Neutral Point，DNP)。

同理，温度从 T_0 降低到 T_{min} 时，切向位移可以表示为

$$L(\alpha_b-\alpha_c)(T_{min}-T_0) \tag{2.2}$$

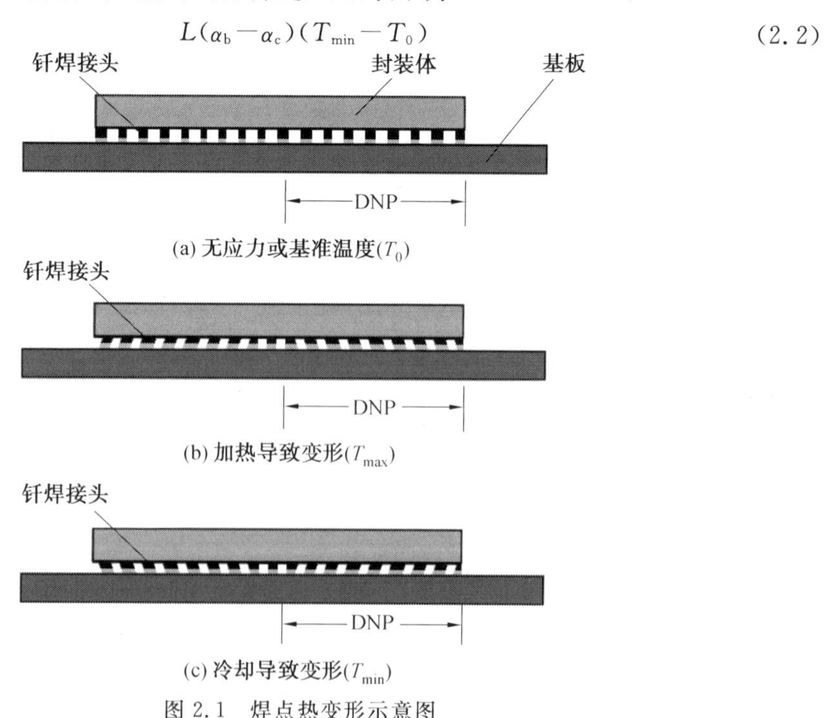

图 2.1 焊点热变形示意图

最高温度(T_{max})和最低温度(T_{min})之间的位移可以表示为

$$\Delta = L(\alpha_b - \alpha_c)(T_{max} - T_{min}) \tag{2.3}$$

所以剪切应变为

$$\gamma = \frac{\Delta}{h} = \frac{L}{h}(\alpha_b - \alpha_c)(T_{max} - T_{min}) \tag{2.4}$$

式中,h 为焊点的高度。

如果芯片、基板在温度变化时同时发生翘曲,最大应力示意图如图 2.2 所示,从图中可以看到热变形产生的负面效果会更加明显,最大热应变发生在芯片两端的焊点上,也就是到中性点距离最大的焊点。

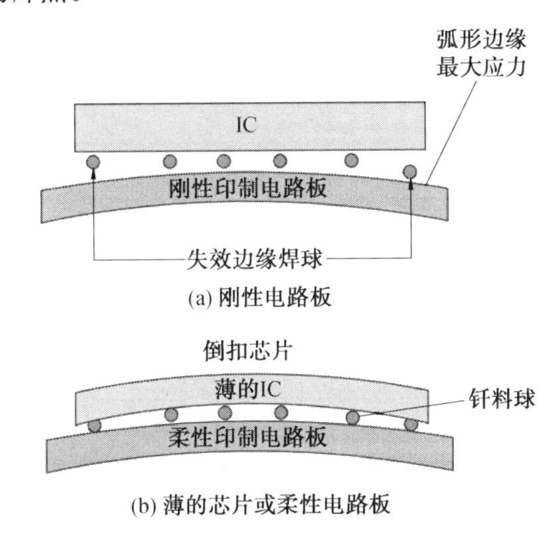

图 2.2　最大应力示意图

2. 热疲劳

疲劳失效是一种常见的失效形式,90%的机械和电学失效可以归结为疲劳失效。目前已经知道,金属、聚合物和陶瓷等材料都会发生疲劳失效,相对而言,陶瓷发生疲劳失效的可能性最小。下面通过一个简单的实验来解释疲劳失效。把一个铁丝向一个方向弯曲,至 180°对折结构,对折节点位置会发生塑性形变,但不会断裂;如果继续向相反的方向弯折,并重复多次,铁丝就会断裂。因此,与单向载荷作用相比,在循环载荷作用下,即使应力较低,铁丝也会发生断裂。初始载荷使金属发生应变硬化,循环载荷引起铁丝疲劳损伤,最终发生断裂。这个过程可以简单描述为:由塑性形变引起材料的位错移动,位错的相互作用使位错迁移能力降低;而随后发生的疲劳变形集聚了更多的位错,随着位错密度的增加,晶体的完整性遭到破坏,进而形成了微裂纹;随着微裂纹的扩展,材料发生断裂或失效。以上例子体现的疲劳失效模式可以理解为机械疲劳失效,而电子产品的疲劳失效多为热疲劳失效。

电子产品比较典型的热疲劳失效诱因是电源的闭合和断开。每一个闭合和断开的周期就相当于一次温度循环,如果电子产品每日开关多次,几年累计的循环次数就相当于数千次。数千次热循环在焊点处将产生热应变,数千次的累积作用将使焊点处发生塑性形变,甚至产生裂纹。图 2.3 所示是焊球中裂纹的产生、聚集、扩展的路径。

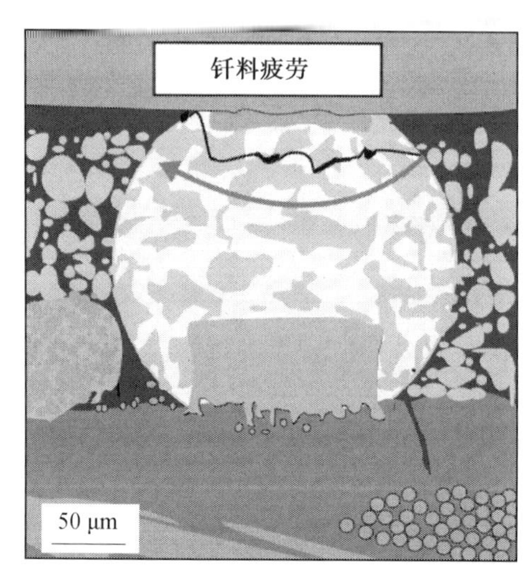

图 2.3 焊球中裂纹的产生、聚集、扩展的路径

3. 减少热应力导致疲劳失效的设计准则

为了降低焊球中的应变，进而提高焊球的寿命，可以采用下面的基本方法：

随着芯片与基板的热膨胀系数差异的增大，器件内部的热应变会显著增加。因此，在封装中尽可能选择与芯片膨胀系数相同或接近的材料，在倒装芯片类型的结构中尤其要注意这一点。由于应变随着与中性点距离的增大而增大，因此在设计时应尽可能减小焊点到中性点的距离。在无法做到时，可以将关键焊点放在芯片的中性点或者尽可能接近中性点处，次要的焊点放在芯片的外围。随着环境温度变化和工作温度梯度的增加，应变逐渐增大，因此要设计合理的散热路径，使热量能够及时散去，这样就不存在很大的温度梯度。而这种散热效果的提升依赖应用环境和封装的具体形式及材料。像在汽车和航空等恶劣条件下服役的电子元器件，为避免出现早期疲劳失效，设计时需要充分考虑到这一点。在倒装焊组装和球栅阵列中，在芯片和衬底之间填充聚合物填料(Under Fill)可以减小焊点的应变，从而提高焊点的抗热疲劳寿命。

2.1.2 抗脆性断裂设计

1. 脆性断裂概述

当作用在脆性材料上的应力超过该材料断裂极限时，该材料将非常容易发生脆性断裂，并且一般断裂发生前没有明显的征兆。比较典型的脆性材料有陶瓷、玻璃和硅等，这些材料发生断裂前几乎没有任何塑性形变，且能量吸收能力很小，图 2.4 所示是材料应力和应变的关系。电子元器件中使用的芯片或基板如果是硅或陶瓷，则容易发生此类断裂。

2. 脆性断裂的预测理论

当施加在器件上的应力和功足以破坏原子键时，材料将出现断裂，键的强度由原子之间的引力决定。根据原子键的强度大小可以得到断裂时所需要的应力。

在 20 世纪 20 年代，英国物理学家格里菲思(A. Griffith)认为，材料本身已存在的裂纹导致了材料强度的降低。材料本身存在的缺陷使得缺陷得以迅速传播和扩展，导致材料发生脆性断裂。例如，硅芯片一般都是在有初始裂纹和刻痕的地方发生断裂，初始裂纹

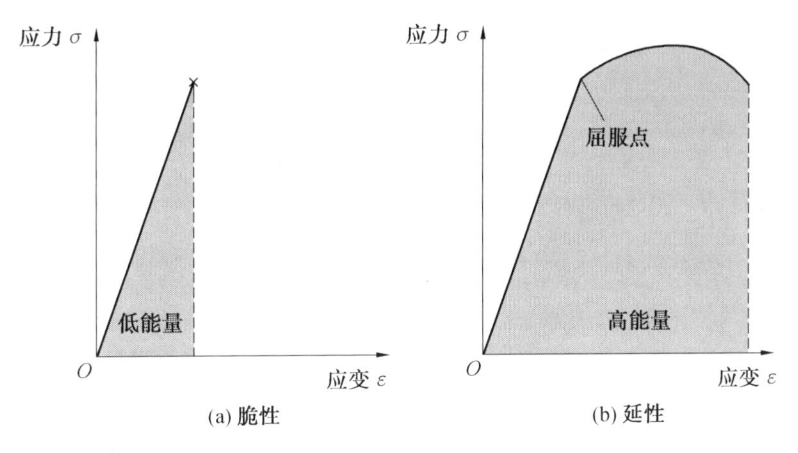

图 2.4 材料应力和应变的关系

和刻痕一般产生于热处理、划片、贴片、键合等过程中。在给定的应力下，初始裂纹达到临界尺寸将发生断裂。当初始裂纹传播到器件的有源区时，器件将失效。

当外加应力在弹性范围内，而裂纹前端的塑性区很小时，这种断裂问题可以用线弹性力学处理，这种断裂力学称为线弹性断裂力学（Linear Elastic Fracture Mechanics，LEFM），适用于分析高强低韧金属材料的平面应变断裂和脆性材料（如陶瓷、玻璃等）的断裂。由荷载引起的应力强度因子达到材料的断裂韧度时，就会发生断裂，即

$$K(\sigma, a, \text{几何尺寸}) = K_{IC} \tag{2.5}$$

式中，K 为应力强度因子（Stress Intensity Factor，SIF）；σ 为施加的应力；a 为缺陷的特征尺寸；K_{IC}为与器件的尺寸和几何形状无关的材料属性。

SIF 取决于器件的几何形状和施加的荷载。要保证 K_{IC}是一个有效的参数，试样要满足一定的条件，即裂纹边缘的弹性形变区域远小于试样的尺寸，SIF 也是由特定的试样和裂纹形状推导出来的。为分析简化，下面做一个假设：芯片中心部位的裂纹可以用无限大的平面上浅裂纹模型来近似，且荷载相对裂纹来说距离很远。图 2.5 所示是缺陷的实际形状和简化后的形状。应力强度因子表示为

$$K = 1.12\sigma\sqrt{\pi a} \tag{2.6}$$

式中，σ 为施加的应力；a 为裂纹的深度。

引起芯片断裂的临界裂纹为

$$a_{max} = \frac{K_{IC}^2}{1.254 \times 4\pi\sigma_{max}^2} \tag{2.7}$$

式中，σ_{max}为芯片冷却以后的最大张应力；K_{IC}为断裂韧度。

3. 减少脆性断裂的设计准则

可以运用下列设计准则来减小脆性断裂的可能性：

脆性断裂是应力过大引起的，设计时要充分考虑材料和加工环境，尽可能减小脆性材料中的残余应力。

脆性材料的断裂韧度随着材料表面裂纹和缺陷的增多而降低，因此在硅芯片或陶瓷基板封装和使用之前，将脆性的芯片和基板表面抛光以减小表面的缺陷和刻痕，从而提高

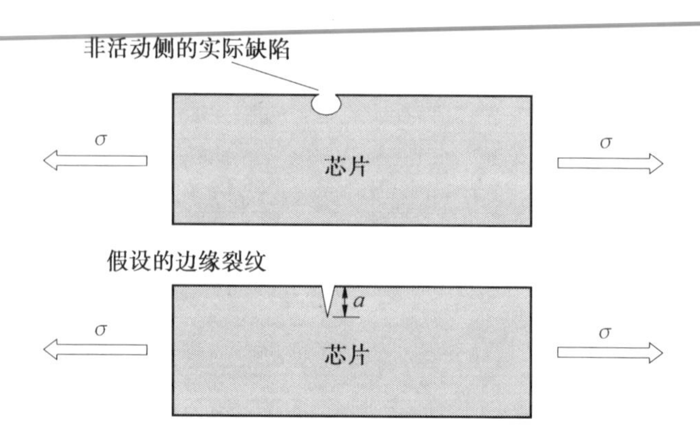

图 2.5　缺陷的实际形状和简化后的形状

脆性材料封装后的可靠性。

2.1.3　抗蠕变失效设计

1. 蠕变概述

蠕变是在一定温度环境下，施加的应力低于材料屈服极限情况下发生的塑性形变，一般是在热效应和应力共同作用下发生的，而且塑性形变程度会随温度和时间的增加而显著增加。随着塑性形变的不断积累，最终材料将会发生断裂，甚至发生器件失效，这种失效模式可以称为蠕变失效。

在高温或者大于 0.5 约比温度时(约比温度为工作温度与材料熔点的开氏温度的比)，蠕变效应非常显著。以铅锡共晶焊料为例，其熔点为 183 ℃，在室温下约比温度已经大于 0.5，所以很容易发生蠕变失效。

图 2.6 所示是蠕变曲线图，可以分为三个不同阶段：初始阶段(减速蠕变阶段)；第二阶段(恒速蠕变阶段)，也称稳态蠕变阶段；第三阶段(加速蠕变阶段)。在初始阶段，随着时间的增加，蠕变速率迅速减小；在第二阶段，蠕变速率只有一个很小的降低，几乎为一个常数；在第三阶段，蠕变速率迅速增大，最终导致蠕变断裂。所以，如果蠕变失效是器件失效的主要模式，那么让电子元器件工作在稳态蠕变阶段则可以使器件的寿命有效延长。

2. 抑制蠕变失效的设计

蠕变的发生与材料的熔点、环境温度、外界应力均有密切关系，所以可以采取下面的方法来减小因蠕变而引起的失效：

封装结构中钎焊连接材料的熔点越低，越容易发生蠕变，甚至在室温下都会发生蠕变失效。在条件恶劣或者高温下，像汽车和高温探测等应用中的连接材料就需要选择高熔点材料，以有效避免或减缓蠕变失效。

蠕变形变不仅与环境及工作温度有关，而且与施加的应力有关，减小应力可以降低蠕变形变。

蠕变还与荷载作用的时间有关，工作在高温、高应力下的器件时间越长越容易失效。应用在汽车和航空航天中的器件往往要工作很多年，这样抗蠕变设计就显得非常重要；而对于使用 2～3 年的便携式电子器件，蠕变失效就不是导致其失效的重要因素。

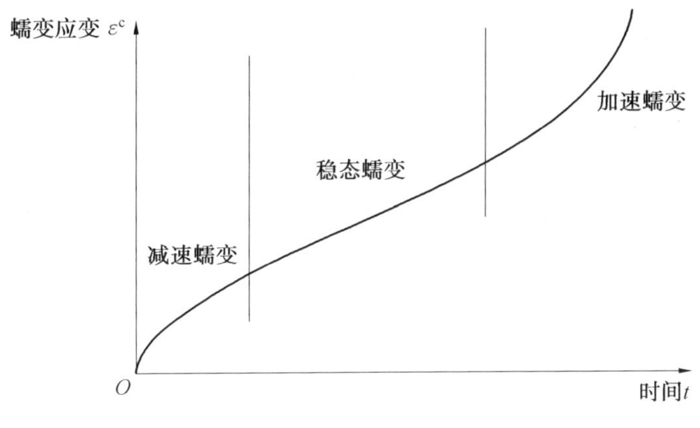

图 2.6 蠕变曲线图

2.1.4 抗分层失效设计

1. 分层失效概述

电子元器件,特别是高密度封装器件,其封装结构中包含多层结构,且相邻层的材料及性能有一定差异。如印制电路板、与芯片连接的多层基板、基板表面的多层薄膜。分层缺陷指的是电子元器件中本应结合在一起的不同层之间发生了剥离或分层的情况。

分层根据发生的位置可以分为内部分层和边缘分层,内部分层指的是电子元器件封装体内部发生的分层,而在器件边缘、应力集中处发生的分层称为边缘分层。

图 2.7 所示是多层结构的内部分层。该基板表面有多层的绝缘介质和金属导体层。在层间出现的开裂为内部分层缺陷或失效。图 2.8 所示是倒装焊中的边缘分层,分层发生在底部填充树脂与芯片边缘,以及底部填充树脂与基板之间。

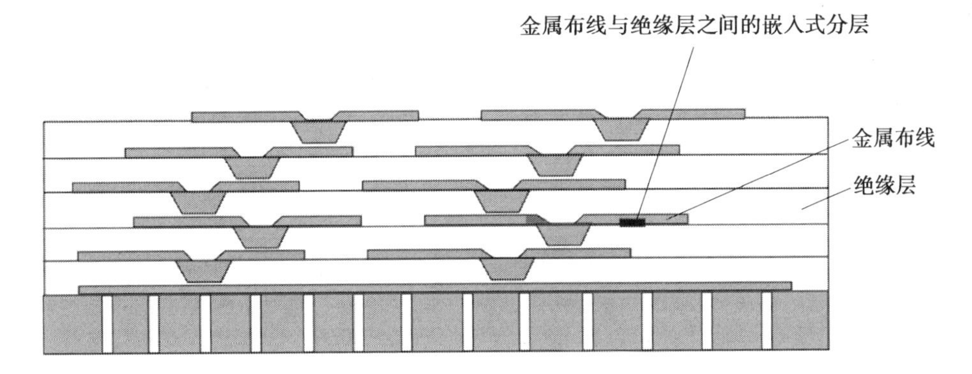

图 2.7 多层结构的内部分层

环氧树脂塑封料及有机基板逐渐取代了陶瓷封装和金属封装,成了目前封装的主流形式。这些有机材料吸湿率较高,当在生产和可靠性试验中经历高温和高湿环境时,湿气进入封装体,材料膨胀,内部应力增加导致分层,分层现象会导致电子元器件封装可靠性的严重降低。例如,多层结构的内部分层,金属布线和绝缘电介质之间的分层会通过垂直导孔传播引起裂纹,导致基板多层电路结构发生断路,进而导致失效。倒装焊中的边缘分

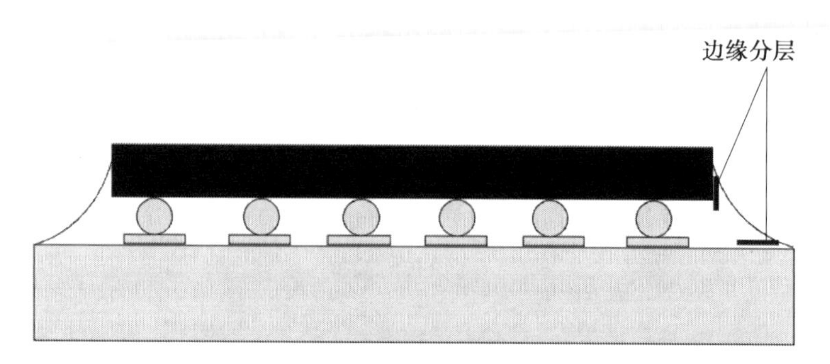

图 2.8 倒装焊中的边缘分层

层会降低芯片与封装材料之间的结合强度以及基板与封装材料之间的结合强度，器件边缘的分层在后续服役过程中加速扩展，导致水汽、污染物等更容易进入封装体内部。另外，芯片和封装材料之间的分层将使芯片产生的热量向外界传递路径受到影响，这可能导致芯片工作温度升高，从而缩短芯片及器件的服役寿命。

根据分层的原因不同，分层失效模式主要分为以下两类：第一类是塑封料内部存在湿气。塑封料的原材料存储、成品生产及成品存储都难免会接触到湿气，以及存在塑封料环境不达标等情况，因而塑封料内部会聚集湿气，在进行后固化、可靠性试验、回流等一系列高温环境下的处理时，水汽化导致塑封料体积迅速膨胀，进而导致分层。第二类是半导体封装材料热膨胀系数差异过大。塑封料、芯片、框架等材质不同，其热膨胀系数也不同，因此接触面在高温下出现剪切应力。如果剪切应力过大，则容易出现分层。

此外，待连接材料表面清洁度不够、有污染物、材料表面粗糙度或不流平度过大等都会诱发分层失效。

尽管到目前为止还没有一个预测分层的判断标准，但可以用界面的剪切和拉伸应力与相应的剪切和拉伸强度相比较来判断不同材料界面是否出现分层，界面处应力示意图如图 2.9 所示。

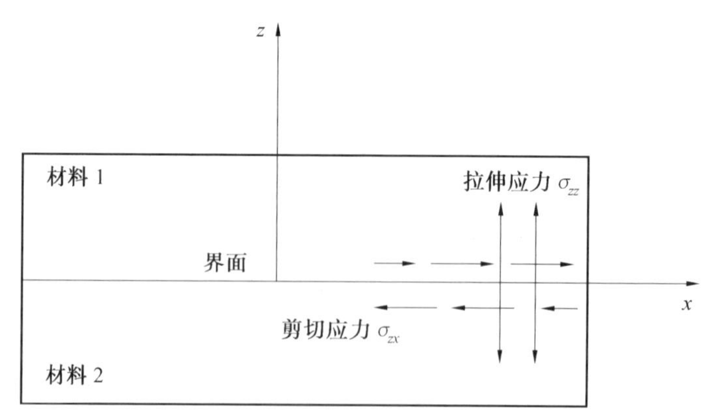

图 2.9 界面处应力示意图

可以用下面的公式来判断是否出现分层：

$$\frac{\sigma_{xz}}{\sigma'_{xz}}+\frac{\sigma_{zz}}{\sigma'_{zz}}\geqslant 1 \tag{2.8}$$

式中，σ_{xz}和σ_{zz}分别为剪切应力和拉伸应力；σ'_{xz}和σ'_{zz}分别为由试验得到的剪切强度和拉伸强度。

分层一旦产生，是否扩展由外界提供能量的大小来决定，界面是否发生断裂往往作为分层是否传播的判据。一般来说，当能量的释放速率（分层区域扩展引起的势能减少量）超过给定剪切和拉伸合成能量临界释放速率时，分层将进一步扩展。

2. 降低分层失效的设计

可以采用下列措施来减少分层失效。分层问题主要出现在材料加工和制备过程中，工艺环境控制得当可以有效地降低分层缺陷的出现。以塑封器件为例，合理的传递模塑工艺可以避免塑封器件出现整体包封、芯片底部填充地不充分或不完整，以及塑封体内部气泡的形成。在封装好器件与电路板或者芯片与基板进行回流组装前，对有机基板要进行前烘处理，驱除基板内部潮气，以避免器件封装和回流组装时产生蒸气，出现分层缺陷。

对非工艺因素引起的分层失效，可以通过降低相互连接材料属性参数的失配来减小分层缺陷的出现和扩展。

此外，还可以通过提高不同层材料间的黏附质量来降低分层的出现和扩展。例如，通过选择化学亲和力大的材料对不同材料的接触表面进行预处理，可以提高不同材料间的黏附强度。

对引线框架尖脚位置进行预处理，减小封装体中应力集中的点或者位置，也可以有效减小分层失效发生的概率。

2.1.5 抗塑性形变设计

1. 塑性形变概述

当外部施加的应力超过材料的弹性极限或者超过材料的屈服点时，材料就会发生塑性形变。材料发生弹性形变时，若外部作用力消失，弹性形变会消失，材料将恢复原状；而材料发生塑性形变后，即使撤去外部应力，材料发生的塑性形变仍将存在，换句话说，塑性形变是永久性的。图 2.10 所示是弹塑性材料的应力一应变曲线。

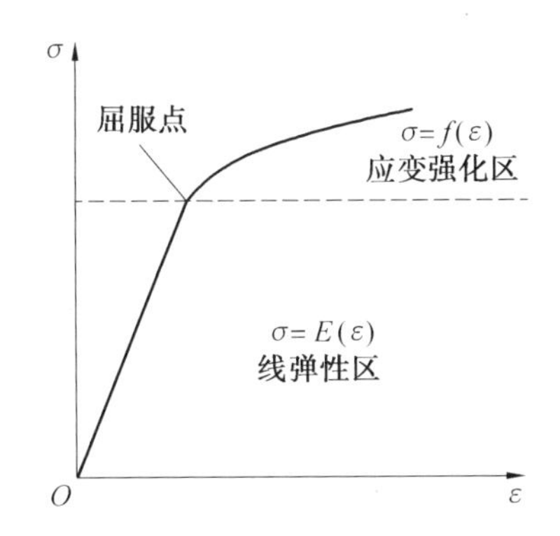

图 2.10 弹塑性材料的应力一应变曲线

在材料发生屈服之前，材料属性为线弹性；当材料变形超过屈服点以后，应力和应变将表现为非线性关系。将施加的应力值与屈服应力值比较，就可以判断材料是否开始产生塑性形变。当作用在电子元器件上的应力为多轴向应力时,首先计算出等效应力,通过比较等效应力和屈服应力之间的关系来判断电子元器件材料是否发生塑性形变。

尽管塑性形变本身不影响电子元器件的电气属性,但塑性形变过大,或者在循环载荷作用下塑性形变不断积累,将会导致构成电子元器件材料产生裂纹,最终使得器件无法正常工作。

2. 抗塑性形变设计

可以采用下列措施来减小塑性形变引起的器件失效。发生塑性形变的原因是施加于材料的应力超过相应材料的屈服应力,设计时,要使得封装结构所承受的应力不超过材料的屈服应力,并尽可能选择屈服强度高的材料。

在应力集中区域和应力异常的不同材料界面处,一般会出现结构不连续,在设计时要充分考虑局部塑性形变。例如,在焊点的设计中,尽可能将塑性形变控制在1%以内。

2.2 传热基础

2.2.1 电子元器件传热概述

电子元器件的电能集中在芯片处,并在芯片较小区域集中产生大部分热量,形成芯片最热部位,该部位称为结点(Junction),其温度称为结温。芯片的结温与封装体内部的温度分布、功耗、芯片的散热路径、热界面材料、散热条件以及所处系统的环境温度等因素密切相关。当有电流通过导线、多晶硅层和半导体器件时,由于电阻的存在,电子元器件内部将产生大量的热量。如果不进行冷却处理,温度会逐步升高,直到器件停止工作或丧失其物理性能,所以对芯片及器件进行冷却是必要的,可以将器件与低温固体、液体或气体相接触,便于芯片及器件产生热流流出。电子产品的热设计指的是通过采用合理的散热技术和结构,优化设计方案,使结温不超过器件所允许的最高温度(对于硅功率器件,通常最高允许温度不超过150 ℃,连续工作温度不超过125 ℃),保证器件及模块正常可靠地工作。由于存在冷却,芯片或器件的温度只会适度增加,并保证芯片或器件在合理、允许的温度范围内工作。

在稳定、非极端情况下,芯片及器件产生的所有热量会传递到周围环境的固体、液体或气体中。周围环境及材料热传递机制越强,芯片及元器件高于环境温度的可能性或数值就越小。例如,高速空气喷射元器件表面的热传递机制要强于自然对流,沸腾液体要强于低速液体。热传导、对流、辐射与相变过程一样,在电子元器件冷却中都会起作用。成功的封装结构设计可以使元器件工作在其可靠工作的温度范围内,这种工作环境依赖于材料的适当组合和热传方式的恰当选择。

2.2.2 热控制的重要性

尽管微电子元器件尺寸、功耗和对温度敏感的程度不一样,但其热控制原理基本类似,且在设计时给予相同的考虑。避免突然失效(即电子功能和封装体的瞬时失效)或完全失效是电子产品热控制的首要目的。瞬时失效往往与温度较大幅度地快速升高有关,这会导致半导体材料性能发生巨变,甚至导致封装材料的破裂、分层、熔融、蒸发、起燃。根据芯片或器件的热敏感程度,需要在设计阶段就确定采用何种热控制方法,如选择合适的液体、热传递方式以及冷却剂入口温度等。

在选择热封装方法之后,就要考虑每个元器件和组件的可靠性等级以及有关的失效率指标。分立的固态电子器件本质上是可靠的。举个例子,比如单个微电子芯片含有15 兆个晶体管和600 个引脚,而几十个这样的元器件应用在单一系统中,要在产品使用寿命期内能正常运行将是最严峻的挑战。减小和消除热失效,常常要求降低其温度与环境温度之差,减小封装结构中的温度梯度及变化。

2.2.3 失效率与温度的关系

系统可靠性是指在给定期限内系统满足所需功能的概率。由于分立电子元器件没有可动部件,尤其在室温或近似室温的情况下使用时,其性能在很多年内都是可靠的。在实际中,集成电路往往是在超高温情况下工作的,长时间暴露在高温中导致大多数电子元器件失效率增加。键合材料在高温和应力的作用下发生蠕变、寄生化学反应,以及半导体结构中掺杂物的扩散都会加速器件的失效率,这只是其中的几种可能性。这些情况以及相关的失效模式在电子元器件的可靠性与其工作温度之间可以建立直接的联系。图 2.11 所示是温度对失效率的影响。

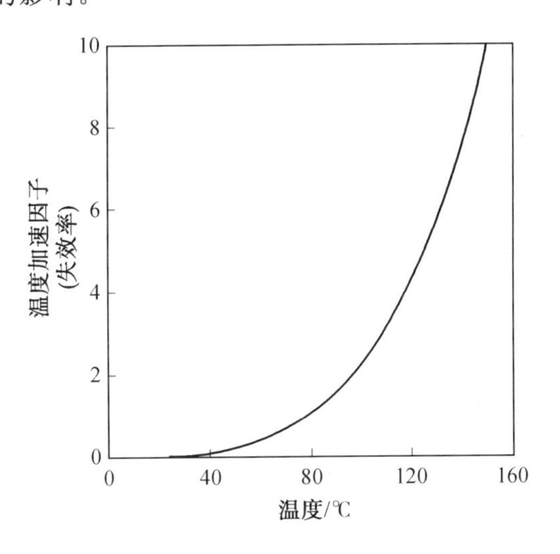

图 2.11 温度对失效率的影响

从图 2.11 中可以看出,电子元器件失效率与其工作温度近似成指数关系。因此,如果芯片工作温度从 75 ℃升高到 125 ℃,其失效率会增加将近 5 倍。在某些条件下,芯片温度增加 10～20 ℃,会使失效率成倍增加。因此,对大多数电子元器件及系统而言,温度是影响其可靠性的最大因素。在这些系统中,热控制对电子系统能否正常运行起决定性作用。

在电子系统热学设计的最后阶段,其可靠性、可用性和耐用性是评价热控制的标准,用于指导最终技术和设备的选择。封装工程师的作用正是确保电子元器件及系统在工作时具有高可靠性,来补偿附加的寿命循环成本及风扇、泵和特定界面材料的固有失效率。

2.2.4 封装等级与散热

为了研究特定电子产品的热设计技术，首先需要定义相关的封装等级，如图 1.3 所示。封装种类常用芯片封装来区分，安放与保护芯片是最低的封装级别，即一级封装；印制电路板提供芯片和芯片之间的通信，是二级封装；连接印制电路板的母板或背板是三级封装。

封装等级不同，基本热传递机理和常用的散热技术区别很大。一级热封装主要考虑热量从芯片传导到电子元器件封装表面，再进入印制电路板中。在一级热封装中，减小芯片与封装体到封装体表面之间的热阻是降低芯片温度最有效的方法。例如，把芯片与金刚石、银或其他高热导率填充材料（如热润滑油，也就是"相变"材料）相粘连，它在工作温度下软化时会与芯片表面很好地接触，这些方法可以提高其热学性能。此外，对于塑封球栅阵列器件（Plastic Ball Grid Array，PBGA），其中芯片与引线框架连接的封装结构，芯片产生的热量可以从与之连接的金属板散去，使用热导率高的模塑料和嵌入热金属片等，对电子元器件的散热都会产生很好的效果。

把热沉（散热片）和电子元器件封装外壳连接在一起也是一种常用、有效的散热方法，其目的是增加通过对流散热的附加表面积。对流既可以由空气的自然循环产生，也可以通过风扇将空气吹过散热片表面或使用风箱等产生。在非常高的功率模块或器件应用中，需要通过连接的导热管、直接连接的散热片、高速空气喷射或直接浸没在绝缘液体中来冷却芯片。

二级封装的散热可以通过印制电路板的热传导或对流传递到环境空气中来实现。使用具有高热传导能力的厚地线层或嵌入导热管的印制电路板，可增强二级封装中的热扩散。同样也可以利用被覆绝缘层的金属芯电路板增强二级封装的散热。散热片通常连接在印制电路板的背面。在许多机载系统或为恶劣环境设计的系统中，不可能使用对流冷却，而热必须传递到印制电路板的边缘，这时附着在边缘的散热片或热交换器便被用来排除蓄积的热量。

散热片或伸入空气流中的散热片常被用于一级封装或二级封装中，以便将热量传递到周围空气中。当使用三级封装或四级封装时，热封装一般涉及有源热控制方法，如空气处理系统、制冷系统、导热管、热交换器和泵等。热风的自然循环可以用来冷却组件和机架。

2.2.5 微系统的冷却要求

尽管表征半导体革命的晶体管开关能量大幅度降低，但对微电子元器件的冷却研究仍未终止。由于器件密度的增加，芯片需要排出的热量也在增加。20 世纪 60 年代初，2～3 mm小规模集成芯片需排出热量为 0.1～0.3 W；20 世纪 80 年代中期，10 mm 大规模元器件和超大规模集成 CMOS 器件需排出热量为 1～5 W。硅双极芯片的历史可靠性数据已经使军用电子元器件达到了传统 PN 结上限温度值 110～120 ℃。在 20 世纪 80 年代的商业应用中，出于可靠性及性能考虑，电子元器件合理的工作温度值在 65～85 ℃。由于市场对高速集成电路的需要，微处理器芯片功耗在 20 世纪 90 年代中期达到 15～

30 W。20 世纪末，高性能工作站中的芯片典型功耗已超过了 50 W。为了容纳和耗散器件产生的高热量，硅器件的可靠性大幅度改进，到 20 世纪 90 年代末，PN 结结点温度的允许值在 PC 机中接近 100 ℃，在工作站和日用电子产品中达到了 125 ℃。

在低成本产品或日用电子产品(包括磁盘、显示器、微控制器、音箱等)中，热量耗散是非常有限的，且用于冷却的费用较少。在现今和将来的一段时间内，这类产品的热控制仅仅依赖于空气的自然循环，通过被动的方式增强散热。

自然对流冷却是存储器件的常用冷却方法。但是当许多 DRAM 或静态随机存储器(Static Random Access Memory，SRAM)叠在一起或高密度地封在印制电路板上时，每个器件典型功耗是 1 W，强迫对流便用来维持这些器件工作在允许的 100 ℃内。这些技术在储存器件热控制中得到广泛应用。

在 20 世纪 90 年代，汽车类产品位于“恶劣环境”的外层电子元器件先于“里程表”元器件损坏。“护罩下”和车辆的其他地方环境温度高，可达到 165 ℃高温，功耗在 10～15 W的汽车 IC 需要在高达 175 ℃下可靠工作。类似的应用包括采矿、资源勘探和军用高性能产品，芯片尺寸由 1999 年相对较小的 53 mm^2 增加到 2012 年的 77 mm^2。芯片热流相当于高性能产品类。然而，在这些应用中，由于较小的温差，这些应用场景对热控制提出了严峻的挑战。

在整个 20 世纪 90 年代，散热片辅助空气冷却是高性价比类产品原始的制冷方法，这些产品包括台式电脑或笔记本电脑。台式电脑微处理器中的热控制常常依赖于将芯片安装或粘接到模压铝热沉(散热片)上，由远距离的风扇来进行冷却。

为了缩小笔记本电脑与台式电脑性能的差别，20 世纪 90 年代末，散热片风扇冷却开始在笔记本电脑中应用。然而，在整个 10 年间，由于电池功率的限制，因此需要利用空气的自然对流冷却。空气循环流过散热片、导热管以及被扩散加热的金属盒，为 3～5 W 的芯片提供了必要的冷却。使用改进的高性价比芯片的高级笔记本电脑对热控制提出更加苛刻的要求。

20 世纪 90 年代后期，在市场压力影响下，所有高性能产品中的热控制广泛使用空气冷却，这种技术是 20 世纪 80 年代多芯片组件空气冷却的自然发展。21 世纪初，高端商用工作站和服务器的典型功耗是 60～70 W，芯片的热流密度是 25.9 W/cm^2，这就要求热封装必须使用散热装置。

2.2.6 热控制基础

为了确定电子系统热流中的温度差，有必要认识热传递的机理及其控制方程。在一个典型系统中，从微电路或芯片的有源区进行散热需要应用许多传热机理。一些传热机理是串联的，一些是并联的，从而把芯片产生的热量传输到冷却剂或最后的散热片。在电冷却中，一般需要考虑三种基本的热传递方式：热传导(包括接触热阻)、热对流和热辐射。热传导是热量从高温向低温传递的过程；热对流是冷热流体各部分之间发生相对位移进而相互掺混所引起的热量传递过程，常伴有热传导；热辐射是直接通过电磁波辐射向外发散热量的过程。热控制典型的术语见表 2.1。

表 2.1 热控制典型的术语

英文符号	单位	名称
A	m^2	面积
C_p	J/(kg・K)	定压比热容
D	m	直径
g	m/s^2	重力加速度
h	$W/(m^2 \cdot K)$	热传递系数
H	m	高度
k	W/(m・K)	热导率
L	m	特征长度(长度、宽度或直径)
m	kg	质量
Nu	—	努塞尔数(hL/k)
Pr	—	普朗特数($\mu C_p/k$)
q	W	热流量
R	C/W 或 K/W	热阻
Ra	—	瑞利数
Re	—	雷诺数($\rho VL/\mu$)
t	s	时间
T	℃或 K	温度
ΔT	℃或 K	温差
v	m/s	速度
W	m	特征长度(长度、宽度或直径)
x	m	长度或距离
希腊符号	单位	名称
β	1/K	体膨胀系数
δ	m	厚度或间隙宽度
ε	—	发射率
ρ	kg/m^3	密度
μ	$(N \cdot s)/m^2$	动态黏度

续表 2.1

下标符号	单位	名称
amb	—	环境
f	—	流体
V	—	开放空间
r	—	辐射
s	—	表面
W	—	壁面

1. 一维热传导

在固体、静态液体或静态的气体介质内部，热量从温度较高部分传递到温度较低部分的现象称为热传导，图 2.12 所示是一维热传导示意图。热传导现象的产生是由于分子间的直接能量交换。热传导可用一维傅里叶方程表示为

$$q=-kA\frac{\mathrm{d}T}{\mathrm{d}x} \tag{2.9}$$

式中，q 是热流量，单位是 W；k 是热导率，单位是 W/(m·K)；A 是热流量通过的横截面积，单位是 m^2；$\mathrm{d}T/\mathrm{d}x$ 是热流方向上的温度梯度，单位是 K/m。

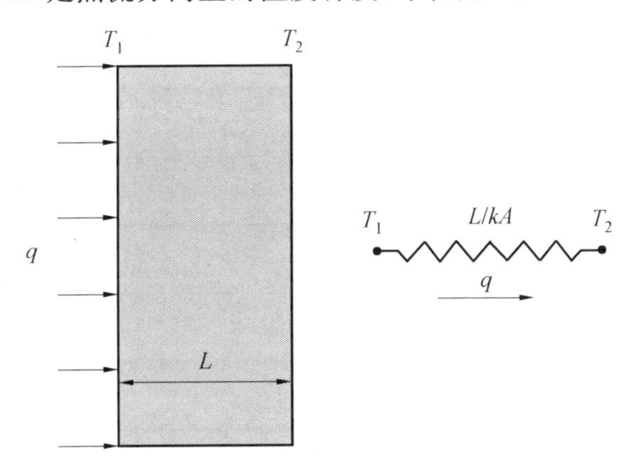

图 2.12 一维热传导示意图

热导率 k 是表征介质中热传递速率的物性参数。常用电子封装材料热学性质见表 2.2。从表中可知，典型电子封装材料的热导率值有很大的差别，空气的热导率是 0.024 W/(m·K)，典型导热脂的热导率是 1.1 W/(m·K)，铝和硅的热导率分别是 150 W/(m·K)和 120 W/(m·K)，而金刚石的热导率达到了 2 000 W/(m·K)。与空气的热导率相比，聚合物的热导率约为其 10 倍，水的热导率约为其 25 倍，陶瓷的热导率约为其 100 倍，金属的热导率约为其 10 000 倍，而金刚石的热导率约为其 83 330 倍。大多数 IC 封装和印制电路板是由低热导率的环氧树脂和聚合物组成。因此，把热量从这些封装体中传递出的唯一办法是利用高热导率材料，如陶瓷、金属等材料。

表 2.2 常用电子封装材料热学性质

材料	密度/(kg·m^{-3})	比热容/(J·(kg·K)$^{-1}$)	热导率/(W·(m·K)$^{-1}$)	比率
空气	1.16	1 005	0.024	1
环氧树脂(绝缘体)	1 500	1 000	0.23	9.6
环氧树脂(导体)	10 500	1 195	0.35	14.6
聚酰亚胺	1 413	1 100	0.33	13.8
FR－4	1 500	1 000	0.30	12.5
水	1 000	4 200	0.59	24.6
导热脂	—	—	1.10	46
铝土	3 864	834	22.0	916
铝	2 700	900	150	6 250
硅	2 330	770	120	5 000
铜	8 800	380	390	16 250
金	19 300	129	300	12 500
金刚石	3 500	51	2 000	83 330

对式(2.9)进行积分,便可以得到稳态热传导路径为 L 时的温度差,即

$$T_1 - T_2 = \frac{qL}{kA} \tag{2.10}$$

当热传递通过两个相连固体的界面时,通常伴随着可测量的温度差,它与界面或接触热阻有关。对于理想的粘接固体,在晶体结构中的几何差别(晶格失配)阻止了声子和电子通过界面。但对实际表面而言,两个互相接触的固体表面上存在凸起点,限制了实际接触,接触面仅仅是一些离散的界面。图 2.13 所示是固－固界面的接触和热流。因此,通过这种界面的热流包括实际接触面积是 A_c的固－固之间热传导和面积是 A_v的空间流体传导。在高温或真空中,空间的辐射传热将起到重要作用。

如图 2.13 所示,如果每个不规则固体表面的平均厚度是 $\delta/2$,热流以并行路径通过界面,也就是通过固体和流体界面。从而,通过界面的热流量可以表示为

$$q = \frac{T_1 - T_2}{\delta/(2k_1A_c) + \delta/(2k_2A_c)} + \frac{T_1 - T_2}{\delta/(k_fA_v)} \tag{2.11}$$

式中,k_1 和 k_2 分别表示固体 1 与固体 2 的热导率;k_f是两个固体间隙中流体的热导率。

式(2.11)表明接触面积、凸起高度以及介质热导率在界面热流量中起主要作用。

2. 热对流

从固体向流体的传热现象称为对流,图 2.14 所示是对流传热示意图。

热对流机理可以分为两类:一类是在固体表面附近的准静态分子的热交换,类似于热传导;另一类是因固体表面流体的整体运动而产生的热传递。表面和流体之间的对流散热可用热流量与温度差的线性关系来描述,也就是牛顿冷却定律,即

$$q = hA(T_s - T_l) \tag{2.12}$$

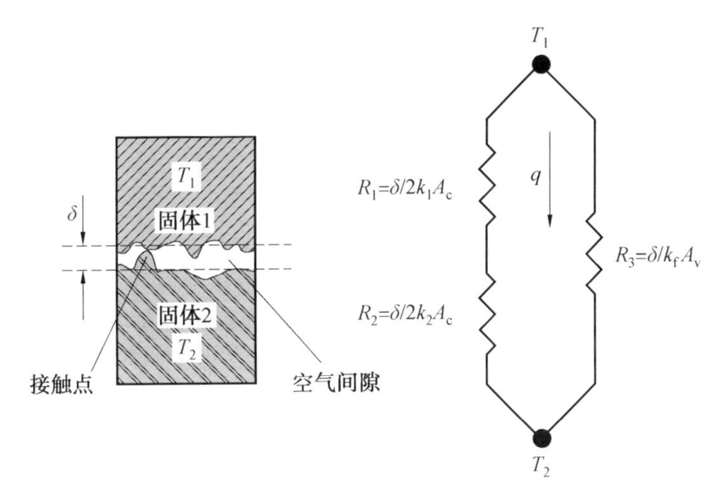

图 2.13 固一固界面的接触和热流

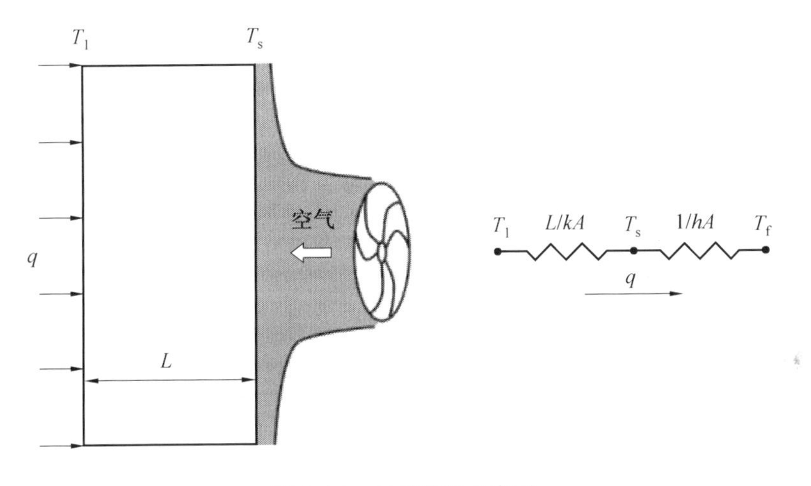

图 2.14 对流传热示意图

式中，h 是热传递系数；A 是浸湿面的面积；T_s 是表面温度；T_f 是附近流体的温度。

高速循环流体与低速循环流体对流换热的差异，以及不同流体的对流输运特性，用不同热传递系数 h 来反映。典型流体对流热传递系数的变化范围见表 2.3。

表 2.3 典型流体对流热传递系数的变化范围

对流方式	热传递系数/(W·(m²·K)⁻¹)
气体自然对流	5～15
液体自然对流	50～100
气体强迫对流	15～250
液体强迫对流	100～2 000
沸腾液体或冷凝蒸气	2 000～25 000

从表 2.3 中可以看出，热传递系数的数值从气体自然对流的 5 W/(m² · K)到沸水对

流的 25 000 W/(m² · K),增加了 4 个数量级。和热导率不同,对流热传递系数 h 不是流体的基本性质。热传递文献中有许多理论公式和经验关系式,可以用来确定特定流体在沟槽或各种几何形体表面的对流热传递系数。这些关系式可以用无量纲的形式来表示,即

$$Nu = CRe^n Pr^m \tag{2.13}$$

式中,Nu 是努塞尔数(无量纲热传递系数);C 是几何常数;Re 是雷诺数(无量纲速度);Pr 是普朗特数(无量纲流体特征),它反映了流体中动量扩散与热扩散能力的对比。

对特定的流体和常用的几何形状,以简化的热传递系数公式或列表数值来确定这些重要的参数值。对流热传递系数的关系式见表 2.4,空气温度为 50 ℃时,对流热传递系数的简化公式见表 2.5。

表 2.4 对流热传递系数的关系式

对流方式	关系式
等温垂直表面的自然对流	$h = CRe^n = C\frac{k_f}{L}\left(\frac{\rho_f^2 \beta g C_p \Delta T L^3}{\mu_f k_f}\right)^n$ $C = 0.59, n = 1/4$ 在 $1 < Ra < 10^9$ $C = 0.10, n = 1/3$ 在 $10^9 < Ra < 10^{14}$
垂直等热流表面的自然对流	$h = 0.631\frac{k_f}{L}\left(\frac{C_p \rho^2 g \beta q'' H^4}{\mu k_f^2}\right)^{1/5}$
等温水平表面的自然对流	$h = CRa^n = C\frac{k_f}{L}\left(\frac{\rho_f^2 \beta g C_p \Delta T L^3}{\mu_f k_f}\right)^n$ $C = 0.54, n = 1/4$ 在 $10^4 < Ra_L < 10^7$ $C = 0.15, n = 1/3$ 在 $10^7 < Ra_L < 10^{11}$
等温平板的强迫对流	$h = CRe^n Pr^{1/3} = C\frac{k_f}{L}\left(\frac{\rho_f VL}{\mu_f}\right)^n \left(\frac{\mu_f C_p}{k_f}\right)^{1/3}$ 层流:$C = 0.664, n = 1/2$ 湍流:$C = 0.029\ 6, n = 4/5$
圆管内的层流强迫对流	$h = \frac{k_f}{D}\left(3.66 + \frac{0.066\ 8(D/L)Re_D Pr}{1 + 0.04[(D/L)Re_D Pr]^{2/3}}\right)$ $Re_D = \frac{\rho_f VD}{\mu_f}, Pr = \frac{\mu_f C_p}{k_f} (Re_D < 2\ 000)$
圆管内的湍流强迫对流	$Nu = 0.023Re_D^{0.8} Pr^n (Re_D > 2\ 000)$ 加热时,$n = 0.4$ 冷却时,$n = 0.3$

表 2.5 空气温度为 50 ℃时，对流热传递系数的简化公式

对流方式	关系式
等温垂直表面的自然对流	$h=1.51\left(\frac{\Delta T}{L}\right)^{1/4}$
等热流垂直表面的自然对流	$h=1.338(q''H^4)^{1/5}$
等温水平表面的自然对流	$h=1.381\left(\frac{\Delta T}{L}\right)^{1/4}$
等温平板的强迫对流	层流：$h=3.886\left(\frac{v}{L}\right)^{0.5}$ 湍流：$h=0.099\left(\frac{v^4}{L}\right)^{0.2}$
等热流平板的强迫对流	层流：$h=2.651\left(\frac{v}{L}\right)^{0.5}$ 湍流：$h=0.103\left(\frac{v^4}{L}\right)^{0.2}$
圆管内的层流强迫对流	$h=\frac{1}{D}\left[0.131+\frac{1\,563\frac{vD^2}{L}}{1+32.50\left(\frac{vD^2}{L}\right)^{2/3}}\right]$
圆管内的湍流强迫对流	加热时，$h=0.000\,71\left(\frac{v^4}{D}\right)^{0.2}$ 冷却时，$h=0.000\,736\left(\frac{v^4}{D}\right)^{0.2}$

3. 热辐射

通过电磁波和声子来吸收和发射能量的换热方式称为热辐射。热辐射可以发生在真空和任何介质中，其波长在红外区(典型值大于 1 μm)，与传导、对流不同的是，两个表面之间或表面与其周围环境的热辐射与温度差不成线性关系。相反，热辐射是热源与散热片温度 4 次方的差，即

$$Q=\varepsilon\sigma A(T_1^4-T_2^4)F_{12} \tag{2.14}$$

式中，ε 是发射率；σ 是斯特藩－玻尔兹曼常数，其值是 5.67×10^{-8} W/(m² · K⁴)；F_{12}是面 1、2 之间的辐射形状系数。对于两个表面非常接近的高吸收率和高发射率表面，F_{12}近似为 1。当热流从面积小且高发射率的表面辐射到完全包裹它的大且高吸收率的表面时，F_{12}也近似为 1。值得注意的是，在式(2.14)中，T_1、T_2必须用绝对温度单位制。辐射形状系数与复杂几何形状及各种表面条件之间的相互关系可以在一些标准手册中查找。

在有限温度差时，式(2.14)可以表示成如下线性关系：

$$Q=h_r A(T_1-T_2) \tag{2.15}$$

式中，h_r 是等效辐射热传递系数，可以近似地表示为

$$h_r=4\varepsilon\sigma F_{12}(T_1 T_2)^{3/2} \tag{2.16}$$

当温度差是 10 K 量级时，在吸收环境下的理想辐射体的辐射热传递系数 h_r 近似等于其

在空气中的自然对流热传递系数。

4. 集总热容加热与冷却

在电子封装配置中，导体或芯片通电后会在封装体中产生热量。这些产生的热量被封装体吸收，导致封装体温度升高。温度增量可以利用能量守恒定律来确定。对于高热导率的具有内加热的固体，如果没有外部冷却，其温度具有恒定的增加速度，即

$$\frac{\mathrm{d}T}{\mathrm{d}t}=\frac{q}{mC_{\mathrm{p}}} \tag{2.17}$$

式中，q(热流量)是内加热速率，单位是 W；m 是固体的质量，单位是 kg；C_{p} 是固体的比热容，单位是 J/(kg・K)。

式(2.17)中假定了固体内部温度的增加足够小，使得整个固体具有同一温度。这个关系常常称为集总热容，一般在固体热导率很高的情况下使用。

当有外部冷却时，温度会渐进增加到稳态温度。如果热传递系数是已知的，可以用式(2.12)来确定这个高于环境温度的稳态值。对于一个对流冷却集总热容固体，其温度随时间的变化关系是

$$T(t)=T(0)+\Delta T_{\mathrm{ss}}(1-\mathrm{e}^{-hAt/mC_{\mathrm{p}}}) \tag{2.18}$$

式中，ΔT_{ss}是根据式(2.12)对流关系式确定的稳态温度值；mC_{p}/hA 是该固体的热时间常数。

当利用对流来冷却固体时，流向周围环境的热流量遇到两种热阻:固体内的传导热阻和外表面的对流热阻。当内部热阻远小于对流热阻时，固体内部的温度变化可以忽略不计，从而就可以采用集总热容法。毕奥数 Bi 表示固体内的传导热阻与外表面对流热阻之比，可用来确定这个假设的合理性，其定义为

$$Bi=\frac{\text{内传导热阻}}{\text{外表面对流热阻}}=\frac{\dfrac{L}{kA}}{\dfrac{1}{hA}}=\frac{hL}{k} \tag{2.19}$$

式中，h 是外表面的传热系数；k 是固体的热导率；L 是特征尺寸，它是固体体积与单位外表面面积的比。当 $\mathrm{Bi}<0.1$ 时，用集总热容法来确定固体温度通常是合理的。

5. 热阻

热阻是热设计中最重要的参数。热阻表征了热量在热流路径上遇到的阻力。当有热量在物体上传输时，将物体两端温度差与热源的功率之比定义为热阻。当热量流经热阻时，就会产生温差，这与电流流经电阻产生压差类似。热阻越大，热量越难传导，器件温度也就越高。因此，热阻是衡量器件散热能力的重要指标。

(1)热学“欧姆定律”。

根据傅里叶定律中的温度差形式，即式(2.10)，可以把热传导与电流流过导体类比，即欧姆定律($\Delta V=RI$)。热流量 q 类比于电流 I，温度降 ΔT 类比于电压降 ΔV，则热阻可以定义为

$$R_{\mathrm{th}}=\frac{\Delta T}{q} \tag{2.20}$$

严格来讲，尽管这种类比只适用于传导导热，但也可以推广到其他各种形式的传热。

R_{th}可以通过实验的方法确定，它取决于热流量和温度差的测量值和分析值，及两个量的理论表达式或实验关系式。

芯片封装和其他封装的配置常常由总热阻 R_T（终结到冷却剂）来表示其特性。在一些封装技术文献中，总热阻一般用符号 θ_{ja} 来表示，它是由器件有源结区与环境的温度差决定的，其定义如下：

$$\theta_{ja}=\frac{T_j-T_a}{q} \tag{2.21}$$

式中，T_j是结区的温度，单位是 ℃；T_a是环境温度，单位是℃ ；q 是元器件的功率。

作为一级近似，封装的总热阻可分为两部分：θ_{jc}取决于内部封装结构，主要是热传导；θ_{ca}取决于安装和冷却技术，主要是热对流。

(2)热阻关系式。

根据式(2.20)与式(2.21)，单层材料的传导热阻为

$$R_{th}=\frac{L}{kA} \tag{2.22}$$

典型尺寸封装材料的传导热阻可以通过式(2.22)获得。传导热阻的值从面积为 100 mm²、厚为 1 mm 环氧树脂的 2 ℃/W 变化到面积为 100 mm²、厚为 25 μm 铜的 0.000 6 ℃/W。对于 L/A 的变化范围 0.25～1 m^{-1}，典型“软”键合材料的传导热阻值的变化范围从钎料的 0.1 ℃/W 变化到无载环氧树脂的 3 ℃/W。图 2.15 所示是典型电子材料传导热阻值(R_{cond})随热导率的变化关系。当热流是一维时，各层封装的热阻叠加可以得到内热阻 θ_{jc}。

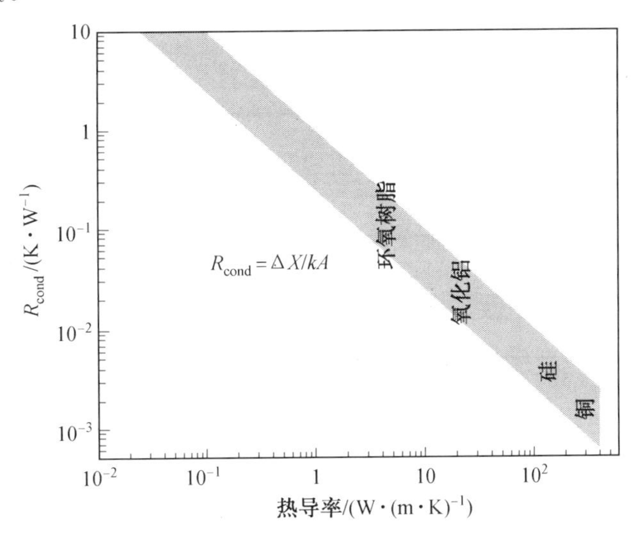

图 2.15　典型电子材料传导热阻值(R_{cond})随热导率的变化关系

然而，电子封装的几何形状是很复杂的，热流是二维甚至三维的，可以通过“形状因子”来近似得到内热阻。利用式(2.22)，分子分母同除以 L，可以得到传导热阻与特征长度 L 的关系式为

$$R_{th}=\frac{L}{kA}=\frac{1}{k\frac{A}{L}}=\frac{1}{kS} \tag{2.23}$$

式中，S 表示热传导形状因子，它只与结构的几何尺寸有关，定义为

$$S=A/L$$

根据此定义，通过封装体的热流量可以表示为

$$q=kS\Delta T \tag{2.24}$$

该式可以应用于二维或三维情况。利用式(2.23)计算封装的传导热阻时，需要知道形状因子，读者需要从相关文献中查到详细的形状因子。

对流传热的热阻可以通过下式得到，即

$$R_{th}=\frac{1}{hA} \tag{2.25}$$

这个关系式可以表示任何热传递过程的热传递系数，包括辐射换热。图 2.16 给出了面积 10 cm^2、流速 2～8 m/s 的热源在各种冷却和热传递机理下的热阻值。从图中可以看出，热阻值从空气自然对流的 100 K/W、空气强迫对流的 33 K/W，一直变化到沸腾液态氟化物的 0.5 K/W。

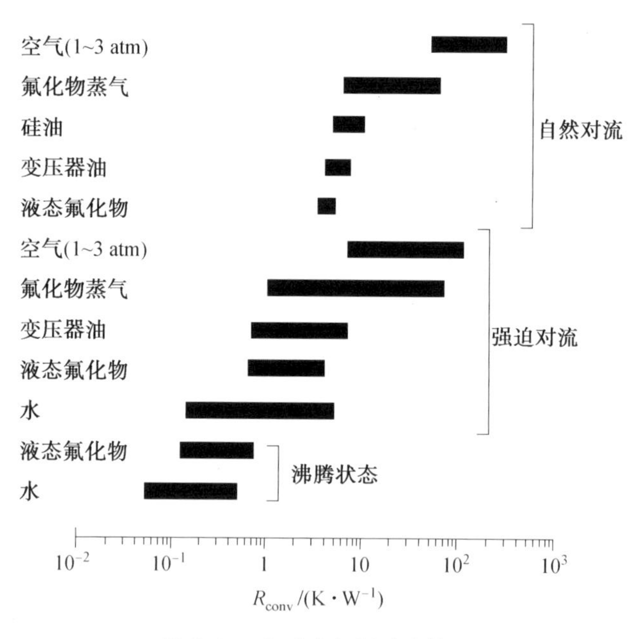

图 2.16 典型冷却剂对流热阻

(3)热阻类型。

材料的界面存在热阻，电子元器件的热阻可以用串联、并联和等效的方式进行简化和计算。

①界面热阻。

式(2.11)表明了界面热流量和两个表面间隙之间的关系，可以用来确定界面温差，但实际上这个间隙与所用参数相关。界面施加的压力、界面硬度以及固体粗糙度决定了界面间隙 δ 和接触面积 A_c。面积加权后界面间隙为

$$Y=1.185\sigma\left(-\ln\frac{3.132P}{H}\right)^{0.547} \tag{2.26}$$

式中，σ 是表面粗糙度的等效平方根(Root Mean Square, RMS)，$\sigma=(\sigma_1^2+\sigma_2^2)^{0.5}$，单位是 m；$P$ 是接触压力，单位是 Pa；H 是表面硬度，单位是 Pa。

值得注意的是式(2.26)中的 σ 与本章前面介绍的热辐射传热系数——斯特藩一玻尔兹曼常数是不同的。根据式(2.26)的关系及近似推导出的固体中的热传导，可得总界面热阻是

$$R_{\text{int}}=\left[1.25k_{\text{s}}\frac{m}{\sigma}\left(\frac{P}{H}\right)^{0.95}\frac{k_{\text{g}}}{Y}\right]^{-1} \tag{2.27}$$

式中，m 是绝对 RMS 表面斜率，$m=(m_1^2+m_2^2)^{0.5}$；k_{s} 是调和平均热导率，$k_{\text{s}}=2k_1k_2/(k_1+k_2)$；$k_{\text{g}}$ 是间隙热导率。在缺乏详细信息时，相对光滑表面的 σ/m 值变化范围可取 5～9 μm。

②串联热阻。

在实际元器件的热封装设计中，上面讨论的热阻可以用来估算总封装热阻。图 2.17 所示是串联热阻示意图，热流通过热导率和厚度分别为 k_1、k_2、k_3 和 L_1、L_2、L_3 的三层复合平板。在平板的右侧有对流传热，h 表示对流热传递系数，T_{a} 表示环境温度。

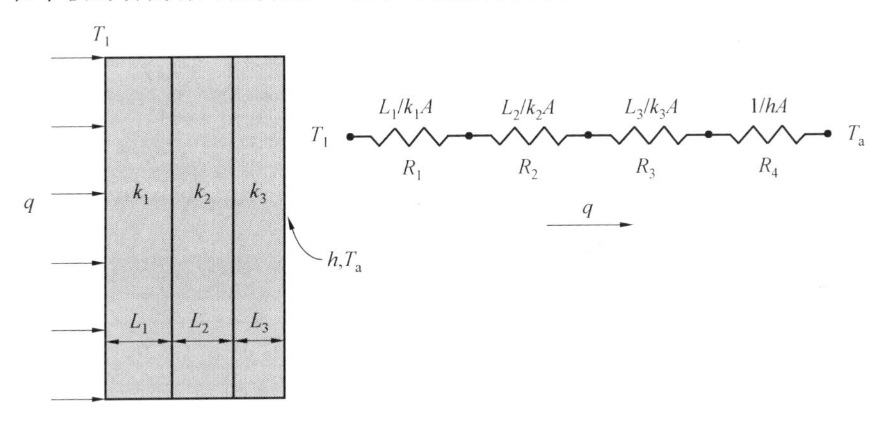

图 2.17 串联热阻示意图

与前面的讨论一样，复合体各层热阻可以表示为(L_i/k_iA)，这里 i 表示层编号。右表面的对流热阻是$(1/hA)$，热阻 R_1、R_2、R_3 和 R_4 是串联的。利用电学类比法，如图 2.17 所示，其中温度 T_1 与环境温度 T_{a} 之间的等效总热阻 R_{t} 可以表示为

$$R_{\text{t}}=R_1+R_2+R_3+R_4=\frac{L_1}{k_1A}+\frac{L_2}{k_2A}+\frac{L_3}{k_3A}+\frac{1}{hA} \tag{2.28}$$

根据式(2.28)和式(2.10)，壁面温度 T_1 可以表示为

$$T_1=R_{\text{t}}q+T_{\text{a}} \tag{2.29}$$

③并联热阻。

图 2.18 所示是并联热阻示意图。热流通过热导率和厚度分别为 k_1、k_2、k_3 和 L_1、L_2、L_3 的三层复合平板，平板的长度是 W，在纵向方向上具有单位宽度。三个平板左侧的温度都是 T_1，右侧的温度都是 T_2。

与前面讨论相似，每层的热阻是(W/L_ik_i)，这里 i 表示层编号。在这种情况下，R_1、R_2 和 R_3 是并联的，利用并联电阻电学类比法(图 2.18)可得

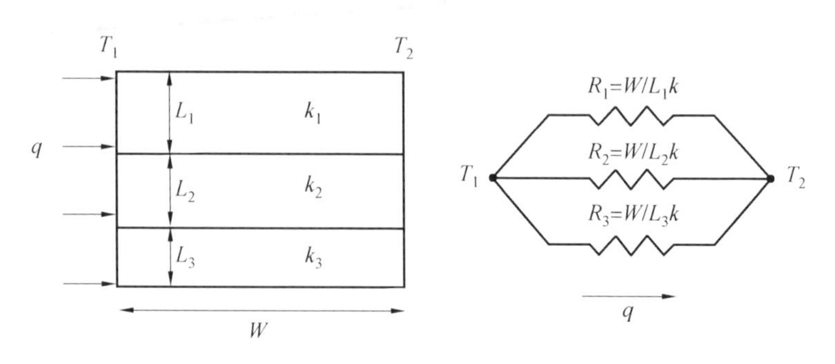

图 2.18　并联热阻示意图

$$\frac{1}{R_t}=\frac{1}{R_1}+\frac{1}{R_2}+\frac{1}{R_3}=\frac{L_1k_1}{W}+\frac{L_2k_2}{W}+\frac{L_3k_3}{W} \tag{2.30}$$

由式(2.30)可以得到等效并联总热阻为

$$R_t=\frac{W}{L_1k_1+L_2k_2+L_3k_3} \tag{2.31}$$

如果温度 T_2已知,将式(2.29)中的 T_a 用 T_2代替,代入 R_t,就可以得到壁面温度 T_1。

④等效热阻。

图 2.19 所示是带有散热片的芯片封装实例。芯片与引线框架通过引线实现电气信号互连,芯片和引线框架被密封在模塑料中,器件引脚通过钎料组装到印制电路板上。在塑封器件的顶端是散热片,并利用导热脂作为传热介质。

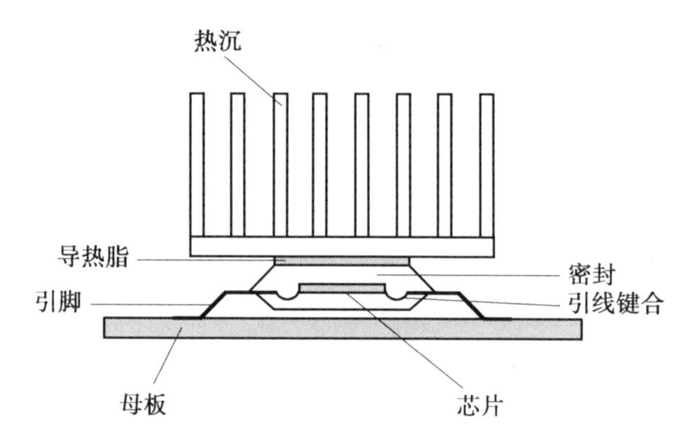

图 2.19　带有散热片的芯片封装实例

图 2.20(a)描绘出了芯片封装中占重要位置的温度,图 2.20(b)给出了这个芯片封装的等效热阻网络。尽管最终确定的相关温度需要测量获得,但在初期研发阶段,初步估计芯片封装中温度和热阻的关系是非常有帮助的。计算方法可参照串联热阻和并联热阻的计算过程,此处不再赘述。

2.2.7　冷却方法

1. 散热片

风冷由于应用便捷、成本低廉,在热管理中被广泛使用,但是其散热能力有限,适用于散热密度较低的场合。为了提高风冷散热能力,可采用散热片、翅片式热沉或其他强制对

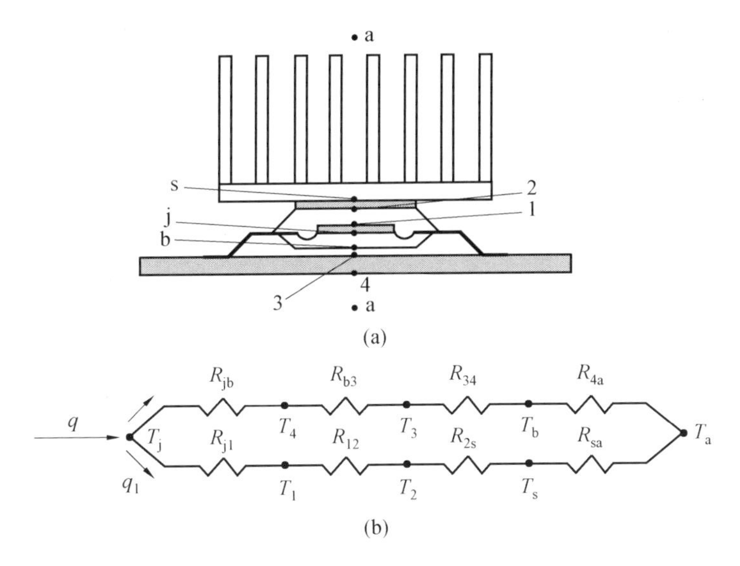

图 2.20 芯片封装体的等效热阻

流方法。

对流热阻和热传递系数与热传递面积的乘积成反比。从式(2.12)中可以看出，通过增加热传递系数或增加热传递面积可以减小对流热阻。热传递系数是流动条件的函数，在绝大多数的热控制中热传递系数是固定的。因此，在实际应用中，增加热传递面积是唯一减小对流热阻的有效方法。这可通过增加散热片表面积来实现。

根据式(2.9)的傅里叶定律，当散热片底板的温度高于环境温度时，散热片上的热流与散热片底板温度的减小相关。因此，当增加冷却接触面积时，暴露在表面的散热片平均温度会小于散热片底板的温度。

图 2.21 所示为矩形散热片示意图，散热片的高为 L、宽为 W、厚为 δ，两个面暴露在对流系数为 h 的流体中。散热片底板的温度为 T_b，环境温度为 T_a，散热片底板的面积是 A_b(图中横截面积 $W\delta$ 被增加的散热片面积 $2(WL+W\delta/2+L\delta)$ 取代)。热传递面积的增加使得散热片表面的换热增大。

如图 2.21 所示，如果这个结构的温度都是底板温度 T_b，散热片表面换热量最大。然而，散热片材料具有热导率 k，从式(2.20)可知，传导热阻与固体的热流有关，散热片的温度会从底板温度 T_b 到顶端逐渐降低。从式(2.12)可看出，总对流传热系数依赖于散热片温度与环境温度的差。因此，如果假定整个底板和散热片结构的温度是常数，那么实际散热片上的总传热可能要比期望值低。

精确分析表明，对于图 2.21 所示矩形散热片，散热片面积上的总传热为

$$q=\eta h A_f(T_b-T_a) \tag{2.32}$$

式中，A_f 是散热片的底面面积；η 是散热片效率，有

$$\eta=\frac{\tan h(mL)}{mL}=\frac{(e^{mL}-e^{-mL})/(e^{mL}+e^{-mL})}{mL} \tag{2.33}$$

其中

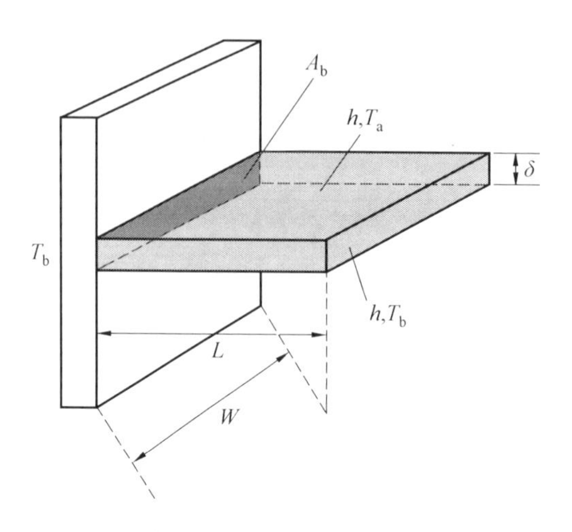

图 2.21 矩形散热片示意图

$$m=\sqrt{\frac{2h(W+\delta)}{kW\delta}} \tag{2.34}$$

m 值也可定义为

$$m=\sqrt{\frac{h}{k\,A_b}} \tag{2.35}$$

式中，P 是散热片形状的周长；A_b 是散热片底面的横截面积。

在电子设备的热控制中，常使用散热片阵列或增加散热片及冷凝器的表面积以增强散热性能。图 2.22 所示是翅片式和针状阵列式散热片。散热片制造商通常提供一定范围流速下的热阻值。

图 2.22 翅片式和针状阵列式散热片

散热片的种类很多，最常用的是模压散热片。实际的散热片很少是矩形的，散热片底部的厚度往往大于散热片顶端的厚度。有时，用铣刀横向切割这些模压散热片，形成短节距散热片阵列。大多数情况下，在模压或机械加工后，经过阳极电镀，形成黑色或彩色的散热片，这些散热片常用于现在的台式计算机中。

由于考虑到模压片的机械强度，模压工艺对散热片的间隙和散热片的高度都有限制。因此，如果要求散热片的间距很小，则必须应用另一种机械工艺，如切削加工和模铸。模压是高自动化、高产量工艺，且成本较低。尽管模铸和切削加工能够得到高密度散热片阵列，但造价昂贵，设计者必须利用性价比折中分析来对制造工艺进行评定。

当今处理器的高功耗要求低成本、自动化制造工艺，它能够制造出比传统切削加工和模铸工艺更牢固且间距更小的散热片阵列，这可以通过折叠散热片技术获得。在这些工艺中，把窄条铝或铜片卷曲成散热片阵列，固定在由铝或铜制成的散热片基座上；然后，把散热片阵列焊接到铝或铜制成的热沉基板上。对铜折叠散热片，铜焊或锡焊工艺可用来减小或消除散热片焊接热阻。然而，如果把铝散热片固定在铜基座上，典型的高产制造工艺则利用环氧树脂粘接，这会引入附加散热片粘接热阻，一般在 2 $(K \cdot cm^2)/W$ 数量级。

2. 散热孔

嵌入到基板上的散热孔可以减小热流的热阻，特别是在基板平面的垂直方向上效果更明显。为了估算散热孔产生的效果，可以检验一下它对基板热导率的影响。由于大多数基板是很复杂的，常常把分析法和实验法相结合来估算具有特殊布线基板的热导率。而且，通过分析相对简单布线图的基板就可以了解较多问题。

图 2.23 所示是具有散热孔的布线基板类型。当有大量的散热孔时，可用图2.23(a)所示的 $Q_{Z,z}$ 模型来表示。通过考虑绝缘基体中的通孔，可以确定垂直方向即 Z 方向上的热导率。在这种情况下，在 Z 方向上的等效热导率是

$$k_{Z,z} = k_M a_M + k_1 (1 - a_M) \tag{2.36}$$

式中，k_M、k_1 分别是金属和绝缘体的热导率；a_M 是金属孔占横截面积的百分比。

$Q_{Z,z}$

$Q_{XY,z}$

$Q_{XY,xy}$

(a)

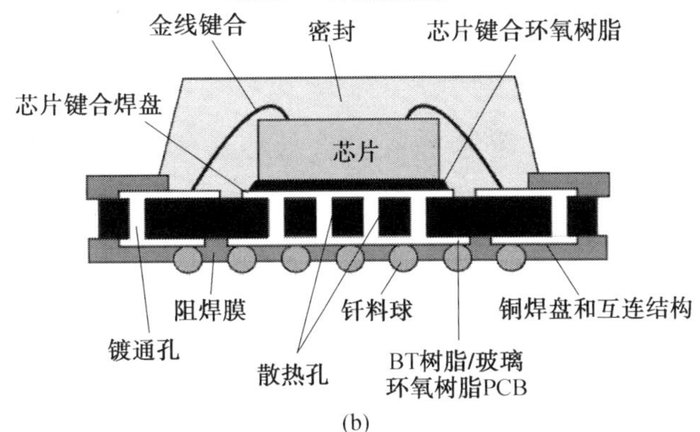

(b)

图 2.23　具有散热孔的布线基板类型

对于分布稀疏的散热孔，Z 方向的热传导可以表示为图 2.23(a)的 $Q_{XY,z}$ 模型，热导率仅通过考虑绝缘材料隔离的电源层和地线层来确定。Z 方向的等效热导率为

$$k_{XY,z}=\frac{1}{\dfrac{t_M}{k_M}+\dfrac{1-t_M}{k_1}} \tag{2.37}$$

式中，t_M 是金属面占基板厚度的百分比。当用一级近似得到“横向”热导率时，散热孔对热导率的影响可以忽略不计，则平板的等效热导率为

$$k_{XY,xy}=k_M t_M+k_1(1-t_M) \tag{2.38}$$

考虑布线层对基板的影响，利用附加横向铜板或人为增厚铜板就可以大大增加基板等效横向热导率，如惠普公司利用的“散热片”技术就是这种原理。横向热阻的减小可以使热流容易传导至基板边缘或大大减小固定在基板上高功率器件的局部温度的增加。布线层的益处可以通过一个特殊的例子来说明，这个例子利用有限元模型和数值模拟来计算温度分布。

图 2.24 所示是有或没有铜片时环氧树脂一玻璃基板的温度分布。下面的结论是从 7.47 mm 的方形芯片得到的，其耗散功率是 1 W，被固定在各种基板上。没有铜的环氧树脂一玻璃基板的三维温度分布示意图如图 2.24(a)所示。低热导率的环氧树脂一玻璃会使芯片中心的最高温度升到 160 ℃。带有 1 盎司(1 盎司＝28.35 g)的铜线层芯片中心最高温度为 21.8 ℃；如果是 2 盎司的铜，则芯片中心的最高温度为 13.9 ℃；如果是 4 盎司的铜，则芯片中心的最高温度为 8.9 ℃。温度分布分别如图 2.24(b)、(c)和(d)所示。

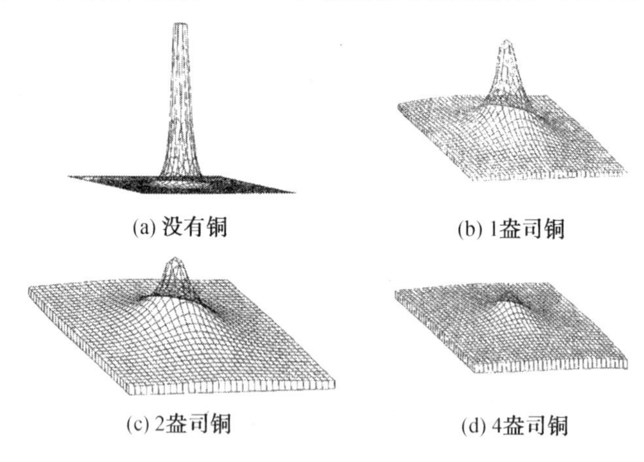

图 2.24　有或没有铜片时环氧树脂一玻璃基板的温度分布

3. 导热管冷却

在各种冷却技术中，导热管技术正迅速发展。导热管发明于 1963 年，通常由管壳、吸液芯和端盖组成，介质在热端蒸发后在冷端冷凝，其利用热传导原理和相变介质快速传递的性质，将发热物体的热量迅速传递到热源外。热管具有导热性高、温度均匀性高、对环境适应性强等优点。图 2.25 所示是导热管纵向截面示意图，导热管是一个具有内芯结构的绝热细长管，在内部有少量的液体(如水)。它是由三部分组成的：位于一端的蒸发器，在这里吸收热量，液体蒸发；位于另一端的是冷凝器，在这里冷凝蒸气，热量散失；在中间的绝热装置，蒸气和液相的流体分别通过内层和内芯相对流动，从而实现了热传递循环，

使周围介质和液体之间没有明显的热交换。

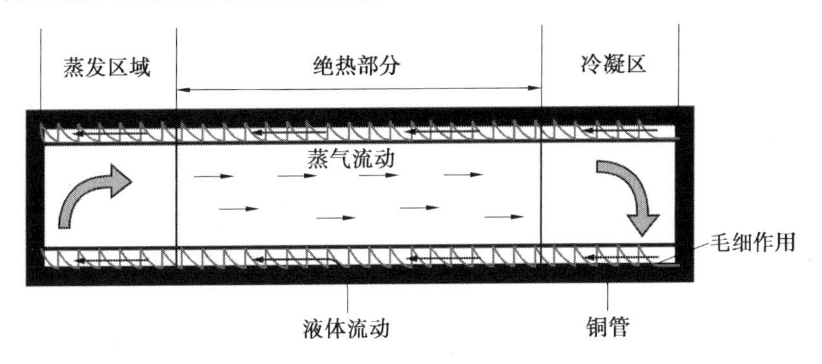

图 2.25 导热管纵向截面示意图

蒸发和冷凝过程会形成很高的热传递系数，仅需适度的压力差便可把蒸发器中的蒸气输运到导热管端部的冷凝器。然而，必须非常仔细地设计内芯并装配，以便毛细管力能确保将液体输送回蒸发器。

导热管可以在电子封装热传递中产生较低的热阻路径。实际上，一个用水作为工作液体的导热管能产生的等效热导率是 100 000 W/(m·K)量级，而铜的热导率只有 400 W/(m·K)。例如，直径为 0.6 cm、长 15 cm 的水平柱状导热管，工作液体是水，当蒸发器与冷凝器之间的温差为 2～3 K 时，能传递 300 W 的热量。而且，因为导热管的工作区域大部分充满蒸汽，所以导热管的质量仅有几克。然而，导热管与微电子器件或其他热路元器件之间的界面热阻(每项产生的热阻为 1 K/W)常常决定了导热管的冷却能力。必须注意的是，对特定应用设计和制造可靠的导热管、芯片粘接和散热片焊接需要较大的投入。

大多数导热管是柱形的，可以制成各种弯曲角度的形状，如 S 管、螺旋管等，导热管还可以制成扁平形状。扁平导热管直接与印制电路板的背面相接，已成功地应用于航空电子技术中冷却高热能仪表板，这样，热量必须流到仪表边缘的冷却板处。当热沉环境是空气时，散热片常常与导热管冷凝器的末端相连。热传递面积的增加减小了对流热阻，同时消除了热流从元器件到环境的热路瓶颈。

导热管性能中一个主要问题是时变退化，一些导热管在使用几个月后便失效。在制造工程中，污染，空气或其他非凝气体进入，以及材料不兼容引起的漏气，会引起导热管性能的降低。

4. 喷射式冷却

微喷射流散热方法主要采用微泵驱动系统循环，利用微喷阵列将工作介质(水、冷却液、空气甚至液态金属)喷射到待散热器件上，将热量从器件传递到冷却系统中，从而实现高效散热。

喷射式冷却广泛应用于需要高对流传热速率的器件中。在受约束的喷射中，使用的液体从单个或阵列喷管中喷出，流向狭窄沟槽中，而沟槽固定在具有喷嘴和冷却表面的平板上。空气喷射冷却一般应用于多喷口结构，由于热流量与流体冷却相近，因而其是电子元器件冷却的一种有效的方案。

Garimella 与其合作者们使用单个和多个喷嘴对电子器件的空气及液体喷射式冷却进行了广泛的研究。图 2.26 所示是鳍片式热沉的几何参数，利用如图 2.26 所示的测试图形，他们推导出喷射冷却与鳍片式热沉之间的热传递关系式，其结果用与散热片脚部表面积有关的 Nu_{base} 以及与散热片整个表面积有关的 Nu_{HS} 表示，即

$$Nu_{\text{base}}=3.361Re^{0.724}Pr^{0.4}\left(\frac{D_e}{d}\right)^{-0.689}\left(\frac{S}{d}\right)^{-0.210} \tag{2.39}$$

$$Nu_{\text{HS}}=1.92Re^{0.716}Pr^{0.4}\left(\frac{A_{\text{HS}}}{A_d}\right)^{-0.689}\left(\frac{D_e}{d}\right)^{0.678}\left(\frac{S}{d}\right)^{-0.181} \tag{2.40}$$

式(2.39)的有效范围是 $2\,000<Re<23\,000$，$S/d=2$ 或 3。

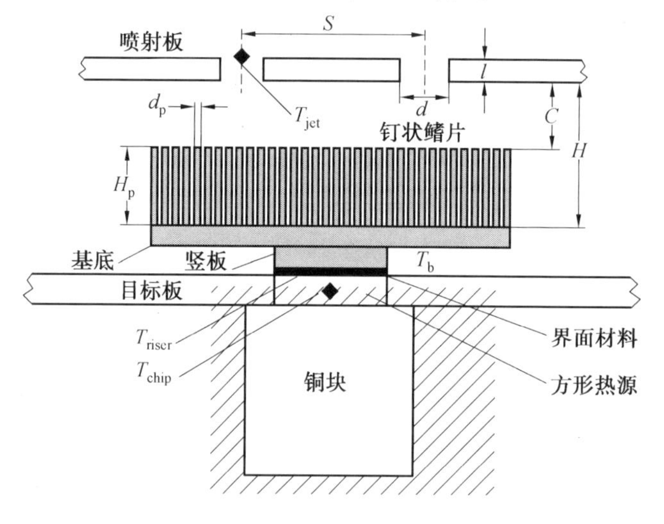

图 2.26 鳍片式热沉的几何参数

图 2.27 所示是小型散热片中喷气热传递系数与空气流速的典型关系，散热片是由总管口面积相同的单个(d=25.4 mm)和多个喷嘴(4×12.7 mm)进行冷却。值得提出的是对于无鳍片热沉，多喷口喷气冷却比单喷口喷气冷却产生的对流系数大 1.2 倍。当有鳍片时，单喷口喷气冷却的热传递系数增大。对于较高的鳍片，两种结构几乎没有差异。当热沉很大时，单喷口与多喷口产生的冷却效果并无明显差异，在所有结构中多喷口喷气冷却热传递系数比单喷口略高。

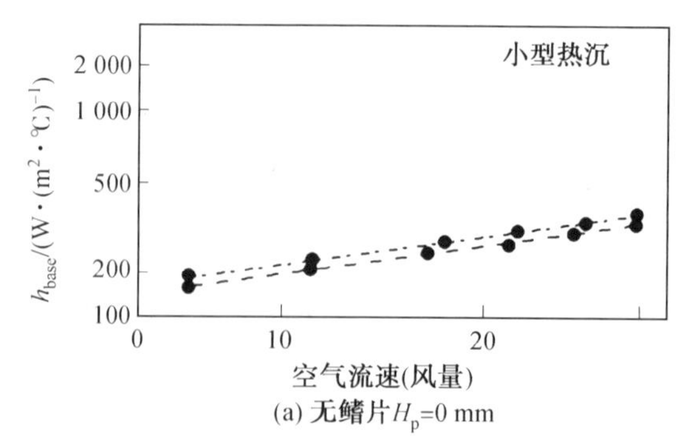

图 2.27 小型散热片中喷气热传递系数与空气流速的典型关系

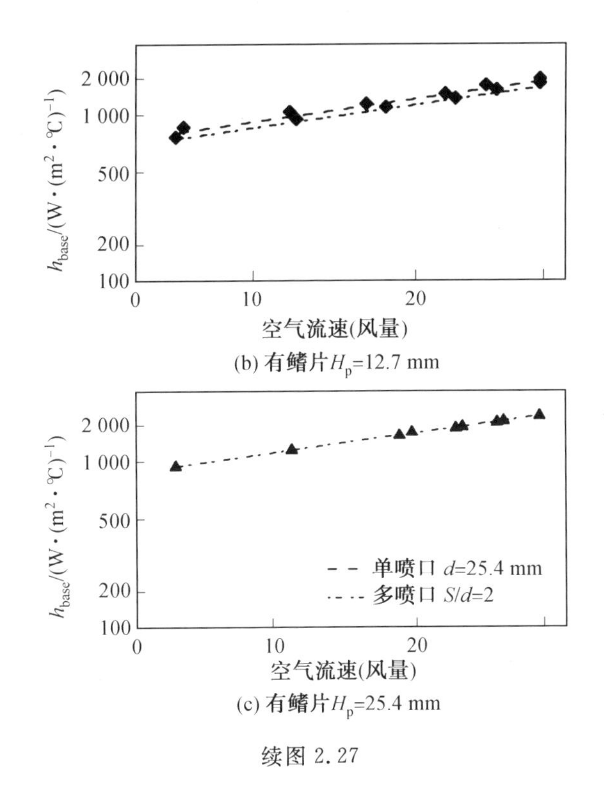

(b) 有鳍片H_p=12.7 mm

(c) 有鳍片H_p=25.4 mm

续图 2.27

5. 浸没冷却

使用直接浸没在低沸点液体介质中进行冷却电子元器件的热控制可以追溯到 20 世纪 40 年代。在 20 世纪 80 年代中期，Cray 2 型和 ETA－10 型超级计算机中使用了浸没冷却，有关喷气冷却、喷淋冷却也有大量的研究，这种技术重新引起了人们的兴趣。由于消除了固一固界面的热阻，浸没冷却非常适合于对散热有严苛要求的先进电子系统冷却。

大部分实际浸没冷却系统工作在闭环模式，介质液体的蒸气被冷凝后，返回到电子封闭系统中。图 2.28(a)和图 2.28(b)所示是两种闭环浸没冷却系统的结构示意图。如图 2.28(a)所示，使用水、空气或其他液体的“远程”冷凝器，连接在电子封闭系统的外部，蒸气冷凝后离开封闭系统，冷凝液直接返回到封闭系统中重新使用。图 2.28(b)所示的结构中冷凝器位于液体上部的蒸气空间中，是一种更紧凑的浸没设计，冷凝液将重新滴回入液体中。

由于空气在氟化碳中有较高的溶解度，常作为浸没冷却液体，对于蒸气空间中的冷凝器，积累的非冷凝气体容易产生不利的影响。这一问题可以通过将如图 2.29(a)所示的冷凝器(热交换管)浸没在液体中来解决。由于穿过管内的循环水从介质液体中吸收热量，因此可以局部冷却液体。元器件表面沸腾而产生的蒸气浸在过冷液体中会冷却和缩灭。

进一步研究表明，可以利用充满液体封闭系统的侧面和顶壁作为浸没冷凝器，然后再通过外部空气或液体冷却，如图 2.29(b)所示。由于所有的元器件是在完全封闭的液体环境中，且该方法消除了固一固界面热阻，因此浸没冷却是很有效的热控制技术之一。

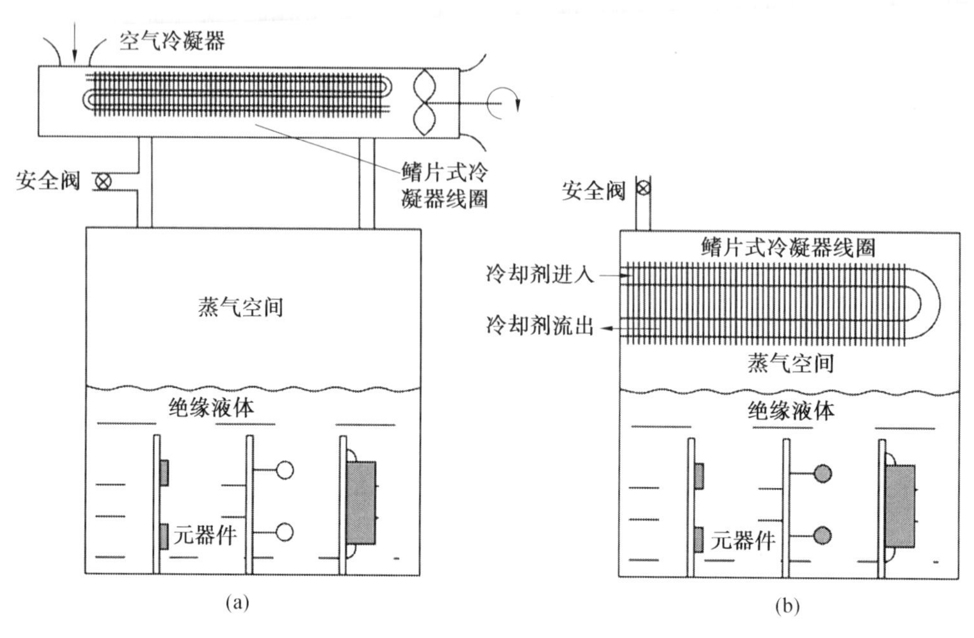

图 2.28 两种闭环浸没冷却系统的结构示意图

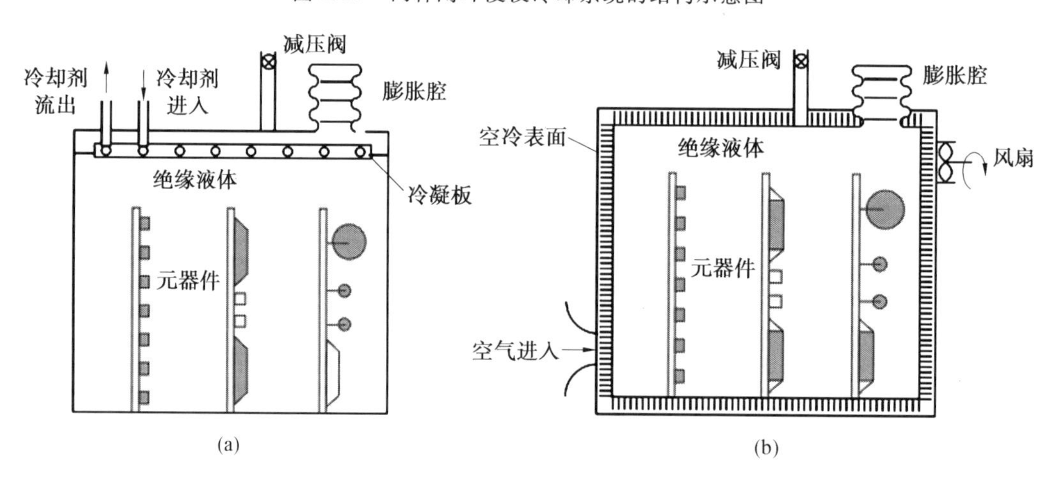

图 2.29 浸没冷凝器冷却系统

6. 热电冷却

珀耳帖效应是热电冷却器(Thermo Electric Cooler, TEC)的基础,它是一种固态热泵。当在两个接点处施加一个电压时,一个接点吸收的热量会从另一个接点流出,大小正比于电流。

大多数材料组合都会呈现出一定程度的珀耳帖效应,P—N 结的珀耳帖效应是非常明显的。图 2.30 所示为热电冷却器示意图。当电子从 P—N 结的 P 端运动到 N 端时,其由于吸收热量而具有较高的能量,导致周围面积降温;当电子从 N 端运动到 P 端时,电子会释放热量。

用于热电冷却器的材料有 Bi_2Te_3、PbTe 和 SiGe 等。为了获得最佳参数,在制造工艺中对这些材料进行掺杂。由于 Bi_2Te_3 在电子元器件工作的温度范围具有最优性能,因

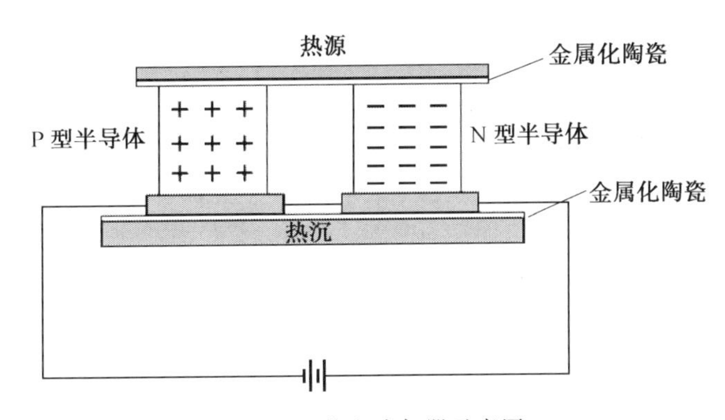

图 2.30 热电冷却器示意图

此最常使用。一个热电冷却设备是由成百上千的热电偶构成,从电学角度看,它们是串联的;而从热学角度看,它们是并联的。每两个热电耦之间用导热陶瓷作为电绝缘体。对于热电冷却器低温侧的连续冷却,在冷边会吸收热量,而电流产生热必须从热边排出。

由热电耦合控制方程的解,得到最大温差关系式如下:

$$\Delta T_{m}=\frac{\alpha^{2} T_{c}^{2}}{2KR} \tag{2.41}$$

式中,K 和 R 的表达式分别为

$$K=\frac{k_{a} A_{a}}{L_{a}}+\frac{k_{b} A_{b}}{L_{b}} \tag{2.42}$$

$$R=\frac{\rho_{a} L_{a}}{A_{a}}+\frac{\rho_{b} L_{b}}{A_{b}} \tag{2.43}$$

因此,减小热导率 K 与电阻 R 的乘积可以增加最大温差。

热电冷却器的性能常常由器件的优值系数(Figure of Merit, FOM)来衡量,有

$$\mathrm{FOM}=\frac{\alpha_{s}^{2}}{\rho_{\mathrm{TE}} k_{\mathrm{TE}}} \tag{2.44}$$

式中,α_s 是塞贝克系数;ρ_{TE} 是热电冷却器的电阻率。优值系数典型值的范围是 0.002~0.005 K^{-1}。

热电冷却器的性能系数(Coefficient of Performance, COP)定义为输送热量与输入功率的比,即

$$\mathrm{COP}=\frac{\text{输送热量}}{\text{输入功率}}=\frac{q_{c}}{P_{in}} \tag{2.45}$$

优化性能系数 COP_{opt} 为

$$\mathrm{COP}_{opt}=\frac{T_{AV}}{\Delta T}\frac{(B-1)}{(B+1)}-0.5 \tag{2.46}$$

其中

$$B=\sqrt{1+(\mathrm{FOM}\times T_{AV})} \tag{2.47}$$

对于给定设计标准,热电冷却器是通过性能与性能系数曲线来选取的,一般是热电冷却器、散热片以及热电冷却器电源一起选择。为了增加冷却容量,热电冷却器需要并行工作。

7.微通道液冷

微通道散热技术于1981年由斯坦福大学的Tuckerman和Pease最先提出，由于可以与现有模块的基板直接集成，可适用性强、可设计性强，且散热能力卓越、热均匀性好，因此备受关注。其主要思路为在集成电路的硅衬底背面刻蚀出微米级的矩形微通道结构，通过冷却液流动回路将集成电路芯片的热量带走，实现高热流密度器件的高效散热。此后，微通道散热方法被广泛应用于电子器件中。将微通道和功率半导体封装中的基板或底板集成为一体，可缩短热传输路径，降低热阻，并且通过微通道的结构设计可以实现温度分布均匀并对微通道的散热能力进行优化。这种散热技术近年来在绝缘栅双极晶体管(Insulated Gate Bipolar Transistor，IGBT)模块中被大量使用。

在微通道散热技术的基础上，研究人员进一步开发出双面制冷方案。例如，在两个直接覆铜(Direct Bonding Copper，DBC)基板中间键合一层带有微通道结构的铜层，形成可水冷的三维结构；或者将双面制冷和高集成化要求结合起来，在芯片两侧各贴装一块DBC基板，并在DBC基板的外侧铜层中加工微通道，实现功率半导体器件中双层双面冷却的液冷散热。与单层冷却相比，双层双面冷却的散热效率大幅提升，并且温度均匀性良好。还可以利用倒装焊技术，在芯片两侧均焊接DBC基板，再分别放置带微通道的水冷热沉，实现双面液冷。

2.3 电磁设计基础

随着电子封装向着小型化、高密度方向不断发展，封装体中的电磁环境也变得复杂，互连通道对信号的影响越来越明显。因此，系统级封装设计要从信号完整性(Signal Integrity，SI)、电源完整性(Power Integrity，PI)、电磁干扰(Electromagnetic Interference，EMI)等多个角度考虑电性能问题。

封装结构的电磁设计也可称为封装的电气性能设计，其目标是使电信号和电源路径在经过电子封装器件及结构之后仍然能够满足整个系统在设计及功能方面的要求。封装结构电磁设计的最终结果就是获得满足系统要求的互连线几何版图、材料特性以及它们的几何尺寸。原则上，封装的电气功能有两方面：提供信号分配和功率分配。

图2.31所示是电气设计功能。在此图中，封装不仅提供了从一块芯片的驱动电路到另一块芯片的接收电路之间的信号通路，而且提供了通往芯片的电源和接地连接，另外还支持无源器件之间的连接。如图2.31中虚线所示，封装中信号通路是由芯片与封装体界面的引线键合结构、基板上的传输线以及提供垂直连接的通孔组成。通过这条信号通路，芯片可以交换数据、寻址、计时和控制芯片之间的信号。

为了产生信号，芯片需要穿过封装结构的电源。电源使得晶体管在芯片内部接通，并实现数据在芯片之间的传输。为芯片提供电源的封装必须拥有足够的电荷储存能力，以便能够提供所需要的大电流，而同时电源电压波动非常小几乎可以忽略。因此，封装体中由功率分配和焊接结构所引起的寄生电感必须降到最小，以确保它们不会使电源的性能退化。这可以通过封装中的电源平面线结构实现，这种电源平面线结构可提供更大的电容、更小的电感。

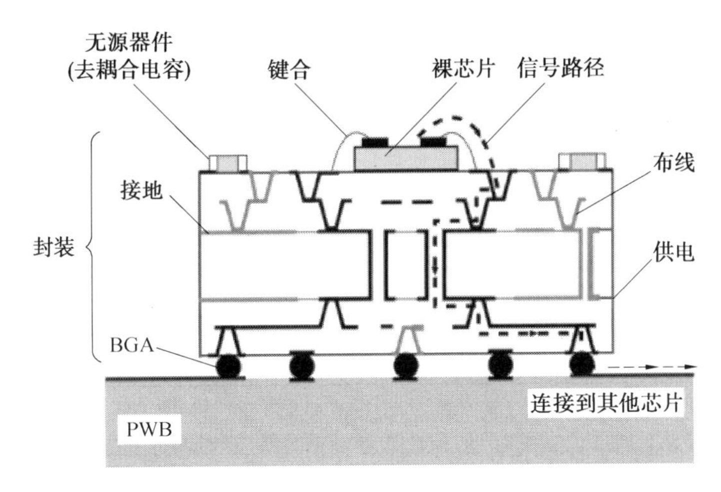

图 2.31 电气设计功能

第一级封装同时也作为从芯片互连到电路板互连之间的转换器。芯片内部互连线的宽度以及间距的尺寸都是亚微米量级的。然而,电路板上互连线的尺寸要比 1 μm 大得多(约 50 μm),因此,封装就充当了芯片的精细连线结构与电路板引线结构之间的空间转换器。芯片有数百个 I/O 引脚,因此在封装内部将芯片 I/O 引脚连接到电路板上的焊盘上出现了复杂的连线。为了容纳这些连线,就必须在封装中使用多个信号布线层。

封装体还会包括集成的无源器件,如电阻、电容和电感等。封装中的电容器可以用来给芯片中的电源线提供电荷,还可用来隔离焊接结构中可能存在的寄生电感。目前,安装在封装表面或者底部的集总芯片电容可能会被多层基板或电路板内部的嵌入式电容器所取代。嵌入式电阻可用于信号线的端接以避免终端信号反射,这些反射会导致有害的高频噪声和信号传输延迟。由于信号线的端接电阻决定了驱动器的功耗、信号传输延迟以及封装的复杂性,因此它们的设计非常重要。

本质上来说芯片、封装和印制电路板三方面的电气设计是相似的。然而,实际上各个环境(芯片、封装和印制电路板)中的参数范围是不同的,因此传统上它们的设计是在相对独立的条件下实现的。

由图 2.31 可以清楚得知,电气设计有两个重要的方面:为信号提供合适的通信路径和为功率分配提供合适的路线。信号的频谱是电气设计所面临的最根本的技术挑战。在低频范围,由于互连线的几何形状几乎不会对信号的传输和电源分配产生影响,因此它们信号和电源的线路很容易实现。目前,功率半导体材料仍以硅为主,传统硅基的 MOSFET 的工作频率最高为几百千赫兹。以 SiC 和 GaN 为代表的新型功率半导体材料的工作频率可高达数十兆赫兹,封装内寄生参数的影响比第一代硅基材料更为突出。而在高频范围(1 GHz 和更高频率),实现合适的互连则要困难得多。在高频范围,互连线实际比沿着它们走线的能量路线更长,它们的特性与互连线材料特性以及构成信号的电磁场有关。一些效应,如传输延迟、与互连线结构相关的特征阻抗以及寄生电抗等决定了信号的特性。因此,信号的失真度和信号到达目的地所需的时间都是互连线参数的函数。由于信号的频谱确定了芯片需要电源的速率,因此也要关心电源和地线的路径。

总之,封装的电气设计由以下两个部分组成:

①在芯片间提供信号通路，包括芯片与电路板之间引线来匹配互连线尺寸以及嵌入式无源集成元器件的设计。

②进行合适的功率分配使电路正常工作。

2.3.1 电磁设计基本概念

本节将对电磁封装设计所涉及的部分基本概念进行介绍。

1. 欧姆定律

电磁设计涉及电流的两个基本类型：直流（Direct Current，DC）和交流（Alternating Current，AC）。直流电在时间上是恒定的，而交流电随时间按正弦方式变化。若提供给芯片的电源是AC，芯片输入和输出的信号也随时间变化。大多数电信号既不是DC也不是AC，它们随时间非恒定地呈正弦方式变化。但是，为了达到最初的设计目的，使用DC和正弦信号分析通常是很方便的。

电压和电流是需要考虑的重要电学参数。电压以伏特（V）为单位，此处1 V就是以1 N的力将1 C的电荷移动1 m所做的功。一个电子具有-1.6×10^{-19} C的电荷。电流以安培（A）为单位，这里1 A就是1 C/s的电荷。对于直流信号，电路中电压与电流的比值就是电阻，以欧姆（Ω）为单位。以方程的形式表示：电阻两端的电压是$V=IR$（I是电流，R是电阻），关系式$V=IR$称为欧姆定律。电阻通过将电功率转化为热的方式消耗电功率，因而尽量减小连线和导通路径的电阻非常重要。

2. 趋肤效应

在DC时，电流均匀地流过导体。在较高的频率下，电流趋向于沿着导体的表面聚集，这种特性称为趋肤效应。在高频情况下，导体受趋肤效应的影响，电流趋向于在导体的外表面上流动，把电流层厚度近似视为固定的，并称该等效厚度为集肤深度。横截面积随着频率的升高而逐渐减小，导致寄生电阻随频率的升高越来越大，所以在高频情况下，要防止寄生电阻过大，以免影响器件性能。由于存在趋肤效应，导体的交流电阻比直流电阻大得多。对于交流信号，电压和电流的正弦波可能会出现彼此相位不一致，这表明电路中有电容和电感的存在。电容和电感不像电阻会消耗能量，它们在系统中作为能量储存装置，其实，它们在正弦循环的一部分储存能量，在循环的另一个部分释放能量。电容的定义是电容器系统每伏特电压所能储存的电荷量。在电容器中，电压和电流的关系是$I=C\mathrm{d}V/\mathrm{d}t$，此处$C$是以法拉（F）为单位的电容，$\mathrm{d}V/\mathrm{d}t$是电压对时间的微分。电感的定义并不直观：电感是闭合电路中的磁通量与电流的比值。还可以用公式$V=L\mathrm{d}I/\mathrm{d}t$来定义电感，这里$V$是电感两端的电压，$L$是以亨利（H）为单位的电感，$\mathrm{d}I/\mathrm{d}t$是电流对时间的微分。

3. 基尔霍夫电压定律

电子电路中的电压和电流通过基尔霍夫定律联系起来。基尔霍夫电压定律（Kirchhoff Voltage Law，KVL）说明在电路中任何闭合回路上的压降加起来必然为零。基尔霍夫电流定律（Kirchhoff Current Law，KCL）说明流入一个节点的各个电流的总和必然为零。基尔霍夫定律与电阻、电容和电感的基本方程相结合就可以确定电路中的电压和电流。有源器件（晶体管）的电压电流关系一般比这些方程要复杂，通常都是非线性的。

4. 噪声

系统中任何不需要的信号都会妨碍系统的正常工作，这些不需要的信号称为噪声。噪声有许多不同的来源，材料中原子尺度的粒子运动所产生的噪声存在于所有的电学系统中。一些噪声源在系统电路中的各种非理想效应使信号的波形和幅度失真，也可能导致信号出现在系统中它们不应该出现的地方。其中之一就是寄生电容或寄生电感。寄生电容是系统中任何两块导体之间固有的电容，类似地，寄生电感产生于任何传导电流的结构中。任何电路版图都会包含一些寄生电容和寄生电感，这些寄生元器件提供了电流通路，而在电路内部并没有物理连接。电气设计应努力将寄生效应降低到不影响系统性能的程度。

5. 时间延迟

电阻与电容或电感的组合会给系统带来时间延迟。由于有时间延迟，从电路的一部分传导到另一部分的信号不会立刻到达接收端。电阻与电容组合的时间延迟由时间常数 $r=RC$ 给出。由于大多数互连线中都有电阻和相当数量的电容，所以 RC 延迟是芯片设计者和封装设计者的重要关注点。RC 延迟对于系统的速度是一个制约因素。电感和电阻的组合也带来 $r=L/R$ 的时间延迟。L/R 延迟会影响芯片上电源对芯片电路中发出变化指令的瞬间响应能力，并在电路中产生同步开关噪声（Simultaneous Switching Noise, SSN）。

6. 同步开关噪声

SSN 是信号的波动，这种信号的波动是电源不能及时响应造成系统中某点的局部 DC 电源电压暂时减小引起的。SSN 问题的一个补救方法是在整个系统中放置去耦电容以补偿系统中的电感。

7. 传输线

虽然与电信号相关的时间延迟可以用 RC 或 L/R 延迟来模拟，但实际上它们是电磁波输电信号的必然结果。电磁波在特定的材料中以光速传播。在空气中，光速约为 0.3 m/ns。对于大多数封装应用，可以只考虑在一维空间中传播的电磁波，这些波可以用传输线中的电压和电流来模拟。通常芯片内部的互连线可以模拟为 RC 电路，而印制电路板和封装内部的互连线则必须模拟为传输线。系统中信号或功率的任意一对导体都可当作传输线。

传输线解释了电信号的有限传输速度，同时也解释了因空间不连续而造成的反射波的存在。在传输线中，向特定方向传输的波所传送的电压与电流的比值就是这条传输线的特征阻抗。传输线的特征阻抗是传输线材料及其几何尺寸的函数，特征阻抗的不连续（随材料、导体形状等变化）会在传输线中引起局部反射，反射会使得信号在互连线中沿错误的方向传输，这种现象可以认为是系统中的附加噪声。为了防止信号反射，必须恰当地端接传输线以使负载阻抗与传输线的特征阻抗相匹配。由于电容耦合和电感耦合，距离相近的互连线就会成为耦合传输线，容易发生串扰。

8. 串扰

没有电气连接的一对信号传输线在信号传播时产生电磁耦合现象，出现噪声，称之为串扰。如果串扰耦合过大，那么有时会改变传输线的特征阻抗与传输速率，使信号质量变差，降低噪声余量，从而影响系统的正常运行。改善串扰不仅要考虑信号的传输路径，还要考虑信号返回路径。下面列举一些系统级封装设计中减少串扰的方法。

①增大走线间距，缩短平行线长度。

②信号走线与地平面尽量靠近。

③信号线之间插入地线隔离。

④尽量避免电源和地平面的分割。

⑤敏感的关键高速信号尽量使用差分传输，尽量在均匀的介质中布线。

⑥在规划叠层结构时，信号层最好用电源/地平面隔离。若两个信号层相邻，则采用垂直布线方式。

⑦尽量用差分线传输关键的高速信号(如时钟信号)。

⑧将敏感线布置为带状线或嵌入式微带线，以减小介质不均匀带来的传输速率变化。

⑨3 W 规则：一些重要的时钟信号线或关键的数据信号线需要适当增加间距，两条相邻信号线边沿间距应至少等于 2 倍的导线宽度，即信号线中心距为 3 W。

串扰噪声是一条线上的信号感应邻近线上信号的结果，尽管它们并没有实际的连接。如上面的说明，串扰是由寄生的电容和电感引起的。传输线模型可以用来预测和减轻反射及串扰噪声。

9. 电磁干扰

上面描述的诸多效应均与系统中存在的杂散或寄生的电容和电感有关。电气设计必须包括评估这些参数并将它们加到系统仿真中的过程。通常，为了用理想时变信号测试最终的设计，就要涉及子系统的电磁模拟和建模以及模拟电路仿真系统(Simulation Program with Integrated Circuit Emphasis，SPICE)类型电路模型的提取。那些干扰电路性能或干扰邻近系统不希望的电效应称为电磁干扰。

封装寄生参数的获得一般有三种途径：

①根据现有的经验公式对寄生参数进行估算，结果不精确，而且不适用于形状不规则导体的寄生参数估算。

②通过专业的软件对封装模型进行精确建模，并通过算法来提取封装体内的寄生参数，常见的仿真软件有 ANSYS 公司的 Q3D 和 Cadence 公司的 Xtract IM。

③通过具体的仪器设备，如阻抗分析仪和时域反射仪(Time Domain Reflectometer，TDR)来测量封装内的寄生参数。测量可以验证设计、建模、仿真的准确性，并对仿真结果进行校准。

10. SPICE 模型

有许多通用的电路分析工具可以用来模拟电子电路，其中 SPICE 于 20 世纪 70 年代初期由加利福尼亚大学伯克利分校开发，现在已有很多工具，其中一些成为大众的应用软件，另一些发展成为商用产品。这种模拟工具包括所有普通的电路元器件和许多有源器件的模型，可以进行时域和频域模拟。虽然这个软件存在很多版本并应用广泛，但仍使用“SPICE”这个署名来辨认此类软件。目前，Cadence 公司的 Xtract IM 软件和 ANSYS 公司的 Q3D 软件均可提取封装寄生参数并导出封装输入/输出缓冲信息规范(Input/Output Buffer Informational Specification，IBIS)模型或 SPICE 模型。仿真案例采用 ANSYS

公司的 Q3D 软件来提取封装的寄生参数。Q3D 是一款三维准静态电磁仿真工具,可以提取任意封装形式的导体结构电阻、电感、电容和电导参数矩阵,并导出 SPICE、IBIS 模型。准静态即不考虑电场和磁场的相互耦合,采用三维边界元求解技术提取电容、电导和交流电阻、电感,采用有限元法提取直流电阻、电感。

下面的讨论揭示了电气设计过程中的一个重要部分,即要确保系统中信号的完整性。信号完整性是设计过程中的一个重要方面,它保证来自所有噪声源的噪声水平低于可接受的阈值,从而确保系统功能正常实现。

2.3.2 系统封装的电气性能分析

电气设计也包括对封装性能的评估。封装的电气系统性能包括延时、失真、负载、阻抗、反射、串扰以及电源/地的波动等参数。为了评估封装的电气性能,经常使用电路模拟的方法,而这一方法需要封装结构的电路模型。用电磁模拟、解析方程或高频测量的方法可以导出物理结构的电路模型。

封装中的信号线用来传输芯片间的信号,由于信号线、驱动电路和接收电路的特征,它们都有可能引起延迟、失真和反射,这会使得所传输的信号性能退化。为了评估信号的性能,可以用信号线的特征阻抗 Z_0 和传输速度 v_p 来表征它们的性能,如图 2.32 所示。在信号传输过程中,信号线会与邻近的信号线发生能量耦合,这就产生了串扰。串扰会引起电路的错误开关并增加延时。通过提取耦合参数(如互感 L_m 和互电容 C_m)可对串扰进行模拟,如图 2.32 所示。芯片通过引线键合焊点结构以及通孔与信号线相连。类似地,封装体中的信号穿过引脚和连接器,由于这些结构的电阻和电抗给信号线增加了寄生元器件,从而使信号的性能退化。最终,这些安装在封装体或电路板上的无源器件都有相应的等效电路,例如去耦电容可等效表示为电阻一电感一电容(RLC)串联的电路。

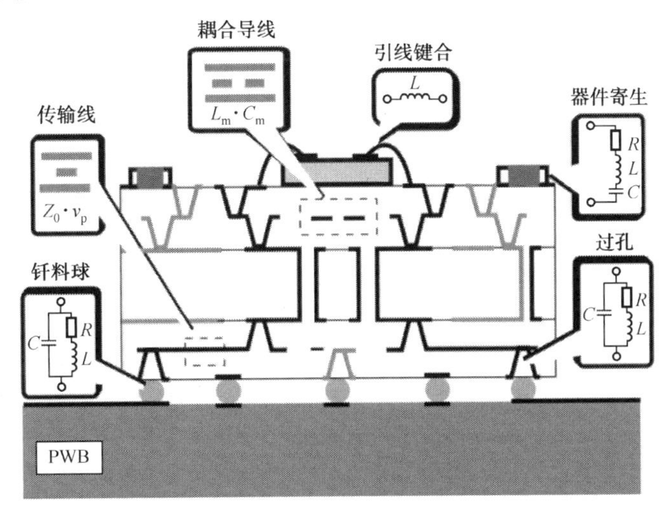

图 2.32 封装的寄生效应

与电气设计相关的最根本的问题是处理影响电信号传输的各种不同的非理想效应。这些非理想效应由实际电信号的非零传输延迟以及每个电路中都存在的各种不同的寄生电抗引起。为了达到电气设计的目的，通常将互连线视为传输线以便于处理，这在许多方面与社区内用来传播电视、电话和数字通信信号的电缆都有相似之处。与实际电路相关的非理想效应通常可以处理为噪声，与信号结合在一起会导致信号失真。为了获得满足系统性能的封装，电气设计必须在降低噪声与版图复杂性之间进行折中。

2.3.3 信号分配

1. 器件与互连

信号从系统中的一点到另一点传递指令或数据。信号始于某芯片的驱动电路，然后穿过互连线，到达同一块芯片或不同芯片的接收电路。驱动电路和接收电路之间的通信路径经常要穿过封装中的互连线，其过程如图 2.32 所示。互连线可以设计和制备在芯片上、封装体上或者印制电路板上。芯片上的集成电路和互连线构成通信线路。

芯片上的集成电路是由晶体管组成的。金属一氧化物一半导体场效应晶体管(MOSFET)具有低功耗和高集成度的性能。这种晶体管已经发展成互补金属一氧化物一半导体(CMOS)技术，即将 P 沟道和 N 沟道的 MOSFET 晶体管组合在一起。CMOS 技术是目前世界上比较受欢迎的技术之一，现在已经使用 CMOS 技术来大量制造计算机的微处理器。

NMOS 和 PMOS 晶体管都是电源、栅和漏构成的三端口器件，图 2.33 所示是晶体管开关。晶体管可视为一个开关：根据传到栅上的输入信号，晶体管或传递信号或阻断信号。对于二进制数字逻辑，信号由两种状态组成：二进制 1 状态对应高电平，二进制 0 状态对应低电平。用这两种电平，PMOS 和 NMOS 可以分别表示为正常闭合的开关和正常断开的开关。此处，在输入栅处的二进制信号确定两个晶体管开关是断开还是闭合。

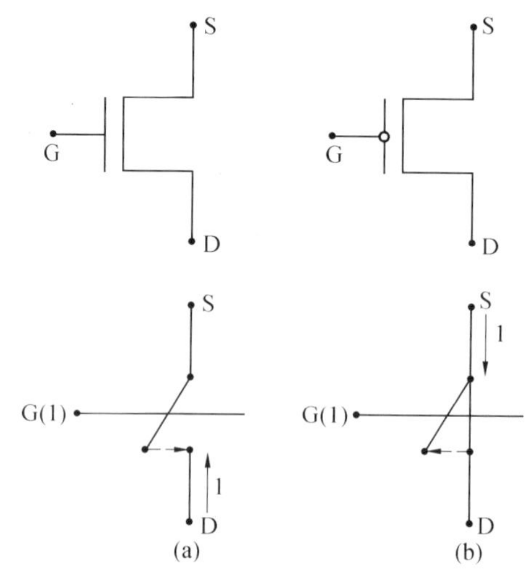

图 2.33 晶体管开关

在 CMOS 技术中，其基本的构造模块是倒相器。图 2.34 所示是倒相器电路，倒相器是由 PMOS 和 NMOS 晶体管串联组成的。此图既表示了晶体管的实现，又表示了开关级的实现。输入为二进制 1 使得 NMOS 晶体管闭合，PMOS 晶体管断开；而当输入为二进制 0 时，发生相反的情况。所以，倒相器的输出究竟是连着 GND 还是连着 V_{dd} 由输入信号决定。当这样的两个电路通过互连线彼此连接时，互连线的充电与放电如图 2.35 所示。当输入为二进制 0 时，PMOS 晶体管闭合，而 NMOS 晶体管断开，使得电流从 V_{dd} 流入互连线；当输入为二进制 1 时，PMOS 晶体管断开，NMOS 晶体管闭合，使得电流从互连线流入 GND。电流的方向决定了互连线是向 V_{dd} 充电还是向 GND 放电，从而使得第二个晶体管的输入是二进制 1 还是 0，这就决定了第二个电路是开还是关，这样就完成两个电路之间的通信路径。产生信号的电路称为驱动电路，接收信号的电路称为接收电路。

晶体管是非线性器件，它在电压 V 下产生电流 I。由于晶体管是非理想器件，它们有一个导通电阻 R_{on}。虽然信号表示为二进制的 1 和 0，但现实中它们是模拟信号，具有有限的脉冲以及上升和下降时间。由于是通过互连线在电路之间传输信号，因此互连线的特性会影响信号的形状。

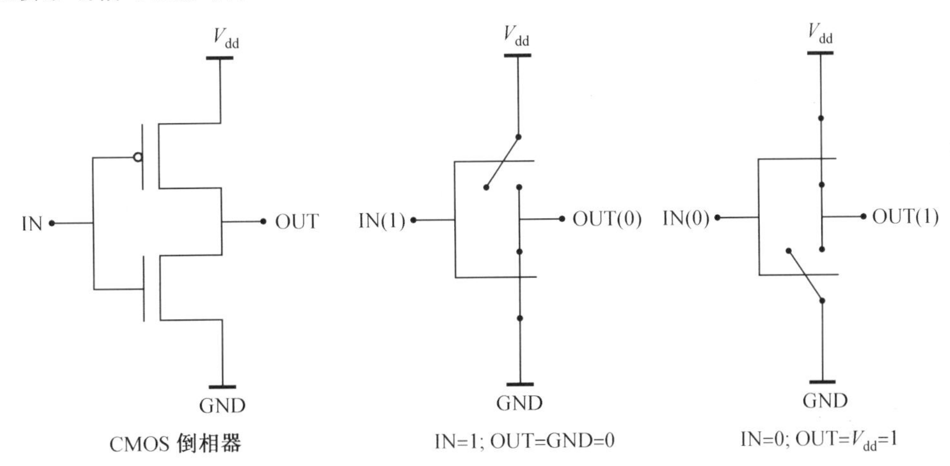

图 2.34 倒相器电路

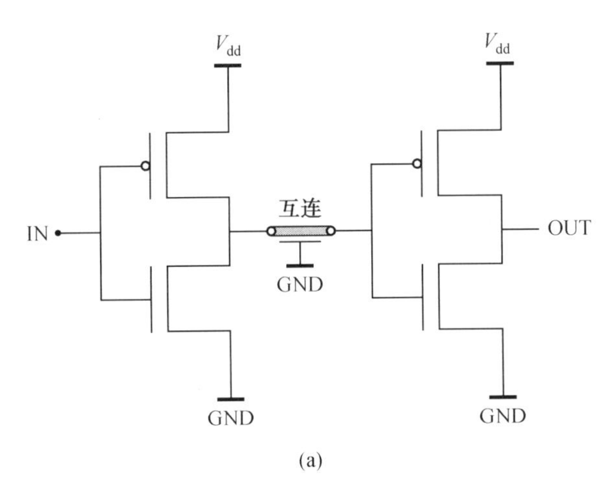

图 2.35 互连线的充电与放电

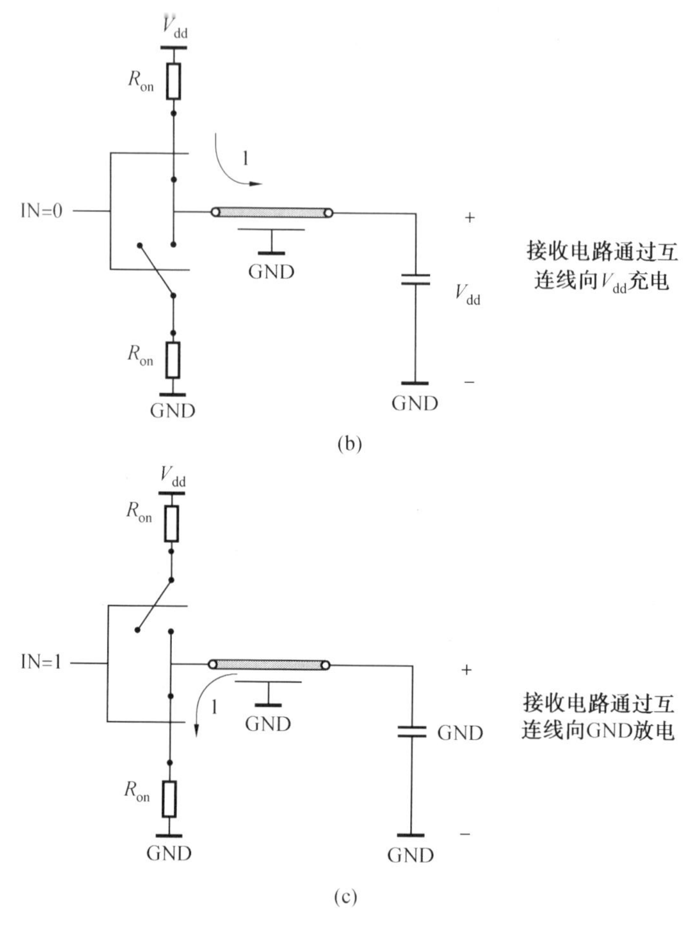

续图 2.35

2. 互连线的容性延迟

运用上面所描述的倒相器电路,互连线可视为充电或者放电的电容器。互连线和接地电路的金属导线会产生一部分电容。其他互连线的物理接近效应、连接集成电路与封装的导线和焊盘,以及走线中的弯折,又会引入杂散电容。图 2.36 所示为图 2.35 所示系统的等效电路,此处,用电容代替互连线。开关表示 PMOS 晶体管,它通过导通电阻 R_{on} 把 V_{dd}与电容连接。接收电路的输入用一个电容 C_g表示。结合基尔霍夫定律和方程(描述电容中流过的电流的方程)

$$I=(C+C_g)\mathrm{d}V/\mathrm{d}t \tag{2.48}$$

图 2.36 互连线的电容

可以推出一个关于负载电压的微分方程，其形式如下：

$$V_{dd}-V_{load}=R_{on}I=R_{on}(C+C_g)dV_{load}/dt \tag{2.49}$$

还可表示为

$$\frac{dV_{load}}{dt}+\frac{V_{load}}{R_{on}(C+C_g)}=V_{dd}/[R_{on}(C+C_g)] \tag{2.50}$$

由于在 $r=0$ 时开关闭合，方程(2.50)有通解

$$V_{load}(t)=A(1-e^{-t/\tau})u(t) \tag{2.51}$$

式中，A 是待确定的常数；$u(t)$ 是晶体管在 $t=0$ 时从 0 向 1 状态转变的单位阶跃函数，参数 τ 是时间常数，表示为

$$\tau=R_{on}(C+C_g) \tag{2.52}$$

系数 A 由电容充电到稳定状态值时的条件确定，或者

$$dV_{load}/dt\to 0 \quad (t\to\infty) \tag{2.53}$$

所以 $A=V_{dd}$，并且

$$dV_{load}(t)=V_{dd}(1-e^{-t/\tau})u(t) \tag{2.54}$$

假设有如下条件：$V_{dd}=5$ V，$R_{on}=50\ \Omega$，$C+C_g=10$ pF。图 2.37 所示为方程(2.54)的曲线。与电容相关的时间常数为：$\tau=R_{on}(C+C_g)=0.5$ ns。与电容充电相关的延时使得负载电压直到 $t=0.35$ ns 时才达到其稳态值的 50%，并直至 $t=1.15$ ns 时负载电压为其稳态值的 90%，即 4.5 V。因此，在这种情况下，电容充电至其稳态值的 90%所需要的时间就给电路之间的通信带来了显著延迟。

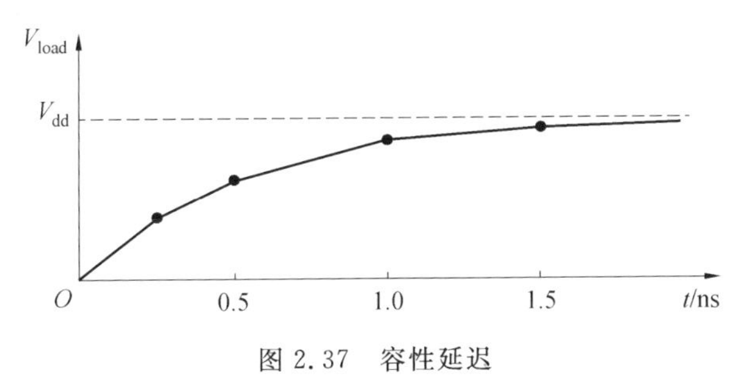

图 2.37　容性延迟

数字电路功能是以阈值逻辑为基础的，这意味着当输入到达某一特定值时电路就会改变状态。在大多数电路中，阈值水平就是 50%的逻辑摆幅。因此，以方程(2.54)为基础，输出达到输入值 50%时的延迟为

$$T_{50\%}=0.69R_{on}(C+C_g) \tag{2.55}$$

这个方程称为延迟方程，它是在将互连线视为集总电容的条件下得到的，延迟方程常用来确定电路定时信息。由于这个方程必须考虑所有与寄生电容相关的延迟，因此延迟方程比方程(2.55)要复杂得多。例如，导通电阻为 R_{on} 的倒相器驱动一电阻为 R、电容为 C 的长互连线，且此互连线终端的接收电容为 C_g，其延迟方程可表示为

$$T_{50\%}=0.69R_{on}(C+C_g)+R(0.4C+0.69C_g) \tag{2.56}$$

3. 基尔霍夫定律与传输时间延迟

200 多年来，人们一直使用基尔霍夫定律来进行电子电路模拟：①一个环路中电压降的总和必然为零；②流入电路中一节点的电流总和必然为零。基尔霍夫定律适用于电路

的尺寸比所感兴趣的信号波长小得多的情况,即对 DC 电路是很精确的且对低频电路具有很好的近似。前面的 RC 模型就是运用基尔霍夫定律推导延迟方程的一个很好的例子。然而,在更高的频率下,这些定律并不总是成立,实际上,它们只是电信号真实行为的近似。

一个重要的事实限制了基尔霍夫定律的应用:认为电信号以光速传播,光速在空气中约为 3×10^8 m/s,而实际在典型的印刷线路板、模块或半导体器件中,它要稍微慢一点。基尔霍夫定律忽略了电信号的有限传输速度,因此当由信号有限速度产生的时间延迟或相移非常显著时,基尔霍夫定律就不起作用了。对于在较低频率下应用的音频放大器、家用电器以及许多其他器件,这一点是可以忽略的。然而在较高的频率下,人们就必须考虑这种影响。

从时域观点来看,关键参数是信号(与电路尺寸相关)的传输时间(或行程时间)。在空气中,3×10^8 m/s 的速度大约相当于每 1 ns 移动 0.3 m。1 ns 的时间可能看起来非常小,但对时钟速率为 1 GHz 的电路,就不是很小了。在这样的条件下,信号可能会花费整个时钟周期才能穿过 6 in(1 in=2.54 cm)的印制电路板,并且一部分电路可能会滞后一整个时钟周期。基尔霍夫定律并没有考虑到时间延迟。早期集成电路中的晶体管一晶体管逻辑(Transistor-Transistor Logic,TTL)器件的内部延时达到 15 ns 甚至更高,这就将时钟频率限制在较低的水平,所以相比较而言可以忽略信号的传输时间。现代的器件已经发展到传输延迟成为数字电路设计中的限制因素。为了系统地将时间延迟与封装设计结合起来,必须应用传输线理论。

当从频域方面考虑时,关键参数就是信号(与电路尺寸相关)的波长。波长表示为

$$\text{波长}=\text{光速}/\text{频率}$$

即

$$\lambda=c/f \tag{2.57}$$

随着频率的升高,波长逐渐减小。在频率为 1 GHz 时,空气中的波长为 30 cm。一个波长对应 360°的相移。基尔霍夫定律假设电路的所有部分均具有相同的相位。如果一个信号在穿过电路时累积的相移为 360°的百分之一,那么基尔霍夫定律就不再能精确描述这种状况,但传输线理论可以。

封装工程师关注的材料主要是介质材料,一般用相对电容率 ε_r 来描述,此参数也称为相对介电常数。在嵌入式电感应用中,经常用到磁性材料,它是用相对磁导率 μ_r 这一参数来描述的。参数 ε_r 和 μ_r 都是没有单位的比例因子。在一般材料中,任意电学信号的光速为

$$\text{光速}=(2.998\times10^8)/\sqrt{\varepsilon_r\mu_r}\ (\text{m/s}) \tag{2.58}$$

因此,在用相对磁导率为 $\mu_r=4.0$ 的介质制成的互连线上传输电学信号时,信号的传输速度为 1.5×10^8 m/s。此时,信号通过 1 m 的长度需要 6.67 ns 的时间,这个时间常被称为行程时间或传输延迟时间。这个速度总是比空气中的光速要慢。

在参数为 ε_r 和 μ_r 的介质中,单频信号的波长为

$$\lambda=(2.998\times10^8)/(f\sqrt{\varepsilon_r\mu_r}) \tag{2.59}$$

式中，f 是以 Hz 为单位的频率；λ 是以 m 为单位的波长。

4. 互连的传输线行为

为了阐述传输线理论，以图 2.38 所示的两个电缆横截面为例进行说明。图 2.38 所示为通用传输线，包括同轴电缆（一种广泛应用于微波测量和有线电视（Community Antenna Television，CATV）系统的传输线）和平行带状传输线（可能是封装或印制电路板中用作互连的一种简单结构）。当电流从其中一条电缆流过时，就产生了载流子或电子的物理运动：沿着一导体流出，再顺着另一导体流回。由于这种运动，电荷具有了一定的动量。实际上，一旦发生了这种状况，电荷就有保持这种运动的趋势。这种效应本质上等效于串联电感。由于金属并不是理想的电学导体，其本身也存在一定的串联电阻，当电流流过它时，就有一些能量转化为热。同时，等量的相反电荷在瞬间储存在两个导体中，产生了一定的旁路电容。如果隔离导体的材料不是理想的绝缘体，那么在两个导体之间一定会产生漏电流，这可处理为并联的电导。

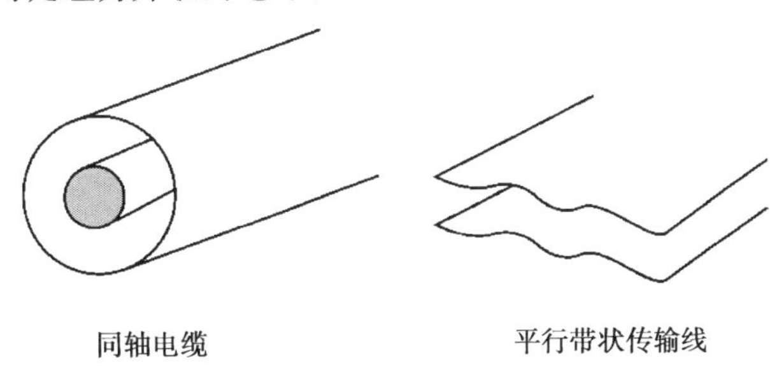

图 2.38 通用传输线

长度为 Δz 的传输线等效电路如图 2.39 所示，此处 Δz 比波长或等效渡越时间的行程要小得多。等效电路中的电感和电容产生了延时和相移，因电路理论无法直接处理这些传输线的延时和相移，电路理论会假定一端与另一端直接相连。因此，这个等效电路可以使用基尔霍夫电压和电流定律来处理。在图 2.39 中，量 $L\Delta z$（单位为 H）是等效电路的总串联电感，它与单位长度的电感 L（单位为 H/m）有关。$C\Delta z$（单位为 F）是总电容，它与单位长度的旁路电容 C（单位为 F/m）有关。总的串联电阻 $R\Delta z$ 和并联电导 $G\Delta z$ 分别与单位长度的电阻 R（单位为 Ω/m）和电导 G（单位为 S/m）有关。

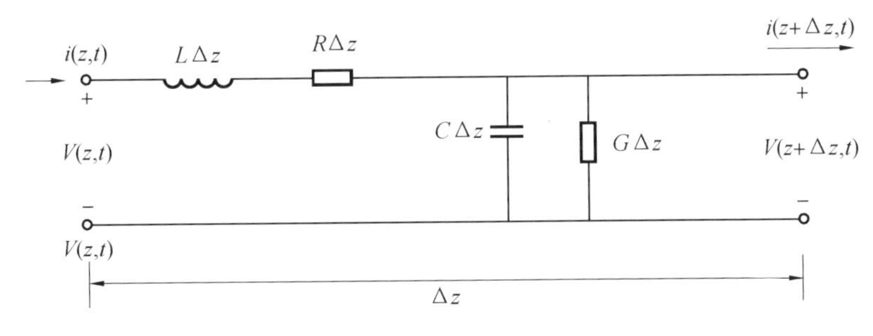

图 2.39 长度为 Δz 的传输线等效电路

将基尔霍夫电压定律应用于如图 2.39 所示的等效电路，得到方程

$$V(z+\Delta z,t)+(L\Delta z)\frac{\partial i}{\partial t}+(R\Delta z)i(z,t)=V(z,t) \tag{2.60}$$

上式可以重写为

$$[V(z+\Delta z,t)-V(z,t)]/\Delta z=-Ri(z,t)-L\frac{\partial i}{\partial t} \tag{2.61}$$

在 Δz 趋向于零的极限条件下，这个方程变为

$$\frac{\partial V}{\partial z}=-Ri-L\frac{\partial i}{\partial t} \tag{2.62}$$

将基尔霍夫电流定律应用于如图 2.39 所示的电路，有

$$i(z+\Delta z,t)-i(z,t)=(G\Delta z)V(z+\Delta z,t)-(C\Delta z)\frac{\partial V}{\partial t} \tag{2.63}$$

在 Δz 趋向于零的极限条件下，这个方程变为

$$\frac{\partial i}{\partial z}=-GV-C\frac{\partial V}{\partial t} \tag{2.64}$$

方程(2.62)和方程(2.64)称为传输线方程。由于它们最初用来描述电报线中的信号，所以它们曾称为电报方程。

方程(2.62)和方程(2.64)是电压 $V(z,t)$ 和电流 $i(z,t)$ 的两个耦合偏微分方程。这两个方程可以通过消去变量的方法进行简化。式(2.62)和式(2.64)还可以用于无损耗的情况，这时 $R=0,G=0$。例如，方程(2.62)对 z 求偏微分，方程(2.64)对 t 求偏微分，联合两个方程可以得到

$$\frac{\partial^2 V}{\partial z^2}=LC\frac{\partial^2 V}{\partial t^2} \tag{2.65}$$

方程(2.65)在数学和科学领域非常有名，被命名为一维波动方程。

还可以将方程(2.62)对 t 求偏微分，方程(2.64)对 z 求偏微分以消去电压，得到

$$\frac{\partial^2 i}{\partial z^2}=LC\frac{\partial^2 i}{\partial t^2} \tag{2.66}$$

这样，电压和电流均满足同样的二阶微分方程。

5. 互连线之间的串扰

图 2.40 给出了处于均匀、同质环境中的两个距离很近的连线横截面。距离很近的连线产生了串扰现象，即一个信号携带的能量传到第二条线上。

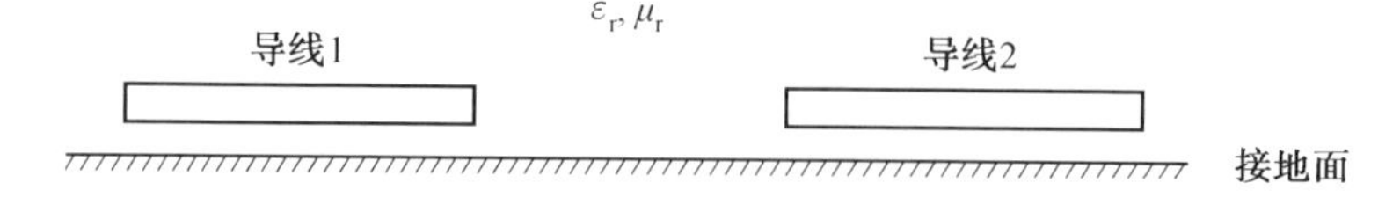

图 2.40 耦合互连线

出现串扰的原因是连线间的容性耦合和感性耦合。这种耦合沿传输线一直存在，这就有可能使得信号所携带的能量的一部分转移到另一个信号上。在大多数实际情况中，只有很小部分能量转移到另一个信号上，此时就说这种传输线发生了弱耦合或者松散耦合。

对耦合传输线的分析是相当复杂的。在弱耦合情况下，沿着第一条传输线（干扰线）从左向右传输的信号受第二条传输线（被扰线）的干扰并不明显。但是，当一个信号从干扰线发出时，它会在被扰传输线上产生两个波或信号。向驱动端传输的信号称为后向串

扰或近端串扰;向接收端传输的信号称为前向串扰或远端串扰。

从电路设计者的角度来看,串扰是有害的,应尽可能地减小或消除。减小串扰的一个方法就是通过设计传输线的横截面尺寸以尽可能减小耦合系数。这可以通过下列方法实现:一个方法是增加线路之间的间距,增加与地线的耦合,或在有源线路之间布置无用线路或接地线路;另一个方法是限制两相互平行走线的长度。

还可以通过修改其他的设计参数来减小串扰。例如,由于前向串扰是与信号对时间的微分成比例的,因此可以通过降低信号的上升或下降时间来减小对邻近信号线的前向串扰。虽然电路的关键部分可以通过隔离来减小耦合,但是电路的版图特征会直接影响存在的串扰量。一个总的原则就是:设计者应避免系统中任何部分出现信号拥挤的状况。

2.3.4 功率分配

前面将互连线视为传输信号的连线。根据信号的上升时间以及互连线的长度,这些互连线可当作容性负载或传输线来处理。然而,产生信号的驱动电路和接收信号的接收电路都需要电压和电流才能工作。这方面的电气设计就称为功率分配。

在功率分配中,需要论述两个重要的问题:IR 压降和电感效应。当电路中的 DC 电流为 I 时,封装金属层的有限电阻 R 就产生一个压降,根据欧姆定律可得到 $V=IR$,此处 I 是电路中流出的电流。由于芯片上的 IR 压降可能会改变,因此各部分电路的电源电压可能不一样。封装金属线上 DC 电压的这种变化会引起失真输入信号电路的错误转换。图 2.41 给出了一个用来消除封装 IR 压降对芯片性能影响的简单电路,在这个电路中,R 是封装金属的电阻,它包括了通孔电阻、互连线电阻和平面引线电阻。

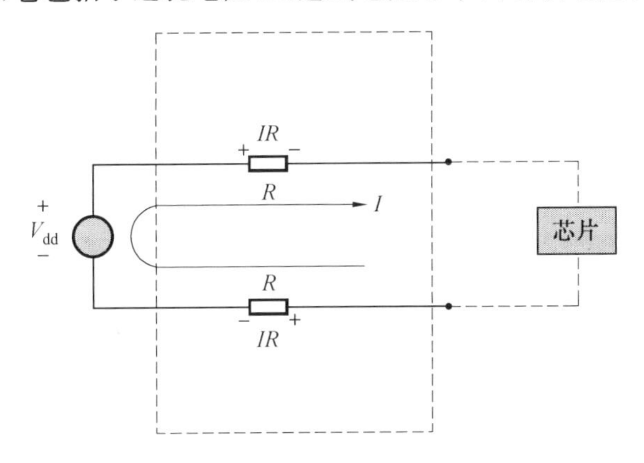

图 2.41 电阻性压降

由于此时时变电流流过封装中的金属层,当电路转换时会出现一种比较显著的效应。因为金属层本身是电感性的,所以随时间变化的电流会使得芯片中的电源电压也随时间变化。因此,电源电压随时间围绕 DC 值振荡,这可能会再次引起电路的错误转换。为了使系统正常工作,就必须将这两个效应减到最小。

1. 电感效应

由于电源通过封装给芯片各个部分输送电流,所以所有的物理电路都包含了某些与电源串联的电感。一个严格的电气设计者必须重视产品中与电源电路和接地电路相关的电感，此电感一般是不能忽略的。

电源响应中的任何延迟（以 $V_{load}(t)$ 为量度）都会给晶体管的输出带来延迟。因此，封装功率分配网络的电感因给电路电源引入显著的延迟而使电路慢下来。

2. 电源噪声

每个系统中都存在噪声。芯片中的电路需要电压和电流来进行二进制状态的转换。在 CMOS 晶体管中，晶体管的输入节点类似于一个电容，它作为前级的负载。所以，来自驱动电路的电流用来给电容充放电，从而提高或降低输入节点的电压。这种转换引起二进制状态的改变。从 V_{dd} 电源流出的电流对负载进行充电，类似地，负载放电产生的电流流到 GND 中，这两个电流都是随时间变化的。母板通过封装及印制电路板上的金属层给芯片提供电压和电流。图 2.42 所示是电源噪声等效电路，其中封装体和 PWB 金属层给功率分配网络增加了电感。因此，电源电流流过的路径可能相当长并且是迂回的。

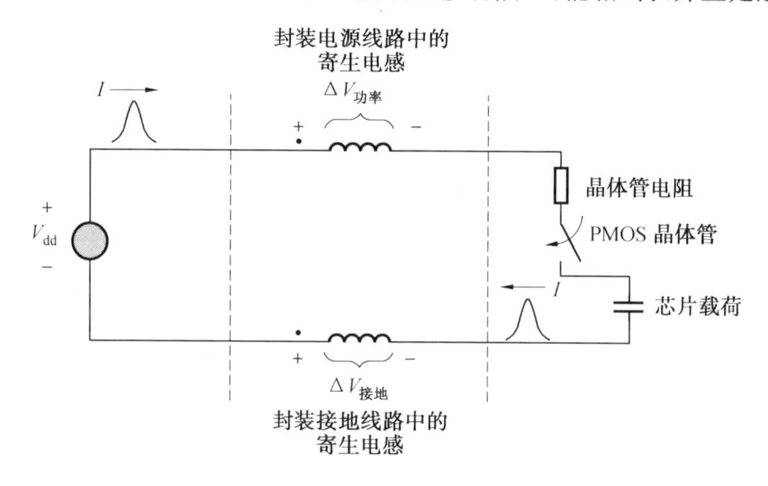

图 2.42 电源噪声等效电路

理想电源可以提供无限的电流，而实际的电源不行。由于经过电路板、封装和芯片的电流路径给系统引入了串联电感 L，因此芯片上的局部电源是非理想电源。在电源电路系统中，存在串联电感附加的负面影响：对存在串联电感的情况，当电源电流改变时，由于流过电感的电流很小，能瞬间变化，所以局部的 V_{dd} 电平都会下降，进而流过这些互连线的动态电流会在芯片的电源线路中引起电压波动，即

$$\Delta V = L_{eff}(\mathrm{d}I/\mathrm{d}t) \tag{2.67}$$

式中，L_{eff} 是功率分配系统的有效电感；$\mathrm{d}I$ 是电流在 $\mathrm{d}t$ 时间内的变化量；ΔV 是产生的电压波动或电源噪声。这个噪声称为同步开关噪声、ΔI 噪声或 $\mathrm{d}I/\mathrm{d}t$ 噪声。在方程（2.67）中，封装中的功率分配系统通常是产生电感的主要部分。

如上面所述，L_{eff} 所表示的是从芯片上的电路到电路板上理想电源的电流回路中的电感。在包含了数千个过孔和互连线的封装中，横跨电流路径是非常困难的。因此，需要用软件工具来提取封装中的 L_{eff}。

随着电路速度的提高，电流转换的速度也逐渐加快。在实际的系统中，芯片电流可能在很短的时间间隔内（$\mathrm{d}I/\mathrm{d}t$ 很大）有大幅度的改变，这就引起了电源的波动。因为电源

的波动可能是具有毁灭性的，所以需要研究减小封装电感的办法。按照 CMOS 按比例缩小规则，现在芯片设计的趋势是逐步降低电压和信号水平，所以对于将来的系统，电源噪声也必须减小。由于封装中的垂直功率分配（如 MCM）具有相对较小的电感特性，所以对低电感的需求已经促使功率分配方式向这种方式转变。

为了减轻电源噪声的影响，电气设计者必须使用噪声预算来确定与电源和地线分配网络相关的最大允许电感 L_{eff}。设计者必须设计电源的走线使得电感低于最大值。

3. 电源噪声特性

当电路同步开关时，在功率分配网络中产生的噪声可能会使电源电压减小或增大。电源电压减小使得芯片上 V_{dd} 和 GND 之间的电压小于电源电压，而电源电压增大使这个电压比电源电压更大。这两个效应都会影响系统的性能。另外，封装中的电感会与芯片中的电容共振，从而引起电源的振荡。

由于这些是非随机事件，所以输出驱动电路会引起比内部电路更多的电源噪声。例如，宽的总线就可以同步地从二进制状态 1 转变为二进制状态 0。而且，由于互连线存在电感，所以需要更大的电流来给互连线充电。由于单片电路对噪声非常敏感而且其工作速度较高，所以对高速系统，需将单片电路的电源分配网络与片外电路的功率分配网络隔离开。随着系统速度的增加，就需要抑制电源噪声，这只能通过减小封装中功率分配系统的电感来实现。

在所有的系统中，降低电源噪声都是非常重要的。如果不对其进行控制，它可能会产生如下影响：

①当存在电源噪声时，电路产生较小的输出电流，这就增加了电路的延迟，从而在系统中引入了过多的时间延迟。

②电源上的噪声伪信号可能会传输到静态接收芯片中，从而引起错误的电路开关。

③噪声伪信号会在发送信号的芯片处引起电路的错误开关。

4. 去耦电容

负载电容充电需要电源电流供给电荷。当额外的电流流过封装电感时，它就在电感的两端产生了一个压降，如图 2.42 所示电路的描述。给电容充电的额外电流也可由电容提供，这些电容就称为去耦电容。

在图 2.42 所示的芯片两端加上去耦电容 C_d 得到的电路如图 2.43(a)所示。假设初始时，去耦电容充电至电压 V_{dd}，当晶体管开、关时，需要电荷 $Q=CV_{dd}$ 来给负载电容充电。这个电荷由流入电路中的电流 ΔI 提供，不用电源提供电流，而用去耦电容代替电源来提供电流，这样，电流回路就发生了变化。由于如图 2.43(a)所示的电流回路没有电感，所以芯片两端的电压就一直保持在 V_{dd}。只要储存在去耦电容中的电荷大于负载电容所需的电荷并且电荷可在时间 Δt 内供给，那么上述结论就可实现。时间 Δt 表示了电路的开关速度。

因此，电容在电路不工作时给电源充电，或在需要时提供电流。这样，电容就成为电荷的储存器。这个过程如图 2.43(a)所示。图中，芯片中的电容在电源起作用前就给开关电路提供电荷，所以去耦电容的作用就是缩小系统中电流回路的尺寸。例如，与图2.42所示情形相比，如图 2.43(a)所示的电流回路尺寸就比较小。同时，由于在电流回路中没

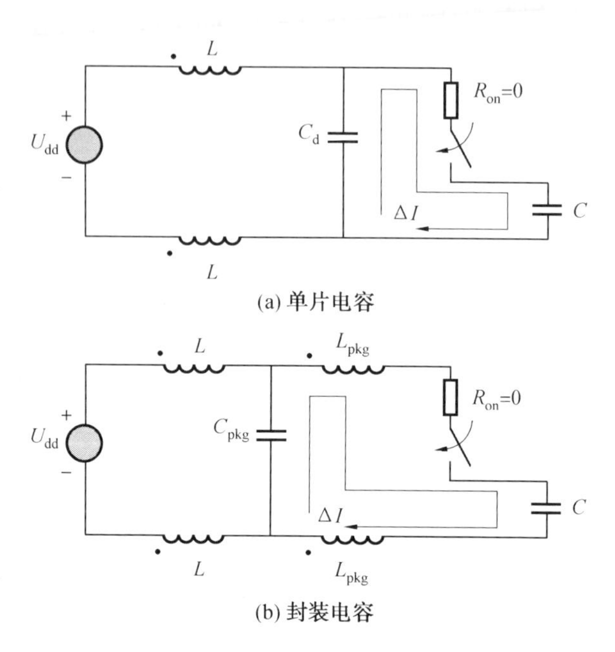

图 2.43 单片电容和封装电容等效电路

有任何电感，所以电源的噪声也减少了。

在计算机系统中，电流变化 ΔI 所需的时间 Δt 是电路开关速度的函数。例如，在处理器核心部分的电路进行开关工作时，在很短的时间内需要很大的电流。然而，当处理器向存储器传输数据时，时间可能大得多。因此，需要在整个系统中放置解耦电容来给开关电路提供电荷。我们的目标仍然是减小电流回路的尺寸以使电容能够提供电流，从而使得芯片引脚一直保持合适的电压。封装层电感（传输的是来自电容的电流）可能会随着这些电容所处的位置不同而有所变化，这样就改变了电路中的有效电感。例如，以图 2.43(b)所示的电路为例，电容 C_{pkg} 处于封装中，这个电容提供的电流流过封装电感再给负载电容充电。因为与如图 2.42 所示的有效电感相比，$2L_{pkg}$ 的有效电感较小，所以电源噪声也降低了。

2.3.5 电磁干扰

无线电频率、高速数字电子元器件和系统的广泛应用已经使人们开始关注电磁干扰（EMI）。随着器件、封装和电路板集成度的增加，在电路、封装与系统之间产生电磁干扰的可能性也增加了。当系统电路变得更小、更复杂时，在较小的空间中会聚集更多的电路，这就增加了干扰的可能性。而且数字电路和系统的时钟频率超过 1 GHz 时，在器件、封装以及系统中产生了基本时钟信号的高频噪声和谐振，这会导致显著的辐射，无电磁干扰的设计变得更加困难。电磁干扰的形式有：自由空间的电磁辐射，经过电源/地线及信号线的直接传导噪声。

为了确保邻近电路的正常工作并满足 EMI 规范，从设计过程一开始就必须密切关注 EMI。对数字系统成本的有效控制可能与逻辑设计本身一样复杂和困难。产品的工作性能满足性能指标通常并不是主要困难，而通过所需的 EMI 发射测试才是真正的挑战。

一般 EMI 问题主要存在于印制电路板、电缆、无线电频率器件的底盘和高速数字系统的设计中。然而，当频率增加时，器件和封装也必须视为 EMI 源。高频噪声电流有许多来源，包括沿信号线的反射以及电源/地线上的瞬变。这些噪声电流会流过封装中的寄生电感，在较高频率下这是不能忽略的。辐射发射或电磁场都与噪声电流的频率、噪声电流路径的面积以及噪声电流的大小成比例。所以，最显著的辐射结构是大尺寸导线，如平板连线和电路板之间的电缆。这些结构最有可能像天线一样工作并辐射能量。一般封装体本身并不是辐射源，除非封装尺寸比普通尺寸大得多而且噪声频率足够高。通常，封装体的尺寸比电路板或电缆的尺寸要小得多，所以封装设计者对 EMI 问题的基本关注点是频率容量和噪声电流的幅度。

对 EMI 的控制是一个涉及许多设计方面的复杂问题，需要芯片、封装和系统等各部分设计者的努力合作才能解决。反射、去耦电容的不合理布局、大的电流回路以及地电压的波动都会导致有害的辐射反射。必须避免阻抗不匹配导致的信号线中的反射。对于暴露在印制电路板表面的信号走线，如微带线结构，这一点尤为重要。反射会沿着印制电路板上的信号走线产生环振，并且在环振频率时会产生较大的辐射反射。沿传输线的电容不连续会引起信号波形的下冲，而电感不连续会引起波形的过冲。不连续产生的反射大小与封装引线连接结构中的寄生效应以及数字信号的上升时间有关。所以，当数字信号的过渡时间变短时，密切控制封装中的寄生效应以及用于匹配传输线的端接电阻就变得更为重要。

芯片、封装或电路板中去耦电容的基本作用是给芯片的正常工作提供必要的电流。去耦电容器使电源线的电平稳定，从而减小了高频噪声。如果封装中的电源线中存在显著的电压波动并且耦合到电路板电源线或电缆中，就会产生很大的辐射反射。所以，在封装体中安置合适的去耦电容是非常重要的。在印制电路板上，去耦电容应放置在每一个电源线和地线的交叉口。这些去耦电容缩小了电流路径上的电流回路。通过减小电流回路尺寸、电流的幅度以及噪声频率，就能减小 EMI。

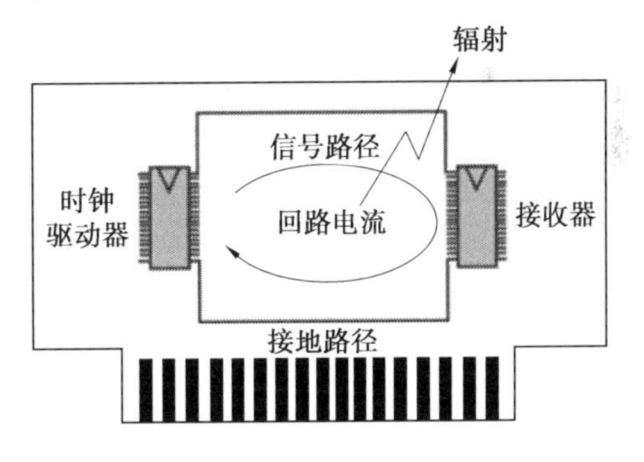

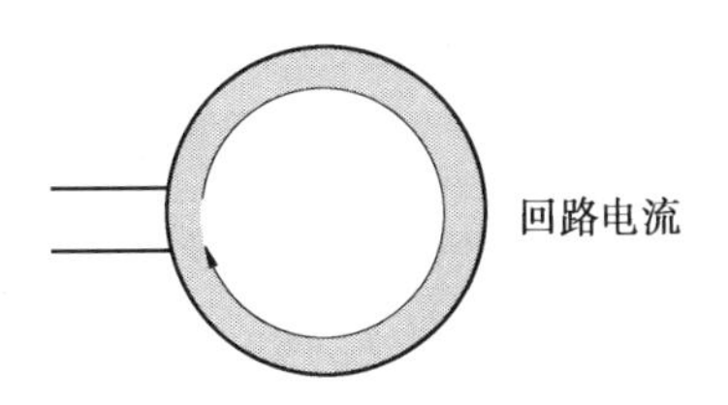

图 2.44 回路天线模型

在封装引脚分配之后，地线引脚的选择不当会带来 EMI 这样的难题。为了将辐射发射减到最小，每一条信号线以及接地返回路径都必须保持很小。通常必须将接地面和地线引脚与信号线放得很近。图 2.44 所示为回路天线模型。由于辐射量是与回路面积成正比的，因此印制电路板上的接地回路区域应该离信号线很近，这样才能形成较小回路的电流路径。

2.3.6 小结

电气设计要实现两个关键功能:信号分配和功率分配。信号分配是在芯片的电路之间提供电学通信路径的过程。当然,如果不给电路加电,这是不可能完成的。给芯片提供电压和电流的过程称为功率分配。

信号通信的质量与互连线的寄生效应有关。在20世纪80年代初期,由于当时所设计的产品的速度比较慢,所以互连线实质上都是电容性的。影响信号传输质量最大的效应是RC时间常数,它会延缓信号的上升时间。沿通信路径方向,电阻主要就是器件的电阻,而形成电容的最大因素是互连线。形成大电容的主要因素是当时使用宽连线、长连线以及高介电常数的绝缘材料。然而,在20世纪90年代,按比例缩小的晶体管使得器件延迟变短,进而使得产品的工作速度飞速增加。随着集成度的增加,连接电路的互连线变得更短。晶体管的按比例缩小以及其集成度的增加使得通信路径中的RC时间常数变得不再重要,进而出现了一种新的现象,即电学信号在绝缘介质中的传输速度有限,信号起初更像是电磁波,然而由于介质属性,信号产生的有限延迟就成为时钟循环的一部分。因此,必须将互连线当作传输线来处理。

随着时钟频率的增加,低介电常数的绝缘材料因其能够降低信号的延迟而变得非常重要。为了保持信号质量,不得不通过各种不同的终端方案来抑制反射。为了容纳更高集成度的集成,连线密度逐渐增加,连线间距减小,因此连线上就产生了串扰。因为串扰会影响信号的质量和时序,所以控制串扰是非常重要的。由于互连线可作为传输线处理,而且它们又是低损耗结构,因此信号的传输时间延迟就是唯一的关键参数。所以互连线可当作无损传输线来处理。之所以互连线的电阻特性逐渐变得重要,是因为需要具有高集成度(使得连线以及间距变窄)和较低介电常数材料的高速度产品。随着频率的升高,互连线的电阻会随着频率变化而变化,这是由趋肤效应(电流集中在导体的表面)引起的,而且当时钟频率超过1 GHz时,绝缘材料的介电损耗变得非常重要。这两种损耗机制都会导致信号上下沿变圆并变慢,这是数字电路中的主要问题。因此,所有的互连线都将作为有损耗传输线来处理,而维持信号的质量和时序就成为主要的问题。所以,必须采用新的方法进行信号分配。

在20世纪80年代,即集成于电路板上的DIP和QFP封装时代,芯片的正常工作要耗散几瓦的功率。由于其时钟频率很小,所以可利用的时间余量很大。10～50 nH范围内的电源电感足以保证电路在系统中不会产生过多的噪声。在20世纪90年代,不得不减小电源电感。由于芯片耗散大量的功率,因此流过封装的电流剧烈增加。而且,时钟频率升高使得晶体管工作的时间余量更小。由于电感较大,通过引线框架和引线键合区域提供电流的DIP和QFP封装不再能够支持这些产品。这就促使了BGA封装的产生,它为芯片和封装提供了面阵列连接技术。BGA封装给电流提供了垂直路径,因而减小了电感。封装和电路板中的平面对小电感路径的形成是非常必要的。而且,芯片、封装和电路板上必须配备大量的去耦电容以给芯片提供瞬态功率。

在21世纪,已经对高性能的产品使用了新型的封装和电路板,将电源电感减小至约10 pH。封装和电路板变得越来越薄,并且还有许多平面层来支撑系统大的瞬态电流。

由于其电感值较小，所以在给芯片提供净功率方面，电源电感已不再是一个主要的瓶颈。然而，脉动平面引线仍然是系统中噪声的主要来源，这是由电磁波在封装和电路板内的电源线和地线之间传输所引起的一种现象。为了避免脉动平面引起的噪声耦合，必须将核心电路与I/O两者的功率分配隔离开，这就需要采用新而有效的方法给芯片输入功率。在频率超过1 GHz后，去耦就成了主要问题。去耦的方法非常复杂，例如封装和电路板上的整体去耦。芯片上的大部分器件都是用于解决去耦这个主要问题。

本章参考文献

[1] TUMMALA R R. Fundamentals of microsystems packaging[M]. New York: McGraw-Hill Education, 2001.

[2] 梁新夫. 集成电路系统级封装[M]. 北京：电子工业出版社，2021.

[3] 虞国良. 功率半导体封装技术[M]. 北京：电子工业出版社，2021.

[4] 赵家升，杨显清，杨德强. 电磁兼容原理与技术[M]. 2版. 北京：电子工业出版社，2012.

[5] IANNUZZO F, CIAPPA M. Reliability issues in power electronics[J]. Microelectronics Reliability, 2016, 58: 1-2.

[6] DEO M. Enabling Next-Generation Platforms Using Intel's 3D System－in－Package Technology[J]. Altera Inc, 2017, 16: 1-7.

[7] SUN Y C. System Scaling for Intelligent Ubiquitous Computing[C]//Electron Devices Meeting, IEEE, 2018: 1.3.1-1.3.7.

[8] CHARLES A H. Electronic packaging and interconnection handbook[M]. 4th ed. New York: McGraw-Hill Education, 2005.

[9] RICHARD K U, WILLIAM D B. Advanced electronic packaging[M]. 2nd ed. New Jersey: John Wiley & Sons Inc, 2006.

[10] INCROPERA F, DEWITT D. Fundamentals of heat and mass transfer[M]. 4th ed. New York: John Wiley&Sons, 1996.

[11] MCADAMS M H. Heat transmission[M]. New York: McGraw-Hill, 1954.

第3章　塑料封装

塑料封装是采用塑料或树脂封装保护芯片及引线框架的一种封装形式。塑料封装出现在20世纪50年代初期，当时使用酚醛塑料进行模塑封装。酚醛塑料在集成电路芯片及周围收缩固化，会使与芯片键合的引线受力，引线因承受较大压力而经常断裂。20世纪60年代初期，塑料封装成本有所降低，部分地替代了陶瓷封装与金属封装，但此时酚醛树脂和硅酮树脂是主要的塑封料，且塑封器件受很多可靠性问题的困扰。在20世纪70年代，大量的集成电路实际上都使用了环氧塑料封装，环氧树脂的配方得到了许多改进，固化时的收缩、热膨胀系数、杂质离子浓度都有所下降，塑料封装器件的可靠性得到大幅提升。

3.1　塑料封装器件结构

3.1.1　塑料封装器件结构

塑料封装器件一般包含如下部分：芯片、引线框架、连接芯片到引线框架的引线，以及保护芯片及内部连线的模塑料。其中引线框架可以是铜合金、42合金(42Ni－58Fe)、50合金(50Ni－50Fe)等，框架引脚表面可以根据需要镀金、银或钯等。引线可以是铝、金、铜等合金。塑封材料可以是环氧树脂基、硅树脂基、聚酰亚胺基塑封材料，树脂基体中一般会掺入交联的反应剂、催化剂、填充剂、耦合剂、脱模剂等。塑料封装器件结构示意图如图3.1所示。

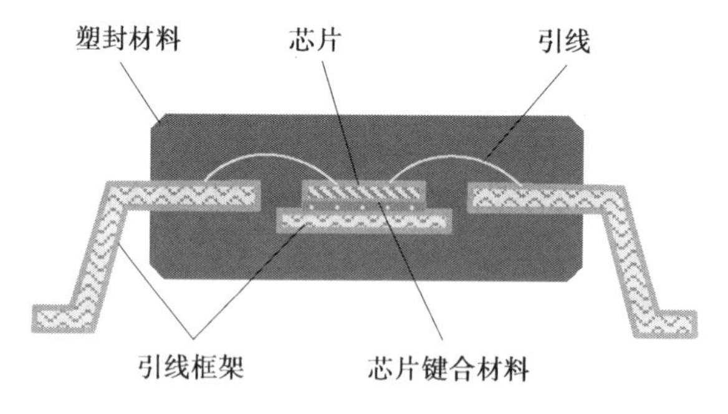

图3.1　塑料封装器件结构示意图

塑料封装器件可制成表面安装式器件或通孔插装式器件。

通孔插装式塑封器件一般有塑料双列直插封装(PDIP)器件、单列直插封装(SIP)器件、塑料针栅阵列封装(PPGA)器件等；表面安装式塑封器件一般包括小型封装(SOP)器件、塑封有引线片式载体(PLCC)、塑料四边引线扁平封装(PQFP)器件等。

塑封双列直插器件如图3.2所示，是20世纪80年代普遍使用的一种塑料封装形式。

它的塑封体是矩形的，引脚一般分布于塑封体的两个长边侧，相邻元器件引脚之间的中心距离为 2.54 mm。

塑封单列直插器件形状一般也为矩形，引脚通常在器件长边底侧，引脚的中心距是 1.27 mm。

塑料针栅阵列封装引脚在塑封体下呈阵列排列，引脚的间距一般为 2.54 mm，也有用 1.715 mm 的。塑料栅阵列封装一般使用插装式电路板组装技术进行组装，PPGA 是密度最高的插装式组装器件。

图 3.2 塑封双列直插器件

适用于印制电路板表面组装的典型塑封元器件包括小外形尺寸封装器件（图 3.3）、塑料有引线片式载体（图 3.4）及塑料四边引线扁平封装器件（图 3.5）等。SOP 与 DIP 相似，元器件的引脚都分布在塑封体的长边两侧，但引脚典型类型是海鸥型引脚或翼型引脚。SOP 的演变类型是 SOJ，SOJ 的引脚按照 J 形弯曲并折向塑封体下，其优点是焊盘所占印制电路板面积比海鸥型引脚或翼型引脚小，但焊点位于塑封体下方，不易检验。

(a) 翼型/海鸥型引脚

(b) J 型引脚

图 3.3 小外形尺寸封装器件

图 3.4 塑封有引线片式载体

图 3.5 塑料四边引线扁平封装器件

PLCC 的引脚分布在塑封体的四周，一般有 18～124 条引脚，间距一般为 1.27 mm，并于塑封体内侧弯折，形成 J 型引脚。由于引脚在塑封体四边，因此这种封装形式与 SOP 相比，在印制电路板上的组装密度更高。从电学的角度而言，由于 PLCC 的引脚是表面贴装形式，因此 PLCC 的引脚与同类的 DIP 器件相比较，其平均长度较短且一致性较好，封装引线的阻抗能够较好地匹配。

PQFP 器件的外形是正方形或矩形，元器件的引脚分布于塑封体四边，呈翼形或海鸥形，一般有 40～304 条引脚。

3.1.2 塑料封装器件特性

塑料封装和陶瓷封装在尺寸及质量方面相比，大部分塑料封装器件质量均小于陶瓷封装器件。在尺寸方面，陶瓷封装与塑料封装存在很大区别，陶瓷封装一般需要形成密闭的腔体，所以较小的结构(如小外形封装)、较薄的结构(如薄型小外形封装)仅适用于塑料封装，薄型小外形封装如图 3.6 所示。

图 3.6 薄型小外形封装器件

单纯从材料的绝缘性能考虑，塑料的介电常数一般小于陶瓷，所以，塑料本身的绝缘性能要优于陶瓷。但塑料属于非气密性封装材料，容易吸收水汽使其介电常数发生变化，绝缘性能降低。而陶瓷与塑料相比，其介电常数更稳定，能在较宽的频率范围内保持不变。在高频使用环境下(如超过 20 GHz)，陶瓷封装的信号传输性能更优越。而在低频应用条件下，塑封器件在使用铜引线框架的情况下，其信号传输性能要优于使用可伐合金引线框架的陶瓷封装器件。这是由于铜引线框架的引线电感较可伐框架小。

塑封器件的成本一般由以下因素决定：芯片成本、封装成本、需求量、筛选、早期老炼及成品率、最终老炼测试及成品率、强制性的质量鉴定试验成本等。塑料封装属于非气密性封装，而气密性封装通常使用陶瓷、金属，气密性封装材料成本高，且筛选费用要高于非气密性封装。

塑封器件的可靠性从 20 世纪 70 年代开始有了极大的提高，特别是现代塑封材料的杂质离子含量降低，且塑封材料对其他封装材料（如芯片、引线框架、引线等）有很好的黏附性。塑封材料的热导率明显提高，且与引线框架的热膨胀系数能很好地匹配。

塑封器件从可用性上来讲，可以在连续的生产线上对芯片及附件进行组装及封装，生产效率比陶瓷封装和金属封装更高。市场对电子产品需求的周期短，因此，大多数电子产品的设计和研发会优先考虑塑料封装。而对于陶瓷封装、金属封装这类气密性封装器件，只有了解到市场明确需要高性能、长寿命的器件，而且收益可期时，其才能够得到发展。

3.2 塑封流程

本节将以 PQFP 和 PBGA 两类器件为例介绍塑封器件的封装流程。

3.2.1 PQFP 器件的塑封流程

PQFP 器件的塑封流程分为两个阶段：前道流程和后道流程。

1. 前道流程

第一阶段为前道流程，具体包括：晶圆研磨→ 晶圆粘接→晶圆切割 → 光学检查→芯片粘接（die attach）→ 烘烤→ 清洗→ 引线键合（wire bond）→ 光学检查。

晶圆研磨即研磨晶圆背面，使晶圆减薄，以提高封装密度，如图 3.7 所示。

图 3.7 晶圆及晶圆研磨减薄设备

晶圆粘接即对晶圆进行粘接固定，为下一步晶圆切割做准备，防止切割过程中芯片散落，图 3.8 所示是晶圆粘接胶膜及固定装置。

晶圆切割即使用金刚石刀片高速旋转，辅以冷却液冷却，对晶圆进行切割，将晶圆切割成一个个独立的芯片，图 3.9 所示是晶圆切割装置。

光学检查即通过光学检查判断切割是否造成芯片功能区的损伤，如果有，则使用标记笔进行标记，在后续贴片的过程中将避免使用。

芯片粘接即使用环氧树脂或其他树脂类材料将芯片粘接于引线框架的芯片粘接区域，树脂类材料一般会添加 Ag 或其他惰性填充剂，以改善树脂的导热性能。芯片粘接装置及过程如图 3.10 所示，图中芯片的载体是基板，引线框架的粘接方式与图中所示流程相同。

烘烤即对环氧树脂或其他树脂类进行烘烤、固化，实现芯片与引线框架的粘接固化。

图 3.8 晶圆粘接胶膜及固定装置

图 3.9 晶圆切割装置

图 3.10 芯片粘接装置及过程

清洗即通过超声或等离子体清洗手段，对芯片及引线框架待键合区域进行清洁，去除污染物，为下一步引线键合做准备。

引线键合即使用热压焊、超声热压焊或楔焊技术实现引线连接芯片表面焊盘与引线框架相应的焊盘，如图 3.11 所示。

光学检查即通过光学检查，判断引线键合位置是否正确，是否存在键合缺陷。

图 3.11　芯片与引线框架或基板通过引线键合实现电气连接

2. 后道流程

第二阶段为后道流程，具体包括：塑封(mold) → 打标(mark) →固化处理(post mold cure)→去纬去胶→电镀(plating)→去框、引脚成型(forming/singulation)→外观检查→电气信号检查→包装(packing)。

塑封即将芯片和引线框架固定在传递模塑封装模具上，合模，然后将液态树脂注入模具腔内，并保温一段时间，使树脂在模具腔体内部发生交联反应，并初步固化，然后开模，完成塑封的主要流程。

打标即使用激光或印刷等方法在塑封体表面形成产品信息标记。

固化处理即将上一步完成塑封的器件放入恒温炉中进行固化处理，使树脂实现完全的交联反应，并实现完全固化。

去纬去胶即通过冲压的方式去除引线框架之间的金属连筋和多余的塑封材料，图 3.12所示是去纬去胶前后对比图。

图 3.12　去纬去胶前后对比图

电镀即对引线框架的引脚进行电镀处理，镀覆 Ni、Ag、Au 或 Pd 等金属镀层。

去框、引脚成型即用过冲压去除引线框架的边框，然后通过模具多次冲压和弯折，形成海鸥型或翼型引脚，引脚成型过程如图 3.13 所示。

外观检查即通过光学检查，检查器件外观及引脚是否符合外观验收标准。

电气信号检查即通电检查器件的电气信号传输及响应，判断器件是否能够正常工作。

包装即对器件进行包封处理，进行物理防护和静电防护。

图 3.13 引脚成型过程

3.2.2 PBGA 器件塑封流程

1. 前道流程

如果 PBGA 器件的芯片是采用 WB 的方式实现芯片与基板电气信号互连，其前道封装流程与 PQFP 器件类似，也是：晶圆研磨→晶圆粘接→晶圆切割→光学检查→芯片粘接→烘烤→清洗→引线键合→光学检查，但芯片粘接的对象是基板而不是引线框架。

2. 后道流程

第二阶段为后道流程，具体包括：塑封→打标→固化处理→植球（置球）→回流焊→去框成型→外观检查→包装，其中植球（置球）、回流焊、去框成型与 PQFQ 器件封装流程有所不同，而其他步骤类似。

BGA 器件的引脚是阵列排布的焊球，需要植球和回流焊的工艺制备。固化后的器件，封装体的另一侧基板表面有阵列分布的焊盘，在植球工序中需要将封装体倒置，在基板焊盘表面通过掩模板实现焊球与焊盘的一一对应分配、放置，在分配焊球之前，一般会在焊盘表面涂覆助焊剂。图 3.14 所示是 BGA 植球过程。

回流焊即将植球后的器件通过回流炉加热塑封体和焊球，焊球熔化后在焊盘表面润湿铺展，冷却后，BGA 器件表面即形成阵列分布的球状引脚。

去框成形即通过冲切的方式，将独立的 BGA 器件从条带状的基板上冲切、分离。

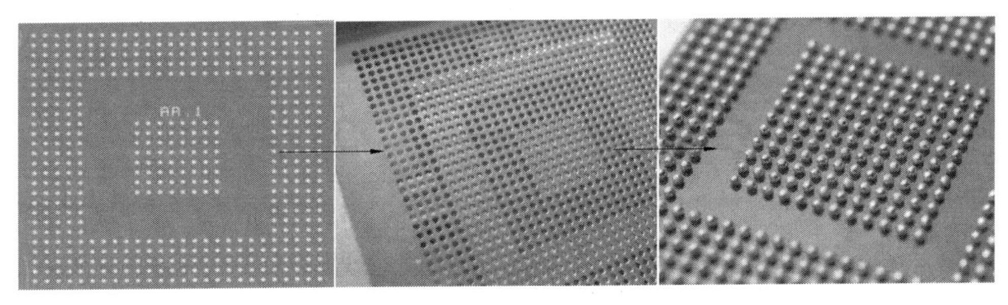

图 3.14 BGA 植球过程

3.3 模塑材料

塑封器件保护芯片、引线、焊点、引线框架或基板的材料是绝缘的塑料，防护的方面包括机械冲击、化学刻蚀等。

因此，对于塑封材料，其必须具备足够的机械强度和抗化学刻蚀能力；另外，塑封材料需要对芯片、引线、引线框架、基板等具备良好的附着能力。从应力匹配和器件的寿命角度上来讲，塑封材料的热膨胀系数需要在器件服役及组装的温度范围内与器件的其他构成部分匹配良好。可制造性是塑封材料能否顺利应用于塑封结构中的另一个重要考量的要素。

塑料一般分为热固性塑料和热塑性塑料。热固性塑料一般以环氧树脂、有机硅聚合物、聚亚胺酯、聚酰亚胺、聚酯为基体，在其中添加其他组分，包括固化剂、催化剂、惰性填充剂、耦合剂、阻燃剂、消除应力添加剂、着色剂及脱模剂等。热固性塑料改善性能后应用于塑料封装流程中，其特点是加热后具有流动性，然后发生交联反应，实现固化，该固化过程是不可逆的。热塑性塑料的固化和流动过程是可逆的，此类材料很少用于塑封器件，这是由于它们需要高温、高压的工艺条件。此外，这类材料的纯度低，而且会因潮气而产生应力。

3.3.1 塑封材料组成

1. 典型模塑料

电子器件的塑料封装最早用的树脂材料是硅树脂、酚醛树脂及双苯酚 A 环氧树脂。

硅树脂是一种具有高度交联结构的热固性聚硅氧烷聚合物，兼具有机树脂及无机材料的双重特性，具有独特的物理、化学性能，有很好的电绝缘性质、耐温及防水的效果。但硅树脂与芯片、金属化层粘接强度差，这会导致器件在盐雾试验中失效，并且容易发生分层失效。

酚醛树脂通常指由苯酚或其同系物(如甲酚、二甲酚)和甲醛作用而得的液态或固态产品。酚醛树脂的耐热性、耐燃性、耐水性和绝缘性优良，耐酸性较好，耐碱性差，机械和电气性能良好，易于切割，分为热固性塑料和热塑性塑料两类。合成时加入不同组分，可获得功能各异的改性酚醛树脂，具有不同的优良特性，如耐碱性、耐磨性、耐油性、耐刻蚀性等。用酚醛树脂封装集成电路时，由于其后固化时会产生氨，并存在钠及氯化物离子，此类材料的吸湿性强，因此会导致塑封器件早期的刻蚀失效。

环氧树脂是指分子中含有两个以上环氧基团的一类聚合物的总称。由于环氧基的化学活性，可用多种含有活泼氢的化合物使其开环，固化交联生成网状结构，因此它是一种热固性树脂。双酚A环氧树脂不仅产量最大、品种最全，而且新的改性品种仍在不断增加，质量也在不断提高。环氧树脂包括环氧化合物、环氧树脂或环氧乙烷族的化合物，其中一个氧原子与两个邻近的碳原子相结合。由于环氧树脂是交联在一起(热固性)的，因而每个环氧树脂分子必须有两个或更多的环氧族。更普遍的是，环氧族与—CH_2—链线性相连，称为环氧丙基族。

聚酰亚胺(Polyimide,PI)是综合性能最佳的有机高分子材料之一。其具备−190～600 ℃的热稳定性。聚酰亚胺是指主链上含有酰亚胺环(—CO—N—CO—)的一类聚合物，其中以含有酞酰亚胺结构的聚合物最为重要。20世纪60年代，多个国家将聚酰亚胺的研究、开发及利用列入21世纪最有希望的工程塑料之一。

2. 填充剂及偶联剂

塑料或环氧树脂中添加惰性填充剂是为了改善树脂各个方面的参数与特性。将惰性填充剂加在树脂基体中可以降低模塑料的热膨胀系数，增加热导率，增加弹性模量(E_b)，防止树脂溢出传递模塑模具的分型线，并且在模塑料固化时减少其收缩应力，避免热残余应力对芯片、互连焊点造成的负面影响。填充剂粒子形状、尺寸会影响模塑料的黏度、导热性能等。比较常见的惰性填充剂有二氧化硅晶体或石英，典型的结晶二氧化硅填充在塑封料中，占质量的73%，得到的热膨胀系数约为32×10^{-6} ℃$^{-1}$，热导率在15 kW/(m·℃)左右。用研磨碎的融熔二氧化硅代替结晶二氧化硅，可以获得较低的密度及黏度，73%二氧化硅晶粒与68%的融熔二氧化硅具有相似的模塑性，其热膨胀系数在24×10^{-6} ℃$^{-1}$左右，热导率约为16 kW/(m·℃)。

3. 惰性填充剂

惰性填充剂会改进模塑料的各种热特性，包括热导率及热膨胀系数。添加填充剂(如铝或铜)会使热导率显著增加，甚至能够增加约5倍。通常，填充剂的含量增加会提高热导率，还可以通过添加其他填充剂材料(如氮化铝、碳化硅、氧化镁、氮化硅等)来增加模塑料的热导率。

在低应力环氧树脂中，惰性填充剂的填充量增加会非线性增加模塑料的黏度，通常球状硅微粉与压碎的硅微粉相互混合会进一步降低模塑料热膨胀系数。但是增加模塑料的融熔黏度会增加模塑料孔隙的密度，并且增加模塑料均匀流过大面积的难度。

惰性填充剂的粒度、粒度分布、粒子表面的化学性质及粒子体积的百分率变化对于模塑料的性质改变是非常重要的变量。填充剂中两种不同形状成分的比率(棱角状与球形成分之比)会影响模塑料螺旋流动长度。

大多数聚合物在聚合反应及交联反应过程中会收缩，掺入惰性填充剂后，其并不参与交联反应，惰性填充剂取代树脂部分会显著减少聚合物的收缩。此外，惰性填充剂的添加一般会使塑封料的黏度增加、韧性提高。惰性填充剂(如SiO_2、玻璃微球及氧化铝三水化合物)可以增加塑封料的韧性。

惰性填充剂与树脂基体之间存在界面，如果惰性填充剂树脂基体之间结合力比较弱，该界面将成为塑封材料的薄弱位置。而偶联剂通过共价键将惰性填充剂与树脂基体之间交连在一起,从而使它们之间粘接性增加。通常使用的偶联剂包括硅烷、钛酸盐、铝的赘合物及锆铝氧化物等。虽然偶联剂能提高惰性填充剂与树脂基体之间的接合性能,但是如果不加以正确的控制,则会对传递模塑工艺中的模具脱模性能产生负面影响。填充剂通过耦合剂对树脂基体与惰性填充剂的黏附作用也会作用到芯片与引线框架,从而减少分层失效风险。

4. 固化剂与催化剂

通过加入固化剂,即化学活性化合物,环氧树脂会从液态(热塑性)转变成坚硬的热固性固体,比较常见的固化剂包括环氧酚醛树脂及环氧甲酚醛树脂。树脂与固化剂一般会有不同的成分搭配,例如,在树脂基体中掺入酚醛树脂可以增加固化速度。

固化剂和催化剂会决定塑封材料的固化速度,不同树脂需要与之搭配的添加剂和固化剂。一种添加剂常常既起固化作用又起催化作用。环氧树脂的交联反应受脂肪胺或芳香胺、羧酸或其衍生的酸酐及复合苯酚的影响,同时聚合物作用受路易斯酸或碱及它们的有机盐类影响。使用最普遍的固化剂是胺及酸酐。

要在合理的时间内加速模塑料的固化,必须使用催化剂,催化剂通过催化作用降低传递模塑过程中模具内模塑料的固化时间及提高生产效率。典型的催化剂包括叔胺脂族聚酯、酚醛、壬基酚醛、间苯二酚或半无机物衍生的催化剂,如三苯基亚磷酸盐及甲苯P磺酸。

5. 应力释放添加剂

在模塑料中加入应力释放添加剂可以增强环氧树脂的韧性,并可以减少模塑料在固化过程中的收缩应力。

应力释放添加剂可以在很大程度上降低模塑料或芯片钝化层内裂纹产生和扩展的风险。此外,应力释放添加剂还可以降低模塑料的弹性模量、降低模塑料的热膨胀系数和增加模塑料的柔韧性。

在环氧模塑料里所使用的主要应力释放添加剂是硅树脂、丙烯腈一丁二烯橡胶及聚丁烯丙烯酸盐。

6. 阻燃剂

环氧树脂本身易燃,一般需要在模塑料的组分中添加阻燃剂。

阻燃剂主要是针对高分子材料的阻燃设计的,阻燃剂有多种类型,按使用方法分为添加型阻燃剂和反应型阻燃剂。

添加型阻燃剂是通过机械混合方法加入到聚合物中,使聚合物具有阻燃性,目前添加型阻燃剂主要有:有机阻燃剂和无机阻燃剂,卤系阻燃剂(有机氯化物和有机溴化物)和非卤系阻燃剂。有机阻燃剂是以溴系、磷氮系、氮系和红磷及其化合物为代表的一些阻燃剂,无机阻燃剂主要是三氧化二锑、氢氧化镁、氢氧化铝、硅系等阻燃体系。

反应型阻燃剂则是作为一种单体参加聚合反应,由此使聚合物本身含有阻燃成分,其优点是对聚合物材料使用性能影响较小,阻燃性持久。

7. 脱模剂

在模塑料中一般需要添加脱模剂,这是因为环氧树脂对各种表面有良好的黏附性。

这给模塑料从传递模塑工艺中使用的模具上脱离造成了困难。但使用脱模剂不应降低模塑料对芯片、引线框架、基板或引线的黏附性，这需要通过控制脱模剂的活性来实现，一般脱模剂的活性与温度有关。

脱模剂通常以微小的片状形式存在，它从液态到黏性的固态再到细粉状。一般来说，脱模剂在模塑料中难以溶解，在模塑料固化温度条件下不熔化，其在工作状态下一般是以连续的片状薄膜形式存在。脱模剂材料的选择由传递模塑工艺中使用模具的材料，以及使用的封装结构来确定。

由于在 175 ℃高温条件下脱模剂发生凝固，环氧模塑料会对引线框架具有很较好的黏附性。如果配方中使用的脱模剂没有完全退化，在接近 100 ℃的温度条件下脱模剂会被激活，在封装体中会出现脱层现象。环氧模塑料中的脱模剂包括硅树脂、烃蜡、有机酸类无机盐及碳氟化合物。其中，烃蜡（如巴西棕榈蜡）仍是电子封装模塑料中最常用的。硅树脂及碳氟化合物的功能温度选择性差，而有机酸盐会刻蚀金属封装元器件。

8. 离子吸附添加剂

离子吸附添加剂在模塑料中起到的作用是减少封装体内部金属与塑封材料接合处累积水汽的电导率，起到延缓电解刻蚀退化过程的作用。环氧模塑料中残留的 Na^+、K^+、Cr^- 及 Br^- 离子会因在模塑料中添加的强碱及卤化物离子吸附剂而不能溶解在封装体的水汽中。在环氧模塑料中添加的离子吸附添加剂一般是金属氧化物的水合物粉末，其直径为几个微米，这些材料与高度活泼的强碱及卤化物离子反应后在模塑料内释放出 OH^- 及 H^- 离子，并且形成几乎不溶于水的强碱及卤化物的化合物。

9. 着色剂

正常的环氧模塑料是透明、灰黄色的，一般需要在模塑料中添加着色剂，通过添加具有高温稳定性的颜料形成特定的颜色，可以减小器件的光子激活性。炭黑在塑封电子元器件中是常见的着色剂，但炭黑有吸收潮气的特性，并且由于其本身导电会提高环氧模塑料的导电率，因此需要控制炭黑添加的比例，一般小于 0.5%。

3.3.2 模塑料配制过程

模塑料的配置过程比较复杂，需要将模塑料基体材料和其他填充剂充分研磨、混合，通过自动化设备加工完成。模塑料的成分配方、配比一般都已经申请专利保护。配制的模塑料一般有较大的批量，其性质、参数需要抽取其中少量样品进行测试。为了避免模塑料在使用之前发生固化，在传递模塑之前，模塑料需要冷藏。

3.3.3 模塑料的性能指标

模塑料是否能够应用于传递模塑工艺流程取决于其综合性能，包括黏度、流动性、固化时间和固化温度等。从塑封材料保护效果上来说，需要考虑其绝缘性能、机械性能、导热性能、抗潮性能、化学稳定性、对芯片及引线框架等的黏附性等。其中需要考虑的几个重要参数介绍如下：

1. 收缩应力

模塑料在固化过程中会发生体积收缩，另外，在服役过程中，由于温度变化，塑封体内部会发生体积变化。封装体内部材料不同，其体积发生变化的程度也会不同，因此不同材料界面处存在应力，也称为热收缩应力。若塑封器件温度从 T_1 变化到 T_2，则可以通过下列的公式计算热收缩应力 σ 的数值：

$$\sigma = c\int_{T_1}^{T_2} \frac{\alpha_p(T) - \alpha_i}{1/E_p(T) - 1/E_i} dT \tag{3.1}$$

式中，α 为与温度有关的热膨胀系数；E 为弹性模量；C 为与结构相关的设计常数；下标 p 为塑封料；i 为芯片、引线框架或基板，与塑封器件结构有关。

2. 热膨胀系数

物体由于温度改变会存在胀缩现象。其变化能力以等压（p 一定）下，单位温度变化所导致的体积变化，即热膨胀系数表示。不同材料的热膨胀系数会有所不同，而且与温度相关。想要塑封器件或其他电子器件具备更高的可靠性，避免其在服役过程中出现弯曲、断裂、分层等失效，塑封器件或电子器件内部的组成部分应该具有相近的热膨胀系数。

模塑料与塑封器件内部的芯片、引线框架、基板等组成部分的热膨胀系数匹配是提高塑封器件可靠性的关键一环。树脂基体本身的热膨胀系数远高于硅基芯片。树脂类材料的热膨胀系数可以达到 $500\times10^{-7}\sim2\,000\times10^{-7}$ ℃$^{-1}$的范围。想要获得低的或近似为零的热膨胀系数树脂材料的最好途径是发展多相材料。将热膨胀系数低的惰性填充剂材料加入模塑料基体中，比如低膨胀玻璃、陶瓷材料等均可以作为第二相加入模塑料基体中，降低模塑料的热膨胀系数。

3. 玻璃化温度

玻璃化转变温度 T_g 是材料的一个重要特性参数，材料的许多特性都在玻璃化转变温度附近发生急剧变化。以玻璃为例，在达到玻璃化转变温度后，由于玻璃的结构发生变化，玻璃的许多物理性能（如热容、密度、热膨胀系数、电导率等）都在该温度范围发生急剧变化。根据玻璃化转变温度可以准确制定玻璃的热处理温度制度。对塑封材料中的聚合物而言，T_g 是聚合物从玻璃态转变为高弹态的温度，在玻璃化转变温度时，聚合物的比热容、热膨胀系数、黏度、折光率、自由体积以及弹性模量等都要发生一个突变。聚合物的热膨胀系数在玻璃化转变温度之上将急剧上升。

4. 螺旋流动长度

螺旋流动长度是用来描述和评价熔体充满模具型腔的能力，而测定的方法有熔体指数测定法和螺旋流动长度实验法。螺旋流动长度实验法是将被测熔体在一定的温度与压力的作用下，注入阿基米德螺旋线模具内，用熔体的流动长度来表示该塑料的流动性，流动长度越长，熔体的流动性越好。螺旋流动实验可以用来比较不同模塑料充满模具型腔的能力，模塑料较高的黏性及较长的凝胶化时间必须互相补偿才可能获得理想的螺旋流动长度。

5. 模塑料的固化特性

塑封器件一般使用热固性塑料对芯片等结构进行包封，热固性塑料需要在一定温度和压力条件下保持一定时间，模塑料内的高分子聚合之间会发生交联反应，使模塑料发生硬化，该过程需要一定时间，时间的长短会决定传递模塑的效率。传递模塑工艺中，模塑料在传递模塑模具中并未实现完全固化，只是固化到具有足够刚度，能够进行脱模，脱模后的模塑料还需要通过后烘实现完全固化和硬化。一般来讲，模塑料在打开传递模塑模具 10 s 以内，热硬度值达到肖氏 D 级硬度约 80 HSD 就认为足够承受脱模或其他处理过程所施加的外力。

在传递模塑过程中，流动的模塑料在 150～160 ℃条件下 10 s 左右能够填充满整个模具的型腔，模塑料需要在模具内部保温，实现预固化，该过程需要持续 1～4 min。想要提高生产效率，需要同时缩短模塑料填充型腔的时间和预固化时间，使用多注塑头设备是一个行之有效的方法，能缩短流动时间和固化时间而提高传递模塑生产率。

6. 后固化

没有完全固化的大部分环氧模塑料需要在 170～175 ℃之间进行 4 h 的后固化。

7. 黏附性

模塑料与芯片、芯片焊盘、引线、引线框架或基板等之间有良好的黏附性是塑封器件可靠性的保障，如果模塑料与上述器件构成部分之间的黏附性差，在塑封器件后续的表面组装过程中，可能会发生“爆米花”失效及刻蚀、应力集中，以及由此产生的热力失效、封装开裂、芯片断裂、芯片金属化变形等问题。因此，选择模塑料时，该材料的黏附性是最重要的判别特性之一。

引线框架与模塑料间黏附性常用的实验方法为：将模塑料通过传递模塑工艺制备成柱状块体，与线框架薄片粘接，引线框架在粘接前需要进行适当表面处理，粘接后的样件使用拉力实验机进行测试，得到粘接强度。

模塑料与其他封装材料（如各种芯片、有机物材料等）粘接强度的测量，可以将模塑料注塑到待测试材料的平整表面上，然后通过拉力实验机进行测试。

3.4 引线框架

引线框架一般是金属条带通过化学刻蚀或者冲压制备而成。引线框架是塑封器件的骨架，并且具有导电、传热等功能性。图 3.15 所示是引线框架的照片。其具体功能包括：可以作为芯片和整个器件承载的载体，随着步进的传递机构一起运动；引线框架一般会有连筋结构，可以锁定引线框架两侧的模塑料；作为芯片与后续组装电路板之间通电和散热的桥梁。

3.4.1 引线框架的材料

引线框架材料的选择需要考虑材料的成本，是否容易加工制造，以及导电、热导率等特性。目前比较常见的引线框架材料有铁镍合金、复合条带、铜基合金。

1. 铁镍合金

铁镍合金是一种在弱磁场中具有高磁导率和低矫顽力的低频软磁材料。广泛用于框架生产的金属材料是 42 合金。铁镍合金的加工性能好，可以通过热处理获得合适的强度及韧性，使之适合于冲压工艺，可制成各种形状复杂、尺寸要求精确的结构。铁镍合金最初是作为玻璃气密合金而生产，用于灯泡真空管的引脚。在气密封装器件及塑封器件中，芯片可以使用金硅共晶焊料进行钎焊连接到引线框架的芯片键合区域，金硅共晶焊料的

图 3.15 引线框架的照片

熔点为 363 ℃，并且具有很高的弹性模量。如果芯片与引线框架的热膨胀系数差异比较大，则在温度上升过程中，芯片会承受比较大的应力，发生断裂。而铁镍合金的一大优势是它的热膨胀系数为 45×10^{-7}℃$^{-1}$，与硅的热膨胀系数(26×10^{-7}℃$^{-1}$)十分接近。此外，铁镍合金表面很容易通过电镀或者化学镀其他金属镀层。

热导率低是镍铁合金的主要缺点，芯片与印制电路板之间热量传输的主要桥梁和载体是引线框架，热导率低会导致芯片产生热量，传递效率降低，进而使器件的可靠性降低，而复合条带和铜基合金的热导率要远高于镍铁合金，适合用于发热量大、有更高散热需求的封装结构。

2. 复合条带

引线框架可以制备成多层复合条带结构，可以将不锈钢与铜箔通过碾压和后续的高温退火处理制备，该复合条带将结合不锈钢的良好机械特性和铜的良好导热性能。

3. 铜基合金

铜具备优异的导电和导热性能，从这两个方面来讲，铜是引线框架的理想选择，但铜材料偏软，综合力学性能并不适合用冲压工艺进行处理，所以该材料想用作塑封器件的引线框架，必须进行适当的合金化以及热处理。

铜的抗拉强度比铁镍合金及覆铜的复合不锈钢低，添加铁、锌、锆、锡及磷，可用来提高铜合金的热处理及硬加工特性，使经过合金化和热处理后的铜合金满足引线框架生产及使用时具有足够的抗拉强度及韧性。

铜合金引线框架可以根据硬度被划分为为半硬度、全硬度或弹性硬度。半硬度材料韧性好，在弯曲时不易发生断裂。而全硬度或弹性硬度的硬铜合金弯曲特性接近铁镍合金，可以使用同一自动化冲压设备和模具冲制硬铜合金和铁镍合金。

3.4.2 引线框架的设计

1. 热设计

引线框架对于塑封器件的散热效果的影响取决于引线框架本身的热导率，铜合金本身的热导率高，可以很大程度地降低塑封器件的热阻。

与硅相比，铜合金的热膨胀系数较高，但与低应力模塑料的膨胀率比较接近。因此，需要慎重选择芯片与铜引线框架粘接的材料。高弹性模量材料不适合硅与铜引线框架的粘接或键合，比如金硅共晶焊料具有高的弹性模量，在服役过程或键合过程中由于热的作用会对芯片产生很大的弯曲应力，甚至导致芯片发生断裂。而树脂类粘接材料的弹性模量低，具有足够的韧性，可以很好地吸收芯片与铜引线框架之间的应变，避免对芯片产生弯曲应力。

2. 机械设计

引线框架除了要考虑导电和导热特性，还需要考虑机械设计因素，具体如下：

①易于制造；

②引线框架在自动化封装过程中的步进特性；

③引线框架粘接芯片区域与金丝的跨距；

④引线键合所需的共面性；

⑤引线锁定及潮气隔离结构；

⑥应力泄放；

⑦塑料支撑基体；

⑧引出端引线与支撑高度结构。

易于制造：引线框架材料的硬度需要与冲压模具的材料及硬度相匹配，易于加工制备，以免昂贵的步进冲模损耗增大。

步进特性：引线框架的结构设计必须考虑与贴片机、引线键合机、传递模塑设备、检验台、切筋成型设备及打印等自动化生产设备相匹配和适应。自动化设备所需的定位孔一般位于长条形引线框架的边缘，定位孔与传送机械部分定位针需要匹配良好。

引线锁定及潮气隔离结构：塑封材料与引线框架间形成的一体结构是通过粘接实现的，在引线框架结构中会有目的性地制备一些孔洞或凸起，这些特殊结构会帮助锁定模塑料，以及增强和锁定引线框架内部引线与模塑料的接合。引线框架锁定结构如图 3.16 所示。这种锁定增强了模塑料与引线框架之间的结合，进而阻止潮气沿着塑料与引线框架界面向塑封体内部渗透。

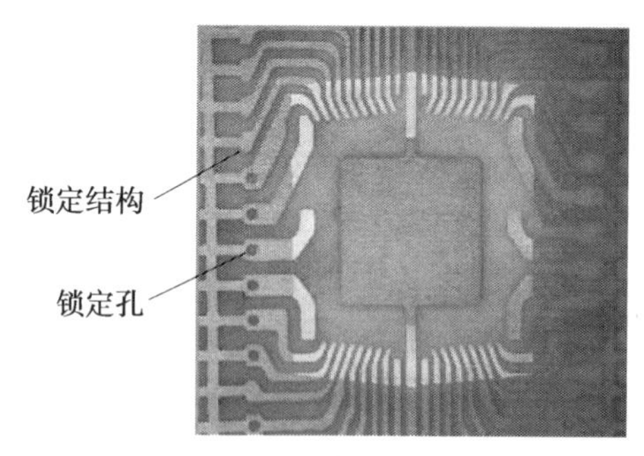

图 3.16 引线框架锁定结构

应力泄放：模塑料与引线框架的热膨胀系数存在差异会导致存在应力，如果热膨胀系数差异较大，在服役过程、热循环或热冲击实验中，该热失配会导致封装体发生变形，甚至会损害器件的功能及可靠性。为了最大程度上减小芯片所受到的这种热失配产生的应力，可以将芯片有集成电路的表面，也就是功能区置于封装体中轴线上，这样芯片表面的弯曲应力会显著减小，所以，可以在引线框架上设计相应的下凹平台，将芯片的功能区设计在封装体中轴线上。图 3.17 所示是引线框架应力泄放结构示意图。

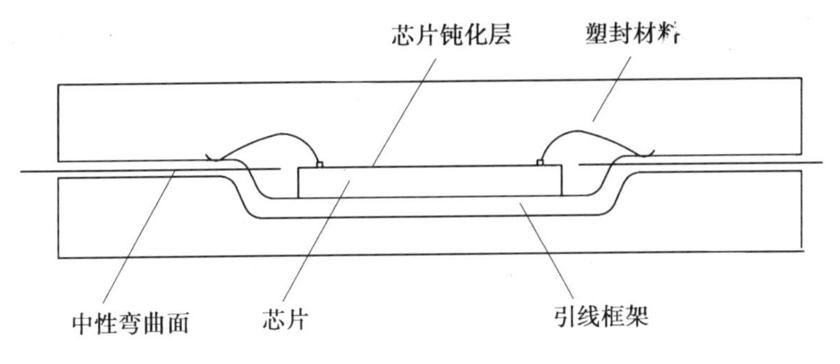

图 3.17 引线框架应力泄放结构示意图

此外，如果引线框架冲压成型存在尖锐的边缘，这些位置容易存在应力集中，导致开裂等缺陷，而且裂纹还容易沿着这些开裂的位置扩展到芯片或其他区域，导致水汽入侵到芯片以及芯片与引线框架焊点的互连区域，导致可靠性降低。如果在引线框架冲压的工艺中增加一道工序，对引线框架进行精压处理，可以将这些尖锐边缘进行倒角处理，形成圆滑过渡的结构，如图 3.18 所示。

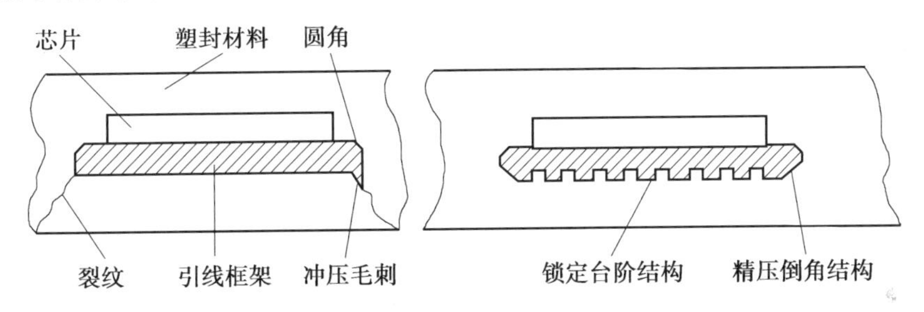

图 3.18 引线框架倒角处理

塑封器件引脚类型：塑封器件常见的引脚形式有四类，分别为直插型引脚、翼型或海鸥型引脚、J 型引脚及 I 型/垛型引脚。双列直插式塑封引脚使用的是直插型引脚。表面贴装器件的引脚一般需要多次弯折，如图 3.19 所示，为了避免在多次弯折过程中发生引脚的断裂，需要对引线框架进行热处理，使其硬度范围为 1/4～1/2 硬度。

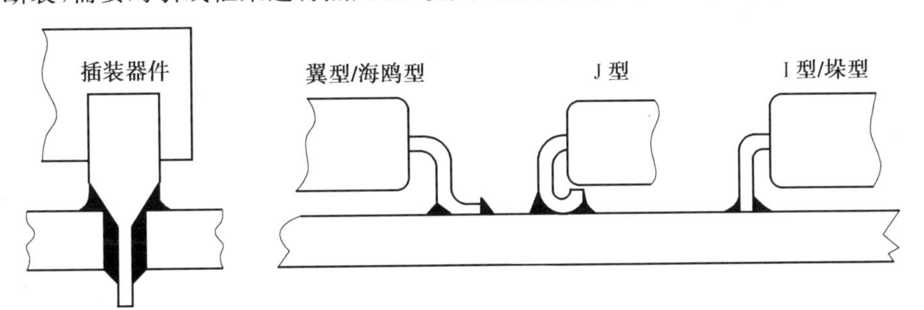

图 3.19 电子元器件引脚结构

3.4.3 引线框架的工艺

1. 图形制造

化学刻蚀法和机械冲制法都可以制备引线框架图形。引线框架的毛坯材料一般是条带状的，条带的典型厚度常见的是 0.25 mm，引线框架的厚度可以薄至 0.20 mm，用于封装密度较高的塑封器件，如 PLCC 或 QFP 等。化学刻蚀法使用光刻工艺制备掩模图形，配合能够刻蚀金属的化学药品，将金属条带刻蚀成所需的图形。

引线框架的毛坯条带在化学刻蚀前，需要冲压出定位孔，然后将光刻胶涂在金属的两面。使用光刻掩模板配合紫外线对两侧光刻胶进行曝光、显影和固化处理。根据条带的金属类型，选择与之匹配的化学药品喷涂在条带的两面，刻蚀掉光刻胶没有覆盖的金属。化学刻蚀法的生产周期比较短，因此化学刻蚀方法适合于处于开发阶段的塑封电子器件，以及不易于使用冲制法制备的引线框架。

引线框架也可以使用冲制法制备，冲制法使用跳步模具将条带状的金属箔进行冲切，冲切金属所需的力与所要冲切的金属长度成正比，所以复杂形状的引线框架需要多步冲切才能够得到。形状越复杂，冲压所需的模具数量及工位就越多。模具制备的成本较高，但使用冲制法制备引线框架的效率较高，引线框架的冲制速度可以达到上千个/分钟。所以，冲制法制备引线框架适合于量产的塑封器件框架的制备，冲制法量产的引线框架成本将大大降低。图 3.20 所示是 TO－2528R 引线框架冲压工序及实物图。

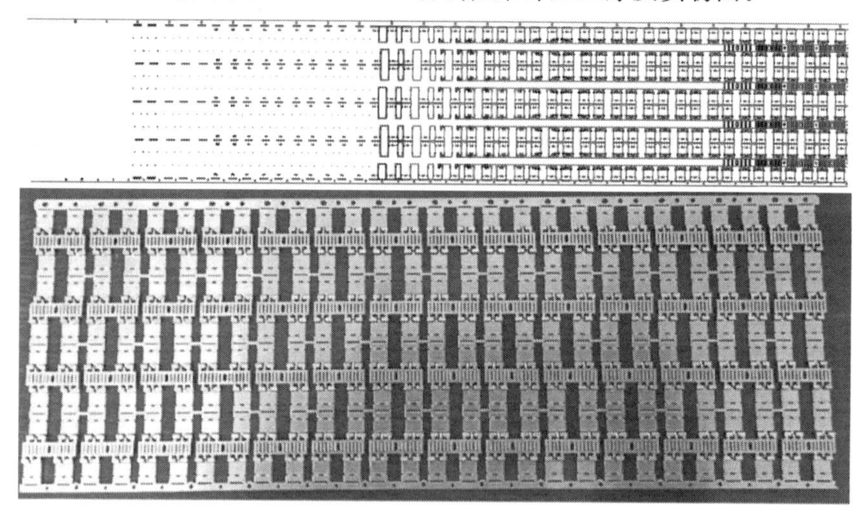

图 3.20 TO－2528R 引线框架冲压工序及实物图

2. 电镀工艺

引线框架与芯片之间的键合可能会使用钎焊工艺完成，另外，封装后的器件的框架引脚与电路板进行组装也需要使用钎焊工艺。为了增强引线框架的可焊性，一般需要镀覆金属，可以根据需要镀覆金、银、钯等金属。镍铁合金可以在其表面直接镀覆银镀层，而铜合金引线框架由于在钎焊过程中耐溶蚀性较差，一般需要在其表面镀覆镍层，而镍层容易发生氧化，导致可焊性下降，所以还需要在镍层表面镀覆金层或其他抗氧化性强、对锡基钎料润湿性好的金属层。

3. 传递模塑工艺

传递模塑是通过加压将热的、黏稠状态的热固性材料，通过料道、浇口进入闭合模具型腔内部制造塑封元器件的过程。传递模塑工艺的主要缺陷是浪费材料。留在加料室、浇口、料道等中的材料会因完全聚合而浪费。

(1)传递模塑设备。

传递模塑设备一般有四个关键组成部分：预热机、模压机、包封模具和固化箱。传递模压机通常由液压装置控制。传递模塑使用的模具分为上下两个部分，传递模塑过程中需要使用紧固压力压紧。传递冲头对具有流动性的模塑料施加传递压力。模塑料通过料道和浇口被压进紧闭的模具之内。图 3.21 所示是传递模塑设备结构示意图。

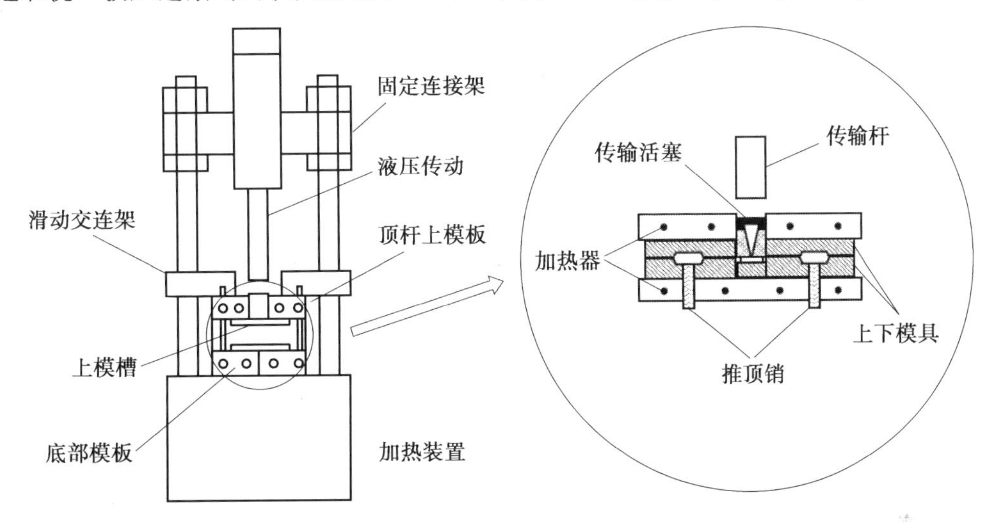

图 3.21 传递模塑设备结构示意图

小孔板模和多注塑头模是塑封电路注塑工艺使用的主要模具类型。

小孔板模由一系列堆叠板组装构成，引线框架构成了小孔平板。模具的上下部分由分离的板组成。底平板包括浇道系统，浇口位于料道之间，平行于底平面，小孔板模腔可在该横断面任何地方形成，其宽度可以是断面长度的几分之一。这种模腔位置的灵活性好，可以在一个孔板浇口施加较低的压力，使注塑过程中金丝弯曲损伤较少，芯片焊盘偏位可忽略不计。这种注塑模同样适合不同的封装类型和引脚数的器件。

多注塑头模有多个注塑头，每个塑料室可以供给 1 个或多个传递模塑型腔，多注塑头可以提高自动化程度及生产效率。图 3.22 所示是单注塑头和多注塑头模具照片。可以根据不同的模塑料调整和设置合适的传递模塑工艺参数。

传递模塑模具由上下两部分构成，两部分模具对应的啮合表面称为接合线。传递模塑设备的上下钢模板使用螺栓与上下模具连接和固定。下模具存在顶针机构，对于完成预固化的传递模塑器件，在开模后，顶针机构可以将其顶出。浇口需要固定在易于拆卸和擦洗的位置。合理的浇口设计可使模塑料进入闭合的模具后正常流动。浇口位置设计时需要考虑其与芯片和柔软导线的相对位置，避免传递模塑过程中对其产生冲击。所有传递模塑模具都需要有气孔，以便于排出传递模塑模具内部的空气。通气孔一般都很小，只允许空气和可忽略不计的模塑料通过。

(a) 单注塑头模具

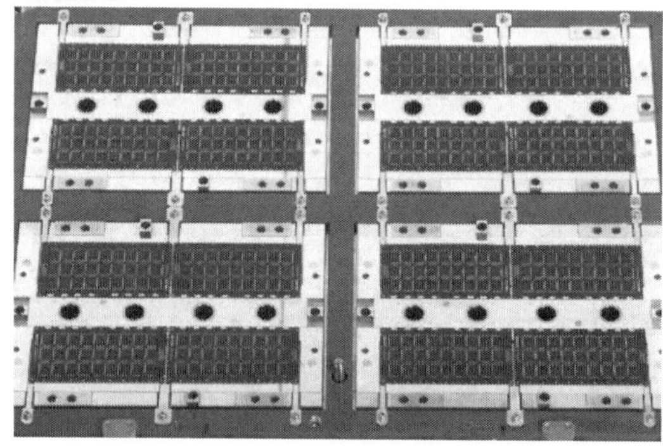
(b) 多注塑头模具

图 3.22 单注塑头和多注塑头模具照片

(2)传递模塑工艺。

在传递模塑工艺中,引线框架被装夹在下半部分的模具上。上半部分的模具随着位于上部分的压板和传递杆一起移动,起初上下模具快速闭合,将要接触前,闭合速度开始减慢。当上下模具闭合后,将开始施加合模压力,使用高频电子加热装置对预成型为块体的模塑料进行预热,预热的温度要低于传递模塑温度,通常是 90 ℃左右,模塑料放在料筒中,传递杆或者注塑杆施加传递压力使模塑料通过浇口和料道进入传递模塑模具。该传递压力需要保持一段时间,该时间需要保证模塑料充满整个模具腔体,并且能够让模塑料实现初步固化,接下来上下模具慢速分开,推顶装置在模塑料固化达到一定硬度后将塑封器件顶出。图 3.23 所示是传递模塑模具结构示意图。

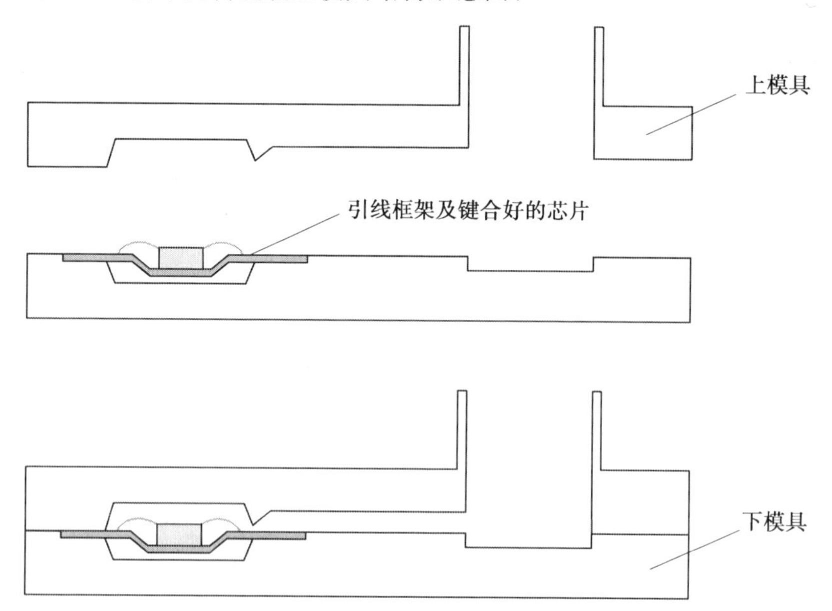

图 3.23 传递模塑模具结构示意图

传递模塑的重要工艺参数有:料室对模塑料的预热温度、传递模塑模具的温度、传递压力、模具合模压力和完全填充模具型腔需要的传递时间等。模具的加热温度必须足够高，以保证模塑料在模具型腔内快速固化。然而，模具温度又不能过高，因为过高的模具温度会使模塑料过快固化，甚至导致模塑料没能够完全填充模具腔体。

作用于传递模塑模具上的合模压力必须保证模塑料在固化过程中保持模具闭合，换句话说，要能够承受住模塑料传递压力。所以合模压力一定要大于传递压力。

传递杆施加的压力也很关键，该压力的大小会决定模塑料填充整个模具的时间。这个时间会决定传递模塑塑封器件的效率。但过高的传递压力会使塑封器件内部脆弱的部分受损伤，造成金丝弯曲短路等，严重时键合线脱开、切断或破裂。

为了避免这类问题的出现，需要对封装的结构、传递模具浇注口、键合引线的弧度和长度、模塑料的选择、合适力学性能的引线、传递时间以及传递压力等进行合理的设计和选择。降低模塑料的流动速度是一种降低模塑料流动产生的应力和提高塑封成品率的有效手段。

在典型的传递模塑工艺中，模具温度可以设置为 175 ℃，在该温度下保温 1～3 min，在该过程中模具中的模塑料发生预固化。紧接着上模具打开，顶针机构将推出完成预固化的塑封器件，此时要求预固化的塑封材料必须能够承受顶针机构的推力，而不发生破坏性的变形，并且容易与模具分离。取出后的预固化器件需要放入保温炉中进行后固化处理，温度可以根据材料不同而进行相应的设定，环氧模塑料可以在 175 ℃的恒温炉中保温 4～16 h，从而实现模塑料的完全固化。

3.5 塑料封装失效机理

电子封装器件失效机理主要分为两大类：过应力失效和磨损失效。过应力失效通常是突然发生的和瞬间的。磨损失效是长时间服役导致的损耗和积累造成的，磨损一般导致产品性能下降，随着服役的时间延长，性能进一步降低，最终器件完全失效。根据电子元器件失效的诱发原因，导致过应力失效的应力可进一步分为机械应力、热应力、电应力、辐射应力、α 粒子和化学应力。

3.5.1 失效原因

1. 机械应力

机械应力包括机械冲击、振动，机械应力通过塑封材料作用在芯片及互连焊点上。机械应力对封装结构和材料会产生不同的作用及效果，包括弹性变形、塑性变形，其中弹性变形是可恢复的。机械应力还会造成芯片、焊点或封装体发生断裂，不同材料之间的分层等失效。此外，振动的应力可能会造成磨损失效，导致疲劳裂纹的萌生及扩展。

2. 热应力

热应力贯穿整个芯片键合、互连、塑封材料固化处理、塑封器件向电路板的组装，以及器件服役过程中通断电导致的温度上升和下降的过程。封装器件内部的材料不同，热膨胀系数存在差异，不同材料之间存在由热膨胀系数失配所导致的应力，会使器件内部应力集中，发生变形，甚至会导致疲劳失效。

3. 电应力

电应力又称为电致应力，其来源可能是静电放电、电气过载等，这些意外电能的施加可能会导致绝缘材料击穿、集成电路受损等。非瞬态的电应力可能会导致封装体内部发生电迁移或电化学刻蚀等问题。

4. 辐射应力

辐射应力主要是宇宙射线和 α 粒子。宇宙射线指的是来自于宇宙中的一种具有相当大能量的带电粒子流。1912 年，德国科学家韦克多·汉斯在乘气球升空测定空气电离度的实验中发现，电离室内的电流随海拔升高而变大，从而认定电流是来自地球以外的一种穿透性极强的射线所产生的，于是有人为之取名为“宇宙射线”。宇宙射线会使存储器不能正常工作、性能降低，并可能会造成封装材料发生裂解。

5. α 粒子

α 粒子是某些放射性物质衰变时放射出来的粒子，由两个中子和两个质子构成（氦－4），质量为氢原子的 4 倍，速度可达 20 000 km/s，带正电荷。α 粒子的穿透力不大，但能伤害动物的皮肤。电子封装中 α 粒子可能的来源是封装材料中痕量的放射性元素铀、钍等。存储器对于 α 粒子十分敏感，微量的 α 粒子辐射通过存储器就可能造成存储器的二进制状态逆转。为了对这种负面影响进行控制，有两种有效措施：一个方法是减少封装材料中的辐射源，即放射性元素杂质；另一个方法是在芯片表面涂覆合适的屏蔽层，如聚酰亚胺等。

6. 化学应力

化学应力跟环境有关，一般潮湿环境更容易发生化学刻蚀、离子表面的枝晶生长。由于塑料是非气密性封装材料，水汽会穿透塑封材料进入芯片、芯片与引线或焊球互连区域，造成刻蚀、迁移等现象的出现，使器件的性能发生退化甚至是失效。

3.5.2 失效机理

典型的塑封器件损坏或失效机理如下：

1. 芯片破裂

芯片是脆性材料，芯片在封装之前需要进行热处理、划片等处理，处理过程中如果在芯片表面造成划伤或微裂纹，这些缺陷将成为芯片破裂的扩展源。在外力和温度循环过程中，这些外力和热应力会促使裂纹从这些划伤或微裂纹处进一步扩展，甚至导致芯片的破裂或失效。

2. 芯片钝化层损伤

芯片钝化层是在半导体芯片表面覆盖的保护介质膜，用来防止芯片表面集成电路受到污染。芯片对于钝化层的基本要求是：能长期阻止有害杂质对器件表面的沾污；热膨胀系数与芯片衬底匹配；钝化膜的生长温度低；钝化膜的组分和厚度均匀性好；针孔密度较低；光刻后易于得到缓变的台阶。常见的钝化层薄膜材料有二氧化硅（SiO_2）、磷硅玻璃（PSG）、氮化硅（Si_3N_4）等，这些材料具有脆性，在外力的作用下可能会产生裂纹，外力的可能来源是模塑料在封装过程中产生的收缩应力、机械冲击、引线键合工艺等。

此外，聚酰亚胺膜层也可以作为钝化层，聚酰亚胺材料柔性和弹性兼备，可以承受引线键合的压力。此外,聚酰亚胺本身还可以耐受高温。聚酰亚胺在外力作用下由于具备柔性和弹性会发生弹性形变,而不会产生裂纹。

3. 芯片金属化刻蚀

芯片内部及表面会存在金属导线、电路。对于塑封器件,其属于非气密性封装结构,水汽可以通过塑封材料或者引线框架、基板与塑封材料之间的界面进入到芯片电路及焊点区域。塑封材料内部会存在各种离子杂质,如氯离子、溴离子等,水汽会与离子发生作用对金属导线、焊点、焊点界面造成刻蚀。比如铝线会与氯离子发生反应生成 $AlCl_3$。铝焊盘与铜线所形成的焊盘会与从溴化阻燃剂中释放的溴离子发生反应。铝焊盘与铜线形成焊点的连接介质是 Au_4Al,溴离子会与 Au_4Al 发生反应生成 $AlBr_3$ 和 Au。$AlBr_3$ 会发生水解反应生成 Al_2O_3,这样溴离子会被释放并变成游离态,游离态的溴离子会继续与焊点的互连介质 Au_4Al 发生反应,直至 Au_4Al 完全被消耗,焊点发生断裂、开路。这类刻蚀并不会导致器件的立即失效,但会导致互连焊点的电阻增加,使器件的电气性能下降,如果 Au_4Al 完全被消耗,会导致器件发生开路失效。

可以通过以下方法及手段来抑制刻蚀导致失效的发生:减少塑封材料中的离子杂质,如在塑封材料中添加杂质离子俘获剂或离子清除剂,使用吸水率低的塑封材料;此外,选择合适的塑封材料与引线框架或基板材料的组合,可以增加塑封材料与引线框架或基板之间的粘接强度,尽可能避免水汽从封装材料与引线框架或基板的界面侵入。

4. 键合引线弯曲

引线键合中使用的引线在传递模塑过程中容易发生弯曲变形,特别是弹性模量较低的金线。引线发生变形与传递模塑过程中模塑料的流动方向有关,一般在引线与模塑料流动方向垂直的情况下,引线由于受力会发生弯曲变形,甚至对引线键合的焊点产生拉拽力,产生短路或对焊点的可靠性造成负面影响。此外,模塑料对引线作用力的大小还与模塑料与传递模塑模具的浇注口之间的距离相关,一般距浇注口越近,引线承受的力就越大。

这种缺陷的控制需要选择合适的引线、黏度较低的模塑料、控制注塑压力,以及对模具结构(包含浇注口)进行合理的设计。

5. 引线键合焊盘凹陷或弹坑缺陷

一般引线键合过程中芯片表面焊盘出现严重凹陷甚至造成下方芯片基体的物理损伤,这种凹陷的形状类似弹坑,也被称为弹坑缺陷。这类缺陷的出现一般是由引线键合参数设置不合适造成的。引线键合参数包括预热温度、超声功率、键合压力和键合时间。只有参数之间相互配合才能得到键合良好的焊点。设置过大的超声功率和键合压力可能会导致弹坑缺陷的出现。此外,除了对键合工艺参数进行控制,还可以通过增加焊盘金属厚度或使用合适的金属化镀层结构来避免弹坑缺陷的出现。

6. 引线框架的低黏附性及脱层

塑封材料与引线框架的黏附性降低,会造成分层失效,或者使水汽容易进入封装体内部造成内部材料的刻蚀。

增强模塑料与引线框架的黏附性可以通过以下几种方法实现:

①针对引线框架材料选择合适的、粘接强度高的模塑料。

②对引线框架进行严格清洗，去除污染物和杂质。

③在高温处理的环节中使用保护或还原性气氛对铜引线框架进行处理，避免铜引线框架发生氧化。

④引线框架表面进行选择性镀覆，比如 Ag 镀层，该镀层与模塑料的粘接性较差，可以对其进行选择性镀覆，只在有需要连接或键合的区域进行镀覆。

⑤在模塑料中添加合适的粘接剂和脱模剂。两者成分和比例相互配合，既要保证模塑料与引线框架粘接良好，又要保证模塑料能够顺利从模具中脱离。

7. 塑封器件爆米花失效

爆米花失效模式一般是指在塑封元器件与电路板使用再流焊工艺组装的过程中，发生塑封材料与引线框架或基板、芯片之间的分层失效，因为伴随着类似于爆米花制备过程中的爆裂响声，所以被称为“爆米花”失效。该缺陷产生的诱因有两方面：①再流焊过程中器件和钎料被加热到钎料熔点以上（40 ℃左右）甚至更高（可达 220～260 ℃的高温范围），在此条件下，塑封材料与引线框架或基板、芯片之间由于热膨胀系数的差异，在不同材料的界面处会产生比较大的应力，在薄弱的界面承受力的作用下容易发生分层；②塑封器件的塑封材料容易吸收水汽，再流焊接热过程中，塑封体内部及不同材料界面处聚集的水汽会发生气化，该气化和剧烈体积膨胀会在界面处产生巨大应力，导致界面发生分层，并伴随类似于爆米花制备的声音。为了避免此类缺陷的出现，需要对塑封器件做好防潮、干燥包装。此外，打开包装的器件后如果放置一定时间没有进行组装，在组装之前需要进行烘干处理，以去除水汽。

8. 电气过载和静电释放

电气过载（Electrical Overstress，EOS）一般是意外、瞬时的电流脉冲尖峰导致器件过热或过载产生的损伤。静电放电（Electro-Static Discharge，ESD）是指具有不同静电电位的物体互相靠近或直接接触引起的电荷转移。这种静电放电产生的瞬时巨大电流会导致器件内部电路发生损坏。两种失效模式的本质是类似的，都是意外电能的施加导致的器件内部电路损伤。

电气过载需要从使用的封装和测试设备的电流稳定性着手，控制意外尖峰电流脉冲的峰值。静电放电的控制需要减少对电子封装器件不必要的操作，操作员和封装设备良好接地，控制操作环境的湿度条件等。

本章参考文献

[1] RAO R T，EUGENE J R，ALAN G K，et al. Microelectronics packaging Handbook [M]. 2nd ed. Boston：Publishing House of Electronics Industry，2001.

[2] CHARLES A H. Electronic packaging and interconnection handbook[M]. 4th ed. New York：McGraw-Hill Education，2005.

[3] RICHARD K U，WILLIAM D B. Advanced electronic packaging[M]. 2nd ed. New York：John Wiley & Sons Inc，2006.

[4] LAU J H. Semiconductor advanced packaging[M]. Singapore: Springer Nature, 2021.

[5] LAU J H. Fan-out wafer-level packaging[M]. Singapore: Springer Singapore, 2018.

[6] LAU J H. Recent advances and trends in advanced packaging[J]. IEEE Transactions on Components, Packaging and Manufacturing Technology, 2022, 12(2): 228-252.

[7] TIGELAAR H. Overview of Integrated Circuit Manufacturing[M]//How Transistor Area Shrank by 1 Million Fold. Cham: Springer, 2020: 7-20.

[8] ARDEBILI H, ZHANG J, PECHT M. Encapsulation technologies for electronic applications[M]. 2en ed. Oxford: William Andrew, 2018.

[9] GHAFFARIAN R. Microelectronics packaging technology roadmaps, assembly reliability, and prognostics[J]. Facta Universitatis-series: Electronics and Energetics, 2016, 29(4): 543-611.

[10] PAN C T, WANG S Y, YEN C K, et al. Study on delamination between polymer materials and metals in IC packaging process[J]. Polymers, 2019, 11(6): 940.

[11] WANG J, NIU Y, SHAO S, et al. A comprehensive solution for modeling moisture induced delamination in electronic packaging during solder reflow[J]. Microelectronics Reliability, 2020, 112: 113791.

第4章　陶瓷封装

陶瓷是高可靠性电子产品封装应用中的常用材料，在电子产品领域中的应用有很长的历史。继19世纪的绝缘子和灯泡插座之后，1910年左右，穿孔氧化铝陶瓷基板在军用电子元器件中开始应用，20世纪30年代无线电设备的制备使用了厚膜陶瓷基板。陶瓷封装是以陶瓷作为电子元器件基板或壳体材料的一种封装形式。陶瓷封装属于气密性封装结构。图4.1所示是无引线陶瓷芯片载体器件外观及典型结构示意图，该器件由陶瓷基板、陶瓷壳体、芯片、内部互连引线和密封玻璃构成。陶瓷封装器件类型包括陶瓷双列直插、陶瓷片式载体、陶瓷球栅阵列和针栅阵列等，已经在电子工业中得到普遍应用，涵盖电子消费类产品、计算机主机、军工产品等。虽然塑封电子元器件在产量和应用数量上已超过陶瓷封装器件，但陶瓷封装器件的产值仍在世界封装市场中占据重要地位。

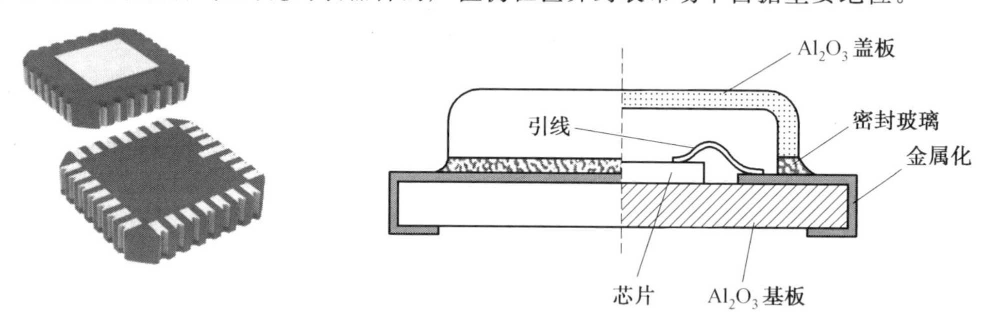

图4.1　无引线陶瓷芯片载体器件外观及典型结构示意图

4.1　陶瓷封装器件结构

4.1.1　典型陶瓷封装器件及结构

1. 陶瓷双列直插封装

常用的传统陶瓷封装形式为陶瓷双列直插封装，陶瓷双列直插封装器件结构示意图如图4.2所示。其外壳主要有两部分：涂有密封玻璃釉的陶瓷上盖和带有凹穴的陶瓷基板。其中图4.2(a)使用引线框架结构，其剖面图如图4.3所示。该结构是将可伐引线框架用临时软化的玻璃粘接到基板上，然后进行芯片和引线键合，在封冒机中用400℃左右温度封接基板、引线框架和盖板。密封是开发DIP早期所遇到的问题。这些问题是密封之前没有完全去除水分造成的。能够用于密封的玻璃材料（如 $PbO-B_2O_3-SiO_2-Ai_2O_3-ZnO$ 系玻璃）可以满足低温封接（<450℃），对氧化铝陶瓷和42合金有良好的附着力、热膨胀系数与氧化铝陶瓷和42合金匹配、电绝缘、良好的化学稳定性、无须去除其他沾污物的水汽、低α粒子辐射、预防软误差、良好的断裂韧性、高的抗热冲击能力，且

可很好地解决气密性问题。

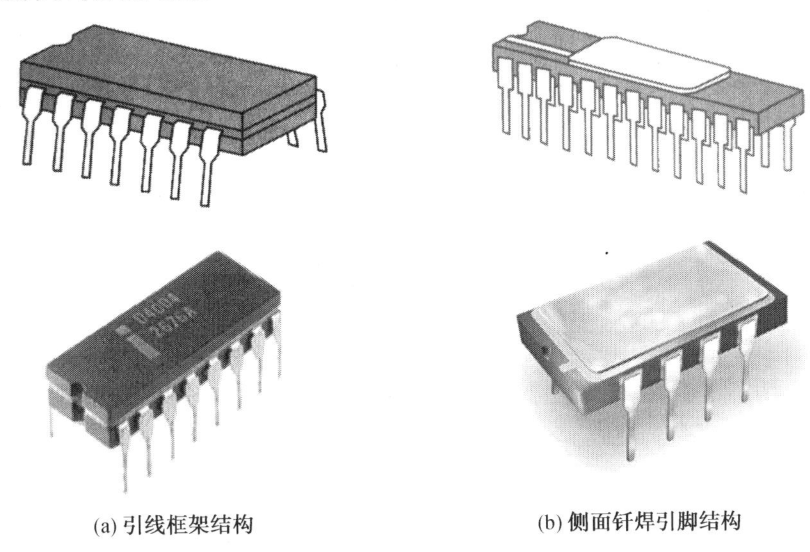

(a) 引线框架结构　　(b) 侧面钎焊引脚结构

图 4.2　陶瓷双列直插封装器件结构示意图

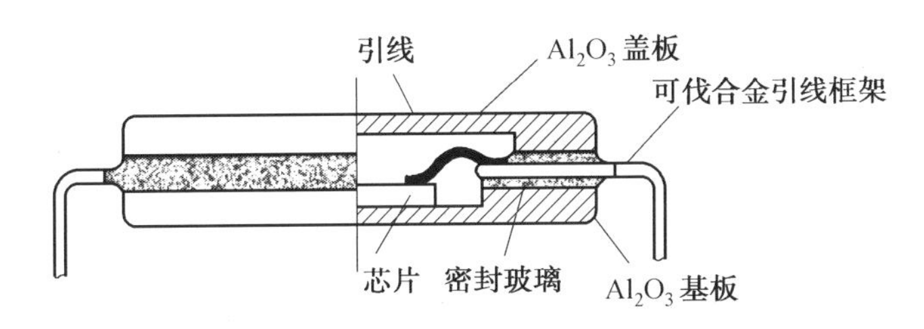

图 4.3　引线框架结构陶瓷双列直插封装器件剖面图

密封玻璃的性质会影响封装的强度和电性能。玻璃浆料加热熔化后再冷却不会结晶。在玻璃成分基础上添加一些其他晶体材料，可以改善密封浆料的耐疲劳性能、调整熔点、提高防辐射的能力、改变热膨胀系数及介电常数。添加材料的颗粒度和多少可以按需要调整。

密封玻璃的熔封温度一般在 420 ℃左右。如果玻璃熔融温度太低，密封玻璃的强度和抗冲击能力就会因太低而不适用。此外，玻璃的化学稳定性也会随着玻璃熔融温度的降低而降低。

陶瓷封装中的芯片键合，以金一硅共晶钎料实现键合最为常见。陶瓷基板芯片键合区域需要进行金属化处理，比较常见的是金镀层。陶瓷封装进行芯片键合一般不使用有机粘接材料，如在塑料封装结构中比较常见的银粉填充的聚酰亚胺或环氧树脂。这是因为有机粘接材料需要固化处理，固化过程中可能会释放气体。气密封装不允许封装材料释放气体，尤其是水汽，因为这样会导致封装体内芯片及互连结构的可靠性大幅降低。此外，环氧树脂不能够耐受玻璃浆料封接陶瓷器件的工艺温度，所以也不适用于陶瓷封装结构中的芯片键合材料。

图 4.4 所示是侧面钎焊引脚结构(图 4.2(b))双列直插封装器件的示意图。该结构中，可以采用生带工艺制备带凹穴的陶瓷基板，以氧化铝陶瓷为例，可以将氧化铝和玻璃

良好分散在适当有机载体中制成浆料，然后用刮板流延成带料，再用钨金属浆料进行金属化；将所需要的层数层压起来，在 1 500～1 600 ℃下的受控气氛中进行烧结；暴露的钨金属化部分镀镍或镀金，然后将引脚用银铜高温钎料钎焊在基板侧面；最后进行芯片粘接和引线键合，并使用涂有密封玻璃釉的陶瓷上盖进行封接处理。

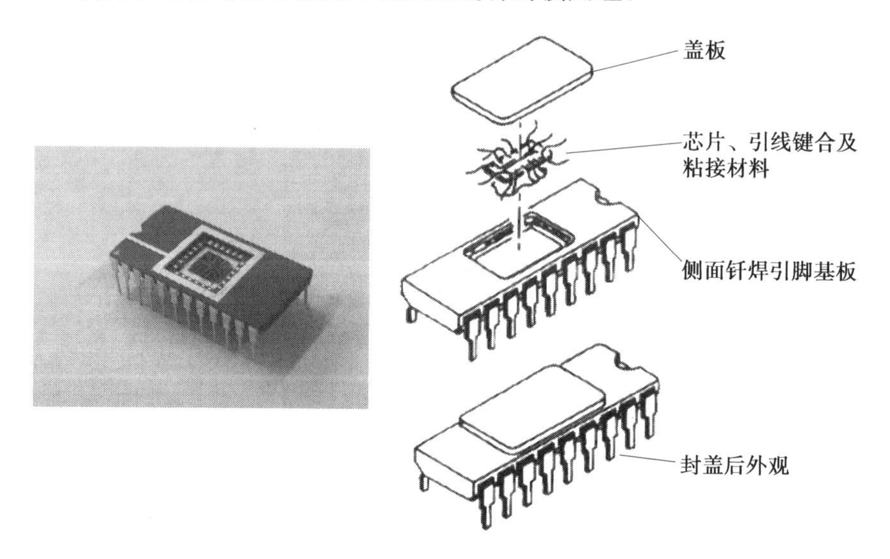

图 4.4　侧面钎焊引脚结构双列直插封装器件的示意图

2. 无引线陶瓷芯片载体

无引线陶瓷芯片载体在陶瓷基板的四个侧面或底面设有焊盘电极，而不设引脚。此类器件属于表面贴装器件。一般用于高速、高频器件的封装。通常 I/O 数目为 18～156 个，间距为 1.27 mm。对于陶瓷双列直插器件，引脚节距为 2.54 mm，最高引脚数为 64。无引线陶瓷芯片载体可以看作方形的 DIP，引脚排布在四边，节距只有 DIP 的一半，填补了 DIP 和 PGA 之间的空白。图 4.5 所示是无引线陶瓷芯片载体的结构示意图。

陶瓷无引线芯片载体满足了重要的军用需要，但是在商业应用中却受到了限制。虽然无引线片式载体引脚间距能够做到小至 0.25 mm，但表面组装使片式载体上的引脚尺寸和数目受到了限制。当把尺寸为 30～50 mm 的 96％氧化铝陶瓷封装器件通过表面贴装技术组装到 FR－4 树脂－玻璃印制电路板上时，就会发现这种由热膨胀系数不匹配导致的限制。因此，表面贴装较大的陶瓷片式载体时需要开发比常规树脂玻璃板更合适的二级封装电路板材料。

3. 陶瓷扁平封装

陶瓷扁平封装是由陶瓷基板、盖板、芯片、芯片键合材料、引脚、芯片与引脚互连结构、密封材料构成，一般引脚从封装体的两侧直接伸出，与封装平面平行，然后做成翼型引脚。此外，四方扁平封装（CQFP）也是扁平封装结构的一种，只是引脚从四个侧边伸出，都属于表面贴装器件。陶瓷四方扁平封装结构示意图如图 4.6 所示。CQFP 散热性比塑料 QFP 好，但封装成本比塑料 QFP 高 3～5 倍。引脚中心距有 1.27 mm、0.8 mm、0.65 mm、0.5 mm、0.4 mm 等多种规格，引脚数为 32～368。

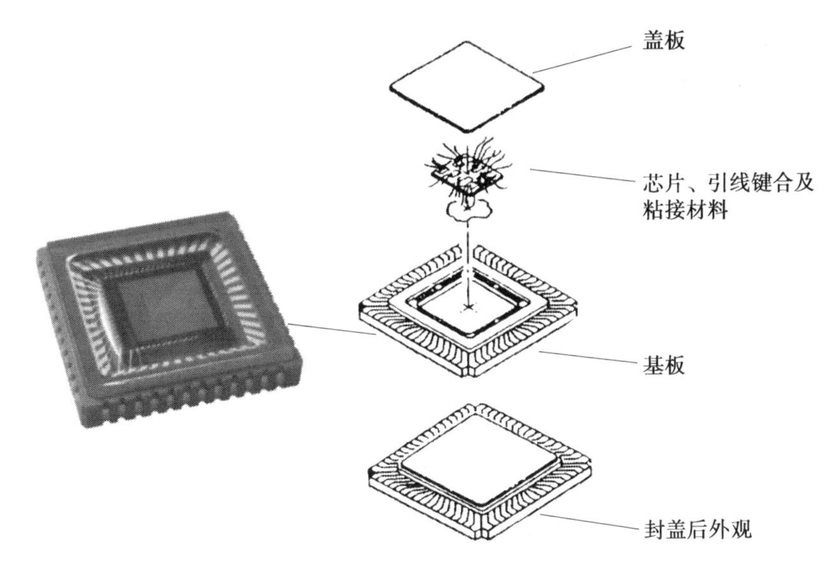

图 4.5 无引线陶瓷芯片载体的结构示意图

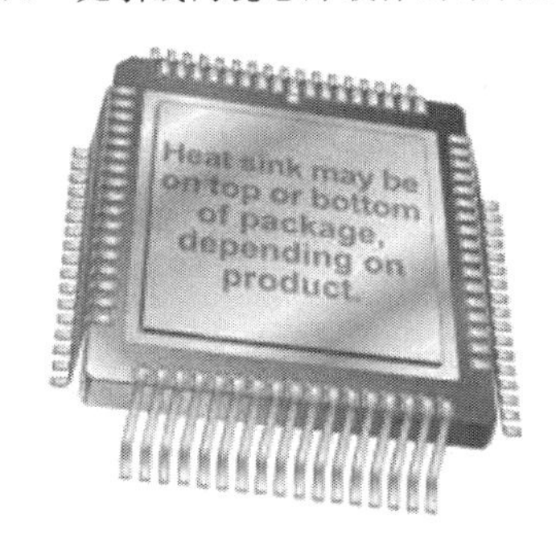

图 4.6 陶瓷四方扁平封装结构示意图

4. 陶瓷针栅阵列封装

陶瓷针栅阵列封装(CPGA)结构示意图如图 4.7 所示,CPGA 属于插装元器件,有封装密度高、气密性好、可靠性高等特点,主要用于计算机中央处理单元(CPU)、VLSI 及 ASIC 等应用中。

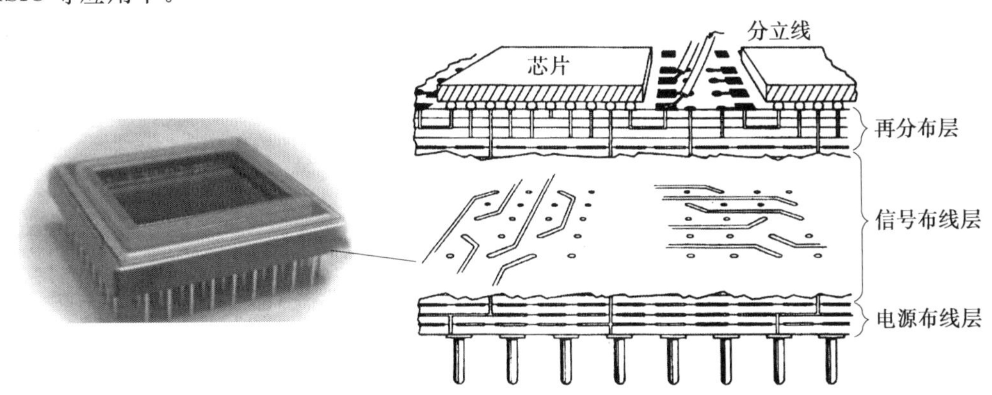

图 4.7 陶瓷针栅阵列封装结构示意图

5. 陶瓷球栅阵列封装

陶瓷球栅阵列封装(CBGA)结构示意图如图 4.8 所示,与 CPGA 相比,CBGA 具有小型、薄、轻和低成本封装的特点。CBGA 封装在 BGA 封装系列中的历史最长。它的基板是多层陶瓷,盖板材料可以是陶瓷或金属,盖板与陶瓷基板可以使用钎料、玻璃浆料进行密封。

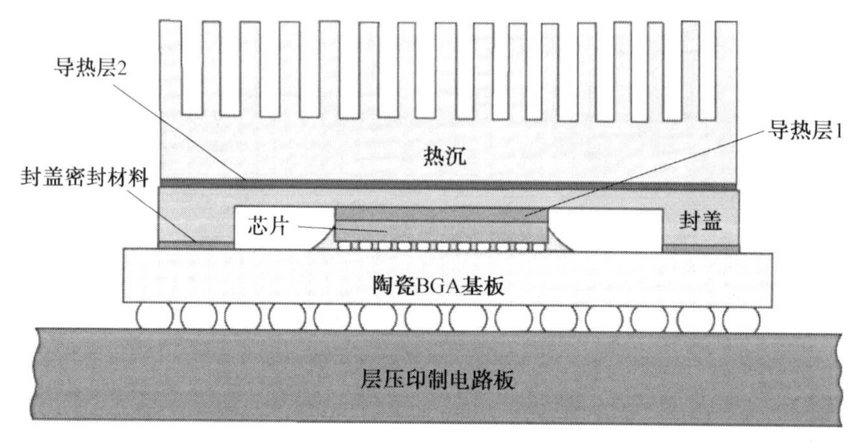

图 4.8 陶瓷球栅阵列封装结构示意图

CBGA 封装的优点:封装组件的可靠性高、共面性好、焊点成形容易、对湿气不敏感、封装密度高(焊球为全阵列分布)。将芯片倒装和 CBGA 封装技术结合在一起,利用多层陶瓷基板和 CBGA 封装技术,使用平面阵列式的互连接形式,结合信号线和供电线路的合理分布,可提高整个器件的电气性能。CBGA 的电气性能远远超过采用周边引脚连接的四方扁平封装(QFP)的电气性能。

CBGA 封装的缺点:由于陶瓷与使用环氧树脂制备的印制电路板热膨胀系数不同,焊球将承受较大应力,焊点疲劳断裂是这类器件的主要失效形式。

6. 陶瓷柱栅阵列封装

陶瓷柱栅阵列(Ceramic Column Grid Array,CCGA)器件是 CBGA 器件的改进型,如图 4.9 所示。两者的区别主要在于:CCGA 采用焊料柱替代 CBGA 中的焊料球,焊料柱的高度可以达到 1.25~2.2 mm,这样的改进可以显著提高 CCGA 焊点的抗疲劳寿命。出现这种效果的原因是柱状结构变形能力更强,能缓解由热失配引起的陶瓷基板与 PCB 板之间的剪切应力。常见的焊料柱有高铅的 90Pb/10Sn 锡柱和螺旋铜带增强型 80Pb/20Sn 锡柱等。其中典型的螺旋铜带增强型 80Pb/20Sn 锡柱结构是以 80Pb/20Sn 锡柱为中心,表面缠绕铜箔,然后整体覆一层 63Sn/37Pb 共晶焊料将锡柱包裹所构成的。

凸焊柱高 2.2 mm 的 CCGA 在抗热疲劳方面要比 CBGA 好近十倍。而凸焊柱高 1.27 mm的 CCGA 也要比 CBGA 的稳定性高几倍。在使用环境温度高、机械振动大的情况下,CCGA 就显得更合适。

利用 CBGA 和 CCGA 陶瓷阵列封装,可以使封装的互连接数目达到 500 以上,封装的尺寸可以达到 32.5 mm 以上。

当封装结构需要设接地平面层以更好地散热,并且 I/O 数目超过 200 个时,由多层陶瓷基板构成的 CBGA 和 CCGA 封装形式就成为较好解决方案。而当 I/O 数目超过 400 个时,CBGA 和 CCGA 封装形式更为经济有效。如果 I/O 数目超过 600 个,多层陶瓷基板构成的 CBGA 和 CCGA 就成为最优的解决方案。

图 4.9 陶瓷柱栅阵列器件照片

4.1.2 陶瓷封装器件特性

陶瓷材料具有良好的电绝缘、导热、机械和尺寸稳定性等综合特性。陶瓷的介电常数的范围可以达到 4～20 000,可用于绝缘材料和电容材料。此外,陶瓷的热膨胀系数和热导率的涵盖范围也很宽,可以与硅、铜、铝等材料相媲美。陶瓷材料经过高温烧结工艺制备,其尺寸非常稳定。

陶瓷多层基板与金属或树脂基板相比,可以实现最高的布线密度。虽然陶瓷采用厚膜工艺制得的线宽、通孔直径及节距大于采用薄膜技术制得的图形,也就是每一层陶瓷及厚膜的布线密度较低,但陶瓷基板可以稳定地制备几十层甚至是上百层的多层结构,从而实现更高的总布线密度。

陶瓷封装是一种高可靠性的封装形式,适用于对可靠性要求严苛、具有长寿命需求的应用领域,如航空航天、国防、高端商用电子产品等。陶瓷封装具有高可靠性的特点和优势的原因是:第一,陶瓷材料是气密的,它既不吸附和保留湿气,也不允许气体透过;第二,陶瓷在高温处理过程中和经过高温处理之后的尺寸异常稳定,可以制备出具有低热膨胀系数的陶瓷,并且与芯片的热膨胀系数接近、匹配,从而降低器件服役过程中在芯片及互连区域存在的应力;第三,大多数陶瓷对水、酸、溶剂和其他化学药品的化学稳定性极好。

陶瓷本身具有脆性,不适合制备大面积薄板结构,在外界应力、冲击作用下,容易发生脆性断裂,导致陶瓷封装器件的失效。此外,有些陶瓷对应力刻蚀敏感,因此,陶瓷的应用必须经过合理、严密的设计。使用厚膜工艺制备的多层陶瓷基板受厚膜工艺限制,在需要极低介电常数和极高封装密度的应用中还无法达到薄膜封装结构能够达到的密度水平。

由于陶瓷封装性能卓越,在航空航天、国防军事及大型计算机方面有广泛的应用。根据陶瓷的种类及特性进行划分,可以将其分为两大类:一类主要适用于高速器件,需要选择介电常数低、易于多层化的陶瓷制作基板,如玻璃陶瓷共烧基板;另一类主要适用于有高散热要求的器件或组件,可以采用高热导率的基板或壳体,如 AlN、BeO 等。陶瓷封装在高端封装市场的占有率逐年提高。

4.2 陶瓷封装材料

4.2.1 陶瓷基板

陶瓷基板广泛应用于微电子封装、传感器和执行器以及无源元器件等领域。电子元器件中常见的陶瓷基板材料有氧化铝(Al_2O_3)、莫来石($3Al_2O_3 \cdot 2SiO_2$)、氮化铝(AlN)、碳化硅(SiC)、氧化铍(BeO)、低温共烧陶瓷(LTCC)等。它们的制备工艺和性能各有不同,适用于不同需求及用途的电子元器件。

1. 氧化铝

氧化铝陶瓷是电子封装中普遍使用的陶瓷材料,可以作为LSI封装中的基板材料。在DIP—PGA—BGA—CSP—裸芯片封装的整个发展历程中,氧化铝基板一直发挥关键作用。

氧化铝陶瓷中Al_2O_3的含量(除特殊标注外,一般指质量分数)为85%~99.99%,其他组分可以是二氧化硅、氧化镁和氧化钙等,在1 500~1 600 ℃的条件下烧结制得。氧化铝陶瓷具有如下优点:价格低、综合性能最好(气密性、机械性能、耐热性、化学稳定性等方面)、应用最多(混合集成电路(Hybrid Integrated Circuit, HIC)基板、LSI封装基板、多层电路基板)。氧化铝陶瓷的缺点在于介电常数较高,约为10,其热导率偏低,只有20 W/(m・K)。氧化铝陶瓷的成分和表面粗糙度会影响后续导体图形或无源器件的制备方法和工艺。如厚膜工艺适合使用表面粗糙度大、价格较低的氧化铝陶瓷,其中的Al_2O_3含量为96%左右,可以使用丝网印刷法形成导体或无源器件图形,然后烧结,形成与陶瓷基板结合力好的厚膜图形。由于薄膜元器件物理性能、电气性能受基板表面粗糙度影响大,一般采用局部被釉、Al_2O_3含量为99%、表面粗糙度小的氧化铝基板。

2. 莫来石

莫来石是一系列由铝硅酸盐组成的矿物统称,其中$Al_2O_3-SiO_2$系是莫来石陶瓷中最重要的二元系。莫来石在电子封装中逐渐得到认可是由于在莫来石中加入了可以降低介电常数和烧结温度的添加剂。

$3Al_2O_3 \cdot 2SiO_2$莫来石的优点是化学稳定性好、热稳定性高、质量轻、介电常数低,适用于需要高频、高速信号传输的电子封装结构。此外,莫来石的热膨胀系数较低,在与Mo、W厚膜导体浆料共烧后产生的应力低,适合用作超高速集成电路(Very High Speed Integrated Circuit, VHSIC)应用的封装或基板材料。$3Al_2O_3 \cdot 2SiO_2$莫来石的缺点在于机械强度低、热导率偏低。

日立公司采用莫来石开发M-880计算机主机的硬件。在该系统中用倒装芯片键合(FC)形式的焊球与多层莫来石-玻璃陶瓷基板相连接。日立公司开发了用莫来石陶瓷和钨金属化制造的多层陶瓷基板。日立公司开发的莫来石具有非常低的介电常数,这是由于SiO_2成分被添加到传统莫来石($3Al_2O_3 \cdot 2SiO_2$)后,改善了其介电性能。

日立公司开发的莫来石陶瓷材料的特性如下:

①莫来石陶瓷的热膨胀系数为 35×10^{-7} ℃$^{-1}$，与硅芯片和钨导体的热膨胀系数都非常接近，封装结构的热应力小，可靠性高。

②电特性优良，相对介电常数为 5.9，导体电阻为 0.6 Ω/cm。

③莫来石陶瓷的弯曲强度为 20 kg/mm^2 或更高，能够承受高密度、多芯片模块封装对基板强度的要求。

3.氮化铝

氮化铝陶瓷可以使用干压、流延法和注模成型方法进行烧结制备。其具有高强度、轻质量、高耐热、高耐刻蚀的特点。氮化铝陶瓷被广泛应用于陶瓷封装材料的主要原因是其具备高的热导率。商用的氮化铝陶瓷的热导率可高于 200 W/(m・K)，是氧化铝陶瓷的 10 倍。单晶的氮化铝陶瓷理论上热导率可以达到 320 W/(m・K)。但通过烧结工艺制备的氮化铝是多晶结构，且内部含有杂质，其热导率会远低于理论值，妨碍了其商业应用。但在使用了 CaO、Y_2O_3等作为助烧剂的情况下，氮化铝陶瓷纯度大幅提升，其热导率明显提升，达到了商用氮化铝陶瓷对热导率的需求。

氮化铝的电性能与氧化铝和氧化铍相似。然而，无论与氧化铝还是与氧化铍相比，氮化铝陶瓷与硅片的热膨胀系数均匹配良好。氮化铝的抗弯强度比氧化铝高，而维氏硬度只是氧化铝的一半。这种较低的硬度和优良的强度就可以使氮化铝加工成复杂的形状。由于氮化铝的密度较低，因此做成同样的部件，其质量比氧化铝减少 20%。加上其高热导率的特性，其在高密度、大功率的 PGA 器件和 MCM 封装领域有着非常好的应用前景。

氮化铝陶瓷的缺点是较高的成本和金属化比较困难。为 96% 氧化铝开发的通用的含玻璃料粉末的厚膜金属化材料不能用于氮化铝表面。在烧结过程中，PbO、CuO 和 Bi_2O_3玻璃会引起氮化铝陶瓷表面氧化，该氧化层会导致陶瓷金属化表面起泡和粘接不良，需要单独开发与氮化铝陶瓷匹配的厚膜陶瓷浆料。

目前，商用的氮化铝粉末一般可以通过两种工艺制备，分别是还原氮化法(吸热反应)和直接氮化法(放热反应)。其中还原氮化法的化学式如下：

$$Al_2O_3 + 3C + N_2 \longrightarrow 2AlN + 3CO \tag{4.1}$$

采用该方法制得的氮化铝粉末粒径小、粒度分布一致性好，缺点是耗能较高。

直接氮化法的化学式如下：

$$2Al + N_2 \longrightarrow 2AlN \tag{4.2}$$

该反应的产物一般是块状，需要粉碎处理，不容易获得理想的粒度分布，该方法的优点在于能耗低。

CaO 和 Y_2O_3常作为助烧剂在氮化铝的烧结过程中使用。烧结一般是在 1 800 ℃左右、N_2的气氛中进行。助烧剂从氮化铝表面、晶格中得到氧原子形成液态的晶界相(Ca—Al—O 或 Y—Al—O)，并集中在晶界三相点或者迁移到烧结的氮化铝颗粒表面，并促进氮化铝陶瓷的致密化和晶粒生长，同时可以防止氧原子扩散到氮化铝晶粒中，从而实现烧结氮化铝陶瓷的高热导率，可达 200 W/(m・K)以上。

氮化铝陶瓷的热导率对氧以及其他金属和非金属杂质(如 Fe、Ca、Mg 和 Si)都非常敏感。氧扩散到氮化铝晶格中形成晶格缺陷，并阻碍声子的传输，从而降低氮化铝陶瓷的热导率。声子是晶格振动的能量量子，声子的定向运动就会产生热流，热流的方向就是声了定向运动的方向。由于晶格热传导可以看成是声子扩散运动的结果，因此晶体的缺陷及微观结构会直接影响到传热的效果。

4. 碳化硅

高纯的 SiC 是一种半导体材料，并不适用于基板材料，但在添加少量 BeO、B_2O_3 等材料后，SiC 的电阻率会显著增加，可以作为绝缘体使用。碳化硅的优点是耐磨性好，耐药品性好，热导率高，可达 270 W/(m·K)，甚至优于商用的氮化铝陶瓷。此外，碳化硅热膨胀系数与硅十分接近。碳化硅陶瓷的缺点在于其介电常数偏高，1 MHz 时为 40、1 GHz时为 15；绝缘耐压差，电场强度达到数百伏/厘米时，易被击穿。所以，碳化硅基板并不适用于高速、高电压电路的应用场景，而适用于低电压、需要高散热的 VLSI 应用场景。

碳化硅陶瓷可以在高于 1 900 ℃的条件下通过热压烧结制备而成。碳化硅陶瓷的硬度极高，随之而来的问题是碳化硅陶瓷表面抛光难度较大。此外，可以与碳化硅陶瓷共烧的导体金属浆料还亟待开发。

5. 氧化铍

氧化铍是铍的氧化物，可以通过干压或流延法进行制备，其有很多的性质优于氧化铝陶瓷。氧化铍的优点是具有高热导率和良好的绝缘特性，其热导率是 Al_2O_3 陶瓷的十几倍，甚至与氮化铝的热导率都十分接近，因此特别适用于大功率陶瓷器件的封装。另外，氧化铍的介电常数也较低，该特性使得氧化铍陶瓷适用于高频集成电路的封装。氧化铍作为热沉，还可以用于标准晶体管封装，如 TO－3、TO－8、TO－9、TO－11 和 TO－33，还可用于电绝缘的散热器以及大功率晶体管中，覆盖 60 Hz～10 GHz 的频率范围。

氧化铍也有缺点，氧化铍基板烧成后粒径很难控制，当基板需要采用薄膜工艺进行金属化时，必须对氧化铍基板进行精密的研磨。此外，氧化铍粉尘有剧毒，存在环境问题，必须在特定的设备中进行加工处理，避免环境污染及中毒风险。

6. 低温共烧陶瓷

低温共烧陶瓷出现和开发的原因是传统的陶瓷（如 Al_2O_3、莫来石、氧化铍及氮化铝等材料）需要高温烧结环境，烧结温度范围在 1 500～1 900 ℃，若陶瓷表面的导体图形或无源器件图形采用厚膜印刷同时烧成法，那么厚膜导体材料只能选择熔点更高的 Mo、W 等金属。这种共烧材料和工艺配置存在的问题是：共烧工艺需要在还原气体中进行，所需温度过高，工艺难度非常大，且需要特殊烧结炉；烧结得到的 Mo、W 导体电阻率高，布线电阻大，会显著增大损耗，使信号传输容易失真；此外，上述陶瓷的介电常数偏大，如果作为绝缘介质层，会增大信号传输延迟时间，因此不适于超高频集成电路的封装。

针对传统需要高温烧结的陶瓷存在的问题而开发的低温共烧陶瓷，其特点和要求是：陶瓷烧成温度一般控制在 950 ℃以下；介电常数要足够低；陶瓷的热膨胀系数要与组装的芯片材料接近；需要有足够高的机械强度。

应运而生的低温共烧陶瓷就是将低温烧结陶瓷粉末（如铅硼硅酸盐＋氧化铝、玻璃＋Al_2O_3＋$CaZrO_3$）通过球磨、流延工艺制成生瓷带，然后在生瓷带上打孔、填充浆料、印刷导体图形，可以选择导电性更好的 Au、Ag、Cu 等金属，印刷无源器件浆料图形，制备出所需要的电路图形及无源器件图形，然后叠层、热压、脱脂，在 900 ℃左右的温度烧结，可制成内置无源元器件的多层陶瓷基板。

4.2.2 厚膜浆料

陶瓷基板一般需要在其表面及内部制备金属化图形，也就是对其进行金属化处理。陶瓷金属化的方法有两种：一种是采用丝网印刷＋烧结的厚膜工艺形成；另一种是通过溅射＋电镀光刻的薄膜工艺形成。本部分主要介绍厚膜工艺及结构。

厚膜金属化法是在生瓷片或陶瓷基板上通过丝网印刷形成导体（电路布线）及电阻等浆料，烧结形成电路、无源器件、焊盘等结构。

厚膜浆料是将粒度 1～5 μm 的金属或其他功能性粉末，添加少量的玻璃黏结剂，再加有机载体，包括有机溶剂、黏稠剂和表面活性剂等，经过球磨混合而成。通过上面的描述可知，厚膜浆料是精细的金属粉末和玻璃粉末悬浮在有机载体中的一种混合物。

厚膜浆料的组成主要有三部分，即功能材料（金属或其他化合物）、黏结剂（玻璃材料）和载体（有机溶剂、增塑剂等）。功能材料（如金属粒子）通常占厚膜浆料质量的 50%～75%。黏结剂由低熔点的玻璃构成，它使金属粒子保持接触，而且使导体膜层与基片之间紧密结合到一起，玻璃成分控制导体浆料的黏度、表面张力、化学活性和热膨胀系数。载体有点像油漆的稀释剂，能帮助确定浆料的印刷性能，载体占浆料质量的 15%～25%，典型的溶剂包括乙醇、松节油等。

厚膜浆料根据功能进行划分，有厚膜导体浆料、厚膜电阻浆料（如杜邦 Birox 系列）、厚膜介质浆料（根据 K 值的大小，分为低 K 材料和高 K 材料），以及厚膜电感浆料。

1. 厚膜导体浆料

厚膜导体浆料一般所用的导体材料是能够在 850～950 ℃烧成，并具有良好电导率的材料，包括银、金、铜、金－铂、银－钯、银－铂和钯－金等。钼、钨具有更高的熔点，可以在远高于 1 000 ℃条件下烧结，适合于高温烧结条件。导体浆料是根据下面的特征或指标选择的：

①电阻率。要求电阻率足够低，以便使得电压降、发热和对其他电路功能的干扰减低到最小。

②线条分辨率。浆料必须适用于精细线条生产，且不会产生塌陷、模糊或者表面粗糙这类缺陷。

③与其他导体、电阻、介质浆料、陶瓷基板的兼容性。浆料必须能够与加工工艺、厚膜电阻和介质浆料的使用兼容。

④可焊性和耐钎焊特性。浆料必须具有良好的焊接、热压键合、超声键合或芯片共晶焊接的能力。

⑤引线键合材料及工艺的适应性。

⑥与陶瓷基板的附着力。要确保焊接引脚和分立元器件在焊接过程中或服役时不会脱落。

⑦抗迁移效应。

⑧稳定性。浆料必须要有足够长的存储寿命，在加工过程中浆料必须保持良好的稳定性。

不同厚膜导体浆料的特性有很大区别。下面将对各种厚膜导体浆料的特性进行介绍：

(1)厚膜银浆料。

银导电性好，焊接性能好，价格远低于金等贵金属，与陶瓷基板附着力强，可以与其他电阻材料共烧。然而银这种材料有一个比较严重的缺陷，就是在直流电场的作用下，银有易迁移的问题，在抗溶蚀能力和在空气中的耐氧化能力方面不如钯－银导体。

(2)厚膜金浆料。

金的电阻率低，具有优异的热压键合能力，在电子封装互连结构中应用广泛。金导体浆料烧结后膜层与陶瓷基板的附着力较低。另外，金在钎料中溶解速度极快，导致其耐钎焊性能差，所以在纯金的导体上钎焊是不合适的。此外，当陶瓷基板经过多次烧结后，厚膜浆料烧结得到的金导体的可焊性能会显著降低，这是因为在多次烧结后，在厚膜金导体表面会生成富含玻璃材料的相。

(3)厚膜铂－金浆料。

铂－金浆料广泛地应用于厚膜电路中，相对于厚膜金浆料，有了较大的性能改进。铂－金浆料具有良好的可焊性和耐钎焊性能，且适用于引线键合工艺。然而，铂的存在会降低导体的电导率。此外，铂－金浆料在氧化铝基板上的附着力与金浆料类似。

(4)厚膜钯－金浆料。

钯－金浆料的基本特性与铂－金一样好，但其成本却显著降低，钯－金浆料在氧化铝和氧化铍陶瓷基板上都能够实现很好的连接和附着。虽然钯金属的添加导致浆料烧结后的电阻率降低，但钯－金厚膜浆料制备的导体焊盘的焊接性能和引线键合性能都十分优秀。

(5)厚膜钯－银浆料。

钯－银浆料应用最为广泛。钯－银浆料的价格比金便宜，虽然钯－银烧结后的导线电阻率较高，但此种浆料可焊性和耐钎焊性能十分优异，并且对氧化铝和氧化铍陶瓷具有良好的附着力。与纯银的厚膜浆料相比，添加钯金属显著地抑制了银的迁移现象。

(6)厚膜铜浆料。

铜具有低成本和高电导率的特性，与高密度多层电路陶瓷基板对导线的电气性能要求十分契合。铜导体具有附着力好、可焊性好、密度高，以及易于在氧化铝、氧化铍等陶瓷基板上制备金属化层的优点。但由于铜十分容易氧化，所以在高温烧结的情况下必须使用惰性气氛或还原性气氛，增加了烧结的工艺难度和对设备的要求。

原则上来说，在多层陶瓷制造过程中排除生瓷片中有机物所需要的常规气氛会导致铜氧化；相反，在任何还原气体中铜会保持纯金属状态，但是生瓷片中的有机物却保留下来，使陶瓷炭化，从而使陶瓷电性能变坏。

银、金和银－钯金属化不需要控制气氛来排除黏结剂。这些基板的烧结工艺比有关铜的工艺简单，但在大量生产时，材料昂贵。其中，银－钯用在基板的外层，而银用于内部各层。银－钯可以提供气密封装。

无论是靠控制体积比或靠选择不同的陶瓷和玻璃而制作的玻璃＋陶瓷，还是通过选择玻璃组分和热处理曲线而制作的玻璃－陶瓷，都很容易使它们的热膨胀系数与 GaAs

相近。氧化铝基板与 GaAs 有良好的热匹配。但是,氧化铝只能用导电率较低的钼或钨金属化,这成为氧化铝多层陶瓷(MLC)用于 GaAs 高性能封装的主要限制。在中低性能应用中,很容易采用氧化铝上芯片的 C4 焊接,或用 TAB 和引线键合相结合的方法使这些芯片不存在热失配的问题。

2. 厚膜电阻浆料

选择厚膜电阻浆料时,其电气性能是首要考虑的指标。厚膜电阻浆料的组成与导体浆料类似,是由有机溶剂调和金属和玻璃粉体而成的悬浮液。早期的厚膜电阻浆料的功能成分是基于钯、氧化钯和银构成的。这个材料体系存在的问题是浆料对烧结工艺曲线非常敏感,容易受到氢气还原气体的影响。为确保烧结后电阻工作的稳定性,一般需要覆盖保护层。

新浆料由钌、铱和氧化钌构成。在 850 ℃条件下烧结时,氧化钌化学性能非常稳定,且不会由于高温烧结的条件和环境发生改变。

3. 厚膜介质浆料

厚膜介质浆料根据其用途分为低 K 和高 K 介质浆料。低 K 介质浆料烧结后得到的膜层绝缘性能好,一般用于多层电路结构导体间的绝缘材料;而高 K 和中 K 介质浆料的介电常数一般在 5～1 500 之间,一般用于电容器结构中,钛酸钡作为介质材料的厚膜浆料,可以通过改变添加钛酸钡的含量来控制厚膜结构的 K 值。此外,铁电材料也表现出高 K 值。几种中介电常数的非铁电介质材料基于钛酸镁、钛酸锌、钛氧化物和钛酸钙等功能成分制成,介电常数范围是 15～150。

对于厚膜介质浆料的针对性要求是:浆料具有良好的流动性;厚膜介质浆料烧结后的膜层应无针孔;作为电容的介质层材料时,应具有高的品质因数,尤其是应用于高频电路结构中的情况。

4. 厚膜电感浆料

厚膜电感器一般是将厚膜浆料通过丝网印刷的工艺获得平面电感结构,其主要功能材料一般是铁氧体材料。厚膜丝网印刷可利用的材料和技术的一些局限性限制了厚膜丝网印刷电感的应用,这些局限性包括可获得的铁氧体层数受限、大的物理尺寸和浆料的磁导率相对较低等。

4.3 陶瓷芯片载体制造工艺

陶瓷在烧结之前需要对陶瓷布线结构进行设计、对陶瓷浆料或粉末进行制备、对陶瓷基板进行烧结制造。

在陶瓷基板的烧制之前,需要对陶瓷浆料或粉末进行预成型,常见的预成型方法有粉末压制成型、挤压成型、流延成型和射出成型。

下面以流延成型方法制备氧化铝陶瓷和低温共烧陶瓷(玻璃一陶瓷)为例,讲述陶瓷芯片载体的制备流程。

4.3.1 氧化铝陶瓷芯片载体

1. 生瓷片的制备

流延工艺制备陶瓷基板的工艺中，不论是单层陶瓷，还是多层陶瓷，其基本组成材料是陶瓷生片，通常厚度为0.2 mm或0.28 mm(未烧结)，它由悬浮在有机黏结剂中的陶瓷和玻璃粉末混合而成。要达到更高的成品率，关键因素是生瓷片的组分，它必须满足在操作和工艺过程中所需要的强度。此外，生瓷片必须尺寸稳定，确保在叠片和层压过程中层与层之间精确对位。通过选择合适的黏结剂组分，控制流延工艺和采用与之适应的厚膜浆料体系，才能实现高质量的陶瓷基板制备。

典型生瓷片浆料体系由黏结剂、溶剂和增塑剂组成。黏结剂在生瓷片的制作过程中起到暂时黏合陶瓷颗粒的作用，使生瓷片可以用合适的金属浆料印刷。溶剂起着几个关键作用：一是使生瓷片浆料在球磨过程中让陶瓷粉末均匀分布，这是由于球磨溶剂的液体具有低的黏度；二是生瓷片内的溶剂蒸发后会形成微孔。在生瓷片内形成微孔被认为是生瓷片最重要的特性之一，因为在后续的层压过程中它能使金属线条被周围陶瓷片压缩、包裹。增塑剂能使生瓷片具有更好的塑性或柔性，这是由于增塑剂能够降低黏结剂的玻璃化温度。

2. 黏结剂和浆料

能够满足全部所需要的热塑性能和层间粘接强度的最有效黏结剂是聚乙烯醇缩丁醛(PVB)。其他一些特殊用途的黏结剂还有聚氯乙烯醋酸纤维素、聚甲烯丙烯酸酯(PMMA)、聚异丁烯(PIB)、聚α甲基苯乙烯(PAMS)、硝化纤维素、醋酸纤维素和醋酸缩丁醛纤维素。不同类型的PVB以及与PVB配合使用的溶剂和增塑剂多种多样。

生瓷片中的有机原材料与氧化铝和玻璃混合球磨后便可得到均匀分散的浆料。团块一旦被粉碎，生瓷片的密度和陶瓷的收缩率就不再对球磨时间那么敏感。然后把浆料送到连续的流延机并沉积在匀速运转的塑料载体上形成200 mm宽的生瓷带。流延机与一个恒定水平的浆料容器连接起来，并安装一个刮板来控制生瓷片厚度。生瓷带通过一系列可控制温度和湿度的干燥箱，然后从塑料载体上脱模并绕在卷轴上。

每卷生瓷带全部经过激光扫描检查，并切成方块，以备工艺加工。需要对典型生瓷块样品的密度、可压缩性、黏合性、屈服强度和收缩率进行评价。

3. 冲孔

步进重复冲孔设备一般用计算机控制，在每层生瓷片上冲制通孔。生瓷片一般在工作台面的框架托板上固定，工作台面在$x-y$方向移动精密、可调，生瓷片随之移动，用于固定冲头$x-y$位置的冲头架不动。在生瓷片上每个角有一个定位孔，用来把生瓷片固定在冲孔托板上，并用于后续冲孔定位。根据陶瓷基板的复杂程度，一层生瓷片上冲孔数可高达36 000个。冲孔设备一般还配备光源和光电二极管阵列检验台，以便确定冲制孔的位置是否准确。如果有冲孔堵塞，则需要对生瓷片进行修复，或者废弃。

4. 丝网印刷

厚膜浆料一般采用丝网印刷方法制备出各种图形。也有生瓷片的金属化过程是通过一个喷嘴挤压厚膜浆料，喷嘴在接触生瓷片的金属掩模上来回移动，这样在生瓷片的表面就印上了厚膜图形,同时也填充了小孔。

丝网印刷是厚膜微电路制造过程中最关键的工序之一,其具体过程如图 4.10 所示。

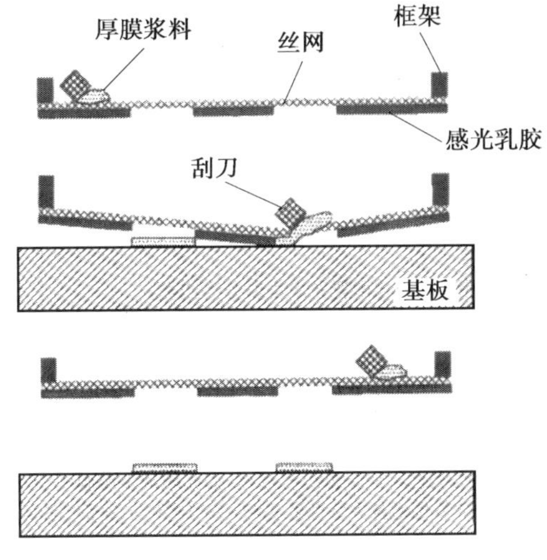

图 4.10 厚膜浆料丝网印刷过程

丝网印刷是指用丝网作为基体,通过感光乳胶在丝网表面制作出与待印刷或制备的厚膜导体或电阻等相对应的图形。印刷时,将待印刷浆料转移至丝网表面,使用刮板,施加一定压力,使丝网与待印刷基板表面接触,刮刀与丝网成一定角度匀速移动,将浆料从感光乳胶图形处的开口漏印到基板表面。影响丝网印刷质量的关键参数有:工艺温度、相对湿度、丝网张力、丝网数目、感光乳胶、刮板速度、角度、压力、温度和柔韧性、丝网与待印刷基板之间的距离。

丝网、浆料和刮板是构成丝网印刷工艺的三个基本要素。其中丝网按照材料进行划分,比较常见的有绢丝网和不锈钢丝网。浆料从丝网漏到陶瓷基板上是一个复杂的过程,与厚膜浆料的流变性直接相关。当刮板速度提高时,浆料的流动性增加(黏度降低)。在印刷过程中,刮板推动位于其前方的厚膜浆料,刮板一般是由中等硬度的橡胶或氯丁橡胶制成的,最常用的刮板材料是聚亚安酯,这是由于该材料耐磨损,且不易发生化学反应。当刮板角度为 45°时,可以为浆料提供极好的刚性和压力。刮刀速度十分重要,运动过快,会导致浆料内部滞留空气;运动过慢,会增加丝网与基片的接触时间,降低印刷厚膜图形的分辨率。

丝网印刷之后,金属化的生瓷片在强制通风的烘箱中干燥。干燥过程必须精细控制,以免生瓷片发生尺寸变化或损坏生瓷片,尤其是生瓷片上带有密集的通孔阵列结构。多层陶瓷工艺的主要优点之一是在叠层和层压之前能够检验和修复每层金属化。

为了使陶瓷基板达到所需要的热性能、机械性能、电性能和尺寸精度,材料、工艺必须相互配合,需从以下几个方面综合考虑:

①陶瓷颗粒和玻璃粉末的物理、化学特性,以及这两种材料间的烧结温度曲线。

②各种添加的有机材料固有特性,如分子量、黏度,以及有机物和无机物之间的相互作用机制。

③浆料和生瓷片的特性(受特定浆料的影响),以及生瓷片加工工具的设计。

要达到生瓷和熟瓷的尺寸控制，使33层生瓷中每层的10 000个直径为0.125 mm的小孔严格对准并形成350 000个互连网络，就必须充分了解以上三个问题及这三个问题的相互影响。

5. 烧结

烧结工艺是多层陶瓷基板制作过程中最复杂的工艺。溶剂和增塑剂中有机物的逸出，以及黏结剂的高温分解和残余碳化物在湿H_2中的氧化都是复杂的化学过程，通常发生在1 000 ℃以上。基板的烧结过程从玻璃致密化开始，同时导致玻璃一氧化铝相互作用产生结晶。而这种结晶体在大约1 450 ℃时熔化成液态玻璃，其黏度不断降低直到最高烧结温度为止。而金属浆料同样经历排出有机物和致密化过程。玻璃进入钨和钼金属空隙中，从而起着加固金属的作用，并提供与炉子系统中氧气局部压力有关的某种化学反应和黏结作用。

温度曲线会决定厚膜浆料烧结后在陶瓷基板上的附着力。一般来说，烧结电阻层与烧结导体层和烧结介质层相比，对温度曲线更为敏感。批量生产所使用的窑炉通常有4个温区以上，其温度、排气、传送带和气氛都是可控的。根据材料不同，烧结的峰值温度也随之变化，详见表4.1。

表4.1 典型低温烧结厚膜浆料烧结温度范围

材料	烧结温度/℃
导体	850～900
介质	850～900
电阻	700～850
包封釉	550～750

6. 电镀

在金属化表面图形上镀镍并且与钼金属化基底扩散结合起来以增加黏附强度。镍层扩散之后再镀一层金，防止形成氧化镍，并提高随后焊接和钎焊过程中焊盘表面的润湿性。最后一步电镀，是在每块芯片周围的引线键合区镀厚金，以适应模块表面每根引线的超声键合。在基板电测试之后，把电镀的引脚和凸缘用金一锡共晶钎料在氮气气氛中同时钎焊到基板上。

4.3.2 低温共烧陶瓷(玻璃一陶瓷)

低温共烧陶瓷(玻璃一陶瓷)与氧化铝陶瓷相比，把更多的玻璃组分添加到氧化铝浆料中，如把低黏度的铅玻璃添加到氧化铝陶瓷中。对于玻璃一陶瓷，可以在950 ℃烧结实现陶瓷致密化。导体可以使用铜厚膜浆料与玻璃一陶瓷生瓷片实现共烧。

1. 生瓷片的制备

通过玻璃一陶瓷成分的控制，也可以使用与氧化铝陶瓷类似的流延工艺制备玻璃一陶瓷生瓷片。制备出的玻璃一陶瓷生瓷片具有以下特性：

①在冲孔和冲裁等工艺加工后尺寸稳定。

②具有微孔结构，使其有足够的变形性以保证与厚膜铜浆料印制的线条紧密结合，以及良好的透气性以保证在烧结过程中能够使气体排出。

③对铜金属化浆料溶剂浸润而尺寸不变。

④在烧结过程中有机物完全排出。

玻璃粉末是采用高铝球球磨的方法将玻璃粉碎而制成，平均粒度大约为 3 μm。玻璃粉末在加入陶瓷浆料之前，陶瓷粒度、粒度分布以及玻璃表面积要严格加以控制。

生瓷片具有一定的稳定性、多孔性和对于黏结剂系统的化学惰性。该黏结剂系统由聚乙烯醇缩丁醛(PVB)，二丙烯乙二醇二苯(BPGDB)增塑剂和甲醇甲基异丁醇黏结剂溶剂系统组成。这种组分能使玻璃粉末稳定地悬浮在流延浆料中，其黏度适合于高质量生瓷片的连续流延，且能达到合乎要求的机械强度和尺寸稳定性。最终的生瓷片的质量比为：玻璃粉占 90%，黏结剂(PVB/DPGDB)占 10%。

2. 铜粉末和厚膜铜浆料

铜是与玻璃一陶瓷共烧比较理想的金属，主要是因为与其他金属相比，铜具有高电导率和低成本，而对这一金属，主要困难在于制成合适的粉末和浆料，来制造多层的玻璃一陶瓷和铜厚膜引线的基板。

用于印刷 90 μm 和 100 μm 的通孔，线宽为 75 μm 且中心距为 225 μm 的精细线条的粉末必须具有很小的粒度。这就要求把粉末的团块研碎，使其在印刷时通过金属掩模而不致堵塞掩模的孔。与其他的金属粉末不同，在制备浆料的过程中把铜粉末团块研碎比较困难，铜颗粒容易变形而不易研碎。

玻璃一陶瓷/铜封装由于减小了线间距，具有更高的密度，因此需要对浆料制备技术做重大的改进。例如，对玻璃一陶瓷而言，孔直径为 90 μm 和 100 μm，间距为 225 μm；而早期的氧化铝陶瓷，通孔直径为 140 μm 和 150 μm，间距大约为 300 μm。此外，有 78 500 个通孔要在生瓷片上和线条同时印刷出来。这些通孔都要穿过生瓷片，并且在印刷线条的同时填充浆料。

要形成这些密集的布线结构，必须考虑浆料与生瓷片的相互反应。浆料中的溶剂与生瓷片中的黏结剂的相互反应必须很小，但不是不反应。控制这一相互反应对于保持印刷过的生瓷片的尺寸稳定性十分重要，这就保证了在层压过程中 63 层生瓷片各层通孔的对准。在制备浆料时，金属粉含量、颗粒度分布、流变稳定性以及剖面面积都是重要的参数。

在印刷中的一个重要问题是达到印刷图形的良好流平性，而且印刷图形不扩展。这一点对玻璃一陶瓷基板特别重要，因为玻璃一陶瓷对浆料有高电导率的要求，所以浆料必须要有高的金属含量。选择浆料的溶剂(或载体系统)是很重要的，因为它与生瓷片的相互反应限制了可能发生的流平度。最少量的表面活化剂与适量的触变剂相混合可使印刷图形边缘饱满，而浆料本身保持足够的流动性，以保证良好流平度，得到剖面合格的铜金属化图形。

最终的厚膜是一种具有假塑性、触变性，且屈服强度平衡的混合物。典型的厚膜组分包括质量为 80%～90%的铜、20%～10%的有机物和溶剂。这种厚膜浆料适用于多层印刷(如信号线层、再布线层及只有通孔的层)。

3. 落料、叠片和层压工艺

将生瓷流延、干燥、脱模及冲成方片都称为印刷工艺中的落料成形。之后，淀积特定的印刷图形，并且冲制的通孔中也填充金属化。此后，逐层对准并层压在一起。对氧化铝基板的热导模块而言，通孔是由机械方法冲制的，而印刷采用多种形式的钼金属化浆料。虽然从理论上说，玻璃一陶瓷与氧化铝多层陶瓷使用同样的工序，但相对于后者，玻璃一陶瓷尚存在许多问题，其中包括新材料的化学组分和化学性质，最重要的是如何显著增加布线密度(通孔和线条)。

从氧化铝到玻璃一陶瓷材料的变化会对生瓷片加工带来一些令人感兴趣的问题。在冲孔过程中由应力造成生瓷片上的宏观变形，尽管其他因素(有机黏结剂、生瓷片厚度和冲孔参数)都保持不变，但玻璃一陶瓷和氧化铝生瓷片所产生的变形有很大不同。

机械方面的研究是关于冲制的生瓷片厚度以及不同冲头和凹模之间的直径差对通孔位置误差的影响，如果生瓷片厚度足够小，生瓷片对其他参数就不那么敏感。而在一定的厚度之上，冲头和凹模间隙的很小变化都会对冲制的生瓷片的变形产生很大的影响。另外，对于任何一组给定的材料和生瓷片厚度，冲头和凹模间隙的增加会减小瓷片变形。

适合铜浆料的一种新的丝网印刷工艺已研制成功，这种浆料与用于氧化铝瓷上的浆料在组分和流变性方面有很大区别。在后一种系统中，不同图形使用的溶剂和黏结剂材料的浆料都可以定做。而对于玻璃一陶瓷系统，则只需使用一种溶剂和黏结剂材料。这就需要调整这一系统，使其与生瓷片的反应最小，而又能保证印刷浆料与生瓷片有足够的黏结性，同时要保证生瓷片尺寸稳定性。

浆料中金属导体的特性也有根本的差别。钼颗粒硬度很高，呈小板状；而铜颗粒有很好的延展性，形状基本为球形。改变密度和表面积需要印刷工艺和浆料配制之间的大力合作，以求精细调整各层图形不同浆料配方的流变性和印刷参数(压力、印刷速度等)。在玻璃一陶瓷基板制造中，要想达到成功的印刷，印刷掩模的研究是另外一个关键问题。

对印刷的生瓷片进行自动检验主要是保证通孔和布线尺寸符合规范要求。由于使用玻璃一陶瓷和铜厚膜金属化，其特征尺寸减小，所以在检验技术方面的开发是十分重要的。为达到烧结后高的电测成品率，检验也是十分关键的。因为如果未去除不合格层，那么组成基板的其他合格层也就报废了。

在叠片和层压工艺中，由于一块生瓷片要叠到另一块生瓷片上，因此它们必须定位精确，以达到在此项工艺中使任何附加变形保持最小。在叠片中，所有的生瓷片的标记要十分严格，才能使一层生瓷片的通孔和另一层生瓷片的通孔达到良好电接触。每块层压片大约有 200 万个通孔。即便这些条件达到以后，叠片还必须经受层压工艺的考验。在该工艺中，叠片必须加热(在压力下)到瓷片中黏结剂的玻璃转变温度之上，另外在施加压力时，模具加工要求很高，加压平台的公差很严格，以达到它们的流平度、平行度和温度的均匀性。必须在温度和压力两个参数之间进行优化折中，以达到既允许有足够的流动，以使每层生瓷片压成一体，但又不能流动太大，以免造成由横向流动引起的附加变形。

4. 玻璃一陶瓷/铜烧结工艺

烧结多层陶瓷基板就是要对有机物、金属粉末以及陶瓷和玻璃粉末组成的复合组分共烧并形成复杂的致密布线的导电网络。玻璃一陶瓷/铜基板技术的共烧面临下列问题：

①低温有机物的排出(<800 ℃),不能有铜的氧化和低温致密化(<1 000 ℃)。

②玻璃结晶形成高强度陶瓷。

③铜粉末因致密化而形成高导电率的铜。

④铜/陶瓷界面的完整性。

⑤严格控制尺寸以满足通孔对准和薄膜布线的要求。

(1)黏结剂的排出和碳的氧化。

为了将残余的碳含量减少到所要求的量值,有不同的方法,包括聚合物高温分解成气体;先在空气中烧结使碳和铜氧化,而后把氧化铜还原成铜。

铜浆料和生瓷片共烧形成63层玻璃-陶瓷/铜基板的烧结可以采用水汽和氢气还原气体。在一定氢气和水汽压力比下,需要在800 ℃才能按照以下化学反应形成CO_2并使氧化铜还原:

$$C+H_2O \longrightarrow CO_2+H_2 \tag{4.3}$$

$$Cu_2O+H_2 \longrightarrow Cu+H_2O \tag{4.4}$$

(2)致密化。

玻璃-陶瓷/铜基板的致密化取决于玻璃-陶瓷的组分及玻璃和金属粉末的颗粒度分布。生瓷片层压特性,如有机物与无机物之比和层压密度,都对控制瓷片收缩率起着重要作用。

烧结工艺的任务在于确定烧结温度曲线、气氛条件和夹具,以制造出致密的、高强度的陶瓷和精细的、高导电率的铜布线。铜/陶瓷界面的完整性也取决于材料特性和烧结气氛的控制。

玻璃-陶瓷/铜烧结工艺的经验源自氧化铝/钼烧结技术,并在设备和工艺方面进行了改进。蒸气烧结炉的设计与开发是为了用于烧结玻璃-陶瓷/铜基板。该烧结炉在流量控制、气氛注入系统和炉膛材料方面有重大的提高和改进。独特的夹具有助于达到所需要的CO_2的大量传送和排出,因为CO_2会影响陶瓷的致密度和基板的特性。这种基板已经列入多层陶瓷封装的标准中。

(3)尺寸控制。

在玻璃-陶瓷/铜烧结的致密化过程中,尺寸控制与烧结前和烧结中的工艺有关。各种变量,如生瓷片特性、浆料特性、对金属浆料的压力和层压条件都对尺寸起着重大影响,因此必须严格控制。为了烧结出玻璃-陶瓷/铜基板,已经研究了改进的烧结炉和对材料、夹具和温度与气氛的控制方法。这种烧结工艺的进步已经产生重大的效果,在尺寸控制方面已超过了目前氧化铝/钼烧结技术的水平。

关于烧结基板尺寸控制的要求,其指标是使所有的表面特性和棱边严格符合规范要求。在多层陶瓷基板中,与理论位置的偏差允许在特定的限制之内。例如,一个优良的基板,它的金属特性与理论值没有偏差,就称它的标称偏差为0。一块多层陶瓷(MLC)基板由于膨胀或收缩趋向于偏离在要求值附近,换句话说,如果所有的表面特性都是呈线性膨胀或收缩的,在径向就是零位移或变形。径向位移单位为μm,可用光测量系统来测量。

5. 基板加工和抛光工艺

玻璃-陶瓷/铜基板是多种材料和工艺研究的必然结果。但是,烧结基板发展到目前这一阶段，并没有结束。薄膜再布线，顶面焊盘金属化和底面 I/O 引线都要做在上表面和下表面，以备安装和最后抛光基板。

把薄膜用于玻璃一陶瓷基板带来一些前所未有的新要求。一些特殊的要求涉及基板的尺寸、流平度、表面粗糙度，以及金属通孔端口的表面状态。另外，要在基板的周围制作出接地封口环以供模块封口用。

(1)烧结后的外形加工。

精密金刚石锯外形加工是烧结基板后的第一道工序。这道工序把基板加工成 127.5 mm 见方的尺寸，切掉四角，并对所有边棱倒 45°斜角，去掉四角和磨去棱角有助于在以后的操作中减少碎屑和边缘损伤。

在外形加工工艺中使用树脂粘接的金刚石刀片，把刀片安装在圆盘刀架上。同时，使用特殊配制的冷却剂以减少发热，以免机械损伤基板。金刚石锯和外形加工是完全自动化的，首先是切除四边，然后切去四角。尺寸的严格控制以及图形的对中性对于下面的工序是十分重要的，这是靠使用集成光学调整技术来完成的。在该技术中，把图形的调整基准做在基板上，并把这些数据转换到刀锯上。切断工艺完成后，便在打磨毛刺设备上对各棱边倒角。

(2)平面精细加工。

要把薄膜工艺用于基板上，需要将基板平面精细加工而得到平整的表面。由于在平面精细加工后要对基板进行电测试，因此这个工艺必须使铜通孔露出表面，以保证在电测试过程中探针可以接触上。

散状磨料研磨工艺可用于基板平面精细加工。该工艺使用研磨浆料和研磨平台对基板的上下表面进行研磨。浆料浓度及分布情况、研磨平台的速度，以及对研磨件施加的压力对达到所需的流平度是非常重要的。由于这种研磨方法磨掉的陶瓷要比磨掉延展性好的铜多些，因此在平面精细加工以后，铜通孔暴露在陶瓷表面上，这正是电测试所需要的。

平面精细加工的表面测量对评估该工艺的整体水平十分重要。自动激光扫描干涉仪不仅可以测量出工件的流平度，而且可以给出表面的整个形貌，并能显示出偏离理想流平度的位置和程度。

(3)密封封口环研磨加工。

经平面精细加工和电测试后，这些部件必须装上接地的密封封口环。该封口环安装在基板的上表面，以形成密封的模块。

该封口环的关键参数是表面光洁度和平行度。封口环的上表面必须十分光洁，以使模块达到密封。封口环的上下表面必须平行，以使加到模块封口处的压力是均匀的，而对陶瓷不会产生力矩。

接地的密封封口环对于陶瓷技术不是新东西，氧化铝基板采用这种结构已经多年了。但是，在玻璃一陶瓷/铜基板上加工这样的封口环需要研发新的技术，这在很大程度上是氧化铝和结晶玻璃陶瓷的物理特性不同所致。

封口环用凸轮研磨机加工，使用一种特殊形状的研磨轮可以同时研磨封口环的上、下表面。该工艺使用了一种冷却/润滑复合液。该冷却液、研磨轮的速度和基板的送进速度对于加工过程中防止陶瓷的损坏十分关键。另一个关键的工作在于设计研磨中夹持基板的夹具，该夹具必须能够阻止在研磨中加到基板上的弯曲和振动力，同时保证最终封口环的尺寸准确度。

在封口环加工之后，研磨轮也可用于研磨封口环棱的斜面，防止陶瓷崩裂。用这一工艺，封口环的厚度和平行度控制在 50 μm 之内，表面粗糙度保持在 4 500 Å。

(4)抛光。

玻璃一陶瓷/铜基板的整个表面抛光需要两步。第一步是陶瓷抛光，产生一个光滑的表面，以适用于薄膜金属化。第二步是金属抛光，增亮铜通孔的表面，以使薄膜工艺中的自动绘图装置能识别它们。基板的上下表面都要抛光。

研究陶瓷抛光工艺旨在提供一个光滑的表面、最大的表面流平度，并使铜通孔与陶瓷表面保持共面。陶瓷抛光使用亚微米级的磨料和抛光台以达到上述目标。工艺参数(如施加压力、磨台速度、基板转速、浆料浓度以及浆料的更换速率等)对于抛光的质量十分关键。它们在工艺中的相对重要性可使用直接实验的设计方法来确定。相当大的工作在于开发基板的夹具以保证在跨过整个基板表面上接近均匀的抛光速率。陶瓷抛光可使陶瓷基板的表面粗糙度达 450 Å，研磨过程中达到的流平度变化很小，同时铜通孔与陶瓷表面共平面。

金属抛光不仅要用磨台，还要用更细的亚微米的磨料。用该工艺所达到的改善后的铜镜面反射性使得随后的薄膜工艺所用的光绘图装置可辨别铜通孔的位置。

4.4 微组装及陶瓷封装发展

4.4.1 微组装

微组装工艺是指最小组装元素的尺寸在数微米到 100 μm 之间，以引线键合、倒装芯片为基础技术，不能采用常规 SMT 工艺完成组装的组装工艺技术。其主要包括以引线键合、倒装芯片等一级组装工艺技术(裸芯片组装)为基础的组装工艺技术，区别于以纯 SMT、THT 为基础的二级组装工艺技术。微组装包括一级封装 SiP、一级二级混合的组装 MCM 工艺技术，不包括半导体裸芯片制造工艺。

陶瓷封装器件的封装工艺是典型微组装工艺的一种，具体流程如图 4.11 所示。

①将预制钎料芯片与陶瓷芯片载体进行对准、放置。

②通过真空钎焊实现芯片与陶瓷芯片载体的键合。

③通过引线键合实现芯片上 I/O 焊盘与陶瓷芯片载体焊盘的电气信号互连。

④通过真空加热烘烤去除封装体内部存在的水汽。

⑤将预制钎料的盖板与陶瓷芯片载体进行对准、放置。

⑥通过钎焊实现陶瓷封装器件的密封。

4.4.2 陶瓷封装的发展

1.低介电常数陶瓷材料

速度、尺寸、可靠性和成本是先进电子封装的主要驱动力，如果不同时减小电路尺寸

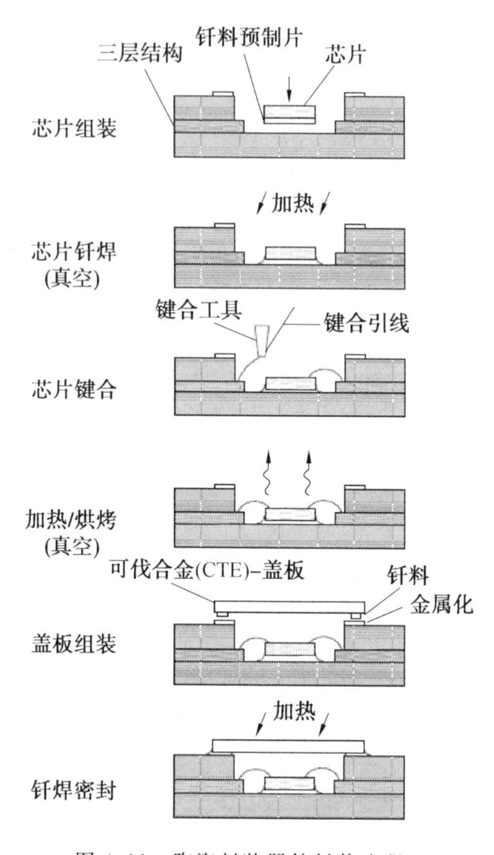

图 4.11 陶瓷封装器件封装流程

并采用低电阻率的金属化，只由降低介电常数的材料来增加封装的速度是不够的。在这方面，缺乏精细线条和通孔的印刷技术阻碍了在低介电常数系统中按封装设计规则应达到的电路特征尺寸的实现。一种无相变的近似于纯 SiO_2 的介质材料的介电常数在 3.9～4.2 之间，这是单相无机化合物所达到的最低限度，这和聚酰亚胺介质材料（即介电常数为 3.5～4.0）不相上下。已知这种新型的介质材料的热膨胀系数与硅匹配，因此，相对聚酰亚胺基的薄膜多芯片模块（MCM－D）来说，这种 SiO_2 基的陶瓷多芯片模块（MCM－C）可以作为制造低介电常数基板的另外一种途径。

（1）硼硅酸盐玻璃＋氧化硅。

在这个领域的一种介质材料是由硼硅酸盐玻璃加近乎纯 SiO_2 填充料混合成的单相材料，该材料的介电常数为 3.9～4.2，其热膨胀系数与硅相近。这种介质材料的独特特性是单晶 SiO_2 存在马氏体相变现象，这就避免了把晶体生长抑制剂（和晶粒增长抑制剂相似）加入到反应材料系统中。占体积比 30％～40％的硼硅酸盐玻璃用来保证化合物在 950 ℃空气中的反应液相烧结。用加入热膨胀系数（Coefficient of Thermal Expansion，CTE）比晶体 SiO_2 低的掺杂剂的办法使该介质材料的热膨胀系数与硅相匹配，换句话说，严谨的材料和工艺设计阻止了 SiO_2 向方晶石的相转移。最后的结果是产生了热膨胀系数与 SiO_2 相匹配的基板。该基板可以在 1 000 ℃以下烧成，由玻璃与其他组分反应形成单相的近乎纯 SiO_2，这是 X 射线衍射仪（XRD）检验的结果。如果增加掺杂量，CTE 可以和 GaAs 接近，但要在介电常数上做出牺牲，介电常数从大约 4 升到大约 5.8。

以上表明可共烧最低介电常数的单相无机材料使得该介质材料可与介电常数为 3.5 的聚酰亚胺的数据相媲美。实际上现有已给定的聚酰亚胺和更小介电常数的 BCB 有些特性并不令人满意。如 CTE 比硅大、结合强度差、热导率低、金属与聚合物的粘接强度低、损耗系数大、吸湿性严重、信号线层数有限(由于基板的弯曲和后面的可加工性)，这一切使得 SiO_2在大规模 MCM 生产中成为优先考虑的选择。这种大规模 MCM 生产使用高度发展的非常纯熟的多层共烧技术。对这一技术，工厂和设备投资也比较小。

(2)多孔陶瓷和玻璃。

如果脱离封装的实际情况(也就是说，高成品率的重复生产能力)，要减小介电常数，甚至低到比 SiO_2(介电常数为 4)还低，有大量的研究要进行。例如，作为单相的无机材料。想要减小介电常数，必须引进第二相，它来自微结构的孔隙部位，这是唯一合适的(真空时介电常数为 1)。这和引进介电常数为 1 的第二相到微结构中是一致的。在这方面，具有重大实际意义的介质混合规则可以可靠地用于合成物的介电常数设计中。在一系列研究中，第二相的选择是故意在微结构中产生孔洞，或者是故意将空心微型圆球加到微结构中。但是必须承认，为减小介电常数而引进开放的孔隙到微结构中也必然会降低机械强度和导热性，如果孔隙是开放的，也会使材料骨架吸潮。要解决这些问题，重复地制造多孔陶瓷体，并制造出具有一定成品率、可靠性和产量可控的多层结构是非常困难的。

在这些利用多孔隙作为第二相的研究中，NEC 公司有几种配方，引进微结构的孔隙度变化范围为 13%～49%，相应的介电常数是 4.2～2.9。把一定量的聚苯乙烯微球加到合成石英玻璃、堇青石和硼硅酸盐玻璃的玻璃－陶瓷材料系统中，来控制孔隙度，这些孔隙是在加热处理过程中由于微球的分解而产生的。其他公司用不同的技术也制造出孔隙作为第二相，尽管人们发现，控制孔隙度的量和保持气孔的隔离在很多情况下是非常困难的。用凝胶法做出的具有 40%孔隙度的多孔 SiO_2膜的参数为：厚度为 1～25 μm，介电常数约为 2.2，损耗正切 $\tan\delta<0.005$。用溅射法制作的 SiO_2膜的参数为：厚度为 5～10 μm，介电常数为 3.4，损耗正切 $\tan\delta$ 约为 0.005。具有孔径为 40 Å 的多孔耐热玻璃的介电常数为 2.6～3.3。把壁厚为 1～2 μm、平均直径为 65 μm 的高强度 SiO_2微球加到铝酸钙中可以使介电常数从 7 左右减小到 4.7 左右。进一步的研究还可以把介电常数减小到 2.7。将这个方法稍微变化一下，把石英气泡加到氧化铝和玻璃的合成物中，结果可使介电常数达到 3.7 左右。此外，把空心的 SiO_2玻璃微球和起助熔剂作用的铅玻璃料结合在一起，在大约 550 ℃已制造出具有 55%～68%孔隙度的样品，这些复合物的介电常数在 3.3～3.9 之间，而且它基本上与温度无关。采用直径为 20～80 μm 的莫来石空心球作为第二相加到堇青石玻璃－陶瓷中，结果可使介电常数达到 2.5 左右。人们认为，与氧化硅微球相反，从烧结温度冷却后，这种化合物呈现更高的强度，这是因为莫来石微球处于抗张状态，而玻璃－陶瓷处于受压状态。在更低介电常数材料的进一步研究中，是把聚合物作为附加相加到孔隙相中。具有可控孔隙度的 SiO_2聚酰亚胺复合物已经做出来了，它是胶体的氧化硅和经部分烧结并用聚酰亚胺浸渍的氧化硅纤维的喷雾干燥混合物。据报道，这种合成物的介电常数在 1.6 左右，损耗正切在 0.005 左右。用凝胶工艺做出来的胶体的 SiO_2膜也可有 1.6 的介电常数。

2. 大面积低成本加工工艺

尽管印制电路板在层数很少和很低的布线密度时很便宜，但在层数很多时却变得很昂贵。有两个例子可以证实这一论点。Fujitsu 和 Hitachi 已使用了 40 层的印制电路板，每块板的成本超过 100 000 美元。而同样这种密度的共烧氧化铝陶瓷要便宜得多，对 30 层的基板，可能仅为 7.75 美元/cm^2；对于 10 层的基板只有该值的 1/3，即 2.33 美元/cm^2。陶瓷布线基板比印制电路板更便宜，这就必然促进了三个巨型计算机公司——IBM、Fujitsu 和 Hitachi 的飞速发展。而 NEC、Semens-Nixdorf 和 Digital 则从事在陶瓷、金属或印制电路板上的薄膜多芯片技术研究。要满足这些要求，薄膜是一种很昂贵的方法。尽管如此，因为每秒每百万个指令的价格在 25 000 美元或更高，所以在 20 世纪 70 年代和 80 年代，封装的高成本并不会对电子产品利润产生太大影响。而现在的挑战完全不同了，几乎所有在计算机、通信、消费和汽车电子方面的需求现在都是建立在 CMOS 基础之上，如手持消费品和台式高性能系统两类，这时，成本就成为第一技术驱动力。

IBM 公司已开发出 166 mm 见方的基板，包括生瓷片的制作、印刷、层压和烧结。这种基板有 107 层玻璃－陶瓷/铜，这种基板的制造具有零收缩率。NEC 使用了 225 mm 见方的具有电源线和地线的氧化铝基板，并使用聚酰亚胺和金属淀积的 5～7 层薄膜。这种基板已用于它的全部巨型机和超级计算机中。同样，Fujitsu 也研制和使用了 245 mm 见方的玻璃－陶瓷/铜基板，并用于巨型机中，或许可以想象，要进一步降低陶瓷封装的成本，可以制造 300 mm 见方的基板，上面装有 10 块单芯片和多芯片的基板。显然，与使用很大的基板封装引导前沿的具有 100 块或更多电路的中央处理器有所不同，大陶瓷基板今后的研究是基于降低单芯片和多芯片基板每单位面积的成本。

3. 精细线条和通孔技术

IBM 公司在主要改进了掩模板制造方法、厚膜浆料和丝网印刷工艺后，通常能制造出具有线宽 75 μm、通孔 90 μm 的陶瓷基板。

一种通孔冲制工艺的变种是由 DuPont 公司和其他公司研制出的光成形工艺。光成形陶瓷模块(PCM)是用光敏绝缘膜和导电膜做出来的，这些膜相继在紫外光下曝光。用这一工艺，可实现小于 50 μm 的线宽和 100 μm 的线间距。

4. 含无源元器件的集成陶瓷封装

陶瓷分立元器件是一个大的电子陶瓷市场，每年大约有 7 000 亿只的需求量。无源元器件及它们的小型化对电子产品的小型化有着很重要的贡献。无源元器件包括电容器、电阻器、电感器、变压器以及其他元器件。封装小型化的进一步加强将表现为把无源元器件集成到陶瓷基板上，并把它作为基板工艺的一部分。

可能集成到陶瓷基板的元器件如下：去耦电容器、电阻器、电感器、光隔离器、薄膜电池、驱动晶体管、功率晶体管、电源调节器。

陶瓷技术已成功应用于现代手持无线电通信元器件制造。用于射频(RF)和红外频率(IF)滤波器、压控振荡器和电容器的低损耗、高介电常数陶瓷可以实现手持无线电产品小型化，同时还能保持其高性能。为了不断探求更小和更薄的电子产品，陶瓷器件正在从分立器件转向单片集总电路，最终发展到一块完整的集成基板。谐振器、电容器、电感器和电阻器正在集成到一个高密度多层结构中。和有机电路板相比较，多层陶瓷基板的优点是易于使加工后的集成无源元器件具有更低的 RF 插入损耗、更高的抗干扰能力、更高的元器件密度和更好的温度特性。

一般说来，每一个无源元器件工作在射频时，类似一块分布电路。在很多情况下，寄生影响高于元器件应有的作用。随着频率的增加，寄生电阻（趋肤效应）和寄生电抗变得如此之强，以至于在接近应用频率下产生一个阻抗峰值，从而使电特性无法控制。这一问题在高于 500 MHz 时更加突出。陶瓷技术已能够把元器件制造在芯片内，并大大减小了不需要的引线电感、分布寄生电容和温度变化的影响。

人们使用高介电常数材料可以把同轴谐振器的谐振值减小至 1/1 000。同轴谐振器性能优于具有分立元器件的等效集总电路。虽然高介电常数陶瓷原则上可以用来进一步减小尺寸，但插入损耗和制造问题不可克服。

高介电常数材料在高频下有两个缺点，即它们趋向于具有更高的介质损耗和温度灵敏度。由于工艺限制，中心导体因变得太窄而无法保持合适的阻抗。窄的中心电极还会导致 Q 值的变坏。

为了减少封装器件的厚度，表面安装技术面临着严峻的挑战。原来是把元器件安装到印制电路板上，现在不同的是，陶瓷元器件本身就具有板和 IC 卡或载体的功能。

所有元器件都镶嵌到基板内部，使用下陷式的倒装焊技术把有源 IC 芯片装到下凹的腔体内。由于金属互连的电阻表现为射频损耗，因此不能使用耐熔金属。所以，陶瓷需要和铜或者银共烧，烧结温度应该小于 950 ℃，同时保持高介电常数和高磁 Q 值。所有电路和元器件都以最小的厚度集成到三维结构中。

本章参考文献

[1] RAO R T, EUGENE J R, ALAN G K, et al. Microelectronics packaging Handbook [M]. 2nd ed. Boston: Publishing House of Electronics Industry, 2001.

[2] CHARLES A H. Electronic packaging and interconnection handbook[M]. 4th ed. New York: McGraw-Hill Education, 2005.

[3] RICHARD K U, WILLIAM D B. Advanced electronic packaging[M]. 2nd ed. New York: John Wiley & Sons Inc, 2006.

[4] WANG L, WANG S, SUI S. Study on the Reliability of Large Size LCCC[C]// 2018 19th International Conference on Electronic Packaging Technology(ICEPT). IEEE, 2018: 1492-1495.

[5] BECHTOLD F. A comprehensive overview on today's ceramic substrate technologies[C]//2009 European Microelectronics and Packaging Conference. IEEE, 2009: 1-12.

[6] BARTNITZEK T, THELEMANN T, APEL S, et al. Advantages and limitations of ceramic packaging technologies in harsh applications[C]//International Symposium on Microelectronics. International Microelectronics Assembly and Packaging Society, 2016, 2016(1): 000581-000585.

[7] BHUTANI A, GÖTTEL B, LIPP A, et al. Packaging solution based on low-temperature cofired ceramic technology for frequencies beyond 100 GHz[J]. IEEE Transactions on Components, Packaging and Manufacturing Technology, 2018, 9(5): 945-954.

[8] BUCHANAN R C. Ceramic materials for electronics[M]. Boca Raton: CRC Press, 2018.

[9] ROY R. Ceramic packaging for electronics[C]//Key Engineering Materials. Trans Tech Publications Ltd, 1996, 122: 17-34.

[10] NASIRI A, ANG S S. High-temperature double-layer ceramic packaging substrates[J]. Journal of Microelectronics and Electronic Packaging, 2020, 17(3): 99-105.

[11] ROBERTS J C, MOTALAB M, HUSSAIN S, et al. Characterization of compressive die stresses in CBGA microprocessor packaging due to component assembly and heat sink clamping[J]. Journal of Electronic Packaging, 2012, 134(3): 031005.

第5章　金属封装

本章介绍金属封装结构、材料及主要封装工艺流程。本章将金属封装分为两类，一类是元器件及组件金属封装，此类封装是按照电子元器件及组件的材料进行划分，是采用金属作为壳体或基板的一种电子元器件及组件封装形式。另一类是被覆金属电路板封装，此类封装结构和形式更接近于二级封装，是一种在金属表面涂覆绝缘材料，制作导电金属图形作为电路板，并在金属芯电路板表面组装其他电子元器件的封装形式。

金属封装元器件及组件的优点在于其属于气密性封装器件，不易受外界环境因素的影响；由于使用金属材料作为电路板或壳体，散热及电磁场屏蔽性能优良；封装可靠性高，可得到大体积的空腔。其缺点在于金属封装价格昂贵，封装体的外形灵活性小。由于金属封装元器件及组件具备上述特点，该类器件适用于具有特殊性能要求的军事或航空航天领域、多芯片微波模块、光电器件封装和特殊器件封装。

被覆金属电路板封装的特点是封装结构中金属芯给器件散热提供了一条良好的散热途径，此外，金属芯增强了电路板的机械强度和刚度，而且金属芯可以作为接地层使用。基于上述特性，被覆金属电路板封装特别适用于类似炸弹引信装置的高加速度加载军事用途以及汽车的应用中，其能承受较高的运行温度。

5.1　元器件及组件金属封装

元器件及组件金属封装属于气密性封装。对于非气密性封装的元器件，工作期间其内部存在的水汽是导致元器件失效的主要原因之一。由于集成电路的几何形状极小，集成电路金属结构之间不同的电位和高电场的存在都会使器件易于与水相互作用。而气密性封装是一种用来阻止因水汽的有害影响而导致器件性能降低的一种封装方法。

气密性封装可以通过陶瓷或金属形成密闭的腔体来实现。图5.1所示是典型金属封装组件。金属的壳体和电路板形成的腔体将芯片和互连焊点与周围的工作环境隔离开。通过消除密封过程中来自封装腔体的凝结水，并阻止封装周围潮气在元器件及组件服役期间的侵入和逸出，来获得气密性封装器件的长期可靠性。金属、玻璃和陶瓷对水汽的渗透率比任何塑料材料都低几个数量级。虽然聚合物作为壳体封装的器件对芯片和互连结构形成保护，但是水汽可在几小时之内透过聚合物所形成的密封结构。因此，气密性封装结构一般都选用金属、陶瓷及玻璃作为壳体、盖板和密封材料。可以通过熔焊、钎焊等方法实现封装壳体和盖板之间的完全密封，以阻止空气或水汽的进出。然而，在实际的气密封装器件中，这种严格意义上的密封是不存在的。随着时间的推移，小的气体分子将通过扩散或渗透的方式进入封装体。最终这些气体将在气密性封装腔体内达到平衡。而这种扩散和渗透是十分缓慢的，所以气密性封装器件的服役寿命与非气密性封装器件相比具有明显优势。

图 5.1　典型金属封装组件

5.1.1　元器件及组件金属封典型结构

常见的金属封装有四种类型：圆形管座式、平台式、蝶形或扁平式、腔体插入式，如图 5.2 所示。圆形管座式或 TO 封装在晶体管的初期就开始使用，并一直沿用到封装分立器件及小型混合电路。平台式封装可提供多达 16 条引线，而更通用的蝶形或扁平式封装则是一种用于 LSI 和 VLSI 的薄型封装，其引线可多达 200 条。腔体插入式封装是带凹腔封装，它可提供高达 88 条引线。除了上述典型的金属封装类型，还有一些基于上述典型类型在外形和结构上的变体，如图 5.3 所示。

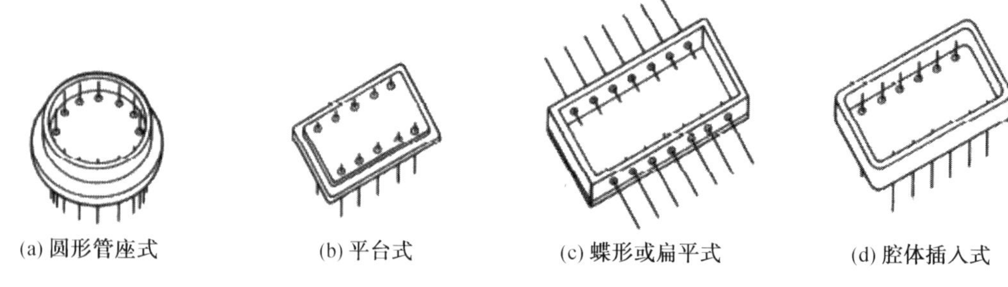

图 5.2　金属封装的四种类型

图 5.4 所示是腔体插入式金属封装组件的剖面示意图，组件的密封结构由壳体、引脚、粘接材料和封盖构成。粘接材料使用的是玻璃材料，玻璃材料实现引脚与金属壳体的密封和绝缘。在金属封装中，每条引脚是采用分立的玻璃密封，封进金属平台或管座中。为了实现气密性封装要求，所有这些封装的帽子密封均是由熔化适当的玻璃或金属来完

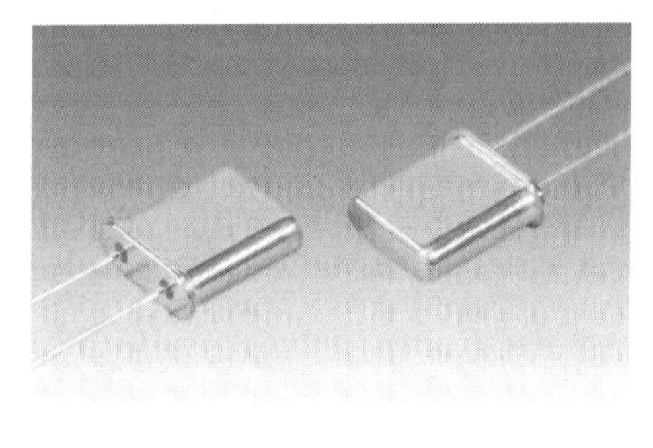

图 5.3 基本金属封装类型的变体

成的。使用金属进行密封有两种方式，一种是熔化焊，另一种是钎焊。熔化焊密封是由金属封冒或盖板与电路板连接处局部熔融来实现密封；钎焊密封是使用低熔点钎料合金，通过钎焊的工艺实现金属封冒或盖板与电路板连接处的密封。

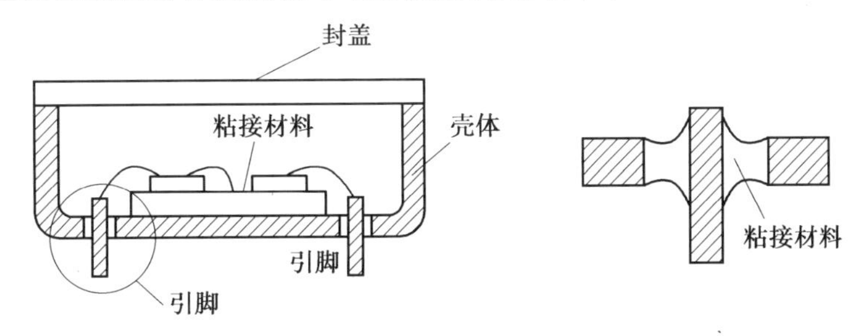

图 5.4 腔体插入式金属封装组件的剖面示意图

金属封装器件进行之前，首先要制备封装所需盖板、壳体、引脚和玻璃绝缘子材料。将引脚和玻璃绝缘子组装到封装的壳体上，通过高温烧结实现引脚与壳体连接与密封。图 5.5 所示是金属封装壳体和引脚的组装流程。

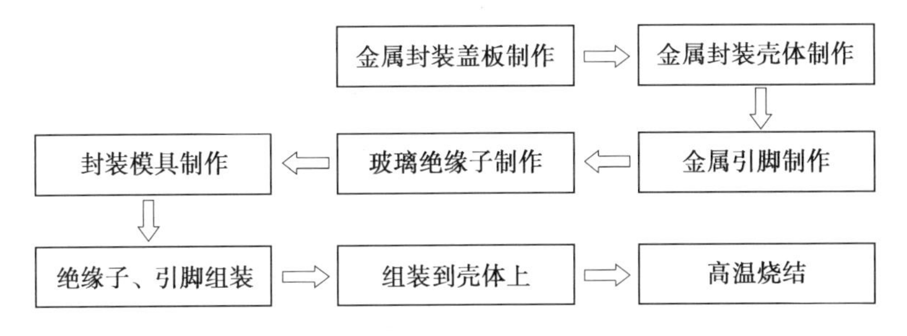

图 5.5 金属封装壳体和引脚的组装流程

图 5.6 所示是金属封装器件的封装流程。①将芯片与金属壳体或电路板进行对准；②通过加热钎料钎焊或玻璃浆料烧结的方式实现芯片与金属壳体或电路板的键合；③通过引线键合的方式实现芯片焊盘与金属封装引脚的键合；④通过烘烤的方式去除芯片、键合材料、壳体内部的水汽；⑤通过焊接的方式实现封盖与壳体的密封。

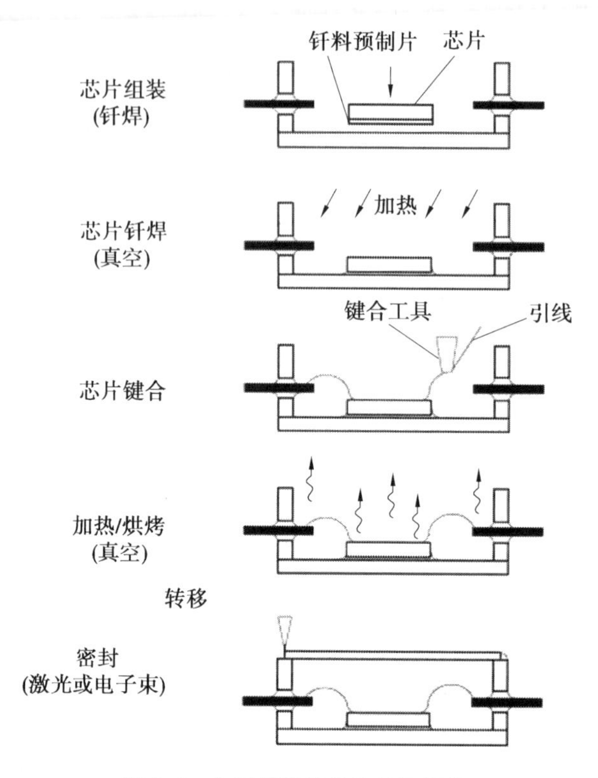

图 5.6　金属封装器件的封装流程

5.1.2　元器件及组件金属封装材料

金属封装元器件的封装材料包括外壳材料、外引线材料、密封材料和芯片键合材料。

常见的金属封装外壳材料有可伐合金(Fe54－Ni29－Co17)、铁镍合金,底板和框在有特殊要求时可选用铜、钨铜和钼铜等铜合金,钢,不锈钢,铝,铝合金。

外引线材料有铁镍钴合金、铁镍合金、铜以及铁镍合金包铜等。

金属封装的密封材料和芯片键合材料有玻璃和钎料合金。

金属封装的金属材料一般应该具有以下特点:

①与芯片的 CTE 匹配,可以减少或避免芯片服役过程中热应力产生。

②良好的导热性,提供热耗散。

③良好的电磁屏蔽能力。

④低密度、高强度、高硬度,良好的加工性能。

⑤可镀覆性、可焊性和耐蚀性,易实现与芯片、盖板可靠结合,密封和环境保护。

⑥较低的成本。

5.1.3　金属封盖或壳体密封方式

金属封盖或壳体密封方式有三种,分别是熔化焊密封、钎焊密封和玻璃密封。

1. 熔化焊密封

军用金属封装器件最常用的密封方法是熔化焊密封。尽管熔化焊密封设备的初始投资较高,但是由于高的成品率及良好的可靠性,熔化焊密封仍然很受欢迎。熔化焊密封常用的一种方式是电阻焊,也叫平行缝焊。图 5.7 所示是金属封盖的平行缝焊工艺示意图。在平行缝焊(也叫连续焊)中,封装和盖板是在一对小的锥形铜电极轮下通过。变压器产生一系列的能量脉冲,它从封装盖板上的一个电极传导到另一个电极。该过程就在电极一盖板界面和盖板一封装的边墙界面产生电阻热。在轮和盖板界面产生的电阻热可实现钎焊或熔焊密封。在熔焊中,大电流脉冲可将局部加温到 1 000～1 500 ℃,足以使盖板或封装待连接的金属熔化,实现连接。此外,局部加热还可以防止封装体内部芯片的损坏。

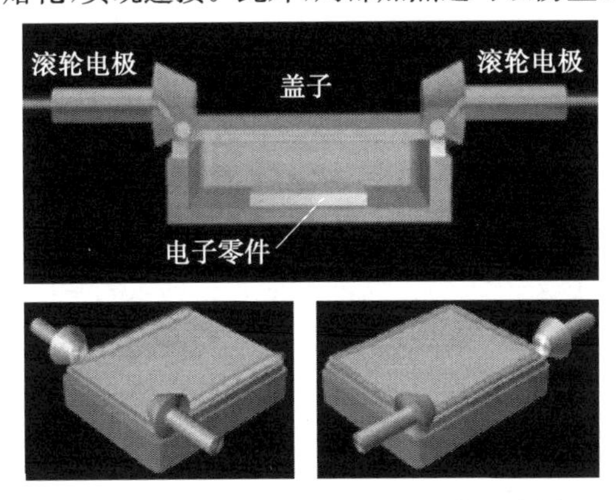

图 5.7 金属封盖的平行缝焊工艺示意图

熔化焊比钎焊更能适应较大的封装和盖板流平度偏差。熔化焊界面的高温可以蒸发掉大部分的污染物,因此熔化焊对待焊表面的清洁度不像钎焊工艺要求得那样高。

除了平行缝焊,还可以使用高能量密度、局部加热方法实现金属封装结构的密封,如电子束焊接和激光焊接。这两种方法的特点是具有高能量密度,可实现高速密封。另外,激光是局部加热方法,可以避免对热敏感芯片或者器件造成损伤。激光和电子束还可以实现几何形状不规则或者非平面结构的器件的密封。

熔化焊封装的拆盖通常是通过研磨或精锯来实现。在通过熔化焊再密封之前,密封的凸缘需要重新研磨。尽管在研究和生产的试制阶段,熔化焊封装的拆盖非常普遍,但是通常不用于生产性的封装,因为军标规定严禁使用拆盖再封的金属封装器件。

2. 钎焊密封

金属封装的壳体密封还可以使用钎焊工艺来实现。钎焊密封前,在壳体和盖板的密封处一般需要镀覆可焊金属。用于密封的焊料是根据密封操作前后的工艺所需温度的高低、所要求的最低封接强度及成本来选择的。例如,当金属封装器件通过回流焊组装到印制电路板上时,盖板密封必须保持完好。在这种情况下,用于密封的焊料应比回流焊组装到电路板的焊料具有更高的熔融温度。当针栅阵列封装器件的封冒或盖板需要返修时,密封焊料的熔点要比连接管脚到电路板的钎料熔点低。

Sn－Pb 焊料广泛用于气密封接,有时也会根据需要加入合金元素(如铟和银)来提高强度或抗疲劳特性。Sn 基钎料的强度一般低于共晶 Au－Sn 合金钎料,而且在大多数情况下,钎焊封接时必须采用助焊剂。较低的焊接强度会导致较低的抗疲劳特性。实际上,在功率器件中已经发现了 Sn 基钎料在功率循环时的失效。然而,当盖板或封冒和电路板是由同一种材料制成时就没有这个问题。焊料越软，疲劳的可能性也会越低。

焊料密封结构如果具有脆性，可能在氦轰击检漏时发生封接失效。已经发现这类失效是由焊料与盖板和电路板的电镀可焊层表面发生反应形成 $AuSn_4$ 金属间化合物，以及焊料被大量消耗导致。

通过观察发现，240 ℃时 60∶40 的 Sn－Pb 合金可在 1 s 内溶解 10 μm 金镀层。当金的含量在钎料中达到 8%～10%时，钎料的延展性会严重降低。虽然纯金镀层具有非常好的可焊性，但是镀层厚度必须保持在最小值且要严格控制。一种含 15%～20%镍的金表面，能提供良好的润湿性，由于钎料与镍的反应速度慢，可以很好地避免过量金属间化合物的形成。

因为 Sn－Pb 焊料易发生氧化，所以使用时需考虑氧化膜的去除，而且焊料须贮存在氮气环境中。在金属封装器件封盖密封过程中，如果使用焊膏或预制钎料环，一般需要配合使用助焊剂。钎焊过程中，助焊剂可能会进入金属封装体内部。而助焊剂一般具有刻蚀性，可能会造成芯片及互连电路的可靠性隐患。如果要避免这种隐患，就需要对再流焊工艺和流程进行优化处理。首先用助焊剂在氮气中将焊膏或预制钎料环再流焊接到壳体或盖板的密封区上。如果必要，还要清洗助焊剂和再流焊的表面，然后在氮气中进行第二次再流焊，以使再流焊表面光滑、平整。然后在惰性气氛下通过再流焊进行封盖密封处理。

在实际封接过程中，盖板和壳体是装在夹子或弹性夹具之下，并在不采用助焊剂的情况下的惰性气氛中再流实现钎焊连接。不用助焊剂会增加其他工艺参数的苛刻性，如密封金属表面的清洁度、弹性加载、升温曲线及气氛。弹性加载必须能压住帽子以助焊料的填充。而太大的压力会导致焊料成球和桥连。这些小焊球会引起封装内部断续短路。

钎焊密封通常是在链式炉内完成的。一种典型的加热周期包括快速预热期（3～5 min），达到钎料液相温度以上的最短时间为 3～5 min，高于熔融温度 40～80 ℃的峰值温度以及固化后的快速冷却。可以由焊料厚度来确定钎料量是否合适，钎料量的设计应该略超过电路板和盖板的总曲度容限。如果钎料厚度或钎料量较小就会导致金属封装器件发生严重的泄漏，太厚又会导致焊料成球或短路。

尽管钎焊密封器件可以通过再次加热的方法去掉封盖，但一般不推荐进行多次再流焊返工。这是由于多次返工会导致镀层金属融入钎料，使其组分发生改变，进而升高了钎料合金的熔化温度。所以每次封接都必须采用更高的温度。钎料的延展性和其他力学性能指标也会发生改变，同时也会增加封装体内部芯片及互连结构受损的概率。

大腔体的金属封装器件或组件如果使用钎料进行密封会有一些工艺上的问题需要注意和解决。由于封装内部有大量的加热气体，它在熔融焊料时有形成气孔或者向内吸引焊料形成焊球的可能性。为解决上述问题，可以考虑使用真空钎焊的方式完成大腔体器件的密封。

钎焊实现金属密封时，如果必须避免使用助焊剂，且要求具有耐刻蚀性，同时还需要形成比 Sn－Pb 强度更高的密封结构，可以考虑使用 Au－Sn 共晶钎料合金。该方法通常使用 Au－Sn 共晶焊料环，对准放置在盖板和封装壳体之间需要密封的部位。一般盖板和封装壳体待密封的部位都会镀覆金镀层。在炉内进行密封时，由于钎料的熔点为 280 ℃，一般钎焊的峰值温度设置在 350 ℃左右，典型的再流焊时间为 2～4 min。

在 Au－Sn 二元相图中，共晶体成分的富金一侧液相曲线斜率非常大，金含量仅增加 3%～5%就可以使液相温度从 280 ℃提高到 450 ℃，这种钎料量成分的变化可以通过钎焊过程中焊盘处金镀层金属的溶解来实现，而这种液相线温度快速升高的情况可能会导致封接界面连接不紧密，出现气密性失效的问题。针对该问题，有研究者提出使用比共晶体稍微富锡的钎焊合金，如 78：22 合金来避免上述情况的发生。如果使用这种钎料，需要适当提高回流焊的峰值温度，而使用这种钎料和工艺的好处是钎焊初期镀金层的溶解会降低液相温度并促进钎料在密封表面的润湿。

钎焊过程中影响可靠密封形成的原因包括壳体和盖板的流平度、炉温曲线及气氛控制。采用 Au－Sn 的炉内密封可提供良好的成品率，其检漏失效率为 2%或更小。影响钎焊金属封装密封的因素见表 5.1。

表 5.1　影响钎焊金属封装密封的因素

参数	过多	过少	影响程度
盖板和壳体镀金	金向钎料中的溶解使钎料熔融温度升高	润湿困难	适中
焊料预制件体积	周围区域不必要的润湿	较难得到完全的密封	高
壳体及盖板的清洁度	过于刻蚀性的清洁方法易产生基体刻蚀	焊料润湿性差	适中
封盖前的封装热过程	基体金属扩散使待焊表面润湿性变差	无	高
盖板与壳体封装表面的流平度	过分平整影响钎料的润湿铺展	需要较厚的焊料预制片和/或用弹性夹具	高
封装盖板和夹具质量	较长的炉子预热和/或较长的炉子冷却	无	适中
盖板的柔顺性	在外力下容易变形	很难弥补平坦度的不足	适中
焊料预制片的黏附性	容易对准、定位操作	预制片有未对准的可能	适中
炉子传送带速度	钎料不能达到熔融温度	损坏芯片，过分的焊料流动	适中
峰值温度	焊料爬上盖板，芯片损坏	不能获得良好的焊料润湿	高
气氛的湿度和氧含量	润湿性差	无	高
氮气流速	浪费氮气	浸润差	适中

3. 玻璃密封

从晶体管发明以来，玻璃就一直用于半导体器件的密封。半导体芯片表面的钝化层最早使用的也是玻璃。玻璃作为键合材料和密封材料在当今的电子封装领域也有广泛应用，作为密封材料具有很好的防潮和防污染的效果。

玻璃在封装结构的密封中应用较多，主要归因于它的化学稳定性、具有良好的抗氧化性、良好的电绝缘特性、潮气和其他气体的渗透性差，而且其热膨胀系数和烧结温度等可以通过成分的设计调至各种所需的范围。玻璃的主要缺点是强度低和具有脆性，这就要求对密封玻璃材料和密封工艺做出正确的选择。

玻璃密封的失效是由于下面一种或几种原因：

①玻璃与密封表面的连接强度差。

②玻璃内部的高应力导致其发生断裂。

③由操作或应用时施加的应力不当导致玻璃发生断裂。

④密封金属部件的损伤。

玻璃－金属密封结构中，玻璃密封的连接强度较低。想获得良好的连接强度，玻璃在其熔融状态应与金属表面具有很好的润湿性，保证玻璃和金属之间形成强的化学键、机械互锁或两者的结合。液体和固体表面的润湿是受系统中降低界面张力的趋势所控制的。润湿的平衡条件可由下式给出：

$$\gamma_{sg}=\gamma_{sl}+\gamma_{lg}\cos\theta \tag{5.1}$$

式中，γ 为界面张力；θ 为接触角；下标 l、s、g 分别指液体、固体和气体。接触角越小，润湿性越好。

玻璃与金属密封最常用的一种形式是玻璃珠密封，它是用来密封金属封装壳体与引线的。玻璃密封的同时，也起到了引线与金属壳体之间绝缘的作用。这种密封有两种类型：匹配密封和压力密封。

在匹配密封中，使用的玻璃材料、金属壳体和金属引脚之间的热膨胀系数是相似的。密封依赖于玻璃和金属之间形成的化学键。

压力密封一般不需要在玻璃和金属之间形成化学键，在这种情形下，选用那些热膨胀系数低于金属的玻璃。当组件在玻璃的熔点之下冷却时形成密封，金属在降温过程中收缩得多，从而使玻璃压紧。虽然这类密封一般是气密性的且比匹配密封接合更紧密，但是其热可靠性不如匹配密封。

正常的玻璃与可伐密封可在引线处形成一弯月面封接头，这意味着玻璃与金属之间形成了良好的润湿。然而，太高的弯月面也容易出现破碎，进而导致气密性失效或暴露出非电镀的可伐引线区，暴露的金属区域容易被刻蚀，造成可靠性隐患。为了防止弯月面的损坏，可以在引线根部涂覆聚合物涂层，在引线弯曲时对弯月面的玻璃材料提供机械保护。

大多数软玻璃密封材料由铅－锌－硼玻璃制作而成。它们通常允许在 420 ℃以下的低温实现密封。这类玻璃的特点是具备低的软化点，密封温度时的低黏度，以及具有极快凝固的特性。其他所需特性为低的含水量、良好的化学稳定性和热膨胀系数与封装壳体和盖板严格相配。这些要求对于低温密封玻璃来说是很难达到的。与封装中常用的铁镍钴合金的热膨胀系数 $5\times10^{-6}\sim5.5\times10^{-6}$ ℃$^{-1}$ 相比，铅－锌－硼玻璃的热膨胀系数范围为$8\times10^{-6}\sim10\times10^{-5}$ ℃$^{-1}$，密封后还存在一定应力。

因此，这些玻璃需要脱硫并加入某些低膨胀的填料，如熔融二氧化硅和 β－锂霞石来进行改进。已经证明在玻璃中加入二氧化钛能够促进玻璃的脱硫并形成膨胀非常低的铅钛晶体，因此就降低了密封的总膨胀系数。密封玻璃的典型热膨胀系数范围可以控制在 $7\times10^{-6}\sim8\times10^{-6}$ ℃$^{-1}$。

炉子密封是玻璃密封最常用的方法，需控制的关键因素是炉子气氛及温度曲线。加热是由普通加热器或红外(IR)加热器提供的，封盖和壳体通常先用密封玻璃被釉。适当控制被釉工艺就能在待密封材料表面上产生良好的密封面，并与壳体或盖板形成良好的润湿和粘接，且在脱硫玻璃状态下很少成核或不预先成核。预成核可在后面的密封阶段引起早熟的结晶，并由此减小流动性，导致不充分的润湿和气孔。差热分析(DTA)是确定被釉过程中发生成核与否的最有效手段。应当指出，尽管结晶的峰值温度比由DTA测得的正常值偏低10 ℃，这是容许的，但低20 ℃就可能引起一定的成品率问题，低30～40 ℃就可能使成品率降到50%。快速升温可以抑制预成核，这与被釉过程中要求排除有机物是一致的，在密封时该办法同样正确。建议升温速率为75～125 ℃/min。为达到密封，在峰值温度需保温10～20 min，然后封装再以大约40 ℃/min的速度缓慢冷却。通常密封层厚度为250～400 μm，宽约为1 000 μm。

对于那些不允许暴露于相当高的玻璃密封温度的情况，可采用热帽密封的方法。在这时，盖板被加热到玻璃熔融温度以上，而电路板仍保持在较低的对器件安全的温度。尽管为避免密封玻璃界面两侧的巨大温差，电路板也要预加热，但是该工艺需要一个相当快的密封冷却过程，因此会产生较大的内应力。有时也会导致密封的断裂。

梯度黏性密封的目的是减小密封过程中捕获水汽的危害。为此，首先将引线框架用脱硫玻璃密封到电路板上，然后该封装再在氮气中加热并转移到一个干燥箱内的热帽密封机中。电路板的密封表面向外有一斜坡，以便于从封装内部排除来自硫态密封玻璃的水汽。

另一种新的密封方法是采用一束聚焦的红外光来加热被釉盖板及壳体组装的密封区。所用的玻璃是为了吸收红外辐射而专门配置的。尽管密封区已加热到400 ℃，但是内部产生的热量很少。

5.2 被覆金属电路板封装

被覆金属电路板封装(Insulated Metal Substrate Technology，IMST)是将金属作为电路板基体，在金属表面涂覆绝缘材料，并制作导电金属图形的封装形式。

IMST需要在金属基体表面制备绝缘层，其中一类绝缘层材料制备技术有些类似于搪瓷技术(PET)，搪瓷技术在用于电子封装技术之前，已广泛应用于洗碗机、冰箱、洗涤槽等产品。此外，聚酰亚胺等材料也可以涂覆于金属基体表面作为绝缘层，在聚酰亚胺表面制备铜导电图形得到的被覆金属电路板，能在电源、地端和芯片间具有最小电感，在高性能CMOS和双极芯片封装中起关键作用。

金属芯给器件散热提供了一条良好的导热途径，因而器件的工作温度比在其他类型的印制电路板中的工作温度要低。图5.8所示是IMST与传统封装形式的结构和性能对比的示意图。IMST可以提供更短的信号传输路径，具备更好的散热效果。

金属芯还增强了电路板的机械强度和刚度，它还可作为接地层使用。类似炸弹引信装置的高加速度加载军事用途，或是汽车中应用所需的陶瓷涂覆金属应能承受尽可能高的运行温度就是这项技术的合理应用。金属芯上绝缘体应用的材料包括经由静电粉末被覆、生带、电泳、模塑等方法使用的环氧树脂、工程热塑性材料、电子级釉状陶瓷和玻璃一陶瓷材料。金属芯可以是钢、不锈钢、铝、铜或类似于铜一殷钢一铜、铜一钼一铜的三层叠

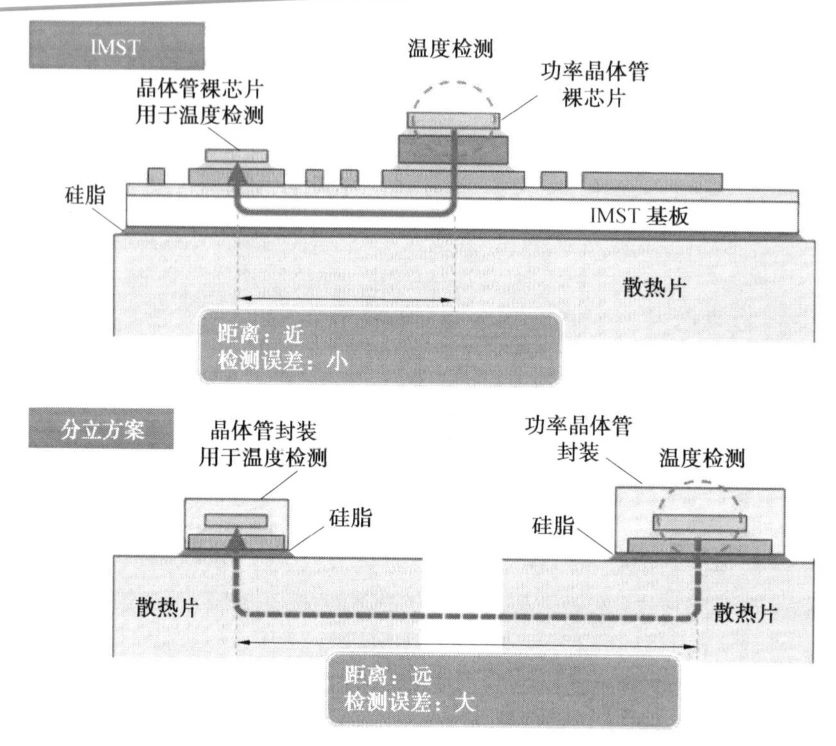

图 5.8　IMST 与传统封装形式的结构和性能对比示意图

层结构。

被覆金属电路板虽然对于电子工业界来说并不陌生，但还未像玻璃－环氧树脂(FR－4)印制电路板那样得到广泛使用。在玻璃－环氧树脂已被广泛应用的同时，涂覆金属板却由于通孔侧面涂覆、有限的再烧制能力、膜本身的缺陷及成本等诸多因素而未被业界全面认可。

Western 电子公司最早制造了一种涂覆金属并将其应用在电话电路中，其结构是带刻蚀铜电路的被覆环氧树脂的钢板。在 20 世纪 60 年代末期，三洋公司还将带刻蚀铜导体的被覆环氧树脂铝电路板应用于无线电放大器电路。在 20 世纪 60 年代初期，人们为了制造以瓷釉作为绝缘体的低成本电路板，将广泛应用于家用电器领域的搪瓷级普通碳素钢用于金属芯。被覆电子级搪瓷的金属芯曾被成功地应用于照相机的闪光棒中。这项技术的其他早期应用还有通信工业及稍后的汽车工业。

通过添加例如氧化铝或氮化硼等矿物料而提高电介质热性能的工作，促进了被覆金属电路板的发展，使其应用于汽车装置等领域。

RCA 实验室在 20 世纪 70 年代开发了一种新陶瓷，它是一种玻璃－陶瓷釉层，能在 900～1 000 ℃烧制和回烧。这种新涂覆以钢作为金属芯，并且成为一个与厚膜导体－电阻浆料兼容的完整体系的一部分。它的烧制曲线与氧化铝陶瓷电路板浆料的烧制曲线十分相似。

在 20 世纪 90 年代中期，David Sarnoff 研究中心开发了一种低温共烧金属芯陶瓷(LTCC－M)电路板。LTCC－M 是在预制金属芯上经过传统的生带工艺而制成的多层陶瓷电路板,能利用在空气中进行烧制的厚膜银浆料和经由简单生产就可得到的高成品率,使 LTCC－M 成为一种低成本的生产工艺。这项技术的开发是为了克服传统 LTCC 技术的三个弊端:①在烧制过程中较大程度的收缩和扭曲;②氧化铝电路板较低的热导率;③玻璃陶瓷较低的断裂强度。金属芯完全克服了烧制过程中的横向收缩,保留了作为热扩展体和强化层的电路板结构。

5.2.1 被覆金属电路板的特点及结构

与其他类型的电路板相比,被覆金属电路板有自身的特点和优势。金属电路板以金属芯为基体,能够保证电路板的高机械强度。此外,根据需求,可以将金属电路板制作成非平面结构。有一些特殊的应用场景,如需要组装较大、较重元器件,服役环境特殊,对耐久性、抗冲击、传热或抗振动等要求较高的应用场景也能由被覆金属电路板胜任。下面介绍被覆金属电路板的特点及结构。

1. 接地和屏蔽特性

所有被覆金属板都具有潜在的内建式接地的优点,它们能被做成较大的尺寸,同时提供屏蔽作用。但在高频应用中,金属电路板会由于对地寄生电容而与电路互相干扰。

现在已有的某些经绝缘处理的金属具有比氧化铝更好的热性能,因而当用这种电路板构成机箱的底板时就可以用它作为电源模块的支撑板。在这些应用中,与氧化铝相反,被覆金属电路板的尺寸不受限制,因而可以把它做得与所需要的尺寸一样大。

2. 良好的散热能力

被覆金属电路板的主要特点之一是其良好的散热能力,可达 80 mW/mm^2。在高功率器件和发热量大器件的组装的应用场景中非常有优势。

当金属电路板与另外一个导热性能良好的构件相接触时,热就从金属电路板传递至相邻的构件或是从相邻的构件传递至金属电路板,这样就获得了较稳定的温度。因而,在许多情况下,额外的散热片就不再需要了。

3. 引线交叉结构与通孔

双面金属芯电路板两个面之间导体图形的互连有两种主要技术:可以用钻透金属芯的通孔或是在板的边缘设置导体结构。透过金属芯钻孔后应在通孔金属化前把它涂覆上一层绝缘材料。使用硬质合金工具可以在厚度为 0.076 cm 的板子上得到直径为 0.033 cm 的小孔,而激光打孔则可在同样厚度的板上产生直径为 0.018 cm 的通孔。例如,在 LTCC－M工艺中,通过将以釉绝缘的通孔涂覆厚膜银来获得金属芯两面间的连接。

另一种两面间连接的方法是将接点与电路板边缘相连并通过一个跨过板边缘的导体结构来实现从板的一面跨接到另一面。板的边缘可特殊处理,可以采用一种可靠的无针孔的绝缘涂覆。

在只有一面涂覆的电路板上,可以通过混合电路所用的技术来实现引线交叉。交叉间的隔离电介质材料通常是玻璃釉,它被涂覆于第一层线上并被烧制成无针孔的平滑通路。然后再印刷交叉的连线并烧制于交叉通路上。必须注意第二层线的烧制温度一定要小于交叉隔离电介质材料的软化温度。交叉布线在小于 1～2 处/mm^2 时比较经济;当交叉线太多时,利用通孔来进行多层布线就更经济。

聚合物浆料可用于制造具备高可靠性的交叉绝缘结构，最常用的导电浆料是铜或银浆料，聚合反应在 190 ℃条件下 10 min 之内完成。

当电介质由有机物（环氧树脂或聚酰亚胺）构成时，翘曲程度会大大降低。

4. 金属芯电路板的制作工艺流程

制造被覆金属电路板有很多方法，其中包括像制造多层薄膜结构那样依次淀积聚合物和金属，以及含有内层金属化的陶瓷生瓷片的平行层叠。金属芯电路板由带有导电通孔的电路板开始，然后是聚合物或釉层淀积，形成通孔，最后是制作金属化图形。

5. 金属芯电路板和其他电路板特点

金属芯电路板除了具有前面所述的热性能和电性能方面的优点外，还有一个明显的优势是可以实现大面积加工。因为金属芯电路板具有高弹性模量，所以金属能被做成大面积的薄电路板。而陶瓷和聚合物则不具备上述能力。陶瓷易碎，尤其是在大面积薄片状态时；而聚合物由于其材料自身特性，最高只能在 300～400 ℃保证热稳定性。此外，聚合物自身还具有吸水性。

5.2.2 金属芯材料及特性

1. 碳素钢

有许多金属能用作金属芯，最常见的是搪瓷钢板。它的含碳量低（<0.01%），通常厚为 0.4～1.2 mm。为了确保上釉效果，钢的表面必须无缺陷，它必须除去所有的碳化物及滚动润滑剂并能被均匀一致地刻蚀。在随后进行的再次热处理中，它要能防止起泡或变形。因此，应使用不脱氧钢（沸腾钢），沸腾作用能产生一个比内部杂质少的厚表面层，由此形成了一个更洁净的带状表面。

模压脱氧钢也被用作金属芯，钢在添加铝之前，在模内形成边缘。利用这种工艺产生的材料，它的边缘是比内部更纯净的厚铁皮。这些板材经冷轧后得到稍粗的表面，稍粗的表面有利于随后进行的浸制与上釉。

2. 铝

铝板也可以应用于电路板的金属芯，该结构的电路板最早在 1969 年的日本应用于电子产品中，它最先用于大功率集成电路产品。铝涂覆瓷釉技术在 20 世纪 50 年代于美国研制成功并用于建筑业。绝缘体－金属电路板技术（IMST）用刻蚀铜导体及环氧树脂绝缘层置于经阳极氧化处理的铝上。这种电路板厚度为 0.5～3.0 mm、尺寸为 1 060 mm×1 060 mm，在电路板的两面形成绝缘的阳极氧化层，并且为环氧树脂提供了一个良好的附着面。环氧树脂只置于电路板的一面，它是基本绝缘层。它的厚度要保证既能良好地绝缘，又能将热很好地耗散至电路板。铜箔作为导体覆于环氧树脂层上，然后在铜上进行化学镀镍，这就为引线焊接提供了焊区。引线键合采用铝丝及超声焊接法。

一个 IMST 混合集成电路的构成是：有源器件（IC 芯片和晶体管）和无源器件（电阻、电容及机械部分）组装在一块绝缘金属电路板上，然后装在一个外壳内。这种绝缘金属电路板是在铝板上将树脂层和铜箔加压而成的。

根据树脂层类型的不同，IMST 电路板可分为普通电路板、低发热电阻电路板、小电容电路板和聚酰亚胺电路板。IMST 电路板的两面都淀积有绝缘金属电路板并被管壳密封。

因为 IMST 采用裸芯片,与采用的表面安装技术的印制电路板正相反,其焊点很少,所以其可靠性得到明显提升。

由于铝电路板和铝引线所用的材料相同,没有热膨胀失配问题,因此它们能承受机械或热应力。

另一种已开发的铝电路板用于功率混合集成电路,这种电路板采用填环氧树脂的绝缘体和特制的铝铜包覆箔片,称为 Hitt Plate。它比氧化铝陶瓷电路板的热阻要低,当局部的刻蚀方法应用于铝层时,它能提供可供引线键合的铝焊区,并且它能较好地抗热防潮。这种电路板的热阻相当于 1.6 mm 玻璃环氧树脂板的 4%及厚度为 650 μm 的氧化铝陶瓷电路板的 70%。绝缘层的标准厚度是 80 μm,它计算的热阻是 0.45 ℃/(W·cm^2),比玻璃环氧树脂要高 6 倍。

在大功率应用时,铜导体的厚度可达 160 μm,并且所选金属芯的热导率应尽量高,故建议使用铜。

3. 铜一殷钢一铜复合层

殷钢是含有 36%镍的铁镍合金,它的热膨胀系数是 15×10^{-7}℃$^{-1}$。这个热膨胀系数可通过在其两面包覆约为总厚度 20%的铜而提高到与硅的热膨胀系数相近。在两面包铜还可以利用双金属作用而防止翘曲。

4. 不锈钢

不锈钢也用作电路板,最常用的是 300 无磁系列的 AISI 302 和磁性类型 AISI 430。当要求较低的热膨胀系数时,常优先考虑采用 430 型。

这些钢都具有优异的高温性能并与温度较高的玻璃料一起使用。有人发现当加热至 900 ℃时,一个薄氧化层会形成于这类钢的表面,这有助于釉层的附着。这个温度就是玻璃料烧制温度。整体而言,不锈钢强度最高但其热导率比低碳钢差。

5. 铜一钼一铜

覆铜的钼(铜一钼一铜)由于以下三项重要特性而有望成为铜一殷钢一铜的替代品:良好的热膨胀系数(50×10^{-7}℃$^{-1}$,而铜一殷钢一铜为 20×10^{-7}℃$^{-1}$);高导热性(铜一钼一铜 $X-Y$ 方向为 160 W/(m·K),铜一殷钢一铜为 107 W/(m·K);铜一钼一铜 Z 方向为 90 W/(m·K),而铜一殷钢一铜为 14 W/(m·K));高弹性模量(比铜一殷钢一铜高 2 倍)。铜一钼一铜还有一项有价值的特性是它不易于磁化,两面覆铜厚度为 10%的铜一殷钢一铜的电阻率为 7.0 μΩ·cm,而铜一钼一铜为 3.5 μΩ·cm。

虽然铜一钼一铜的热膨胀系数能与硅及氧化铝陶瓷相匹配,但这只是在电路板使用温度而非处理温度下。故在选择绝缘介质时要慎重考虑这种不匹配之处,尤其是玻璃介质及接合技术。在制造过程中的高温处理、产品功率循环及产品环境上也必须考这一点。当要求表面安装技术(SMT)既增强性能又降低成本时,这种在陶瓷无引线片式载体热膨胀系数 70×10^{-7}℃$^{-1}$和 G—10 环氧树脂板热膨胀系数 140×10^{-7}℃$^{-1}$之间的热膨胀失配就成了一大制约条件。这导致了热循环后的焊点失效,因而无引线陶瓷片式载体和其他表面安装元器件的出现就迫切需要能与氧化铝陶瓷热膨胀紧密匹配的电路板。由此似乎有理由认为:可以把铜一殷钢一铜的低热膨胀及其优良的电性能都体现在一块复合板中,使整体的热膨胀系数降低到接近氧化铝片式载体的热膨胀系数。它涂覆有环氧树脂玻璃及聚酰亚胺，其复合热膨胀系数与氧化铝片式载体的相当接近。为了达到这项技术要求，最少20%的板总厚度应为铜一股钢一铜复合层。热膨胀系数可通过下式计算：

$$\alpha_c=\alpha_1-V_2A(\alpha_1-\alpha_2) \tag{5.2}$$

$$A=\frac{(1+\mu_1)/2E_1}{[(1+\mu_1)2E_1]+[(1-2\mu_2)/E_2]} \tag{5.3}$$

式中，α 为热膨胀系数；E 为杨氏模量；μ 为泊松比；V 为相的体积百分率；下标1、2、c分别代表金属、绝缘体和复合层。

在多层应用中，覆铜股钢复合层既能代替铜作为接地层，又能作为电源或电压分配层。

6. 可伐合金及其他

可伐合金和42合金也可以用作金属芯。它们具有与低热膨胀的玻璃相匹配的热膨胀系数，被称为低膨胀合金。具有低热膨胀系数和良好导热性能的钼也可用于金属芯。这些金属有良好的高温性能并易与玻璃相接合。

5.2.3 绝缘体

1. 瓷釉

现在有两类用于涂覆的陶瓷介质。通过添加少量陶瓷填料而形成的低温型涂覆的电子级硼酸盐玻璃称为瓷釉。这类瓷釉主要用于低碳钢，还有一些可用于与铝形成复合材料，它们可在相当低的温度下烧成。钢上低温瓷的起始烧制温度为850 ℃左右。任何再烧制操作都因玻璃质瓷釉层的软化而必须低于650 ℃。这项对再烧制工艺的限制要求有与之相适应的导体和电阻浆料。

一种特殊的高温介质浆料也已开发，可用丝网印制于铜一股钢一铜夹层上。这种需要在900 ℃氮气中烧制的浆料允许使用在相同温度下烧制的采用丝网印制布线图形的铜导体浆料。因为介质的热膨胀系数与夹层的热膨胀系数匹配，故陶瓷片式载体可安装于金属芯电路板上。

更新型的玻璃一陶瓷被覆料不含碱金属并能在更高的温度900～950 ℃下烧制和再烧制。这是为了与氧化铝陶瓷电路板制作工艺兼容而同时又不降低该涂覆的物理、热或电性能。这种由玻璃及晶体构成的玻璃一陶瓷涂覆有时被称为钢上陶瓷介质，这是因为它的淀积玻璃接近100%的晶体化。作为一个系统，它协调了涂覆、导体、电阻和介质，从制造的观点看，它不需要任何湿处理。

2. 环氧树脂和聚酰亚胺

可用于金属电路板绝缘的常见的有机物绝缘体有三种：

①填充矿石粉的环氧树脂。

②聚酰亚胺。

③环氧树脂涂覆玻璃结构（聚酯胶片）。

用来填充环氧树脂的是能够使介质具有良好热性能的二氧化硅、氮化硼或氧化铝，介质制备成部分固化的薄片状态，这样便于操作。最后的固化发生在金属电路板已做好并且介质被压入金属芯和导体层之间后。介质层的厚度一般约为 80 μm，但对于低电容量的电路板则可增至 200 μm。

聚酰亚胺以两边覆有聚丙烯的薄片形式出现，故而使制作绝缘金属电路板更加容易。在聚酰亚胺膜上制作的柔性电路也可置于金属电路板上，以构成具有多层导体的绝缘金属电路板。使用聚酯胶片，可以像填充式环氧树脂薄片那样热压于金属电路板上。但由于玻璃纤维会成为热流动的障碍，最终产品的热性能不佳。

聚酰亚胺有承受高温的能力，它比环氧树脂有更好的抗湿性及更好的机械性能。这些恰恰是芯片直接与电路板高温焊接所必需的。

5.2.4 金属化工艺

1. 多层 LTCC－M 的金属化

LTCC－M 的厚膜金属化与传统的 LTCC 金属化技术相似。烧结过程中陶瓷的同方向收缩与用来形成布线图形的厚膜浆料的收缩相匹配，可降低金属化的实现难度。不论无玻璃还是加玻璃的银浆料都可用于制作布线或焊盘。在传统的自由烧结工艺中，非常需要银或其他浆料（包括通孔浆料）与电路板陶瓷介质的收缩和 CTE 精确匹配。

通孔浆料的形式因需在 *Z* 方向收缩大约 50％而成为约束烧结的一大难题，这些浆料会含有较大量的玻璃或其他惰性添加剂以防止一些常见问题，如通孔与壁分离、缩小的通孔、过高的通孔隆起和陶瓷中的桶形开裂等。在印制后烧制的金或钯－银等上表层金属化层（TSM）前，要先用一个金属帽来保护通孔以防止 Kirkendal 空洞的形成。

2. 全加法镀工艺

全加法镀工艺包括以下几个主要工艺步骤：

①润胀、刻蚀、催化。

②涂光刻胶。

③图形曝光。

④图形显影。

3. 光选择性铜还原工艺

在这种由 Western 电子公司开发的加法镀工艺中，不需要贵金属活化。因为这种工艺不需要光刻胶材料，故不需要黄光，它还取消了四种溶剂的使用。因为这些因素，它比传统的全加法镀工艺便宜。光选择性铜还原工艺的主要步骤如下：

①聚合物润胀及刻蚀。

②被覆铜基含水敏化剂。

③借助负性光刻掩模形成表面图形。

④化学镀铜使图形稳定和放大。

4. 光电全加法镀工艺

PCK 公司研制了这一工艺，具体流程如下：

①应用黏结剂。

②黏结处理。

③光敏化。

④干燥及曝光。

⑤放大图形。

⑥化学镀铜。

5. 减法工艺

当在制作绝缘金属电路板时，将一个电淀积的铜箔压于介质上，就像传统的被覆电路材料。至于环氧树脂基介质，它们在加热及加压直至树脂完全固化后制成。随后铜箔按照传统印制电路板制作工艺进行刻蚀。

5.2.5 电路板制作和装配工艺

1. 被覆金属电路板的焊接

元器件和连接器一般是通过焊料，使用钎焊工艺组装在被覆金属电路板上的。这些元器件既包括表面安装型，又包括引脚插孔型。焊接工艺有以下几种：

①波峰焊。

②气相再流焊。

③红外链式再流焊。

④传导带式再流焊。

⑤热风再流焊。

在波峰焊中，钎料是通过熔融的钎料波峰施加于电路板上的。在其他方法中，钎料可以直接施加于元器件或电路板上。钎料可以镀于板上焊盘或以焊膏印刷的方式施加。有时，钎料也可以涂覆于元器件的引线上或作为钎料凸点存在于芯片或其他片式元器件上。

在焊接过程中应该很好地控制加热和冷却速率以获得高质量组装的产品。对于聚合物被覆金属板，应尽可能快速地完成焊接，以避免将聚合物长时间暴露于高温下。相反，处理陶瓷或玻璃－陶瓷被覆电路板时，冷却速率不应太快，以免过大的热应力导致玻璃出现裂纹。对以上两种电路板，加热或冷却速率应控制在 60～100 ℃/min 之内。气相焊接最适合于陶瓷或玻璃－陶瓷电路板，它能提供均匀的加热或冷却速率，可以通过调整停留时间和预热或冷却速率来对加热或冷却速率进行控制。金属芯的电路板中大面积金属的存在，导致其热容量较大，其预热持续时间要比树脂类电路板的长。如果没有这些焊接工艺调整，就会出现冷焊接等不良焊点。对于陶瓷和玻璃－陶瓷被覆电路板，如果需要的话，可以使用比标准锡－铅共晶物熔点高的焊料，例如含 95%铅和 5%锡的焊料。当焊接完成时，要将焊接的部件仔细清洗，除去残余的焊剂。没有除去的焊剂会引起电路刻蚀，产生早期失效。

2. 膜的粘接

这里讨论的膜限于以下几种：金属芯上表面的介质、介质层上所覆的厚膜、保护层或密封膜。

(1)瓷釉和玻璃－陶瓷涂覆。

检查介质层与金属芯板粘接质量是非常重要的。这层膜如果涂覆不当，则电路板就会因热冲击或热循环而在制作电路阶段或成品的早期失效。钢球跌落测试用于确保瓷釉与钢芯间的粘接。在此实验中，一个直径为 25 mm 的钢球从 600 mm 的高度跌落至一块置于硬木块上的样品上，撞击后要有80%以上的瓷釉仍与钢粘接才算合格。

(2)厚膜与电路板的粘接。

杜邦公司引入了一种方法来确定膜对电路板的粘接剥离特性。将20号镀锡铜线焊接在2 mm×2 mm的厚膜焊盘上。这些铜线在Instron实验机中进行90°剥离的测试，剥离测试还在经过150 ℃老化后的样品上进行。

(3)保护膜与电路板的粘接。

IPC－TM－650测试方法2.4.28.1就是为了确保焊料掩模材料与电路板或印制电路板的粘接。

保护膜也称密封膜，可起到焊料掩蔽的作用，其作用包括：

①机械保护作用。

②防潮及隔绝有害气体。

③防止人员被电击。

在电路板有效区域上，保护膜应无针孔。这层膜要足够坚硬以防止划伤。若涂覆在焊接之前进行，那么这层已固化的膜应能经受焊接时的温度。如果预先估计到今后会对电路进行返工或修理，那么膜还需经得住元器件的拆除及更换。在拆除和更换元器件时会用到热风喷射或手工焊接烙铁，膜不能被有害气体穿透。

可以采用下列方法进行涂覆：

①丝网印刷。

②辊涂。

③流化床方法。

流化床方法能在元器件进行焊接之后涂覆更厚的膜。它有时需要硅烷预处理以便使电路板与膜之间产生良好的附着。环氧树脂、聚丙烯、硅酮、聚酰亚胺及玻璃基系统都可用于保护电路板上的电路。用紫外线进行固化的聚丙烯涂覆于电路板上，成本较低并能在数秒内固化。环氧树脂在70 ℃以上的固化时间为几分钟至2 h。玻璃类需要400 ℃以上的温度，时间最长45 min。聚酰亚胺膜是高温聚合物，适合于需要操作温度超过150 ℃的应用。

聚合物的固态膜(如聚酰亚胺和聚丙烯)能用对压力敏感的黏结剂附着于平滑的电路板上。压力敏感的聚丙烯和硅酮可做成商业上需要的多种厚度。硅酮黏结剂比聚丙烯贵一些，但它是高温处理和/或高温工作所必需的。固态膜能以切割或打孔的方式达到预期的尺寸和形状。表面焊接元器件所需的孔也可以在固态膜上打出。

穿过保护膜修整某些电阻是允许的。如果使用激光束，那么激光束一定要与膜的厚度对应。某些波长的激光束不能很整齐地穿透聚合物，它们会产生不平整的切口。例如，聚酰亚胺不吸收一种1.07 μm波长的激光束，如果使用这样的激光束，那么就需要更高的能量级别，从而引起调阻工艺的不稳定。

陶瓷的表面非常光滑，它在涂覆环氧树脂或聚酰亚胺前需要特殊的表面处理。这就有必要采用一种对电路板和有机物都适用的硅酮材料。这是一个循序渐进的摸索过程，组件在覆上有机物保护膜之前要浸入硅酮并干燥。进行硅酮预处理的目的是增强环氧树脂或聚酰亚胺的附着能力。硅酮能够与陶瓷表面和有机物覆层材料同时起反应。

普通厚膜元器件和导体具有多孔状表面，因而能为涂覆提供机械附着点，特别要注意的是：部件必须完全干燥，否则涂覆膜与瓷釉无法粘接。使用烘箱在 105 ℃条件下干燥 5 min能取得良好的效果。将涂覆料与适当的硅酮材料预混也可得到上述涂覆结果。使用预混结构，可以省略硅酮预处理步骤，从而简化了涂覆的应用。

5.2.6 各种涂覆的特性

1. 电性能

大多数低温瓷釉被覆层具有多种形状和尺寸的空洞。这些空洞是被覆层电击穿的薄弱区。击穿电压随膜的标称厚度而增长，遵循下式：

$$V=C_1 t^{1/2} \tag{5.4}$$

式中，t 为膜层厚度(mm)；C_1 为针对一定尺寸电路板的常数，是一个经验值，C_1 值随电路板面积的增大而减小。例如，对于一块 10 000 mm^2 的电路板，C_1 的值是 8 500。

击穿电压随电路板表面电极下的空洞尺寸增大而减小。击穿电压的值由样品上的最大空洞决定。样品的表面积越大，它含有更大空洞的可能性就越大。因而，击穿电压也随着电路板面积的增大而减小。

较高温度的涂覆(如 Fujimetex 电路板)具有一个更高的击穿电压值，显微断面照片证实它具有较小的空洞，从而与上述推论吻合。绝缘孔处的介电强度比无通孔电路板上的介电强度要低。造成介电强度下降最可能的原因是通孔边缘介质层的厚度减小。

2. 热性能

金属芯是从热源散热的一条良好途径。对于引脚插孔型的元器件，可以使用环氧树脂涂覆铝印制电路板。传统 G－10 基板上和环氧树脂涂覆金属芯印制电路板上都可做开关型电源调节器。这些装置的功效按它们的电性能和冷却性能来评估。若产品数量每年在 100 000 只以上，则成本分析表明其比 G－10 材料可节省 20%。金属芯的寄生电容会对电性能产生不利的影响，但这些问题可以通过改变控制电路来解决。金属芯是从厚度为 0.7 mm 的铝片或钢片上冲下来的，它在进行静电流化床操作和半加法镀工艺操作之前要先去毛刺。为了满足 3 750 V AC 的介电强度，要采用两层厚度为 0.1 mm 的环氧树脂。选择底层环氧树脂要考虑它的介电强度，而选择顶层环氧树脂要考虑它的电镀特性。

三类印制电路板的元器件温度。钢板上涂覆环氧树脂要优于 G－10，而铝板上涂覆环氧树脂要更好一些。其中的两种金属芯电路板上电容器由于从附近发热元器件的快速横向散热而比在 G－10 板上要更热一些。

铝芯板的电容器温度只比 G－10 板上的电容器高几摄氏度。金属板的这个特点应该在电路设计的元器件布置阶段加以考虑。

3. 增强载流能力

金属芯板优秀的散热能力使它们具有在铜导体与 G－10 印制电路板的某一交叠部分加载更大电流的能力。结果已表明使用金属芯可以比使用 G－10 提高 100%以上的载流能力。

4. 阻燃性

金属芯的优点之一是它的阻燃性。金属芯能从潜在的起火部位传走热量，因而可以阻燃。瓷釉涂覆或玻璃陶瓷涂覆电路板一般不会燃烧，除非是聚合物保护膜、模塑封装模块之类的材料。

使用铜夹层的样品比不使用铜夹层的样品的起火功率高出15%。将铜夹层厚度稍微提高后，燃烧速度会先加快然后降至熄灭点。能够防止由电路短路及其他原因造成的燃烧和火势蔓延的铜层与聚合物层的临界厚度比约为0.1。

对于环氧树脂涂覆或聚合物涂覆钢板或铝芯板，从火源导走热量可以有效地防止燃烧，还可以使板的工作温度大大低于聚合物的自燃温度。

5.2.7 被覆金属电路板设计规则

原板设计图上的符号要详细说明针对板的特殊要求。板芯材料有一合适的规范明确，其中包括列出材料、特征、成分以及确定每个条件时所用的试验。涂覆材料和它们的使用方法也要规定。涂覆层可以是特别的材料，需要指定，这种情况下，制作产品的公司名称及地址要出现在说明中。

涂覆层厚度的尺寸以及公差也要注明。板的总厚度及公差要详细注明，如果以后使用连接器，就要考虑这一点。若使用陶瓷涂覆，总厚度中要包括其边缘的凹凸状况。

表面抛光度要求必须标明，重要的平行度及平面度都要指定。

由孔隙情况决定的介电强度要详细说明。表面电阻数值及测定条件要注明。若因需要对板芯进行连接而去掉涂覆，其确切的位置、尺寸要标出。

其他符号和说明要包括在装配图上。要注明导体材料的型号、尺寸及其导电率。若导体是特殊材料，那还要注明供应商的名称。厚膜电阻材料要注明其电阻值及调整结构和调整时可达到的容差，还要考虑热负载及工作环境的类型，以防止过热。调阻方法，例如是激光还是打磨，也要明确指出。有时工艺规范会与组装步骤一起出现，这些规范将板本身及其组装必须符合的要求进行了概括。

5.2.8 新的机遇

被覆金属电路板的应用正在迅猛发展。例如，利用钢的特殊磁性作为软驱或硬盘的直接驱动马达的印制电路板，具有铁磁性的钢芯可以作为磁性电路的媒介，这使直接驱动马达更薄、更有效，并大大降低了其所耗能量。

使用无碱的和晶体化瓷釉的被覆钢板将应用范围拓展到多种多样的混合材料系统。它的烧制周期与氧化铝相同，但却没有氧化铝尺寸上的限制。这种技术在汽车领域中的应用也有增长的潜力，尤其在越来越普遍使用表面安装元器件的情况下。一旦这些器件被封装于被覆金属电路板上，并可在恶劣的环境下工作，它们就可有多种用途。

对冲击和振动的承受有特殊要求的军事应用也可使用被覆金属电路板。需要4～20个高性能CMOS逻辑芯片的中型计算机和工作站，可以通过在大面积铜－殷钢－铜上沉积的聚酰亚胺上进行铜布线的薄膜封装，这样一种封装除了提供与硅热匹配外还允许对芯片直接焊接，并能够提供紧靠芯片的接地层，从而具有非常小的电感。

各种各样的电阻板和终端电阻正在利用被覆金属进行设计和生产，以用于高可靠大型计算机。它们正在逐步取代传统的FR－4板。

本章参考文献

[1] RAO R T, EUGENE J R, ALAN G K, et al. Microelectronics packaging handbook [M]. 2nd ed. Boston: Publishing House of Electronics Industry, 2001.

[2] CHARLES A H. Electronic packaging and interconnection handbook[M]. 4th ed. New York: McGraw-Hill Education, 2005.

[3] RICHARD K U, WILLIAM D B. Advanced electronic packaging[M]. 2nd ed. New York: John Wiley & Sons Inc, 2006.

[4] LAU J H. Semiconductor advanced packaging[M]. Singapore: Springer Nature, 2021.

[5] ZWEBEN C. Metal-matrix composites for electronic packaging[J]. Jom, 1992, 44 (7): 15-23.

[6] SHEN Y L, NEEDLEMAN A, SURESH S. Coefficients of thermal expansion of metal-matrix composites for electronic packaging[J]. Metallurgical and Materials Transactions A, 1994, 25(4): 839-850.

[7] TUMMALA R R, RYMASZEWSKI E J, KLOPFENSTEIN A G. Microelectronics packaging handbook: technology drivers part I[M]. New York: Springer Science & Business Media, 2012.

[8] MU D, JIN Y. Study of anodized Al substrate for electronic packaging[J]. Journal of Materials Science: Materials in Electronics, 2000, 11(3): 239-242.

[9] SCHNEIDER-RAMELOW M, HUTTER M, OPPERMANN H, et al. Technologies and trends to improve power electronic packaging[C]//International Symposium on Microelectronics. International Microelectronics Assembly and Packaging Society, 2011, 2011(1): 000430-000437.

[10] STURDIVANT R. Microwave and millimeter-wave electronic packaging[M]. London: Artech House, 2013.

第 6 章　薄膜封装

薄膜是指厚度的典型值在几个(2～3)原子层到几微米(1～5 μm)之间的一种涂层。然而,在电子封装中,通常把厚度达到 20～50 μm 的膜称为薄膜。薄膜封装是在封装加工过程中,用于导体和介质淀积和布图的一种技术,它类似于 IC 芯片的加工技术。薄膜封装与厚膜封装(主要指陶瓷和印制线路板封装)的区别表现在两个方面:①薄膜封装中导体和介质的典型尺寸为 2～25 μm,而厚膜可达 100 μm 或更高。②薄膜淀积的典型方法包括溅射、蒸发、化学气相淀积(CVD)、电镀/化学镀和聚合物溶液涂覆及其他类似的方法,它们都是典型的系列工艺;而厚膜封装常采用平行工艺,如层压法和陶瓷生片共烧法。然而,当前的电子封装更趋向于用厚膜工艺来加工较精细的图形尺寸。传统上认为,这种图形只有通过薄膜技术和采用某些适于薄膜生产的平行厚膜工艺才能实现。基于此,薄膜封装与厚膜封装技术间的传统差别正在缩小,薄膜封装的定义也变得越来越不鲜明。尽管如此,对于薄膜封装来说,它的主流地位仍是显而易见的。

本章首先阐述薄膜封装的基本要求、薄膜封装的典型结构和薄膜封装的主要应用,接着详细讨论薄膜封装的材料及工艺。

6.1　薄膜封装结构

6.1.1　薄膜封装的基本概念

薄膜封装与厚膜封装相比在材料、工艺和成本方面有明显的不同。

薄膜封装中的材料粒度通常小于 1 μm(光刻胶、聚合物膜、由溅射材料形成的非晶无机结构、再流玻璃等)。薄膜封装的典型图形尺寸约为 25 μm 或更低。为了能用这样的材料制作出精细的布线图形,薄膜封装主要采用光刻形成导体图形和介质聚合物间的通孔。厚膜封装采用大约 100 μm 粗颗的材料(无机生瓷片和环氧树脂－玻璃布),又采用了低分辨率和低精确度的流延工艺,这就使得它很不适合于加工图形尺寸小于 100 μm 的多层结构。

薄膜淀积的典型方法包括溅射、蒸发、化学气相淀积、电镀/化学镀和聚合物涂覆及其他类似的方法,它们都是典型的系列工艺;而厚膜封装常采用平行工艺,如层压法和陶瓷生片共烧法。

薄膜封装与厚膜封装相比成本较高,但共烧陶瓷技术与印制电路板技术相比在两个方面有所改进,即更精细的布线(75 μm 线条和通孔)和更多的层数(可达 100 层)。然而,共烧陶瓷技术的每个 I/O 端子的成本比印制电路板技术要高。薄膜技术提供的布线最多,但每个 I/O 端子的成本也最高。图 6.1 所示是薄膜封装 I/O 端子的要求。薄膜封装的成本中极其重要的一个方面是需要建立一个洁净的生产实验室(10～1 000 级)。许多方法有可能把这项技术的成本降低到与目前印制电路板技术相近的水平上。

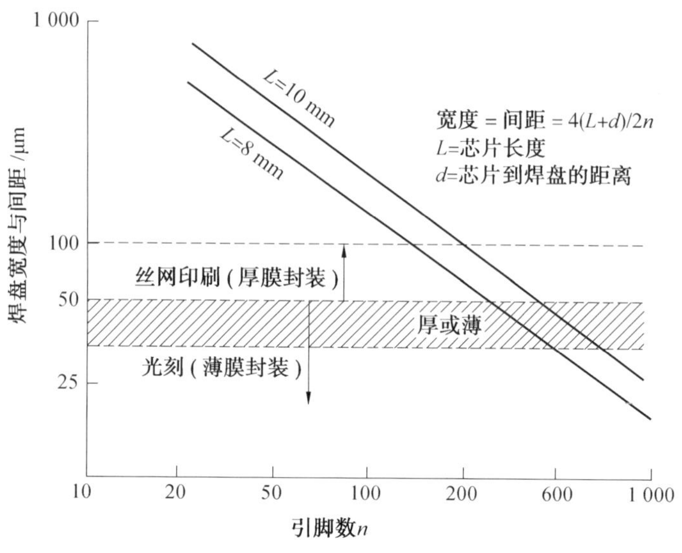

图 6.1 薄膜封装 I/O 端子的要求

6.1.2 薄膜结构的设计准则

封装必须符合半导体工艺不断向高集成度方向发展这一趋势。这一趋势受不可抗拒的经济利益和人们不断增长的强大计算能力的推动,并将一直持续到物理定律的极限。集成度是通过一个 IC 芯片上逻辑门的数量来衡量的,通过芯片结构小型化已取得了高集成度。从微电子学角度讲,小型化具有高速的特征;而从本质上讲,小型化减小了门间的电容,因而使充电更快了,小型化也减少了门间的互连延迟。另外,速度也依靠器件的生产技术及器件的其他主要性能。要把芯片的高速度转换成快速的多芯片系统,就得使封装的延迟达到最小。这就意味着芯片间的距离要尽可能近,以减少芯片间的传输时间。希望每一个芯片都能达到 5 000 个 I/O 连接,而且所有的封装功能必须包含在尽可能小的区域里。当芯片 I/O 数达到 600 个以上时,焊盘宽度及其间隙会小于 25 μm,这样就必须采用以光刻技术为特征的薄膜封装了。薄膜封装在将来的便携式产品和消费类电子产品方面,就最大封装效率和最小封装尺寸而言,它相对于其他封装具有明显的优越性。基于此,通常认为薄膜封装是封装的最终发展方向,它通常以芯片间具有较小互连延迟的多芯片封装形式体现出来。随着布线密度达到 2 000 cm/cm^2 以上,薄膜封装可能是唯一的选择了。通常,一个封装中器件间的最长互连决定了它的互连延迟,并形成了这一封装的临界路径。临界路径限定了主机或超级计算机的处理器的循环时间,而循环时间反过来,也基本上决定了处理的速度和通量。采用较短的临界路径来提高性能的一个较好的例子是 IBM 公司自 1980 年以来在它的主机上使用的多芯片模块(MCM),模块使循环时间从 60 ns 减至 8 ns 以下。然而,可以注意到,最先应用的并不是薄膜多芯片模块(MCM—D),而是陶瓷多芯片模块(MCM—C),其他的几家公司如 Hitachi、Fujitsu、NEC 采用了封装形式略微不同的多芯片模块,基本上达到了同样的目的。一些公司采用陶瓷或玻璃陶瓷模块(Fujitsu),一些公司采用以陶瓷或玻璃陶瓷为基板的薄膜模块(NEC)。在过去,所有超高性能的系统都采用大功率的双极器件。然而,双极器件正逐步地且最终将全部地被CMOS器件所取代,这是因为CMOS器件的性能已达到了双极器件的水平,但功率和成本却要低得多。

间距上的限制使得大型计算机的封装成为一项困难的技术,这表现在许多方面。一个系统往往包含成百甚至上千个芯片。封装也是一个难以统一的题目。因为系统的设计者们对于封装大型、高速的机械设备的最佳方案没有统一的标准。与芯片技术相比,不同系统封装技术的灵活性要大得多。

封装与芯片的电连接是通过能把芯片上的焊盘与封装上的布线连接起来的I/O端子实现的。一些I/O端子为芯片提供电源,其余则用于传输信号。芯片上的门数并不直接影响封装的选用。芯片上的I/O端子数和它所包含的门数相比,前者和芯片封装的关系更大。

大型计算机上的门阵列包含着许多芯片和成千上万个逻辑门。一个芯片执行的逻辑操作的结果往往是系统上另一处芯片所必需的,因此整个计算机上必须有许多I/O端子来满足信息快速传递的需要。作为大型系统的一部分,逻辑芯片需要有多个I/O端子的问题很久以前就被认识到了,并可通过著名的Rent定律关系式来描述。事实上,这一定律不仅适用于芯片,对于多芯片模块、电路板、大型计算机系统的任何一部分都是适用的。

值得注意的是芯片上I/O端子数的增长要比门数的增长慢得多。随着集成度的提高,可能会出现人们所期望的那种现象,即信号传输的目的地就是发出信号的这块芯片。也可以清楚地注意到:把结果传输给不同芯片的逻辑步骤随着集成度的提高减少了。芯片外信号传输路径的减小除了可以降低成本外,还为提高大型计算机设备的集成度提供了一个契机:芯片外信号传输路径比一个芯片上的传输路径要长,因此产生的延迟也长;一个芯片上更长的一系列逻辑操作可以提高性能。这是计算机性能得以提高的主要原因。互连已从封装转移到了芯片,芯片上互连更短,成本更低,同时也更可靠。低集成度的芯片间的互连可以通过高集成度的单一芯片来实现。

尽管高集成度可以降低成本,提高产品性能,但大型机械设备芯片上门的数量却远远落后于存储器芯片和微处理器芯片上已取得的门的最大数量,原因之一就是大量I/O端子问题。高集成度是通过芯片图形的小型化来实现的,芯片的尺寸也在缓慢地增加。芯片上连接数量的增多并不是相应地增加芯片的安装面积,因此连接需要不断地小型化。十几年前,要生产一块具有400个I/O端子的芯片,按照Rent定律也就是可相应地支持5 000个逻辑门的芯片,确实有一定的困难。要求在一块芯片上能有1 000个I/O端子,需要通过薄膜封装技术才能得以实现。

电子封装级和下一级之间的连接问题不仅仅是把芯片连接到模块上,多芯片模块还必须安装并连接到大型电路板上,电路板上有模块与模块连接用的布线。根据Rent定律,模块上需要有大量的接头。如最初的IBM热导模块(TCM)连接到更高一级封装上的引脚有1 800个。其中传输逻辑信号用的有1 200个,供电用的有600个。多芯片模块上的这些接头和到芯片上的连接相比,制造技术有很大的不同,它们必须易于区分,以便进行安装、测试,在允许有工程更改和需要修复的区域能够进行更换。这些接头和芯片与模块间的接头相比，在尺寸上要大得多。在当前的大型计算机上，芯片上每个接头的面积大约为 0.003 cm^2；而多芯片模块到电路板上的接头的面积大约为 0.06 cm^2。

1. 薄膜封装的布线

芯片到更高一级封装的大量接头必须通过致密的线条网络来连接。IBM 的热导模块是一个在不超过 100 cm^2 的面积上安装了 100 个芯片的陶瓷基板，布线总长 288 m。这样每平方厘米的基板上就含有长度远超过 100 cm 的布线长度。布线有一个伪随机的特点，要先有布线通道，线条布在通道中以形成芯片间的互连，从而实现计算机的逻辑结构。随着集成度的提高，越来越多的逻辑器件被装在这样的多芯片模块中，这就要求封装的布线密度也要提高。在芯片上这一趋势是很明显的，现在的芯片可在每平方厘米的区域上排有 1 000 cm 长的布线。封装上的高布线密度可由几种薄膜技术来实现。

高密度的布线是高性能电子产品的一贯追求。较高的布线密度是与集成度的提高相联系着的。集成度的提高对厚膜技术的层数提出了更高的要求。尽管多层陶瓷(MLC)封装已达到了相当多的层数，但它具有本质上的缺点：层与层之间的通孔很长，具有较高的电感；通过电感的开关电流产生的瞬间电压会产生电流噪音，电感越大，这种噪声也越大。

另外，要求芯片上接头间的距离和线条间的距离有一定的兼容性。如果线条间距比芯片上的引脚间距大，那么要使线条适合引脚图形就比较困难。上面已提到了提高芯片的引脚密度是不可避免的，这将增加采用厚膜技术封装芯片的难度。

因此，从几个方面来看，采用厚膜技术封装高速、高集成度的芯片越来越困难。厚膜技术的这些局限性促使了薄膜封装工艺的发展，该技术用导电性能较好的金属作为导体，并采用与 IC 芯片生产相类似的光刻方法来布线。薄膜工艺有希望在封装基板上使用细得多的线条。

2. 薄膜模块的 I/O 端子

尽管薄膜封装的布线层数和厚膜封装相比减少了一个量级，但集成度提高了两个量级。而且正如 IC 芯片技术一样，封装的布线宽度可以减小，这样就可以在相对较长的一段时间内使布线层数较少这一优势保持下去。另一种可能的发展方向就是减少模块上的芯片数，这样可以使布线层数及布线长度都减少，然而，这会使下一级封装体的外形设计复杂化。

尽管出发点一直是芯片的性能，然而芯片和封装毕竟是相互依存的。实际使用的芯片的性能将依赖于封装对芯片的适应能力，其中不仅包括布线能力，还包括功率分配性能和散热性能。

3. 电源与散热

随着芯片集成度的提高，对高速度的追求已限制了大型机上门阵列电路功耗的大幅度降低。在功率与延迟之间应有一折中方案，最高速度要求门阵列应以高功率来工作，这就需要有许多电源 I/O 端子来给芯片供电，封装中必须包含能给整个系统配电的导体。电源线从它不具有信号网络的伪随机特征这一点来说是比较简单的，然而电源线的电阻必须小心加以控制。例如，一个被 100 A 电流驱动的模块，电流到达芯片时的压降不能超过 5%。模块中以电源电压来传递电流，通过地线构成回路的布线层数与用来传递信号的布线层数并没有太大的不同。

芯片对封装提出的一系列重要问题之一是通过芯片上的驱动电路传递给信号线的大量电流的脉动传递问题。每一次传递都将使由芯片提供的电流脉动几十微安。有时，许多驱动电路同时开关，会使电源电流产生一个相当大的脉动，可接近 1 A。随着集成度的提高，同时开关的数量会明显增加。于是，电源线上的电感会使芯片上的供电压有一个大的变化。例如，在 250 ps 内，电流变化 0.25 A 将产生低于 0.1 V 的瞬间电压，电感必须小于 0.1 nH，这大致相当于 100 μm 线条的电感。瞬间电源电压可以通过电容滤波或去耦合电容器加以控制，但如果在芯片上没有电容器，封装就必须在芯片附近提供电容器，集成去耦合电容器。

由于传递给芯片的电能会转换成热能，因此对高速门阵列芯片用的封装的另一要求就是要具有强大的散热能力。芯片的温度必须保持在某一最大值以下，通常为70 ℃，只有一定量的温差才能作为热通量的推动力。在接触面上极限热传输系数要求只有具有足够的面积，才能使热流以可接受的温度降从一种物质传递给另一种物质。流体通过的孔径要足够大，以便在既经济又简便的设备提供的压力条件下就可产生流动。所有这些限制限定了热扩散的速率，对芯片的面积要求也降低了，尤其是对薄膜封装来说更是如此。即使达到目前的热扩散速率也需要相当复杂的结构。随着集成度的提高，逻辑芯片上每个门的功率很可能降低。

采用 CMOS 集成电路制造的大型计算机对散热方面的限制减少了。CMOS 电路比高速双极电路耗散的功率要低得多，而且在液氮温度下工作会使其性能提高两倍。在低温下工作，对先进工艺中的电阻率限制也减小了，这进一步激发了人们对 CMOS 器件的兴趣。然而，低温下的冷却效率是我们将面临的新挑战。

4. 电学性能

薄膜封装采用的材料和结构受电性能控制，其目的是使性能达到最优。电学要求通常涉及以下几个方面：①点到点的传输(包括速率、衰减、失真)；②噪声容量(包括耦合、电流噪音、屏蔽)；③阻抗(包括匹配终端、电阻)。

在高速系统中，传输线的特性特别重要，这种系统中的短脉冲要求高频线阻抗和负载阻抗相匹配，以防止反射脉冲(如噪声)的出现。

线条的宽度和厚度决定着直流电阻，而线条间距是由允许的串扰噪声来决定的。在特性阻抗不可控制的单面薄膜或厚膜结构中，相邻线条间的串扰噪声是由两线条间的静电耦合和电磁耦合决定的。在这种情况下，耦合会随着导线间距的增加而降低。串扰噪声可通过加一层地线层来减少，地线层到线条间的距离要比线条与线条间的距离小。如果设置两层地线，一层在线条之上，一层在其下，则串扰噪声会进一步降低，当然两层地线层与线条间的距离都要比线条与线条间的距离小。然而，信号线与地线间较近的距离会产生附加的电容，从而影响特性阻抗(特性阻抗被定义为串联电感与串联电容之比的平方根)。高性能的应用要求所有的线都应该与终端连接，以防止沿着线条传输的信号在远端产生反射，沿着线条传输回来。数字信号也可以在传输线的不连续处被部分地反射回来。反射系数给出了反射信号的比率，它是由特性阻抗及终接这条线的负载电阻决定的。如给定传输线的特性阻抗为 100 Ω，负载电阻也是 100 Ω，则整个信号就会被负载全部吸收而没有反射,这是理想情况。如果负载电阻为200 Ω,那么将有三分之一的信号被反射回来,并加到初始信号上。如果负载电阻为50 Ω,也会产生一个三分之一的反射系数,但它会使初始信号减小三分之一。在设计数字计算机时,特性阻抗的范围通常是在50～100 Ω。这样,多层薄膜(MLTF)结构的垂直尺寸就依赖于想要的电参数了。耦合噪声的电平应该足够低,以防止在相邻的线条上产生触发。这一要求决定了线条的间距要足够大,这样相邻线条间的电感就会小于给定的值。同时这也将改变薄膜互连的结构:①平行走线的距离足够长;②采用地线层来减少耦合能量;③布线通道的间距适当远些。

很显然,这些方法是电学要求改变并限制实际应用的薄膜结构的一些例子。脉冲传播速度和散射使得对材料的要求落到了薄膜的介质上。对于高速系统来说,薄膜介质的介电常数越低越好。一个短脉冲是由许多个高频元器件组成的(高达1 GHz以上)。因此,薄膜介质的介电常数对于这么高的频率应该恒定,即近似不变,以保证脉冲变宽量最小,传输速度较高。另外,降低介电常数还可以以其他方式提高封装的性能。

在保证电容不变的情况下,介电常数的降低可使介质层厚度下降,从而可使地线层与线条间的距离靠得更近。增加的线条会适应同样的串扰。这样,低的介电常数除了提高信号速度外,还可以提高封装的布线密度,从而进一步提高系统的性能。

当信号在激励线内传播时,线电阻会使其变弱。为了使封装达到适当的功能,导体的电导率、横截面和长度与驱动器或接收器的性能必须全都良好地协调一致。

6.1.3 薄膜封装的典型结构

1. 单层薄膜封装结构

薄膜封装已经应用于单芯片和多芯片模块封装中。对于单芯片封装,薄膜是用来再分布或扇出芯片I/O端栅格到印制电路板栅格上的。芯片I/O端栅格的典型尺寸大约为100～250 μm,而电路板上栅格的典型尺寸为0.4～2.5 mm。

薄膜封装的最简单类型是基板上只有一种金属薄膜层图形。实现这种结构的制备可采用两种方案:一种是扇出或空间转化图形,另一种是芯片间的互连。两种方案中,由于单层结构布局的原因,导体通道上不允许点与点间的交叉。通常采用空间转换图形把芯片上的信号端和电源端连接到下一级封装较粗的栅格上。其他类型单层结构的简单应用主要包括信号和电源的平行传输。这种应用的例子是采用平行的通道、总线和电源。

扇出用的基板可能是刚性的(如陶瓷或硅),也可能是柔性的,如芯片安装用的载带自动焊(TAB)。制造两层和三层载带用的薄膜工艺采用了减法工艺或增镀工艺。在平行信号传输情况下,在软载体(如聚酰亚胺)上,制作的导体允许封装体在系统安装和维修时弯曲。这一技术在消费电子产品中应用得很普遍。图6.2所示是Hitachi单芯片薄膜封装。

功能要求决定了封装体的材料和结构。导体材料的电导率以及它的横截面积决定了单位长度上的电阻。就传播信号的导体而言,这一参数必须加以选择,以使从驱动端到接收端的信号层欧姆压降在系统的性能要求范围之内。

对供电的导体来说,电阻上的压降和导体产生的热量都必须通过导体材料和几何形状的正确选择来加以控制。单层薄膜导体封装的耦合噪声可通过两种方法来控制:一种

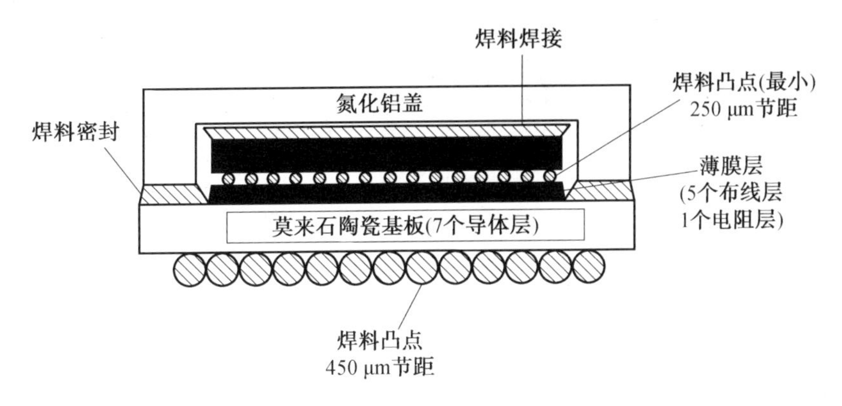

图 6.2 Hitachi 单芯片薄膜封装

方法是通过加宽导体间距来减小互感;另一种方法是使信号线和电源线分散开。后一种方法还能对信号线的高频阻抗加以控制,正像其他封装结构一样,在布线密度和功能之间存在着矛盾。

高布线密度要求导体要窄且线条间距要小,而功率能力、信号层压降和耦合噪声则决定了布线密度的上限。这种矛盾在低性能的封装中并不是问题,如单芯片封装,但随着性能要求的提高(如高 I/O 端子数、高速芯片和系统),多层、多芯片封装要求在并不算太高的成本下提供额外的设计自由度。而且,材料和机械方面的影响也对多芯片封装的结构提出了限制。导体必须能在机械应力存在的情况下粘接到基板上。这种应力可能是固有的(由安装工艺产生的),也可能是在系统组装和使用过程中(在柔性基板的弯曲过程中发生的)被外加上去的,还有可能是在电源的开关过程中由芯片和导体的热循环所产生的。系统的运输过程中也能产生剪切应力,这是由于运输时温度范围可能在−40～120 ℃之间的缘故。

2. 多层薄膜封装结构

生产能力、成本、电学性能是选择多层薄膜材料、工艺及结构时所考虑的三个主要因素。从结构上来看,需要根据成本和性能的折中来选择是采用平面工艺还是非平面工艺。

选择某种类型的结构也要根据用户对诸如布线能力、阻抗及整体流平度要求来决定。因此,尽可能保持两种结构类型间的工艺、材料和工具的通用性是最理想的。比较每种工艺用的标准有:①封装密度;②生产能力;③工艺和材料的成熟性;④成本。多层薄膜互连结构基本上可分为两种类型:①填充孔或柱状结构类型,它允许每层上的孔叠积排布;②非填充孔类型,它要求每层上的孔交错排布。多层薄膜封装结构类型如图 6.3 所示。

在设计薄膜封装时,首先考虑的工艺就是通孔的结构。共形孔工艺会产生非平面结构,而填充孔工艺会形成平面结构。在线宽和线条节距给定的情况下,平面结构可以达到最高密度的布线。人们必须在工艺的复杂性和加工成本及较高的布线密度所带来的电学优点间折中考虑。

(1)平面叠积柱。

平面结构可通过先在介质层上形成布线和通孔的图形,然后再使其金属化来实现。在这种方法中,布线层上要进行去除多余金属的平整化步骤。这一工艺存在着两个变化。

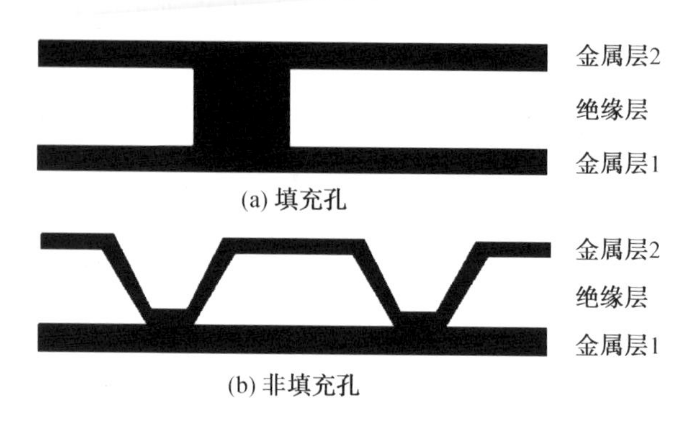

图 6.3　多层薄膜封装结构类型

第一个变化是内层介质(相邻两导线间的)和层间介质(两导体层,X 方向和 Y 方向间的)是分别涂覆的。涂完内层介质后,刻制通孔并固化聚合物;同样地,涂完层间介质后,刻制导体和通孔。平面叠积柱互连工艺如图 6.4 所示,图中 PSPI 表示光敏聚酰亚胺光刻。第二个变化是通孔可在内层介质中的导体图形确定后形成。在两个变化中,整个双层结构通过电镀或者溅射的方法来金属化。接下来,把多余的金属通过机械方法或电化学方法去除。因为内层介质被涂在一个平面上,因此厚度可以很好地加以控制。而导体层厚度是由层间介质的平整性及机械平整化工艺来确定的。正由于这一原因,所选择的平整化技术应能形成局部平整,而并非全局平整。

还可以先确定金属布线图形和通孔图形,然后涂介质层,接下来以柱状结构的平面为准,通过平整去除多余的介质材料。许多公司和研究所都研制并实施了这种工艺。

在这种工艺中,布线层和通孔柱是利用共同的种晶层,以光刻胶为模板进行图形电镀而形成的。然后采用旋涂或喷洒涂的方法来形成聚合物介质层。多余的聚合物采用机械方法去除,这样就露出了连接下一层互连层用的通孔柱并平整了整个结构。这种工艺使得聚合物和涂胶技术的选择具有最大的灵活性。导体厚度和宽度是由电镀工艺和种晶层刻蚀工艺的均匀性确定的。介质层厚度的控制要困难得多,因为它是由机械平整化技术确定的。图 6.5 所示是多层薄膜结构。

(2)非平面的交错孔。

非平面结构的工艺较简单且不要求进行机械平整。介质的涂覆步骤及相应的固化处理步骤也较少。先在介质层上形成通孔,然后对介质层上的通孔和导体线金属化。通孔的形成和导体线的布图都是通过光刻技术实现的。介质层上下导体间的连接是通过介质层上的通孔实现的。在通孔和导体线的金属化过程中,产生了非平面结构。通过介质层聚合物涂覆的水平能力可以使导体线和通孔金属化后的形貌取得部分平整。如果不进一步平整,就会产生共形或非平面结构,并且这种结构会随着多层薄膜的建立而加剧。这种工艺的一个缺点就在于采用了水平度低或者说自我流平度低的一种商业上的聚酰亚胺,这就限制了层数。这种结构可以通过能提高流平度(DOP)的聚酰亚胺反复涂工艺或通过采用流平度较高的介质聚合物加以改善。

图 6.6 所示是共形交错孔互连工艺,通孔是采用光刻(在光敏聚酰亚胺介质层上)或激光剥离的方法形成的,并通过正胶光刻工艺及电镀工艺实现共形金属化。

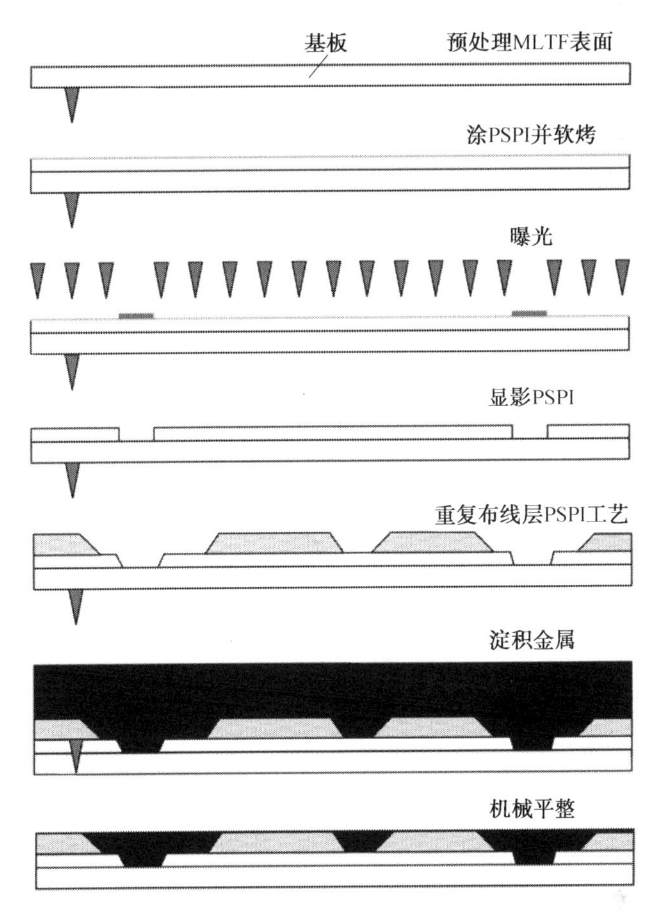

图 6.4 平面叠积柱互连工艺

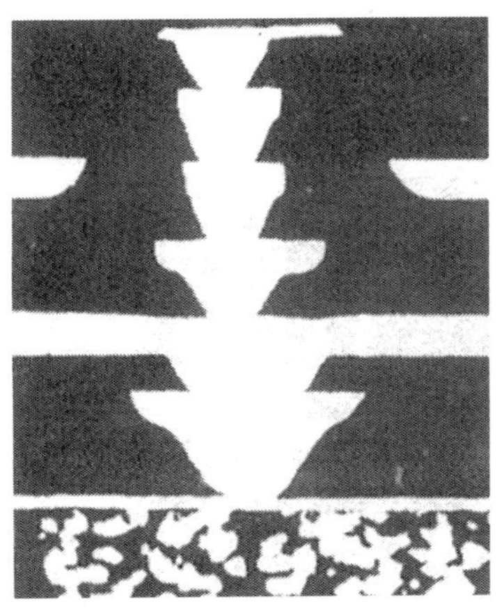

(a) 平面叠积柱

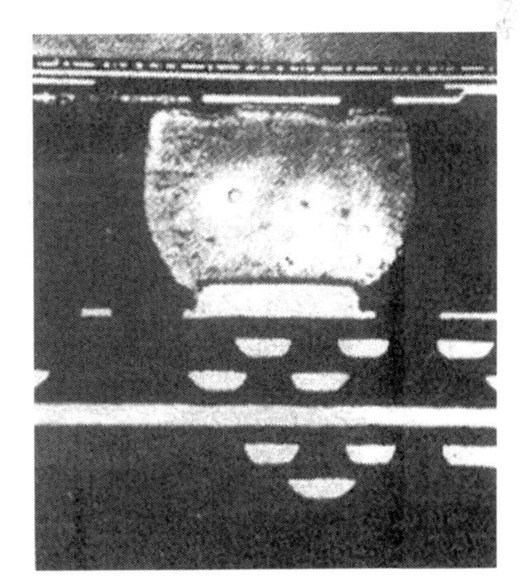

(b) 倒装芯片互连

图 6.5 多层薄膜结构

通孔也可采用反应离子刻蚀工艺或湿法刻蚀工艺来加工。激光剥离法和光敏聚酰亚胺光刻法都是非常成熟的工艺，并被成功地用于生产。金属化可通过减法刻蚀、图形电镀

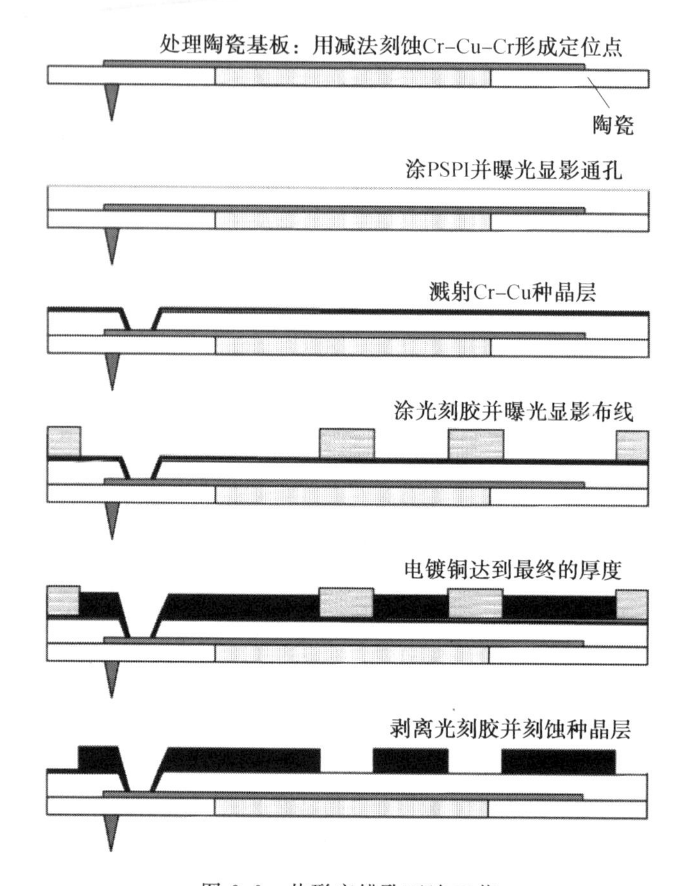

图 6.6　共形交错孔互连工艺

或剥离来实现。选用减法刻蚀工艺还是图形电镀工艺主要依靠封装的基本规则和所要求的容差。当不允许使用减法刻蚀作为金属化工艺时，就不得不采用图形电镀工艺了。图 6.7 所示是非平面交错孔薄膜互连截面图。

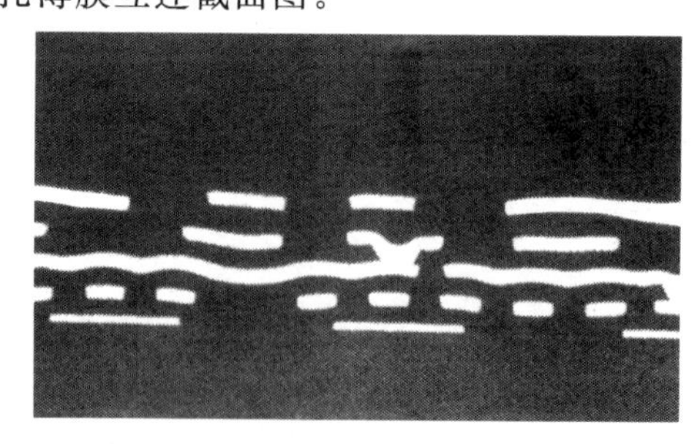

图 6.7　非平面交错孔薄膜互连截面图

6.2 薄膜封装材料

6.2.1 薄膜基板

用来制造高密度薄膜封装的各种基板如下：

①硅片。

②干压氧化铝。

③氮化铝。

④共烧氧化铝。

⑤共烧低温或玻璃一陶瓷。

⑥抛光金属(Al)。

⑦印制电路板(FR—4)。

目前，硅基板和共烧陶瓷是最常用的基板。印制电路板基板的低价格是其发展的最大动力。

硅基板的主要优点是：①和IC芯片的热膨胀匹配良好；②较高的热导率；③一些特殊的有源和无源器件可以集成到基板上。主要缺点是在硅基板中不能布线，因为它本身是一种无源基板。

内部布线的共烧陶瓷被称为有源基板，和硅基板相比具有以下几个优点：①布线通道可以在陶瓷和薄膜层间得到优化；薄膜网络可用于再分布和用于由循环时间决定的网络的布线；网络的其余部分，包括走线较长的多站网络，可以在陶瓷内布线。②薄膜和共烧陶瓷布线的使用减少了薄膜的复杂性和薄膜的层数，因此提高了薄膜的成品率。③当芯片的功率耗散和损耗较高时，可以多提供几层电源层。④共烧陶瓷允许模块级信号和电源面阵式连接，这种结构和从基板一面供电的情况相比，具有较低的 ΔI 噪声和电感。

共烧陶瓷的表面处理是多层薄膜生产前非常重要的一步。基板的表面粗糙度应小于1 000 Å。表面流平度应在10 μm以内，以便适于薄膜光刻。这可通过对共烧陶瓷基板的研磨和抛光来实现。在进行薄膜金属和绝缘层淀积前，表面还要用化学方法或物理方法清洗、修整。共烧陶瓷上的第一层薄膜是由俘获陶瓷基板通孔用的大块焊盘组成的。俘获焊盘层的使用使规则的光刻栅格和不规则的陶瓷栅格间的匹配变得容易了。在电学性能允许的情况下，底部的参考层可以和俘获焊盘层结合在一起。

在只有几层薄膜(如硅、共烧陶瓷)的薄基板上，薄膜和基板间的热膨胀系数不匹配造成的弯曲在光刻时会产生聚焦问题，而这种影响在厚的刚性基板上通常可忽略不计。通过使用真空吸盘可以在曝光时控制弯曲。共烧陶瓷的一个缺点就是热导率低。在高功率、高性能系统中，常采倒装芯片技术连接I/O端子数较多的芯片，该技术还具有能有效地从芯片背面散发热量的优点。

6.2.2 介质材料

1. 多层薄膜介质的要求

对形成多层薄膜介质层用的各种介质材料的总体要求如下：

①介电常数要低(<4)。

②和基板或硅的热膨胀相匹配，或者具有良好的延展性或较低的弹性模量以减少所产生的应力。

③热稳定性要好，能承受住芯片键合及引线键合时的高温处理(用 97Pb－3Sn 为 400 ℃，用 60Pb－40Sn 为 230 ℃)。

④对铜或其他导体的黏附性能要好。

⑤具有自粘接性。

⑥便于加工，特别适于平面结构工艺。

⑦吸水性低。

⑧可靠性高。

⑨成本低。

用于薄膜结构的介质材料可分为有机和无机两种。具有合适的电学、热学和机械性能的许多有机材料(包括所有的聚合物)都已被用作薄膜封装的介质材料了。聚酰亚胺是目前最常用的材料。常用的无机材料既有可采用厚膜技术加工的硼硅酸盐玻璃，也有一些可采用溅射或化学气相淀积法淀积的高温材料，如氮化铝、BN、SiO_2等。

2. 有机材料及其性质

工业上多趋向于使用有机介质材料。薄膜聚合物介质材料和薄膜铜导体结合在一起具有最优的电学性能，这是聚合物所具有的低介电常数和由溅射或传统的镀涂技术形成的铜所具有的高电导率的结果。所用的有机材料包括：含氟聚合物、聚烯烃类、环氧树脂、苯并环丁烯(BCB)和聚酰亚胺衍生物(如 PMDA－ODA，BPDA－PDA)，以及其他体系。聚合物可用于多层薄膜的理想性能有以下几点：

①内应力低，较高的断裂韧性和可延展性。

②介电常数为 3.5 或更低。

③热稳定性好。

④吸湿/吸溶剂性低。

⑤优良的自粘接性及易于粘接到金属(如 Al、Cu、Cr、Ti)和陶瓷基板上(氧化铝玻璃－陶瓷)，且不与导体金属(尤其是铜)发生反应。

⑥和其他工艺的溶剂兼容性好。

⑦溶质含量高，膜保持能力好。

⑧可通过湿法刻蚀或激光剥离形成通孔。

⑨在全固化前可返工，能形成具有良好平整性、无针孔的膜。

⑩黏滞性稳定，存储寿命长。

除上述性能外，在选择聚合物时还应考虑聚合物和基板间的热膨胀不匹配所产生的残余应力。决定这一应力的因素有三个：

①热膨胀不匹配。

②聚合物的应力释放性能。

③聚合物的弹性模量。

经验方法是使热膨胀系数与弹性模量相乘，根据其最小乘积来选择聚合物。如尽管PMDA－ODA型的聚酰亚胺热膨胀系数（350×10^{-7}℃$^{-1}$）和BPDA－PDA型的聚酰亚胺热膨胀系数（大约为30×10^{-7}℃$^{-1}$）相比很高，但它的残余应力只比后者多5倍，这主要是两种材料的弹性模量不同所致。

聚合物介质层淀积通常采用溶液流延的方法，这种方法先把含有聚合物的原始溶液通过喷涂或旋涂的方法涂到基板上，然后进行烘烤和热固化。后面两种方法会驱散溶剂，使聚合物交联起来。由于聚合物原始溶液有较好的流平性，因此其底层导体线条和通孔的形状在流延液体的表面减小。尽管在烘烤和固化后，新淀积聚合物溶液的良好流平性会部分丧失，但仍可保存部分流平性，这在多层结构的组装过程中是非常理想的。这种流平性为多层高密度结构的制作提供了基础且没有外形的问题。外形问题的积累最终会足够大，以至于会阻止这种多层结构的进一步制作，若想要更多的层数就必须采用平整化处理步骤。介质层聚合物干膜压制法是另一种可行的方法，但它在尺寸上缺少延展性且更易产生缺陷。通常它并不被认为是一种真正的薄膜工艺。

3. 无机材料及其性质

无机材料通常采用下面三种工艺之一来淀积：

①厚膜工艺（喷涂、丝网印刷、沉积）。

②溅射。

③化学气相淀积。

喷涂和丝网印刷工艺通常可控制在15～25 μm厚。化学气相淀积包括所需金属的挥发性化合物的配制，随后金属氧化形成陶瓷。图6.8所示是光敏薄膜绝缘层工艺。首先采用金属化工艺形成Au或其他导体线条，再用丝网印刷工艺或通过掩模对紫外曝光的光敏无机介质材料进行烘干，然后显影，洗去不需要的介质层，最后烧结介质层。如把这一概念应用于厚膜工艺也是合适的，且会增加厚膜技术在薄膜技术中所占的比重。

无机介质层的多层薄膜平面结构可以采用化学气相淀积的方法来加工，但要采用化学的、机械的或者是复合的平整化工艺来平整。20世纪70年代开发的这种工艺采用了硼硅酸盐玻璃的浆料，这种材料的热膨胀系数和氧化铝基板相匹配，其介电常数为4.2。在N_2中加工这种材料，然后通H_2加热到50 ℃超过其软化温度，再把气体转换成N_2。由于H_2的外扩散形成了20～50 μm厚的无气泡的膜，这时在稍高于玻璃软化点温度的N_2气氛中，H_2的局部压力就变为零。图6.9所示是连续多层薄膜玻璃/铜工艺。

这种工艺包括Cr－Cu－Cr俘获焊盘的淀积及接下来的Cu柱的增镀，当然这一步要在玻璃淀积和800 ℃的温度下烧结之前进行。每一层玻璃烧结后，对其结构都要进行机械平整，五层玻璃和五层铜金属化就是这样制成的。然而，这种方法由于使用了玻璃，因此每当烧结新玻璃层时，前面的层也会软化，从而导致了线条的移动和气泡的产生，即使这时的温度稍稍高于软化温度，也会如此。若采用玻璃陶瓷，上述问题基本可以解决。玻璃陶瓷的主要优点包括从氧化铝到玻璃这一材料体系的完全热兼容性以及当焊接工艺达

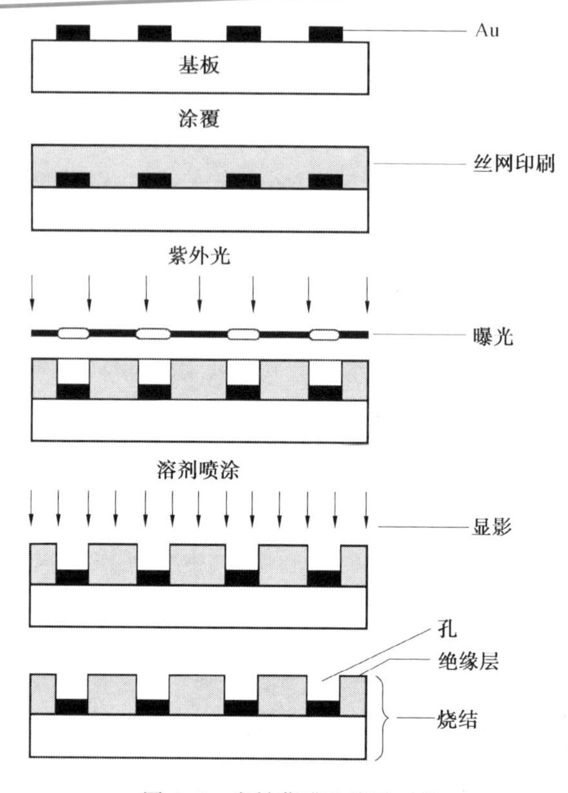

图 6.8　光敏薄膜绝缘层工艺

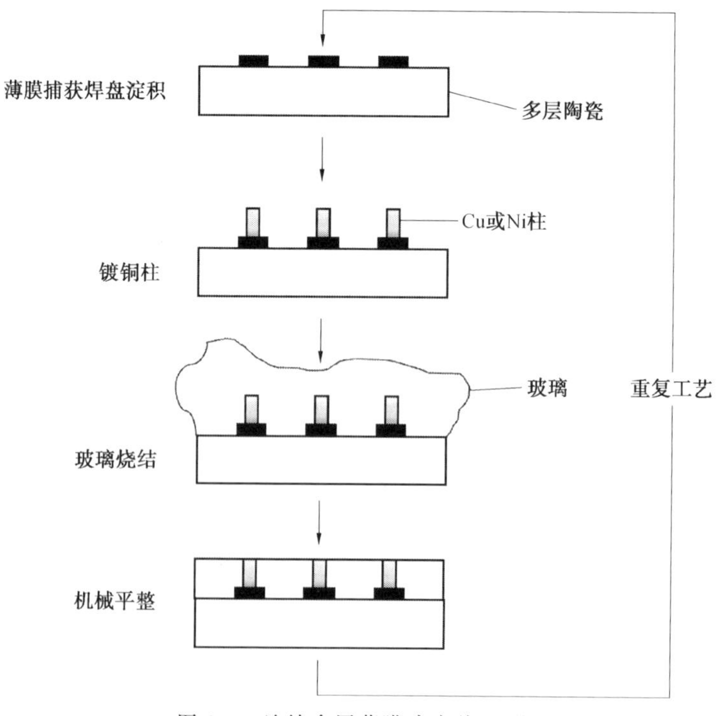

图 6.9　连续多层薄膜玻璃/铜工艺

到 800 ℃时的热稳定性。

在获得低成本的多层多芯片模块过程中，透明玻璃的缺点通过使用晶化玻璃而得到了解决。制造这种结构的工艺流程：其中细的铜导体通过丝网印刷和烧结形成，然后在氮气中烧结形成带丝印通孔的玻璃，玻璃陶瓷涂层的表面光滑度可通过涂薄层透明玻璃来实现；然后，淀积 Ta_2N/NiCr/Au 薄膜，光刻，键合点镀金。

6.3 薄膜封装工艺

用于薄膜互连的方法很多，还有一些方法正在开发当中。布图是介质层和导体层都需要的薄膜封装工艺步骤。MCM 封装是薄膜封装技术中最具有竞争性的产品，也是最重要的应用，它的原理也适合于单芯片封装。薄膜封装的大多数技术选择是一项复杂的问题，加工工艺的优化依赖许多因素，如将来的应用、设计规则、材料的选择、生产线的建立和成本，而且还随时间和生产厂商的变化而变化。

通常，薄膜工艺根据以下几个方面进行比较：

①工艺步骤的多少。

②工艺复杂性。

③工艺耐用性。

④工艺窗口。

⑤缺陷级别。

⑥流平度要求。

⑦可返工及修复能力。

6.3.1 聚合物淀积工艺

通常，淀积薄膜聚合物的不同方法可能有 20 多种，本节只介绍那些目前比较盛行或在将来仍能用于薄膜封装的方法。旋涂是目前适于光刻胶和介质聚合物涂覆的标准方法。喷涂是从油漆工业中借用过来的，并在微电子器件的涂覆工艺中广泛应用。滚涂、弯月涂、丝网印刷和挤压涂尤其适于大面积工艺的薄膜封装工艺。旋涂和喷涂已在MCM－D的生产过程中用来进行薄膜淀积。

1. 旋涂

旋涂这种方法在半导体工业上已应用了几十年，用来在传统的大晶圆上涂光刻胶和聚合物介质层。对于聚合物介质层薄膜的涂覆来说，通常采用一个容积可测的分配器把液状的聚合物溶液滴在晶圆表面，然后旋转晶圆，产生一致的涂覆。在基板上所滴的聚合物溶液通常要多一些，以确保表面覆盖良好。膜的厚度与几个变量有关，如溶液的黏滞性和溶质含量，旋涂时间、角速度及所滴溶液的量。其中对膜厚控制最敏感的参数是旋涂速度和溶液的黏滞性。1～200 μm 厚度的膜很容易实现，更厚的膜可通过使用高黏滞性的溶液低速旋涂较短的时间得到，否则会影响图层的均匀性。因此，当膜厚大于15 μm时，多次涂覆更好，这种方法还具有减少缺陷率的优点，特别是针孔。旋涂是一种简单的工艺，自动旋涂机也已得到广泛应用。

2. 喷涂

喷涂的原理如下:一种无毒气体(空气或氮气)从喷嘴里喷射出来,使聚合物溶液呈雾状,这种喷气在基板表面上扫动。当细小的聚合物液滴打在基板表面时,它们互相联结起来,就形成了一层膜。在一次操作过程中,喷嘴可以在同一点上经过数次,以保证良好的覆盖率和均匀性。工艺变量包括溶液的黏滞性和溶质含量、溶液流速、喷嘴尺寸及到基板的距离、喷嘴压力、喷雾压力及扫动速度。为了能在基板上形成理想厚度的聚合物,注意保持低的黏滞性和溶质含量间的平衡非常重要,因为低的黏滞性可以使聚合物溶液雾化容易,而溶质的含量则决定了溶液通过喷嘴时的流速。然而,太低的黏滞性加上较高的表面张力会使淀积在基板上的聚合物溶液产生收缩。喷雾的压力也很关键,压力太低则从喷嘴出来的液滴就会很大,这样它们就不易流在一起形成均匀的涂层,而压力太高又会产生额外的泡沫和气泡,它们有可能在固化处理后还存在。喷涂从原理上讲,由于具有在非圆形基板上进行大面积涂覆和高生产能力,所以它也是厚膜涂覆(>15 μm)的一种理想方法。当膜的厚度小于 10 μm 时,涂层的均匀性下降,如在涂苯并环丁烯(BCB)时就发现了这种现象,同时还发现喷涂的 BCB 在一定条件下会产生不理想的橘皮状表面。为了使喷涂能在薄膜封装领域生存下去,需要找出喷涂薄膜的全面特征和最佳工艺。

3. 滚涂

滚涂的基本思想是先用聚合物溶液涂一个或两个滚轮,然后在基板表面上滚动。图 6.10 所示是滚涂原理图。实际上,通常是在移动的滚轮下面拖动基板。一个滚轮涂覆基板的一面,两个滚轮可同时在基板的两面上涂覆。膜的厚度主要依赖于聚合物溶液的性质,如黏滞性,这和喷涂的情况一样。这时,要想得到精确的厚度是不可能的。

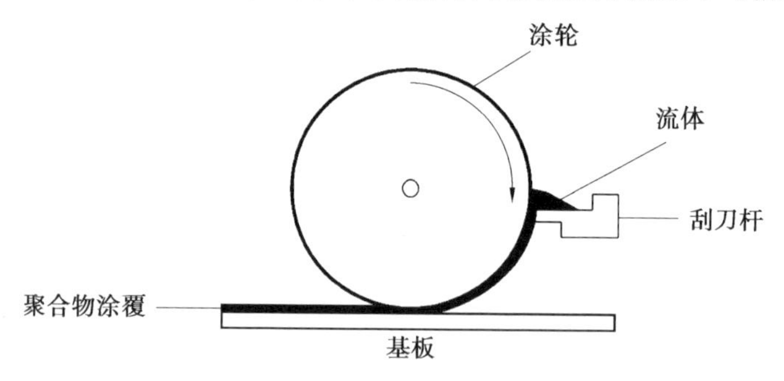

图 6.10 滚涂原理图

滚涂广泛应用于 MCM－L 的生产过程中,MCM－L 板的每一面都有一两个布线层。大面积的板(50 cm×60 cm)可采用滚涂。滚涂的主要问题包括长期缺陷问题及由工艺敏感性所造成的产量损失。

4. 弯月涂

弯月涂是指聚合物溶液从一个多孔的管子里泵出,而基板在管子上滑动。图 6.11 所示是弯月涂原理图。材料可被收集在下面的管子里,通过循环再进入管子的中央,因此,从节约的角度讲,这种涂法比旋涂要有效得多。工艺参数包括基板到管子的距离、基板滑动速度、所涂聚合物溶液和基板表面的表面张力、黏滞性和溶剂的挥发速率。膜的厚度主要依赖于基板滑动的速度,其范围为 15～40 μm。

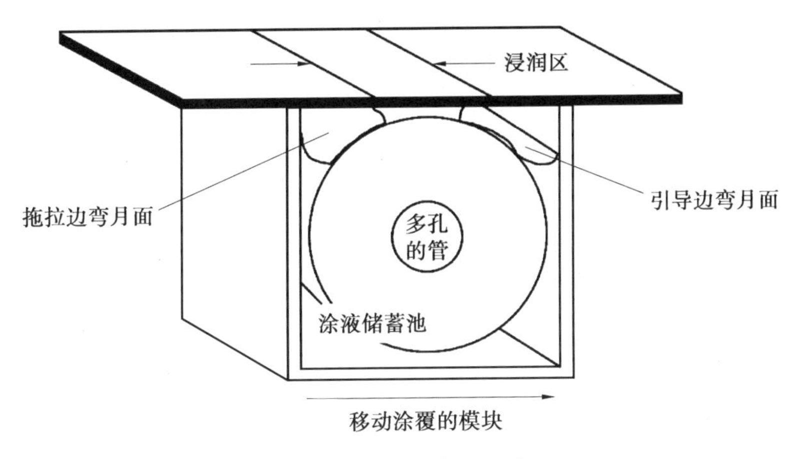

图 6.11　弯月涂原理图

5. 丝网印刷

丝网印刷的特点是通过一个丝网来淀积聚合物。丝网放在基板的表面上，或者离基板表面非常近。液态聚合物流在整个丝网上，然后用刮板刮，迫使液体穿过丝网淀积在基板上。该设备有一个重要部件叫作溢流杆，它能把刮板刮出丝网和该范围之外的多余液体返回到丝网上来。决定膜厚和质量的主要因素是丝网本身。丝网的参数包括网格密度和感光胶性能。在理想的工艺条件下，膜厚有可能降低到 5 μm±1.5 μm。

6. 挤压涂

挤压的定义是指在可控条件下迫使原材料通过一个小孔或小片，使之转换成一个具有特定横截面的产物的工艺。图 6.12 所示是挤压涂原理图。

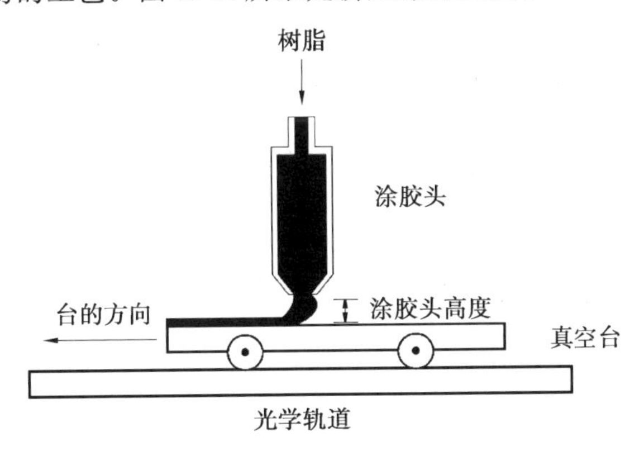

图 6.12　挤压涂原理图

横截面可能变化很大，像塑料管和漆布绝缘管，它们都是挤压产品的例子。在微电子应用领域中，挤压出来的横截面是一个窄的矩形，也就是一个薄的像纸一样的膜，它的横截面是由膜的厚度和基板宽度构成的。一般来说，聚合物淀积用的挤压器的主要输出变量是膜的厚度，它依赖聚合物进入小片的流量、基板宽度和速度(基板在静止的挤压头下移动)、挤压头到基板的距离及尚有争论的聚合物收缩系数。

膜的挤压可通过两种方法来进行，即湿法和干法。在湿法挤压中，材料用溶剂软化或在溶剂中被溶解。这种方法允许工艺在低温下进行。在干法挤压中，材料只通过温度和压力的作用软化和流动。和前面提到的其他淀积方法一样，微电子领域用的聚合物是作为有机溶剂中的一种溶液被挤压的，因此湿法挤压是薄膜淀积较合适的方法。根据材料馈送方式的不同，挤压器可分为三种：夯锤/圆柱体式、丝杆式和泵式。最早的机器都是夯锤式的，为了克服夯锤式的缺点，产生了其他方法。夯锤式挤压器的最根本的问题是挤压不能连续进行，工艺必须周期性地停止以便圆柱体能重新推进。于是就采用了丝杆法，这种方法在当今的塑料成型工业中仍占主导地位。但丝杆式挤压器在微电子应用领域并不适合于薄膜涂覆，这是由聚合物易于污染及其他一些不适应造成的。气动膜片法一直是微电子工业中适于挤压器的标准流体泵技术。这种设备的喷洒速率和喷洒量对聚合物流体的黏滞性和系统的阻力非常敏感，因此该方法的重复性很差。

6.3.2 通孔形成工艺

薄膜封装基板中的通孔是用来给相邻的两层导体提供垂直电连接的。形成通孔有许多工艺，包括冲孔、机械钻孔、激光剥离和化学刻蚀等。激光剥离、PSPI 光刻、反应离子刻蚀、湿法刻蚀只适合于 MCM－D 的基板加工。较小的通孔尺寸和较高的对准要求基本决定了所选择的方法。在 MCM－D 基板上之所以能够获得非常高的布线密度，是由于 MCM－D 基板具有布精细线条和在聚合物介质层上精确定位通孔的能力。

具体的通孔要求通常由加工过程中的金属化工艺所决定。对于采用气相淀积（溅射和蒸发）金属化工艺的那些技术来说，这些金属淀积技术极强的方向性决定了通孔侧壁是倾斜的，以确保充分的覆盖。另外，由于常用的 MCM－D 结构介质层厚度为 8～20 μm，所以倾斜的侧壁会使通孔的上部尺寸增大，从而导致布线密度的下降。各向同性刻蚀和各向异性刻蚀形成的通孔侧壁的角度不同。在各向异性的通孔刻蚀工艺中，通孔的上部尺寸和下部尺寸相等。随着侧壁角度的降低和/或介质层厚度的增加，通孔的上部尺寸会比额定尺寸增大 3～6 倍。多数常用的 MCM－D 通孔形成工艺的侧壁角度值为 50°～80°。像铜及其他金属的化学镀/电镀工艺，对通常的深孔比来说，基本上是无方向的，这种金属化工艺对通孔的侧壁角度没有任何限制。

通孔形成工艺由于通常具有较多的工艺步骤，因此常被认为是整个 MCM－D 基板成本的重要组成部分。整个工业界已付出了很大努力来开发研制可替代的通孔形成工艺。

早在 20 世纪 80 年代，当 IBM 的金属化－陶瓷－聚酰亚胺工艺正在形成时，湿法刻蚀是唯一可行的低成本的通孔形成技术。为了能和半导体生产工艺相兼容，即希望能在硅载体上加工多层薄膜，发展了反应离子刻蚀工艺（RIE）。激光剥离工艺是为了适于成品率要求较高的大型基板技术而专门研制的。光敏聚酰亚胺光刻（PSPI）与离子刻蚀和湿法刻蚀工艺相比，成本较低，因此也得到了发展。基于此，可对四种通孔形成工艺从以下几个方面进行比较：

①通孔的深孔比。

②通孔的侧壁图形。

③加工技术的实用性。

1. 激光剥离

激光剥离所需的工艺步骤最少，且只有一个关键步骤，这使它成为一种可选的工艺。投射激光剥离工艺的主要缺点是激光工具和介质层掩模尚未普及，通常情况下，介质层掩模比其他三种工艺所用的铬掩模板昂贵。当投射激光剥离工具和掩模技术都难以实现时，光敏聚酰亚胺光刻法比湿法刻蚀和反应离子刻蚀(RIE)更好一些。然而，光敏聚合物材料仍处于开发阶段，它比标准的聚合物要贵。

激光剥离已广泛地应用于印制电路板和陶瓷基板的钻孔工艺。作为一项成本低、成品率高、产量大的技术，它在多层薄膜封装工艺中也是一项非常有竞争力的通孔形成技术。最少的工艺步骤和对所剥离的聚合物几乎没有任何限制是激光剥离通孔形成工艺最突出的特征。MCM－D 基板的最低成本可通过采用激光剥离形成通孔来获得。激光剥离和光敏聚合物技术相比，对环境更有利，因为该技术在通孔形成过程中不使用任何有机化学物质和溶液。目前，高价格、工艺复杂性和设备的可靠性问题是这项技术难以推广的主要障碍。随着激光技术的进一步改善和设备成本的降低，激光剥离将会成为一种更具竞争力的通孔形成工艺。

激光和物质间的最基本反应机理可能是光热和/或光化学作用。激光使材料软化和气化是激光剥离工艺中最普通的光热现象，而在基板的入射区上方形成的等离子体则属于一种非热过程。当有充分的气态和液态物质存在时，在激光、基板和环境间可能发生更复杂的反应，从而产生激光刻蚀。对于聚合物薄膜的通孔形成来说，波长为 193 nm (ArF)、248 nm(KrF)、308 nm(XeCl)或 351 nm(XeF)的紫外激光器是最常用的。短波长具有对基板的光热影响较低的优点，但它要求复杂得多的光学系统和极其严格的光学材料。激光剥离通常采用一种连续的高功率密度脉冲来实现。表面刻蚀速率是脉冲数量的线性函数。为了取得高效剥离，聚合物对这一波长的激光必须具有足够的吸收能力，同时它的热导率也必须较低。对激光辐射源的正确选择和对聚合物的改进都可以提高激光的吸收。功率密度的阈值可以通过观察聚合物材料出现剥离的情况来确定。这一阈值取决于激光的波长和所剥离的聚合物材料。直接的非热键合破坏是聚合物剥离的一种重要机理，这里采用的光的能量超过了分子间离散或带隙激发所需要的能量。

扫描激光剥离(SLA)通孔形成工艺已成功地应用于 MCM－D 和高密度的印制电路板加工过程中。通孔的形成工具是由 XeCI(308 nm)或 KrF(248 nm)的激发物激光器驱动的。尽管接触式阴影掩模法已成功地应用于要求不太严格的激光微机械加工工艺中，但这种方法所得到的通孔分辨力和定位精度对大多数薄膜应用来说是不合适的。因此，与 RIE 通孔形成工艺类似，SLA 通孔形成工艺采用铝或铜的共形掩模层来确定通孔的位置。被掩盖的部分放在了由计算机控制 $X-Y$ 方向精度的平板上，并以螺旋的方式在静态均匀的激发物激光束下移动，这样就把掩模露出的绝缘层暴露给激光。与可以成批加工并在真空下操作的 RIE 工艺不同，扫描激光剥离工艺在通常的环境条件下就可以进行。因此，激光通孔加工方法的一个主要优点就是它们与基板加工工艺相兼容。

在建立耐用的可生产的 SLA 通孔形成工艺过程中，必须确定一个工艺窗口，它既要考虑到下面的介质层能通过共形金属掩模的开口以令人满意的速率(0.25 μm/脉冲)被剥离，同时又要使能流保持在掩模的损坏阈值以下。剥离过程中掩模通孔周围积累的残渣经观察发现是决定共形金属掩模耐用性的另一个重要因素。通孔周围掩模层的局部过热会产生过多的残渣再淀积现象。建议所采用的掩模的最小厚度应随所采用的掩模金属的不同而有一些变化。然而，对于通常采用的 250～350 mJ/cm^2 介质层剥离能流来说，一般建议掩模的厚度要大于 3 μm。商用 SLA 设备配备高功率(100～150 W)工业激发物激光器，它能与 RIE 通孔形成工艺相媲美。然而和 RIE 工艺相比，SLA 工艺要用厚得多的金属掩模，否则会影响工艺成本和所取得的最小图形尺寸(与采用较厚的掩模层淀积和布图有关)。

为了保证对下层金属可靠的粘接，需要有效地去除残渣。目前有两种主要的清洗工艺：一种是采用浮石或刷子刷的水清洁工艺，可以机械地去除剥离工艺产生的任何残留物；另外一种较成功的方法就是非接触式的等离子体干粉去除法。

RIE 和 SLA 通孔形成工艺采用了许多刻蚀前和刻蚀后的工艺步骤。为了简化这些工艺步骤从而降低成本，减少工艺步骤的工作正在进行中。一种方法就是采用厚膜的、布图的光刻胶层作为易刻蚀的 RIE 或 SLA 刻蚀掩模。光刻胶掩模的 SLA 通孔形成工艺的一个成功例证是用来刻蚀 10 μm 厚的 BCB。

投射激光剥离的通孔形成工艺采用了在理论和结构上与半导体工艺中的光刻步骤非常类似的激发物激光设备。要剥离的通孔位置由分立的掩模开口来确定，这和光刻胶层的曝光情形相类似。与传统的光学设备相比，设备的光学系统和掩模技术都需要改变，以便能承受产生有效剥离所必需的高功率脉冲紫外线(UV)激光束。和前面所描述的 SLA 设备一样，投射设备是由功率为 100～150 W 的 KrF 或 XeCl 激发物激光器所驱动的。第一台商用投射式激光剥离机是制作 MCM－C/D 基板用的 IBM ES9000 系统。为这一应用研制了一种专用的石英介质层掩模技术。

投射激光剥离工艺中，影响剥离速率、通孔形状、侧壁角度的主要工艺变量是能流、脉冲数量和激光束的像点聚焦。聚焦对于通孔侧壁角度的重要性已有报道。采用投射激光剥离工艺所得到的典型侧壁角度约为 65°，而采用扫描激光剥离工艺得到的典型侧壁角度为 75°～85°。

采用 308 nm 的激发物激光通过一掩模的投射激光剥离工艺是一种非常适用的工艺，对每个基板有 100 000 多个通孔的薄膜结构来说，可以取得 99%以上的成品率。其侧壁图形非常一致，且通过改变聚焦条件可以使侧壁角度控制在 30°～65°范围内。对于封装应用来说，工艺不受深孔比的限制，且几乎可以采用任何种类的聚合物介质层。在激光剥离过程中形成的碳化碎片可通过等离子体清洗工艺去除。

尽管投射激光剥离工艺减少了 RIE 工艺和 SLA 工艺所有的前后刻蚀工艺步骤，这种技术的推广还受到两个主要因素制约。首先，高端应用、主设备成本及其专用性反映出这种工艺除了适于像 IBM 那样大批量生产 MCM－D 外，对其他应用非常不切实际；另外，对投射激光掩模技术来说，其产销不景气进一步妨碍了这一技术的应用。

2. 反应离子刻蚀

反应离子刻蚀工艺一直都是整个工业应用最广泛的通孔形成技术。采用 RIE 工艺在 MCM－D 基板上形成通孔的成功例子已在多篇文献中报道。这种通孔工艺之所以受到偏爱，其主要原因是这些通孔的刻蚀过程是从长期以来就存在的半导体加工技术演变而来，而且与之相关的合适的平行板 RIE 工具很容易得到。一种富氧的氟化气（如 CF4、CHF3 或 SF6）混合物通常用于该工艺中，因此可以提供超过 1 μm/min 的满意的刻蚀速率。气体混合物、功率和压力都是反应的变量，它们必须根据所要求的侧壁角度、掩模钻蚀和刻蚀速率来加以选择。

反应离子刻蚀通孔工艺要求有一个共形的掩模层来确定要刻蚀的通孔的位置。典型的 RIE 工艺流程的大部分工艺步骤就是掩模的淀积和去除，因为 RIE 通孔形成工艺的最终分辨力是由共形掩模层布图所得到的分辨力决定的，因此希望聚合物介质层的刻蚀选择性高，这样就可以把掩模层的厚度减到最小。已经成功地采用了几种 RIE 掩模层，它们可分为易受侵蚀的掩模和不易受侵蚀的掩模两种。易受侵蚀的掩模包括 SiO_2、Si_3N_4 和光刻胶层，通常它们在与下一介质层通孔相同的刻蚀条件下有可观的刻蚀速率。因为大多数 MCM－D 技术采用的介质层厚为 8～25 μm，所以最常用的掩模层是不易受侵蚀的金属掩模层。因为这些金属掩模不受介质层刻蚀工艺所侵蚀，所以它们可以非常薄，典型值为 3 000～5 000 Å。和湿法刻蚀不一样，聚合物的刻蚀是在全固化或充分聚合后进行的。

一个易受侵蚀掩模体系的例子是通过正光刻胶模板的一种简单的图形转移，为了保证每个通孔都畅通、没有残留物并能提高工艺耐用性，聚合物是过刻蚀的，因为光刻胶和聚合物的刻蚀速率几乎是一样的，所以为了弥补这种过刻蚀，光刻胶要比聚合物厚一些。为了得到一个斜坡状的侧壁图形，反应离子刻蚀前要再涂一层正光刻胶。刻蚀后，采用有机光刻胶剥离剂而不是水剥离剂来去除光刻胶，这是因为光刻胶在反应离子刻蚀期间被 UV 固化了。对于 5 μm 厚以下的聚合物最好采用双层工艺。

为了提高被刻蚀聚合物的厚度，改善侧壁图形，可采用三层模板。在该工艺中，一种含硅的有机金属层（RIE 阻挡层）通过化学气相淀积法淀积在聚合物和光刻胶层之间。通过 CF_4 等离子体刻蚀把图像从光刻胶层转移到了有机金属层上。接下来采用一种不刻蚀 RIE 阻挡层的氧气等离子体把图像转移到聚合物上。通孔形成之后去除 RIE 阻挡层。侧壁角度可以通过改变气体成分来修正。和两层工艺不一样，这种工艺对光刻胶厚度要求并不苛刻，因为光刻胶只是用来把图形转移给 RIE 阻挡层的。这种工艺的工艺窗口较宽，对聚合物介质层的选择也没有限制。

反应离子刻蚀的背面溅射工艺会引起通孔中金属的再次淀积，从而提高缺陷程度，通孔的电阻也会增大。反应离子刻蚀的残留物可通过附加的湿法或干法工艺清除。采用低功率的反应离子刻蚀工艺会减少背面的溅射，还会降低该工艺的生产能力。

反应离子刻蚀工艺由于具有许多关键工艺步骤，所以并不是形成通孔的一个好方法。只有当需用现有的半导体设备加工 MCM－D 来减少整个成本时，该工艺才是一种可行的方法。通过三级反应离子刻蚀工艺可得到的陡峭侧壁，多层薄膜并不要求陡峭侧壁。另外只有在较厚的聚合物上形成大的通孔时，湿法刻蚀才适用。在多数高性能系统的应用中，介质层的厚度都小于 12 μm。对于介质层厚度小于 12～15 μm 的膜来说，光敏聚合物光刻工艺比湿法刻蚀更好，因为它的工艺步骤和关键步骤都较少。

在选择通孔形成工艺时，返工能力是非常重要的一个方面。在激光剥离和反应离子刻蚀工艺中，通孔是在聚合物完全固化后形成的，这样在通孔形成过程中产生的缺陷就不容易修补或返工。在湿法刻蚀和光敏聚合物光刻工艺中,通孔是在完全固化前形成的,这样缺陷就可以返工。然而,有关激光剥离工艺的大量生产数据表明,在该工艺过程中产生的缺陷极少,因此返工能力并不是激光剥离的主要问题。

3. 介质层的化学/湿法工艺

介质层的化学/湿法工艺采用含水溶液或有机溶剂来刻蚀 MCM－D 介质层中的通孔。尽管这些湿法通孔工艺和前面描述的干法刻蚀工艺相比在通孔设计能力方面所受的限制更多一些,但这些方法工艺简单、成本低,这使得它们在价格非常敏感的 MCM－D 应用中尤其引人注目。到目前为止,按材料/工艺来分,这些方法主要分为两大类,即光敏性的介质材料和能进行湿法刻蚀的材料。

光敏聚酰亚胺光刻法适用的光敏性的介质材料中,目前最常用的是负性光敏聚酰亚胺(PSPI)。由于聚酰亚胺在通孔刻蚀后的烘烤中会产生收缩(>50%),再加上它们通常具有贮藏寿命短、稳定性差的特点,因此所取得的通孔分辨力和通孔深孔比受到了限制,这在某种程度上影响了它在 MCM 中的应用。和其他通孔形成工艺相比,采用光敏性介质材料的工艺流程相当简单,主要设备的投资也较少。近来随着光敏聚酰亚胺和其他光敏性材料的增多,这种通孔加工方法已变得更有吸引力了。由于采用了单层模版,形成通孔的工艺步骤减少了。由于 PSPI 必须满足所有的电学、机械和光刻方面的要求,所以它的化学成分比较复杂。最常用的 PSPI 是一种负性光刻胶,当它暴露给 UV 射线时,会交联起来,变成不可溶解的物质,而没曝光的地方在有机显影液中会溶解。

光敏聚酰亚胺是通过向基本聚酰亚胺中加敏感剂、引发剂和其他感光成分配制而成。一旦固化,这些光敏成分和缩合反应的产物就会挥发,从而产生大约 50%的收缩。这种收缩可通过采用预先亚胺化的 PSPI 材料来抑制,但这些 PSPI 材料的工艺窗口较窄,多数情况下它们的热性能、机械性能或抗溶解性能都较差。尽管和湿法刻蚀及 RIE 相比,介质材料很贵,但 PSPI 光刻工艺却非常便宜。工艺窗口很宽,和湿法刻蚀相比,PSPI 光刻具有更好的分辨力,能够适应更高的深孔比。这种工艺的一个典型例子就是在 6 μm 厚的固化了的 PSPI 上形成了 8 μm 的通孔。

和激光剥离形成的通孔不一样,采用 PSPI 光刻形成的通孔,其侧壁图形不是梯形。PSPI 通孔的侧壁图形在上部较陡,且有一个非常浅的印迹。因为 PSPI 是在通孔形成后固化的,因此,在上部形成了一个尖头或凸缘。对应一定的下底尺寸,通孔的上部尺寸可通过改变光刻参数来控制。另外,由于 PSPI 材料在配制时加了一种粘接催化剂,因此在介质层间就不需要用粘接催化剂了,所以每道工艺无须粘接催化。

4. 湿法刻蚀

随着工业上正在努力减少 MCM－D 基板工艺的复杂性和成本,传统的非光敏聚酰亚胺湿法刻蚀已引起了人们的兴趣。这种通孔形成方法是采用一层相当薄的(1～5 μm)光刻胶层作为掩模来确定刻蚀通孔的位置,当采用这种方法时,材料通常是部分亚胺化的。因为是采用正光刻胶层来确定通孔,所以这种工艺和前面提到的负性光敏介质材料相比,对颗粒状缺陷的敏感性要差得多。工艺的重复性能是通过观察湿法刻蚀前的亚胺化程度来控制的。对一给定的烘烤温度来说,亚胺化的程度也是聚酰亚胺厚度的函数,由于湿法刻蚀工艺和所采用的化学过程具有各向同性的性质,所以湿法刻蚀工艺会得到一个非常浅的侧壁图形。因为聚酰亚胺的最后固化是在通孔形成后进行的,所以聚酰亚胺的收缩将会增加通孔的上部尺寸。

对于一种耐用的生产工艺来说,应该选择 2∶1 的深孔比(通孔的底部尺寸∶厚度)。最小的图形尺寸建议要大于 15 μm。湿法刻蚀工艺限制了作为介质层用的聚酰亚胺的选择。因为它是以水为基础的工艺,所以采用的设备比较简单。缺陷程度可通过以下三种方法加以控制:①采用负性光刻胶以减少湿法刻蚀后的光刻胶去除过程中对下面聚酰亚胺的反应。②采用两次光刻工艺,该工艺采用涂两层光刻胶的方法以消除聚酰亚胺刻蚀前光刻胶中的针孔。③在光刻胶去除后引入通孔清洗工艺。

6.3.3 金属化工艺

许多金属化工艺都已用于 MCM－D 基板的生产中了,由于这种多芯片模块基板加工方法起源于半导体工艺,最普遍采用的金属淀积方法是溅射铝的金属化工艺。另外,对 2～4 μm 厚的溅射铝层及 8～10 μm 的图形尺寸的减法布图可以取得很高的分辨力,且具有良好的重复性和最低的侧向刻蚀。随着 MCM－D 技术的不断发展,大家都希望采用低阻的铜作为导体。但由于裸铜和聚酰胺酸间的反应不仅会导致铜扩散进入介质层中,同时还会使铜和聚酰亚胺间的粘接性能变低,这就使得采用铜作为导体的金属化工艺更复杂了。为了避免这种不理想的反应,采用阻挡层金属(如 Cr、Ti、Ni),这样就会进一步使减法金属布图工艺复杂化,因为这时还要刻蚀阻挡层金属。另外,对上层阻挡层、中心金属和下层阻挡层的连续刻蚀,会导致侧壁铜的暴露。

由于 MCM－D 基板金属化的蒸发/剥离法源于半导体工艺,在这种附加方法中,先淀积一层厚的光刻胶,并按设定的铜导体图形布图,以便获得一个倒置侧壁图。接下来采用蒸发法把带阻挡层的铜导体依次淀积到基板上。精心优化的光刻胶侧壁图连同蒸发工艺的方向性特征会形成一个不连续的金属淀积层。

半加法电镀铜金属化工艺已用于 MCM－D 工艺中。该方法通过溅射或化学镀先淀积一层薄的种晶层(3 000～5 000 Å)。而铜的大部分厚度则是借助于带图形的光刻胶模板电镀上去的。然后,剥离光刻胶层和刻蚀种晶层,把隔离的导体层留下来。由于电镀铜或化学镀铜的金属工艺成本非常低,且该工艺适于大批量、大面积基板工艺,正如该工艺在印制电路板工业上应用所显示出的具有生产大尺寸基板的特性,所以这种金属化方法将来在低成本的 MCM－D 工艺中一定会有更广泛的应用。

1. 布线层的金属化

铝和铜是 MCM－D 用的主要导体金属。金已被某些 MCM－D 生产商所采用,但它成本高,且和聚酰亚胺的粘接性不好。铝的布线图形是采用减法刻蚀形成的。铜导体线条既可以采用附加镀,也可以采用减法刻蚀来形成。剥离法并不适于用来制备布线层,主要有以下原因:

①剥离设备昂贵。

②需要有 RIE 阻挡层和 RIE 刻蚀挡板(STOP)。

③薄膜结构反复暴露于溶剂会产生问题。

选择工艺时的主要参数如下:

①深孔比。

②容差要求。

③导体金属。

④设备的实用性。

(1)减法刻蚀。

布线层金属既可通过溅射也可通过蒸发来淀积。溅射比蒸发更好,因为这种方法产量较高,且具有共形覆盖通孔边缘的能力。这种真空淀积工艺的线条厚度容差在10%以内。采用正胶光刻确定布线图形,而金属是在含水的溶液中进行湿法刻蚀。线宽通过减法刻蚀工艺来控制。由于减法刻蚀的各向同性特征,所以光刻胶掩模的尺寸要比最终想要的金属线条的尺寸大一些,以补偿刻蚀时的钻蚀,这会使采用减法刻蚀得到的图形具有较低的深孔比。铝的减法刻蚀和铜相比不易钻蚀,这样就可得到更好的线条侧壁图形和线宽控制。

影响线条宽度一致性的其他因素如下:

①在基板的边缘和中心刻蚀速率不一样。

②电化学影响。

③形貌影响。

④刻蚀剂的化学影响。

通过采用适当的旋转或喷洒刻蚀工具可以使基板边缘和中心刻蚀速率的不一致达到最小。由于边界点的测量很困难,所以边界至中心的刻蚀速率的不同可由过蚀来补偿。随着基板尺寸的增加,这一因素变得越来越重要了。同时,随着导体厚度的增加,即使这时的深孔比很好,对线宽容差的控制也会越来越困难。

多层薄膜结构既有采用铜作为导体金属的,也有采用铝作为导体金属的。为了增强铜和聚酰亚胺的粘接性,防止它和聚酰亚胺反应,把铜布线夹在了两层薄的(300 Å)Cr之间。Cr—Cu—Cr结构是采用溅射法淀积而成的,整个三层结构是在两种不同溶液中进行减法刻蚀的。在这一工艺中,布线通道的侧壁并没有覆盖Cr。因为聚酰亚胺对涂Cr的布线通道表面粘接得很好,所以侧壁是否涂Cr并不重要。铝金属化并不需要阻挡层结构,因为铝和聚酰亚胺有很好的粘接性,且不发生反应。

铜导体比铝导体具有更高的电导率,所以选铜更好。但如果采用半导体生产线来生产MCM—D,选铝对降低成本更有利。减法刻蚀铜和铝时的主要缺陷类型是短路,这是由光刻胶裂缝和污染所产生的。总体来说,减法刻蚀是最便宜的布线工艺,当深孔比允许时,可采用这种方法。

(2)附加镀。

附加镀对铜布线和金布线来说,都是切实可行的。采用附加镀有可能形成高深孔比的布线,线宽容差依赖于光刻胶的光刻容差。IBM开发的一种光刻胶可使线宽一致性控制在5%以内。此外,线条厚度也依靠电镀工艺的一致性。要使整个基板的图形密度、图形形状和图形尺寸一致,关键在于控制厚度的一致性。通过优化电镀工艺和电流密度分布,可以把厚度的一致性控制在10%以内。

采用Cr—Cu作为电镀时的覆盖导体层(种晶层)。在电镀和光刻胶去除后,快速刻蚀种晶层。电镀后用一层金属或聚合物把铜图形覆盖住(包住),其功能和减法刻蚀工艺中 Cr 的功能相似。因为这种结构是在光刻胶去除和种晶层刻蚀以后覆盖上去的,所以导线的侧壁也能被盖上。最后得到的线宽度一致性是光刻、快速刻蚀和覆盖一致性的函数。附加镀中检测到的主要缺陷类型是线条的开路。和减法刻蚀不一样,附加镀技术对线条的厚度或基板尺寸没有任何限制。

当钻蚀为 1∶1 时,优先选择的导体线条形成工艺是减法刻蚀工艺。在减法刻蚀工艺中,金属被溅射到最终厚度,这样一来通孔的侧壁金属就会比顶面的薄。当聚合物介质层较厚、导体层很薄时,就可能存在可靠性问题。而在附加镀工艺中,只有一薄层种晶层是采用溅射淀积上去的。由于电镀工艺是各向同性的,这样通孔的顶面和侧壁的金属层厚度就会一致。根据可靠性要求和基板尺寸,附加镀可能比减法刻蚀更好,即使这时的深孔比和线条节距更适于减法刻蚀。

(3)PSPI 光刻/平整化。

光敏聚酰亚胺光刻(PSPI)是在平面结构上形成布线通道的一种方法。前面讨论了 PSPI 通过曝光,在溶剂中显影和热固来布图。采用 Cr—Cu 覆盖层溅射法和电镀法填充在 PSPI 上形成的通道,采用机械平整化去除多余的金属。由于聚酰亚胺层的顶层在平整化时也被去除了,这就对聚酰亚胺的机械性能提出了额外的要求。布线图形密度上的不同会导致 PSPI 固化后侧壁角度的不同。这是由于 PSPI 在固化时厚度会产生 50%的收缩,尤其在图形间距比固化的 PSPI 厚度小的地方更会如此。

为了简化这种复杂的工艺,通孔和布线图形的金属化采用相同的金属淀积和平整化步骤(IBM 称之为双层金属,DLM)。布线通道的厚度容差由平整化工艺控制,可达 15%。

2. 通孔金属化

在 MCM—D 模块的生产过程中,已成功地采用了几种不同的通孔金属化工艺。多数 MCM—D 技术中通孔侧壁的金属化都是和下一层金属的淀积同时进行的,从而和前面金属层间形成电连接。因为这种金属化方法在通孔附近会产生明显的形貌特征,所以在这种 MCM—D 设计中,常采用阶梯孔结构。尽管这种结构大大影响了 MCM—D 可达到的最大互连密度,但多数 MCM—D 样品基板的设计都能适应这种通孔结构。实心金属通孔填充工艺可以满足专门的、要求采用堆积孔结构的 MCM 设计,当然,它们所用的工艺步骤也要多得多。在这种高密度的互连中,整个加工过程都要求基板保持平整。通孔填充工艺有多种,如化学镀镍的通孔填充工艺、蒸发/剥离通孔填充工艺和采用连续的介质层淀积及重叠法形成的通孔柱。

3. 端子金属化

端子金属是由连接芯片用的压焊区和位于信号层及电源层上面需要键合的区域构成。端子金属工艺与布线层工艺相似,但需要淀积的金属范围更广。由于芯片连接工艺对缺陷和污染很敏感,所以对大部分端子金属的表面成分要求很苛刻。端子金属的叠积范围从 Cr—Cu 结构一直到 Cr—Cu—Ni—(<1 500 Å)Au 结构,前者适用于具有有限返工和再流要求的倒装芯片焊接,后者适用于具有多次再流和返工要求的倒装芯片连接。而引线压焊需要 Cr—Cu—Ni—(>1 μm)Au 结构。镍在金与铜之间起扩散阻挡层的作用，镍层与锡基钎料反应速度较慢，具备优异的耐钎焊特性。此外，也可采用 Co 作为扩散阻挡层。端子金属可通过下列方法形成：

①金属掩模蒸发。

②附加镀。

③剥离。

如果只需用铜作为端子金属，就像金属化－陶瓷－聚酰亚胺工艺一样，可采用减法刻蚀。

端子金属工艺的选择根据如下：

①工具的实用性。

②基板类型。

③上表面图形的尺寸和形状。

④成本。

金属掩模蒸发是淀积端子金属的最简单方法，但它对多层薄膜生产并不太适用。为了使基板和金属掩模接触紧密，金属掩模必须与基板共形，如硅基板。刚性的共烧陶瓷基板由于在图形周围有阴影，因此妨碍了这种掩模蒸发方法的应用。这种方法适于形成键合点，但不适于形成精细线条。

附加镀由于具有较低的启动成本及操作成本，所以被选作了多层共形通孔结构的端子金属化工艺。该工艺的工艺流程及工艺局限和前面布线一节所描述的类似，只是不需要对图形进行覆盖。

剥离技术在 IBM ES 9000 处理器的端子金属形成过程中得到了实践。剥离的模板既可以是双层的，也可以是三层的。由于端子金属是蒸发上去的，所以金属 Cr、Cu、Ni、Co、Au 都可以采用。三层剥离模板由可溶的 PI＋RIE 阻挡层＋光刻胶构成。图形在光刻胶上形成，通过 RIE 把图形转移到 RIE 阻挡层和可溶的 PI 上。端子金属蒸发后，在有机溶剂中剥离模板。采用这种工艺可得到比 1∶1 还好的深孔比。

为了使产品耐用，需要用 RIE 阻挡层来保护下面的布线层和介质层。这可以通过在掩模版形成前溅射 Cr－Cu－Cr 覆盖层来实现。在 ES 9000 处理器工艺中，Cr－Cu－Cr 阻挡层兼作冗余金属层，以提高下面布线层的成品率。采用光刻法覆盖端子金属和冗余的图形。其余的覆盖层采用减法刻蚀去除。该工艺的主要缺陷是短路，这是对 RIE 阻挡层进行减法刻蚀时产生的缺陷所造成的。

总之，金属掩模蒸发工艺是一种可取的端子金属形成工艺，但只有在硅基板上才能实现。

附加镀是一种低成本的工艺，更适于共烧陶瓷基板。剥离工艺和附加镀相比，工艺步骤增加了一倍，关键工艺步骤也更多，采用剥离法形成的端子金属要比附加镀和掩模蒸发工艺形成的端子金属价格更昂贵。

6.3.4 平整化工艺

对多层薄膜封装工艺（如通孔形成工艺和金属化工艺）来说，无论采用哪种涂覆技术，平整化都是一项非常重要的任务，它对封装性能和生产工艺都有很大的影响。平整化就像依赖于几何形状的特性阻抗那样必须保持一定的性能。阻抗的变化可以引起信号反射,从而导致逻辑错误。几何形状也影响着线条电阻,而线条电阻反过来又决定了功率损耗和产生的热量。此外,随着线条变窄,电迁移现象会变得越来越突出,为了减少电迁移造成的失效,应减少厚度变化。光刻的分辨力取决于能量吸收情况和聚合物薄膜的厚度,薄膜厚度的变化会导致分辨力下降。还有一个问题就是介质层击穿,如果介质层在某一点太薄,这一点的强电场就可能造成击穿,从而损害封装功能的完整性。最后,随着布线密度的提高和图形尺寸的缩小,成品率和可靠性将降低。简言之,就电学性能而言,平面结构较理想,但大多数情况下,平面结构会使工艺复杂化,显著地增加封装工艺的成本。随着深孔比的增加,对平整化的要求越来越高。高密度封装电路意味着线条更窄,为了防止电阻变得更高,可通过增加导线厚度来保持横截面积,但这样台阶高度就变大了。平整化的目的就是通过某种聚合物涂覆法或机械抛光法来减小台阶高度。

聚合物薄膜涂覆的一个重要工艺要求就是平整基板表面形貌的能力。流平度(DOP)参数是由 Rothman 最先用来描述这种工艺特性的。流平度是以涂覆所获得的表面特征形貌的部分降低来定义的。很明显,100%的流平度对应着全平的表面,而 0%的流平度则正好相反。

聚合物涂覆的流平度依赖于很多因素,包括聚合物材料的性能、涂覆技术、烘烤和固化方法,以及下表面图形的几何形状。聚合物溶液的溶质含量和黏滞性是影响流平度的最重要的材料性能。溶质含量高和黏滞性低的材料由于其收缩率低且易流动,可增强流平度,但这两种性质通常是相互矛盾的(如溶质含量高会增加黏滞性)。涂覆方法对流平度影响的资料很少。对旋涂膜的流平度研究表明,高的旋涂速度和旋涂期间的溶剂蒸发会降低流平度。旋涂时的流平度依赖于表面张力、黏滞力、离心力和重力间的平衡关系。表面张力和重力趋于使膜平整,而离心力和黏滞力则尽量使膜共形。除了这些共形力以外,其他问题和旋涂有关,尤其随着图形尺寸和流平度要求的提高,更是如此。首先,蒸发和基板上部空气的涡流会使整个旋涂基板的表面不均匀。厚度不仅和径向有关,还会随着金属线相对径向变化的方向性而变化。在线条和流动方向垂直的地方,材料会增厚。把这一点和收缩的影响结合起来,如果这时的图形尺寸又太小,那么旋涂法就不再是一种合适的方法了。烘干、曝光和固化对流平度的影响十分复杂,且与材料有关,没有一个可遵循的工艺标准。流平度的降低是由两种工艺共同引起的:烘干和固化。在烘干和固化时,溶剂蒸发,从而使聚合物交联起来。在某一温度会发生从液态到固态、从能流动到不能流动的转变。这种转变发生得非常快,而且临界点是和流动的消失相联系的。当聚合物是液体时,表面张力会使表面趋于平面化。过了临界点,溶剂继续挥发,薄膜涂层就收缩到它原来高度的一定百分比。由于涂层高度随下面的形貌变化而变化,所以不同的地方,高度收缩的程度也不同。从理论上讲,当所涂聚合物易于流动时,流动持续时间较长,薄膜在溶液不再流动的临界点以后收缩得最小时,得到的流平度最好。聚合物涂覆的流平度对下面基板形貌的依赖性分为三种形式。第一,基板上台阶高度越小,得到的流平度就越好。第二,大图形上的流平度要比小图形上的差,换句话说,在大图形上易得到共形涂覆,而在小图形上至少可以得到部分平整的涂覆。第三,影响流平度的基板形貌是图形的分布,孤立的图形比密集的图形易于平整。这种差别是由于孤立图形周围的聚合物液体要么流入图形，要么从图形流出，具有很强的保持力。

IBM 在其 ES 9000 处理器的平面多层铜－聚酰亚胺薄膜基板工艺中，采用了机械抛光法。这种平面结构由于采用了叠积柱状的信号线和电源线通孔结构，所以具有优良的阻抗控制和较短的电流路径及由此产生的较低的电压降的优点。另外，叠积柱在多层薄膜结构中占用的面积较小，因而提高了布线密度。IBM 公司在运用叠积柱工艺时进行了两处改进：一是双层金属工艺(DLM)，在这种工艺中，采用机械抛光法去除多余的金属进行平整化；二是后来开发的采用机械抛光法去除多余的聚酰亚胺进行平整化。

还有一些其他方法可以实现多层互连的平整化结构。Hitachi 公司证实了采用全加法化学镀铜实现平整化结构的可行性；Oki 电子工业有限公司开发了一种等离子体刻蚀技术的平整化工艺。在后一种工艺中，把一种可牺牲的或易受侵蚀的光刻胶层涂在聚酰亚胺层上面作为平整层，然后连同多余的聚酰亚胺一起用等离子体刻蚀法刻蚀掉。等离子体选择要恰当，以使光刻胶和聚酰亚胺能以同样的速率被刻蚀。

6.3.5 修复工艺

薄膜封装生产面临的一个关键性问题是能否在大型基板的整个表面上形成无缺陷的布线。要以合理的复杂性取得切合实际的成品率，需要发展新型的、能对薄膜结构的每层进行缺陷探测与修复的技术。这一问题作为复杂多层薄膜结构加工过程中的一个主要障碍已被重视。

最好的修复方案就是不需要修复，集中精力控制生产工艺来防止缺陷，这要比把财力、物力都花费在寻找缺陷和修复缺陷上更合适。然而，这种方法忽视了生产环境的现实性，薄膜生产过程并非总能达到不需要修复的控制水平，即使控制得最好的工艺，缺陷的影响还是很明显的。

薄膜封装中需要修复有缺陷的导体或调整导体图形。一个电路可能由于设计或性能原因需要重新布线或优化。通常由生产过程中产生的缺陷造成短路或接近短路，还可能因缺少金属化而形成开路或接近开路。

薄膜封装结构在设计和加工时，就应考虑到修复问题。例如在设计 IBM ES 9000 系统级封装时，用一种可修复的表面薄膜布线层取代了通常埋藏在多层陶瓷中的不可修复的信号再分配布线。

薄膜加工工艺的选择也会极大地影响产生的缺陷类型，希望倾向于产生某一特定缺陷的工艺。例如，加法工艺(如剥离)产生的开路比短路多。了解缺陷对所采用的生产技术的敏感性，就有可能把缺陷限制在那些更容易修复的类型范围之内。因为通常去除或去掉材料比增加材料更容易，所以短路比开路更易修复。通过采用适当的修复技术，可以把生产过程中产生的各种缺陷很容易地进行修复。

修复有缺陷导体的技术主要取决于图形尺寸和所采用的材料。采用薄膜技术制造的元器件，几乎包括所有的半导体器件和高性能的封装器件，它们的导体尺寸一般都小于 25 μm，与采用厚膜技术(电路尺寸通常大于 100 μm)制造的元器件相比，对修复技术的要求则差别很大。

对于像印制电路板或多层陶瓷基板上的大尺寸电路的修复，可以采用更传统的机械调整措施来进行。修复厚膜电路中的缺损导体有很多方法。

薄膜尺寸上的要求限制了它的修复技术。通常激光或其他有向能源在调整和修复微电路方面起着重要的作用。采用这些能源对导体膜进行局部淀积，对薄膜材料进行局部去除，是目前普遍采用的方法。

采用局部去除的方法对缺陷进行修复的一个明显缺点就是必须顺次找到并修复每个缺陷。一种代用的方法是冗余或者平行工艺，另一种方法可查阅可编程的互连结构的半定制 MCM。在这些方案中不是更换有缺陷的网络，因为所有的布线方法都可以进行预先测试，有缺陷的部分可以被标记出来，并加以识别，所以缺陷只分布在定制部分的外围。

1. 缺陷的检测和修复

即使环境控制得很好，仍会产生一些缺陷。尤其在硬件的建立和调试的最初阶段，因为此时快速周转和资产的利用非常关键。除了集中精力控制污染来消除缺陷外，还应有一套缺陷探测和修复的系统作为成品率控制的一种有效工具。典型的缺陷探测和修复方案依赖于自动检验技术和电子测试方法。应用这些方法，可以很容易地识别并精确定位有缺陷的网络。

检验和测试是互相补充的，在产品性能方面有微小差别。检验一般能找出导致可靠性或性能问题的物理变化，这通常是通过目检发现的。随着图形基本特征的缩小和电路密度的增加，机械观测系统在检验区起到了越来越重要的作用。然而，检验会增加大量的成本和工艺时间，当采用人工操作时，还会增加劳动强度。

从电学方面讲，电测试可以保证组件的电气功能，它既可以模拟由封装所透视出的实际工作环境，也可以以各自偏压检测每个器件或电路的性能。

正常情况下，无论是检验还是测试都不能识别出可能产生的所有缺陷。许多电学缺陷不能用物理现象来表示，因此可能出现漏检。相反，许多可靠性问题并不是以电学形式直接表示的，但当目检时，却很明显。找到缺陷探测方案与产品可靠性间的正确关系是生产操作成功的一个关键因素。

IBM 已建立起了一套具有代表性的缺陷探测和修复系统，用在计算系统的薄膜封装结构中。利用电子测试和自动检验仪器所提供的信息，可以很快识别出有缺陷的布线图形，还可以确定每一种缺陷的实际坐标和类型，这一信息以电的方式传递给修复仪器，并开始相应的修复操作。

为了充分发挥缺陷探测系统的优点，要求具有对开路和短路都能进行可靠修复的技术。

通常在多层薄膜结构加工过程中产生的缺陷可分为层间和层内开路、短路两大主要类型。尽管层间缺陷的修复在某些情况下也是有可能的，但修复工作通常只对层内缺陷进行。

2. 短路的修复

用激光切割法去除金属膜已成为电子器件生产过程中一项非常重要的操作工艺，这项技术已被扩展到薄膜电路中多余金属缺陷类型的修复工作中。薄膜封装工艺中所采用的许多导体的蒸发温度都比介质基板的熔化温度高。对于作为层间介质有着越来越重要作用的聚合物来说更是如此。这就要求在选择修复的工艺条件时，要考虑到激光去除工艺的实际情况。

为了保证洁净地去除金属，希望采用的激光点要大于被去除的图形，结果只有部分入射光束辐射到介质层上。因为多数聚合物对可见光和红外光吸收较弱，这样当传送来的激光辐射被表面结构吸收时，就会对薄膜结构产生严重的损害。介质层对激光辐射直接吸收或者热能从辐射区传递到它下面的基板时，还可能产生附加损害。为了避免在激光金属去除过程中产生热损害，通常采用Q—开关的固态或激发态激光器来得到短激光脉冲，尤其当介质层对热敏感时更应如此(实际上大多数聚合物都是这样)。长脉冲通常只用于无机介质层，如玻璃和陶瓷。这些材料除了在高温下稳定外，与聚合物相比，它们还具有较高的热扩散能力，能很容易地耗散掉微秒或毫秒的激光脉冲传送来的热量。其他关键性的激光参数(如波长和脉冲能量)要适当地加以选择，以使激光既能有足够的强度切割掉导体，又能使辐射区的热损害及吸收损害最小。例如，激发物激光的紫外辐射被大多数微电子领域应用的聚合物强烈地吸收。如不加以控制，这种相互作用就会导致辐射区的聚合物剥离，从而使介质层的完整性遭到破坏。图6.13所示是聚酰亚胺表面上准分子激光的短路修复。

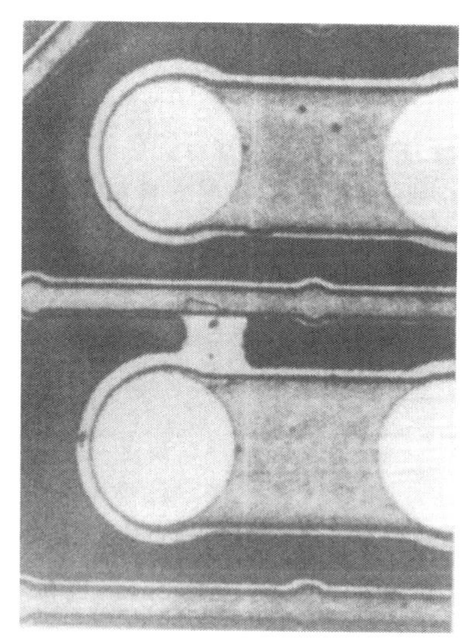
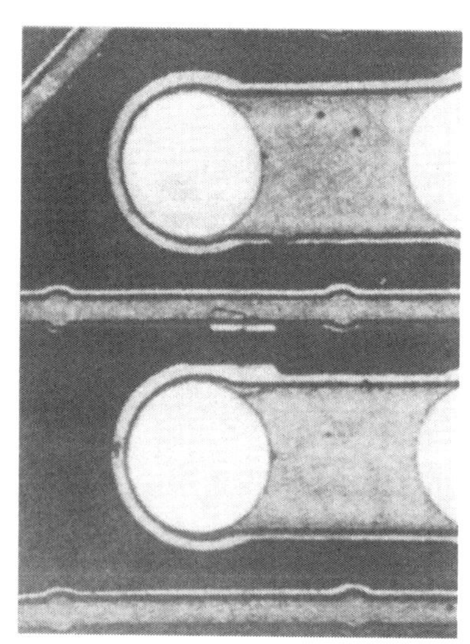

图6.13　聚酰亚胺表面上准分子激光的短路修复

随着薄膜封装结构尺寸的缩小，激光去除技术逐渐失去了活力，主要是因为所采用的激光波长限制了光束的聚焦点尺寸，实际限制大约为0.5 μm。尽管激光对于当前薄膜封装结构的尺寸仍然适用，但现已找到了另一种去除材料的方法，即聚焦的离子束(FIB)。离子束通过溅射来去除材料，从材料表面轰出原子或分子进入真空中。FIB法解决了激光去除技术的许多问题，正成为一种通用仪器，尤其对于VLSI工艺。FIB具有亚微米聚焦能力、良好的材料选择性和深度控制能力。

尽管传统的光刻技术工艺密集、成本高，但它也是一种材料去除的方法。在减法刻蚀工艺(如湿法或RIE)中，可以采用抗蚀层或聚合物层保护图形，这样就能把不想要的材料去除掉。

3. 开路的修复

讨论最多的薄膜电路修复方法就是激光化学气相淀积(LCVD)，这种方法既包括由气相初级粒子所形成的淀积，也包括由凝聚态初级粒子所形成的淀积。局部的激光淀积可通过光化学方法或者是加热的方法来实现，前者是应用激光来引发淀积层的初级粒子发生光化学反应，后者是应用激光或有向能源来局部加热基板表面。典型的气相工艺是把基板浸在含有被离解的金属有机化合物分子的蒸气当中，然后用激光束照射整个系统。通过热解和光解，或是两种方式的结合，激光束能把气相中的分子激活，或者是把分子激活成一种可吸附的层。

尽管光化学激励的淀积反应可以提供优良的分辨力，但淀积的膜常常会被碳污染，电学性能较差。因此，这种方法用于直接修复金属化的使用价值受到了限制，这样热解工艺就几乎成为唯一可行的修复方法了。

图 6.14 所示是激光化学气相淀积工艺简图。

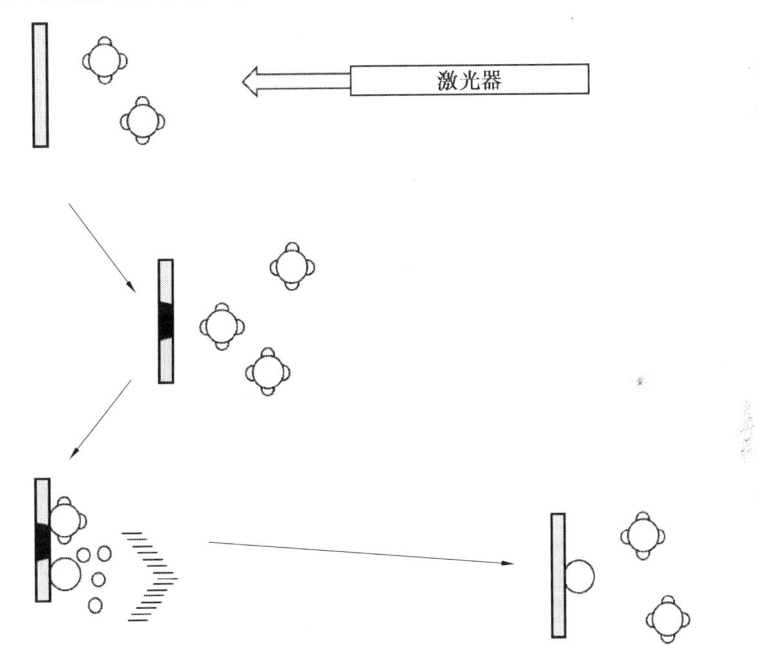

图 6.14 激光化学气相淀积工艺简图

热解工艺与传统的化学气相淀积法非常相似，即采用激光束局部加热基板，当母分子通过和表面碰撞激发分解时，就会放出反应原子。要产生足够的热，金属有机化合物分子必须足够透明(可被激光透过)，基板和其上的膜对激光辐射必须能有效地吸收。

现有初级粒子的范围较广，用于微电子学激光淀积的金属有:铝、铜、金、铂、钨、铬、钛、钴、镍、铅、锡、钯等。要形成好的膜，就必须使成核条件和生长条件在由基板所确定的热环境限制之下达到最优。

有缺陷导体的成功修复已经在许多薄膜封装结构上通过金膜的激光淀积实现了，这种金膜是通过采用一种波长为 514.5 nm 的氩离子激光束从二甲基－Au－三氟乙酰丙酮中得到的。

典型的修复采用的参数主要取决于所选用的介质层，最初的扫描条件是用来引发淀积的，它并不损害热敏感的聚合物介质层。随后要增加激光扫描能量，以形成理想的淀积厚度。实际的扫描条件由要修复的缺陷类型和结构所决定。

在热敏感的介质层上激光淀积高质量的金属膜的另一种方法是将连续激光转换为高重复率的脉冲激光。NEC 已证明采用这一方法可以从二甲基－金－乙酰丙酮和它的三氟化合物中得到高质量的金线条。采用一种高重复率的倍频钕－YAG 或铜蒸气激光器（脉冲宽度为 20～70 ns）的矩形扫描束已经在聚酰亚胺介质层上形成了 10 μm 厚的化学纯膜，电阻率低达 4.0 μΩ·cm，且对聚合物几乎没有热损害。所形成的淀积层有较高的化学纯度、较低的电阻率，且和基板及金属图形都可形成良好的接触。这种膜通常为晶状结构，且带有一些俘获孔。尽管淀积膜的质量很高，但在新淀积的金属和原来的电路间很难形成良好的电连接。例如，原薄膜电路的金属结构可能是多层的，上层是氧化了的阻挡层金属，形成了保护性的绝缘层。在形成好的连接前，必须去除上面的保护层。一种方法是在淀积修复前，采用脉冲激光局部剥离互连点的金属。这种局部剥离可通过调节激光束的通量和改变脉冲数很容易地加以控制。

如图 6.15 所示是采用 LCVD 工艺的开路修复。该工艺是专为陶瓷结构的典型薄膜而研制的。改变工艺条件就可以使修复适用于更广范围的介质层、金属结构和线条结构。采用 LCVD 工艺，在氧化铝、玻璃－陶瓷和许多不同的聚合物介质层上已经进行了成功的修复。

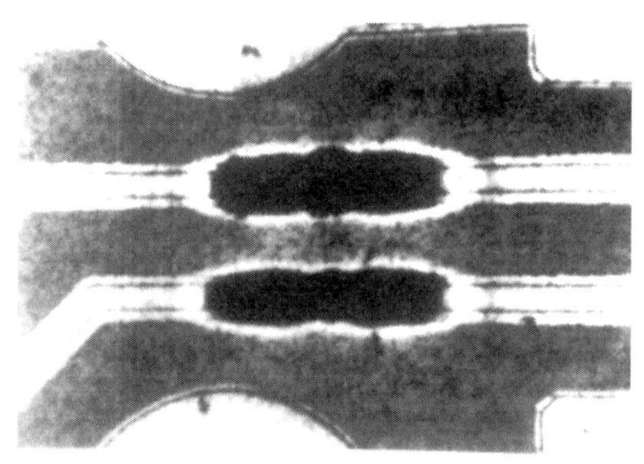

图 6.15 采用 LCVD 工艺的开路修复

金属－有机物初级粒子坚实薄膜的激光描绘法是一种很引人注目的替代气相工艺的方法。用于激光描绘法的初级粒子必须满足一定的先决条件。它们必须能够形成均匀的膜、具有较高的金属含量、具有足够的光吸收能力，以及具有在相对低的温度下分解的能力，且生成的副产物能完全分解和挥发。金属－有机络合物可以满足这些要求，但多数材料缺乏良好的成膜特性。在这种情况下，金属络合物就和一种相匹配的有机成膜材料相结合，通常是聚合物。可采用的金属络合物很多，包括钯、铂、银、金及铜，它们都已用于在各种条件下形成金属膜。

一些新的技术方法也正在形成。导体局部开路可通过通电有选择地加热，并使导电材料产生淀积。这种修复方法具有自对准和自限制能力，因为随着修复的逐步形成，热驱动力也逐步下降。Partridge 等通过在修复前于开路区形成一个导体连接，已把这种技术扩展到了开路导体的修复当中,他们把这种技术称为自发修复。尽管通常都采用镀液来实现自发修复,但采用气相热解法也是有可能的。

通过采用引线或焊料技术,也可以把传统的键合方法扩展到薄膜封装中小尺寸线条的修复中,这种方法既可以对加工工艺过程中发现的缺陷进行修复,也可以对更高一级的安装过程中产生和发现的缺陷进行修复。其中更高一级的安装过程中由于存在着有源或无源器件,可能会对所采用的技术有一定的限制。图 6.16 所示是开路缺陷的引线键合修复。

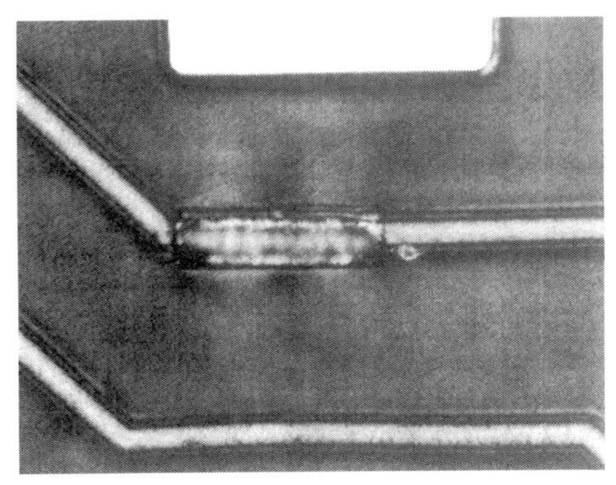

图 6.16 开路缺陷的引线键合修复

开路的修复方法也可以利用标准的光刻工艺技术,首先把要修复的区域覆盖一层光刻胶,然后采用适当的光源对有缺陷的区域曝光,并显影光刻胶。这种方法与其他方法的一个不同之处就是可以选用合适的聚合物膜来覆盖缺陷区,并采用定向 UV 激光剥离法露出开路区。金属区可采用传统的蒸发或溅射技术淀积形成,然后采用标准的剥离技术去除未显影的光刻胶或聚合物和不想要的多余金属,留下修复的金属。

4. 其他修复方法

还有一种修复方法是增加缺陷容限。这种方法不是修复有缺陷的电路,而是提供冗余的或可替代的布线路径。尽管这种方法不需要实际找出并修复缺陷(功能性的损失就是充分的证据),但要求把主要的图形作为备用图形使用。

也可以把减少缺陷敏感度的工序看作是增加缺陷容限,其方法如涂覆层间介质层时采用多层涂或提供双层介质层。垂直方向上的布线也可以布成冗余结构,这样同一层上某个缺陷的影响就可以通过另一层来消除。

还可以采用由两个独立加工的光刻层所组成的冗余布线结构来减少加工过程的缺陷敏感度。这种垂直方向的冗余结构能有效地消除开路缺陷,但会增加短路的可能性。在生产大型且复杂的器件时,冗余图形或备用图形可以克服低成品率问题。这种方法主要依靠多余的电路元器件,这些多余的电路元器件可以通过测试、连接或断开连线及再测试来代替不工作的元器件,以得到理想的整体功能。尽管这种方法在薄膜封装结构中应用得不广,但在集成电路的生产,尤其是在存储器芯片的生产过程中,却被广泛应用。在存储器芯片内部备有额外的行线条或列线条,经初步测试后,可以用它们代替不工作的行或列。这种可编程的调整方式通常采用激光切割来断开电路单元,激光焊接再次连接电路元器件，从而可大大提高成品率和缺陷容差。

高性能封装设计的一个主要特征是便于修复组件，并具有工程更改(EC)的能力。工程更改是一种芯片或模块能从载体上拆除并单独更换的工艺，或者通过该工艺进行重新布线。要拆除某个芯片的信号端与封装布线网络间的连接，并把该端子重新和其他的网络或芯片端子连接起来，需要有专门的技术。工程更改可以用来更换有缺陷的信号线，并重新连接，以纠正设计上的错误。在生产上，可以采用这种方案来提高成品率，用激光去除并断开有缺陷的网络，并在上表面增加一些分立的工程更改线来实现再布线。

修复的过程和方法必须能够保证所修复的电路与它完好时一样可靠。修复的完整性通常通过功能应用和/或可靠性测试来确定。

可靠性应力测试的目的是模拟以后的工艺或场区的使用条件。这可能包括以下内容：①热循环测试，模拟焊接和芯片用的高温炉循环(温度为 360～380 ℃)，及模拟机械功率开关循环(0～100 ℃)的条件。②温度和湿度测试，检测修复工艺对介质层的完整性是否造成破坏，通常温度为 85 ℃，相对湿度为 85%，在有偏压和无偏压两种情况下进行检测。③加速条件下的电迁移测试，其目的是为了确保开路修复时形成的新的金属化结构在长期通电的条件下能够可靠工作。

本章参考文献

[1] RAO R T, EUGENE J R, ALAN G K, et al. Microelectronics packaging handbook [M]. 2nd ed. Boston: Publishing House of Electronics Industry, 2001.

[2] SAVORNIN B, BAILLIN X, BLANQUET E, et al. New method to evaluate materials outgassing used in MEMS thin film packaging technology[J]. Microelectronic Engineering, 2013, 107: 97-100.

[3] CHARLES A H. Electronic packaging and interconnection handbook[M]. 4th ed. New York: McGraw-Hill Education, 2005.

[4] REDMOND T F, LANKARD J R, BALZ J G, et al. The application of laser process technology to thin film packaging[J]. IEEE Transactions on Components, Hybrids, and Manufacturing Technology, 1993, 16(1): 6-12.

[5] RICHARD K U, WILLIAM D B. Advanced electronic packaging[M]. 2nd ed. New York: John Wiley & Sons Inc, 2006.

[6] LAU J H. Semiconductor advanced packaging[M]. Singapore: Springer Nature, 2021.

[7] SCARDELLETTI M C, VARALJAY N C, OLDHAM D R, et al. PECVD silicon carbide as a chemically-resistant thin film packaging technology for microfabricated antennas[C]//2006 IEEE Annual Wireless and Microwave Technology Conference. IEEE, 2006: 1-5.

[8] PORNIN J L, GILLOT C, BILLARD C, et al. Low cost thin film packaging for MEMS over molded[C]//3rd Electronics System Integration Technology Confer-

ence ESTC. IEEE, 2010: 1-4.
[9] WOJNOWSKI M, ENGL M, BRUNNBAUER M, et al. High frequency characterization of thin-film redistribution layers for embedded wafer level BGA[C]//2007 9th Electronics Packaging Technology Conference. IEEE, 2007: 308-314.
[10] TÖPPER M, FISCHER T, BAUMGARTNER T, et al. A comparison of thin film polymers for wafer level packaging[C]//2010 Proceedings 60th Electronic Components and Technology Conference(ECTC). IEEE, 2010: 769-776.
[11] JENSEN R J. Recent advances in thin film multilayer interconnect technology for IC packaging[J]. MRS Online Proceedings Library(OPL), 1987,108:73-80.
[12] LEE J W, SHARMA J, JIAN W, et al. Optimization of etch-hole design for the thin film packaging[C]//2013 IEEE 15th Electronics Packaging Technology Conference(EPTC 2013). IEEE, 2013: 130-134.

第7章　芯片互连

芯片和封装之间的电连接称为芯片级互连，通常有以下三种技术：引线键合（WB）；载带自动键合（TAB）；倒装芯片键合（FCB），也叫作可控塌陷芯片连接（Controlled Collapse Chip Connection，C4）。

芯片级互连最基本的功能是为基板的电源和信号线分布提供电通道。电学参数（如电阻、电感和电容）在每种互连设计中都要定量分析，因为每个参数都会影响到整个系统的性能。此外，FCB和TAB的设计为芯片提供了机械支撑，用密封胶包封芯片的金属化，或是通过减小互连中的应力来提高强度。因为任何一种电导体也是良好的热导体，所以某些互连要和封装材料一起来设计，以便更好地耗散芯片产生的热量。因此，每种互连都要具备电、机械和热的功能。选择哪种互连技术具体取决于芯片和基板上的I/O连接的数量、间距以及成本。

在早期的分立晶体管年代（1955—1960年），只有一种芯片级互连方法，即热压引线键合。该技术源自贝尔实验室，它是伴随锗和硅半导体技术而产生的。在典型温度（350～400 ℃）下，将金丝热压键合到芯片的铝焊盘上，结果发现在Au－Al间形成过量的金属间化合物（紫斑），致使键合强度变差。另外，由于手工操作，晶体管的可靠性依赖操作水平。因此晶体管成本很高、产量有限、可靠性差，业界要寻找更好的方法。

贝尔实验室和IBM公司的办法是将芯片去掉密封外壳，做成更小且不易损害的元器件。贝尔实验室是在芯片上涂覆一种氮化硅复合材料以保护结区，而表面的金引线用梁式引线，以使互连免受刻蚀。IBM公司是用薄的玻璃钝化层覆盖芯片表面和铝基布线，焊料凸点把芯片和封装互连在一起。贝尔实验室和IBM公司的芯片通常是以面朝下即"倒装"的形式安装到具有薄膜或厚膜布线和无源元器件的陶瓷基板上，然后芯片用硅胶包封，以免暴露的电极间形成连续的水膜和电解金属迁移。随着第二代晶体管在计算机和通信业的应用，步入了非气密封装的混合封装时代。

集成电路中的集成和密集化技术已从印制板、卡和模块逐渐转向芯片本身电路间的布线和互连。芯片周边I/O数的单排或双排连续的引线键合一般能满足逻辑电路陶瓷和塑料封装的需要。当今的自动引线键合速度非常快，效率非常高，其可靠性也可与20世纪60年代初期的手工键合相比拟。若要保持小的芯片尺寸，周边排布的I/O节距就必须更细，可以实现500～600个连接点，这就必须用TAB键合来取代引线键合。另外，周边式焊料凸点发展到面阵式的C4结构，芯片的整个表面被C4所覆盖，其最高I/O数可高达2 000～3 000。与引线键合不同，当芯片为晶圆时，C4和TAB都要求在芯片表面形成凸点。无论过去还是现在，芯片上制作凸点都是限制C4和TAB广泛用于商用器件的重要因素。对于一定的键合图形来说，制作凸点是一种附加支出和工序，但在VLSI时代，制作凸点可能是必要的。通常，为了在晶圆上制作凸点，在芯片最后的布线层上必须制作氧化硅、氮化硅或聚酰亚胺作为钝化层，用它来保护精细芯片布线免受刻蚀和机械损伤,即使在先进的引线键合的芯片中也是如此。

本章主要介绍WB、TAB和FCB三种芯片级互连技术的材料、设计、制造工艺、应用和可靠性等方面内容。

7.1 引线键合

引线键合工艺是器件组装中最早的工艺技术。贝尔实验室在1957年报道了它在键合工艺上的第一个成果,当时称为热压键合技术,并开始联系设备制造商以提供生产设备。在开发了几种实验室用键合设备后,Kulicke 和 Soffa Industries 公司在1963年为早期的半导体工业推出了首台商用引线键合设备。随着工艺设备的实用化,键合工艺也得到了广泛的应用。到1970年,为降低键合的工艺温度,又引入了超声(U/S)键合技术和热超声(T/S)键合技术。

早期的键合装置劳动强度很大,所有的键合定位和移动都是靠手工完成,设备操作者通过显微设备先估算手动的大致距离,再操纵手柄来完成整个工艺过程,这样带来的问题就是键合区上键合引线的位置依赖于每个操作者的熟练程度,而引线弯曲的形状更是有赖于操作者的技巧。

热压(T/C)键合工艺成了商用元器件安装的最优工艺。铝丝楔形键合为军用级器件键合区提供了单金属连接。当凸轮驱动的半自动设备出现在市面上时,T/C 金丝球键合台成为最受欢迎的设备,其原因是:①工艺周期短,不像楔形键合台那样需要旋转器件;②金丝可以封在非气密塑料封装中,不易受湿气刻蚀,比铝丝适应能力强。

然而,早期键合工艺仍有未解决的难点,在发明电打火之前,焊球形状是靠用 H_2喷灯加热形成的,此工艺不能得到尺寸满意的一致焊球,而且经常会烧毁球上方的金丝。实际上,球上方出现局部熔融区是正常的,一般称为颈状收缩,或简称颈状区(即使今天颈状现象已不复存在,但组装工程师仍常使用此词)。现在采用高度受控的电打火(Electronic Flame Off, EFO)技术可以获得一致的焊球,而这一区域不会发生明显的损坏。

早期键合工艺最严重的问题是冶金焊接失效带来的器件可靠性降低。20世纪60年代初,一般实际键合温度为350 ℃,因为需要高温提供给金丝和铝键合区发生相互扩散的激活能量。当键合发生时,纯金丝和铝键合区之间可生成五种金属间化合物合金,其中有些非常脆,极易在温循过程中发生失效。这些脆性化合物中,有一种是 $AuAl_2$,呈紫色,它出现在失效的键合部位,很具特色,常称之为紫斑。

如果失效机理不完全是紫色 $AuAl_2$所致,那么可以发现与上述这些化合物有关的第二种失效机理。在高温过程中,如环氧树脂固化、陶瓷封盖和稳定的烘烤等,Au 原子会连续快速扩散进入富 Au 的合金化合物,如 Au_5Al_2,而在两种材料的交界区域留下空穴,称为 Kirkendall 空穴。在相同条件下,Al 原子也会快速扩散进入富 Al 化合物 $AuAl_2$,在它们的边界区也留下了 Kirkendall 空穴。这种现象发展至极端,空穴不断增多并扩大形成薄弱的平面,极易断裂,带来的后果就是电路开路或是键合球剥离(脱键)。

这些可靠性问题太严重,以至于不可能通过局部的工艺调整来解决。为了解决这些问题,工程师们考虑改变芯片与封装的连接方式,如采用倒装凸焊点工艺、梁式引线框架结构、TAB和一种新的引线键合工艺。到了1970年，推出了U/S键合，将键合加热温度降至200 ℃，可以大大减缓脆性组分相互扩散的速度。自从T/S键合设备出现以后，早期的工艺难点和可靠性问题很容易地得到了解决，而实际上，很多封装工程师只是从历史文献中得知紫色金属间化合物和Kirkendall空穴，但并未切实观察到。引线键合工艺在开始时存在很多问题，经过发展，至今它的成品率和可靠性都很高，其发展速度是惊人的。

现在，通过采用先进的设备和适当的工艺控制，基本上解决了可靠性问题。几代伺服控制器早已替代了手工操作系统，以便为键合提供压力。提供超声波能量的自由振荡器已被锁相环电路替代，后者由微处理器来控制频率、电压、电流和时间。

如上所述，目前EFO电路控制着一个完全可重复的焊球成型工艺。键合材料的纯度也限制着键合参数的精确控制。现在引线及镀涂合金也严格规范化了，通过自动化生产和严格控制引线的化学处理、热处理/退火，保证每批引线的机械性能都有很高的一致性。在键合工具(毛细管和楔形劈刀)的制造过程中，研磨/抛光操作也采用了键合设备中的伺服控制技术，过去是靠手工来生产的。

现在的封装工程师可以选择专用的工具和引线来进行独特的封装设计。凭着对每种制造工艺的近30年研究，这些产品均可以重复生产。

7.1.1 引线键合概述

引线键合是半导体器件最早使用的一种互连方法，多年来一直在努力克服可靠性、可制造性及成本方面存在的缺点。因此，在半导体产业界，引线键合仍然是芯片连接的主要技术手段。实质上，所有的动态随机存取存储器(DRAM)芯片和大多数商业芯片在塑封中仍一直采用引线键合，而且大多数集成电路封装的内互连也是由引线键合来实现的。因此，了解此工艺是非常必要的。本节将描述基本的引线键合工艺，并侧重冶金学、材料和典型应用的介绍。

引线键合不同于C4和TAB技术，在引线键合中，电子封装的互连键合是在器件的每个I/O端和与其相对应的封装引脚之间键合上一根细丝，一次键合一个点，这与将互连材料预制成连接图形的方法相反。引线键合的优势在于其灵活性。引线键合的改变很容易实现，无须昂贵的工具或更换材料。在大约数分钟内就能教会并存储一种新的键合程序，而使新器件可即刻产生，节省了时间，降低了成本。

变化的速度和有效成本也适用于封装的初始设计。因为引线键合焊接是直接在芯片(晶圆)金属化上进行，省去了凸点制作中的许多设备和加工成本，所以可用引线键合的器件，其芯片的预制备成本明显低于C4和TAB器件。进一步节约加工成本还表现在选用通用型封装或基板，只要改变引线布局和长度，这些封装和基板就可以用来封装各种器件。因此，灵活性和成本是选择引线键合技术的两个主要原因。

选择引线键合的第三个理由是其大大改善了可靠性。在20世纪90年代初，每年由引线键合完成的内互连有约2.6×10^{12}个压焊点，而由键合引起的产品损失和试验失效率极低($4\times10^{-5}\sim10^{-3}$)，且逐年下降。在全世界的各类公司厂家，从每周可完成数百万只封装的全自动大规模生产厂家到小批量、为用户提供定制产品的单工作间的小厂，引线键合工艺均持续达到极高的成品率和可靠性。

目前，制造商、设备和原材料的经销商/供应商形成的全球性网络构成了一个庞大的引线键合技术知识库。这种巨大的基础有助于稳定各自的客户,除非有很特别的原因,否则他们不会选择其他互连方式。

由于引线键合工艺在自动化设备不断更新过程中不断进步,该工艺应用很广泛,通过对生产第一只晶体管焊接技术的不断革新和改进,现在的生产线能够利用引线键合组装最新一代的封装。正是这种基本的 Au 到 Al 的互连技术,使引线键合伴随半导体产业的发展而发展。引线键合在近期仍是大多数封装的互连方法,而 C4 和 TAB 则提供了特殊封装和高端、高引脚数器件所需的技术。

目前有数百种塑料和陶瓷封装采用引线键合工艺。尽管性质有差异,但也存在共性。首先,芯片背面通常安装在金属架或基板上,只有一个值得注意的例外,即引线框架/引线安装于芯片顶面,称之为芯片上引线(Lead on Chip, LoC)。这个被称为芯片键合或芯片粘接的安装工艺由各种导电环氧或焊料来实现。把安装好芯片的基板送到引线键合台,或采用热超声焊工艺,或采用超声焊工艺,在芯片和封装之间键合引线,一次压一个点(第三种可用的方法是热压焊,但不普遍使用)。最新的键合技术在 100～125 ms 内形成两个焊点和一条弧度走向精确的键合线,键合时间取决于所采用的工艺。

在全世界的工厂中有成千上万台自动设备进行引线键合封装,而几乎无人操作,在每台设备中,安装好芯片的部件被准确传递并送到键合区,由人工智能控制的摄像机和识别系统将芯片和封装载体的关键特征定位,并识别待键合的各个目标。在焊点和互连弧线完成后,设备将使用闭环随动系统以确保工艺的每一步按程序完成。在引线键合全部结束后,器件被传送到一个出口,等待流入下一道工序(通常是进行塑封或加盖密封)。

7.1.2 引线键合类型

大多数引线键合工艺是用 T/S 和 U/S 焊相结合的方法,用两种不同的键合方法,分别把引线键合到芯片和封装的表面。这两种基本的键合技术就是球形键合和楔形键合。约 93%的半导体封装由球形键合完成,所有已装架的封装的 5%采用楔形键合。球形和楔形键合曾经都是纯 T/C 方式,但因为键合时所需温度太高(约 350 ℃),所以改为采用低温(约 150～200 ℃)T/S 金丝球形键合,以及室温下的 Al 丝楔形键合。

1. 球形键合

在该技术中,是将键合引线垂直插入一种称为毛细管劈刀(俗称空心劈刀)的工具中。引线在电子火焰(EFO)的电火花放电的作用下,受热后呈液态。当引线材料固化时,由于熔融金属的表面张力使引线形成一个球面形状或球,因此该工艺称为球形键合。球形键合工艺流程如图 7.1 所示。

由键合台的摄像及随动系统控制毛细管劈刀下降并将球放置于芯片的键合区上(俗称压焊块),然后进行热超声焊,一旦焊接完成,毛细管劈刀升起,并沿着每根引线预先设定的轨道移动。当毛细管劈刀到达第二个键合点的目标位置时,就形成了一个精确的引线连接形状,称为弧形走线。在压力、超声和温度的作用下,形成了第二个键合点,呈月牙形,同时,键合引线从毛细管的中心孔向下伸出,重新形成弧形。这种月牙形或鱼尾形键合点就是毛细管劈刀外形的印记。毛细管劈刀再次抬起,在键合点附近引线最细处截断引线,与此同时,再伸出恰当长的引线,供电打火后形成一个新的球,开始键合下一根引线。

2. 楔形键合

楔形键合是以工艺中使用的键合工具的形状命名。此项技术中的穿丝钻是通过楔形

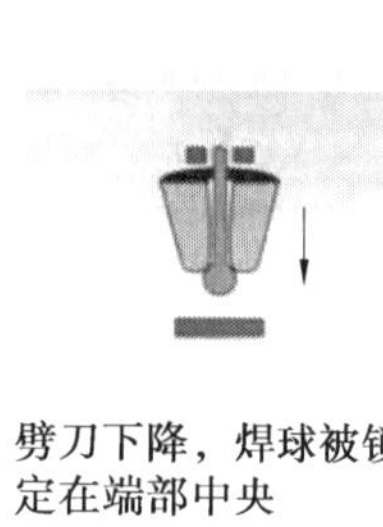
劈刀下降，焊球被锁定在端部中央

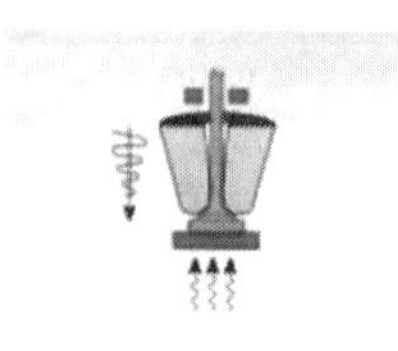
在压力、超声、温度的作用下形成连接

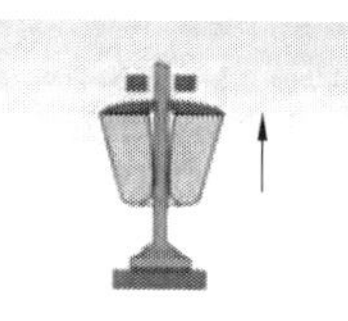
劈刀上升到弧形最高度

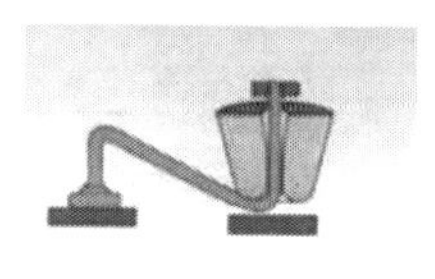
劈刀高速运动到第二键合点，形成弧形

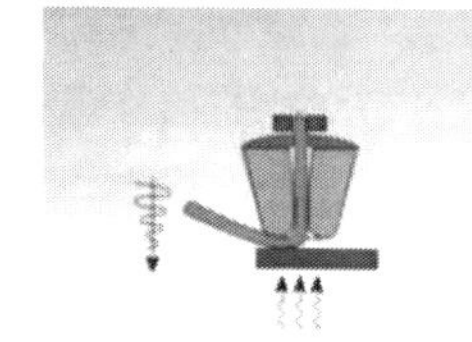
在压力、超声、温度的作用下形成第二点连接

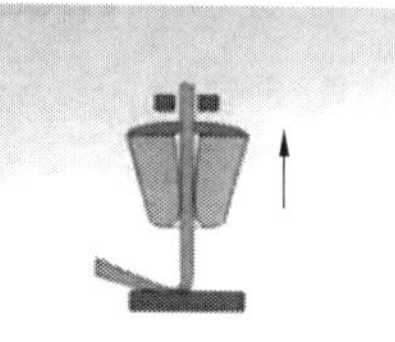
劈刀上升至一定位置，送出尾丝

夹住引线，拉断尾丝

引燃电弧，形成焊球，进入下一键合循环

图 7.1　球形键合工艺流程

劈刀背面的一个小孔来实现的，引线与芯片水平表面呈 30°～60°角。当楔形劈刀下降到IC 键合区上时，劈刀将引线按在键合区表面，或采用 U/S 焊，或采用 T/S 焊完成键合。然后，劈刀升起并执行一系列已设定的运行程序，以获得满意的弧形键合线。楔形键合工艺流程如图 7.2 所示。

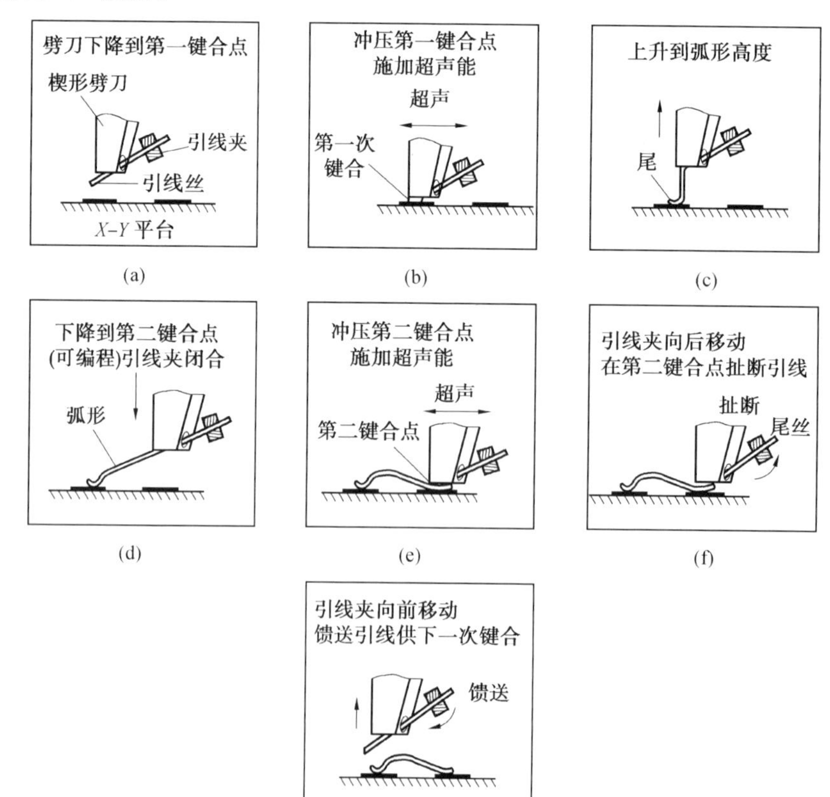

图 7.2　楔形键合工艺流程

除了在球形键合中所需的垂直和水平运动外，楔形键合还要求一个旋转轴（称 θ）以校准封装的位置，保证被键合的相关引线与劈刀头穿丝孔同轴向。这使得劈刀在形成弧线时引线自由从穿丝孔通过。到达第二键合区后，劈刀下降完成第二次焊接。此时劈刀背部的引线夹闭合，并向后方移动扯断键合线。当劈刀抬起时，引线夹松开，继续送丝进行下一次键合。

7.1.3 引线键合工艺

像其他两种材料连接在一起的技术一样，键合工艺中连接的某些严格的冶金学机理仍需认真讨论。金属间连接方法包括从金属间的粘接到金属间的键合，再到冶金学机理（金属间化合形成的扩散键合）和熔融金属钎焊这样一个加工范围。通常，键合工艺是几种机理的结合。

1. 热压焊接

热压焊接是利用微电弧使 ϕ25～50 μm 的金丝端头熔化成球状，通过送丝压头将球状端头压焊在裸芯片电极面的引线端子，形成第一键合点，热压焊第一键合点如图 7.3 所示；然后送丝压头提升，并向基板位置移动，在基板对应的导体端子上形成第二键合点，完成引线连接过程。

图 7.3 热压焊第一键合点

尽管此项技术是半导体封装制造的早期方法之一，但在目前仅限于一些特殊应用。此技术只需两种能量来完成焊接：热量及很大的垂直压力。目前的工艺条件通常为温度在 280～380 ℃之间，速度远低于 T/S 键合。T/C 键合的时间约需 1 s。因此，由于此工艺对热量和时间的极端要求，在很多情况下制造工程师不会选择它。

2. 超声焊接

超声焊接方法广泛地用于铝丝与各种封装材料的连接，包括铝基金属化芯片，以及由金、银、镍和钯组成的厚/薄膜封装金属。此工艺在室温下进行，无须提供热源。该工艺条件主要有两项：垂直向下的力和水平方向的振动。超声焊接焊点如图 7.4 所示。

超声焊接的振动频率范围为 60～120 kHz，为超声波。连续施加在劈刀上的垂直夹紧压力是为确保劈刀做超声振动时，保持与引线接触，引线受能量作用发生塑性形变/屈服。引线和键合区表面之间在 25 ms 内发生了紧密的接触，从而完成了焊接。超声能量有助于引线发生形变，以及除去键合区表面坚硬的铝氧化物。

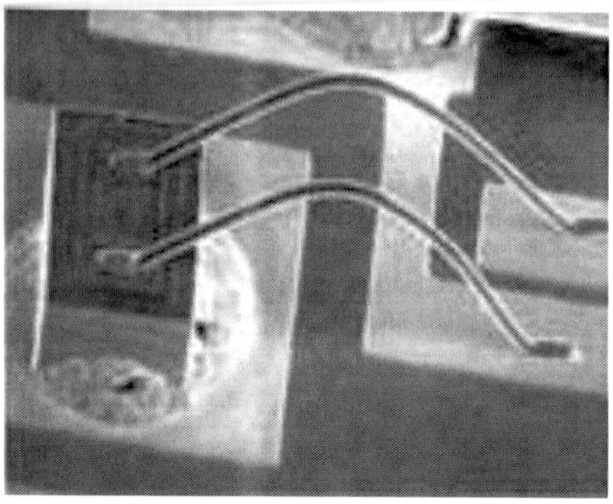

图 7.4 超声焊接焊点

尽管可以在超声键合中使用其他引线，但是因为铝丝极细，且能在表面自然形成铝氧化膜，Al 似乎最适用于 U/S 技术。这种(磨料的)超声振动可以去除配合表面的沾污和氧化物，暴露出供连接的纯金属。

在 1978 年，Winchell 和 Berg 提出并发表了他们在超声键合方面研究的新发现，至今这仍是超声波引线键合的指导性文献。简单总结他们的理论为：超声键合就是在由楔形键合设备所提供的几种静态和动态外力作用下金属材料所发生的流动。

首先，当向楔形劈刀提供水平方向的超声能量时，铝丝变软并发生塑性形变。值得注意的是，使铝丝伸长所需的超声能量仅为产生同样效果所需热能的 1/100。实际上，平面位移不会产生大量的内部能量，也无须额外的热能量。

实验研究表明该工艺键合界面温度只有 70～80 ℃，这比热扩散键合工艺所需温度低得多。键合劈刀向下的力使软化的铝丝变形。尽管通过基片表面上的引线的最初塑性移动可以去除某些表面氧化物，但是并不发生紧密的接触(和形成键合)。变形量和键合压扁的程度是第一阶段的结果。

当键合劈刀的垂直压力和应力分布在伸出来的引线表面时，它随着时间的增长和距引线中心距离的变远而减弱。中心的垂直应力远大于超声能量的水平应力，因此在此区域看不到波纹。

在键合线周边附近，劈刀提供的水平应力大于向下的应力，因此在此区域可以观察到波纹。观察到的超声键合区的形状像一个中心未键合的椭圆，上面的解释与实际情况十分一致，同时驳斥了由摩擦和滑动模式实现键合的理论(因为这两种理论都预计引线的中央键合质量最好)。

易受波动影响的键合引线的周边材料在基片上产生一种强大的净化作用和压力。如果铝丝直接键合在类似硅这样的坚硬材料上，必须要有足够强的波动，使键合表面在垂直于劈刀提供的能量方向产生永久性变形，形成高低错落的形状。此形状的峰值和谷值与施加于劈刀的功率大小有直接关系。沿凸谷部分形成原子级清洁表面，引线和基片进行紧密的接触，它们都有自由的表面原子互相作用，因此，在两个表面的原子间产生了高强度的原子键合。最终结果是在键合区域形成了连续的金属晶格结构，它等效于单一的均匀材料。

3. 热超声焊接

此方法常用于金丝和铜丝的键合。尽管此技术同样采用超声波能量焊接，但它与U/S工艺有两点明显的不同，一是键合时需提供外加热源，二是键合引线无须磨蚀掉表面氧化层。因为金和铜在室温下，一定时间内不会熔融，外加热量就是为了激活此种材料的能级，从而实现两种金属的有效连接和金属间化合物的扩散。典型的键合温度范围是150～200 ℃，键合时间是5～20 ms。热超声焊点如图7.5所示。

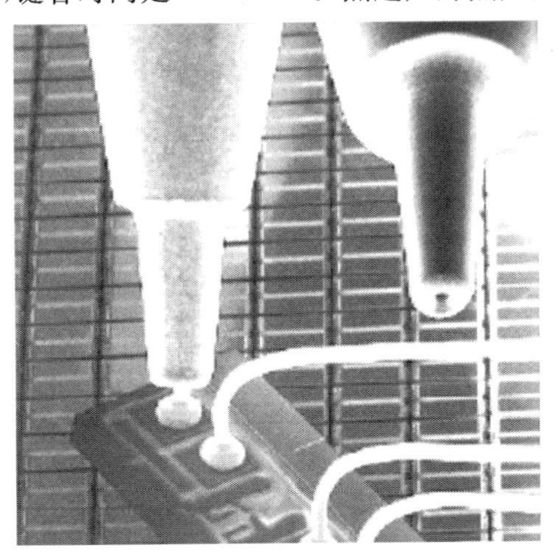
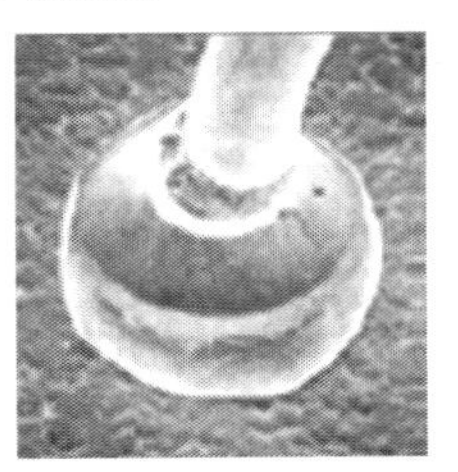
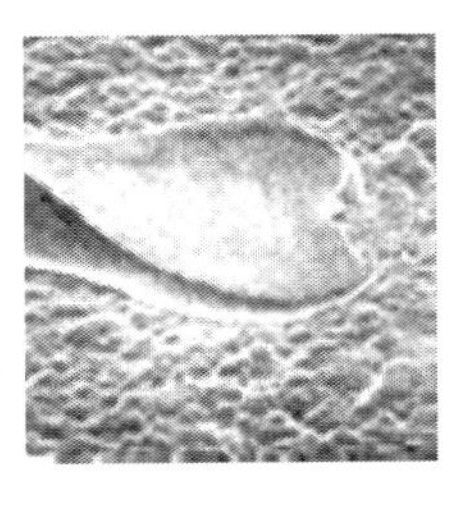

图7.5 热超声焊点

球形键合的向下程控压力小于100 g。这样小的力意味着毛细管劈刀的垂直运动将停止，在键合焊球完全变平之前，键合高度将达到平衡状态。因为已局部变形的球与铝键合区已物理上浸润，所以准备熔焊加工。

几个变量同时控制着两种金属相互间的扩散。扩散速度受外界供给的热量、超声波能量和持续时间的影响；同时也受将要焊接的两种金属材料纯度的影响。因此，键合强度/深度是给定时间内供给能量的和，也就意味着多种参量的集合能产生十分牢固的键合。超声能量起着决定性作用，这是因为超声波可以增加原子的迁移率和晶格位错密度，从而减小金丝的屈服强度。当超声能去除铝键合区的脆性氧化层、暴露出洁净的铝金属表面时，金丝发生的塑性形变就开始了。

因为新暴露出的每种金属的表面晶格结构的不完整，从而开始了一种材料的原子向另一种材料的原子迁移。就是这些扩散的原子与相邻的原子共享外层电子构成键合。如果施加的温度和超声能量时间过长，则会发生两种金属材料的附加互扩散。

7.1.4 引线键合材料

Gehman曾评论过键合引线材料，通常对它的机械性能——抗断强度（Breaking Strength，BS）和延伸率（Elongation，EL）规定一个范围，抗拉特性由标准的应力一应变曲线来确定。

1. 含1%Si的铝丝

在早期生产细铝丝（直径小于50 μm）的试验中发现，用一组递减收缩模具很难将纯铝拉制成细丝线，利用键合设备键合这种铝丝也同样困难，因此必须生产一种坚韧的合金材料。铝硅化合物应运而生，它未在封装中引入其他元素，所以使用十分安全，故极为广泛地应用在商业领域。Al－Si 1%合金系统从 20 世纪 60 年代一直沿用至今，已成为标准组分。

回顾已做过的试验，基于冶金学的观点，U/S 键合引线中 1%的 Si 作为 Al 的溶质而存在，此方案并不是最佳的选择。在室温 20 ℃时，Si 在 Al 中形成的固态合金的平衡固溶度约为 0.02%(质量比)。只有在高于 500 ℃时，Si 在 Al 中的平衡固溶度才为 1%。因此，在通常的键合温度下，Si 总有析出的趋势，从而形成第二相。尤其在失控状态下，过量的 Si 析出将造成引线键合困难和键合点不完整。

2. Al－Mg 键合丝

含 0.5%～1% Mg 的 Al－Mg 合金也可以拉成很细的丝。它的抗断强度和延伸率与 Al－Si 1%合金相似。而且在第一键合点根部的抗疲劳失效及高温环境下抗断强度降低等性能要优于 Al－Si 1%合金，键合结果令人满意。曾有假设认为器件的场致失效是由键合引线中含 Mg 引起的，现已被否定。在相同产量下，Al－Mg 丝应当不比 Al－Si 1%合金贵。

作为铝丝合金熔质的 Mg 较 Si 的另一个优势是，它在 Al 中的平衡固溶度为 2%(质量比)。而前面提到的 Al－Si 合金，在 20 ℃室温时 Si 在 Al 中的平衡固溶度仅为 0.02%，因此 Al 中 0.5%～1.0% Mg 浓度不像 Al－Si 1%发生偏析而形成第二相。

3. 金丝

要想为高速引线键合工艺提供合格的金丝，必须精确控制引线的几个重要参数。第一，要严格控制引线表面的清洁度。这是一项十分艰巨的任务，在金丝的控制过程中，为保证金丝表面的光洁度和最后通过直径为 25 μm 的金刚石模具，必须润滑模具整个表面。如果润滑剂不清除干净，它会随金丝污染毛细管劈刀的尖端，在电打火燃烧时形成离子物质沉积，同时此物质在高速穿丝时会阻塞穿丝孔。第二，键合过程中，使暴露出的清洁的金属面积减小，因为表面的氧化薄膜会阻碍两种清洁金属的连接和焊接。

一旦生产出清洁的金丝，厂家就用精确的拉力绕在卷筒上。拉得太松，金丝就会发生结成束、打结或脱卷现象；拉得太紧，在键合时金丝脱卷困难。

引线丝的机械性能取决于化学处理和热处理。像铝和很纯的金(99.99%称为 4 个 9)非常软，很难加工制成更细的丝。少量的掺杂可以增加金丝的加工性能。

在纯金中掺入几种元素可增加它的韧性，一般是掺入 Be 和 Ca 两种元素，各个厂家的掺杂程度也有所不同，Be 的一般含量为 $5\times10^{-6}\sim10^{-5}$(质量比)。

在金丝生产中还有一些掺杂是为了满足特定的用途。例如，常在凸点引线中掺入 Pd，在芯片键合区形成金球，然后，引线在金球上方自动断开，为 TAB 引线的键合提供了金凸点。Pd 杂质会提高材料的再结晶温度，这使球以上区域经 EFO 加热后完全被退火，即热作用区(Heat Affected Zone，HAZ)会很短。相反，掺入 La 等其他杂质会降低再结晶温度，增长热作用区。这种引线可以自动给出引线打弯区域而无须靠移动键合劈刀来形成拐点，走线弧度的高度、形状依需要而定，它主要适用于专用的高弧度场合。

最后需要指出的是,因为冷拉制的金丝既硬又脆,不能承受自动键合设备的移动和塑模包封工艺的严酷条件,所以对冷加工的引线丝进行热处理来调节其韧性是十分必要的。将材料退火,使之与适当的掺杂相结合,生产出的细键合金丝既足够软有利于形成弧度,又有韧性能保持键合走线的形状。

4. 金丝的代用材料

为了降低封装成本,设计者一直在寻求用一种较便宜材料代替昂贵的金丝材料。很多材料可以拉成细丝,也能成功地制成球,但只有铝和铜两种材料在近20年中被实用化。然而,这两种材料都要求改变塑封材料中的阻燃成分,而且由于铝制成的球中含有气孔,且气孔的数量难以预计,所以铝很快被舍弃。铜一直作为金的可行的替代材料,特别是一些专用领域(如功率器件)。但是,即使铜在电热传导性、抗拉强度和价格方面均优于金,由于在第二个键合点处发现了氧化物和在非气密封装中易受刻蚀的问题,这些都直接影响了可靠性,因此铜丝并未广泛使用。

7.1.5 引线键合应用

封装厚度的减薄是对引线键合工艺应用的挑战之一。轻便手提式电子产品要求器件封装厚度小于1 mm。相应地要求芯片上的键合线走线高度在150 μm以下。通过采用高分辨力、可协调伺服系统控制毛细管劈刀从第一个键合点到第二个键合点的三维运动轨道,可以获得变化范围小于40 μm、低弧度的一致的键合走线。由于在实际操作中几微米的误差也可能导致引线的折损或断裂,所以最关键的是实时微处理器应严格控制每一根引线的走线弧度。

除器件减薄外,市场要求更短和更窄的小型封装器件,采用先进的晶圆工艺将器件的封装尺寸不断缩小,并不断改进引线框架刻蚀工艺,完全可以适应市场的需求。窄节距这个术语已不是封装技术发展唯一追求的目标。尽管新型的显示系统和先进的伺服系统大大提高了设备的运行精确度和重复性,保证了键合引线的走线准确性,但是仍有两个其他问题亟待改进,即工业控制和键合工具设计。键合工艺的每一步都要确保最终的键合点尺寸大小和质量。其中包括优化的尾丝长度、EFO电压、电流、时间、U/S功率和更一致的键合压力等。

然而,生产精度很高的小尺寸键合工具是实现窄节距封装目标的重要前提。瓶颈式毛细管和侧后角劈刀能够保证键合时不碰到前次的键合走线。从1990年至1995年,窄节距键合工艺的进步很显著,球形键合的节距从150 μm(引线中心距)发展到90 μm,楔形键合可达75 μm。有些芯片制造商设计了两排交错键合区,相应地与交错的引线框架或陶瓷封装的两层内引线相连,可以成功地将引线节距减小,球形键合的有效节距为45 μm,楔形键合为37 μm。无论是工艺的改进还是键合劈刀设计得更加精确,均有助于窄节距封装设计的实用化。

尽管传统的引线键合区分布在芯片的四周,但是在现实的应用中也有例外。例如有些键合连线需要横跨芯片的表面,并保持平行,然后经打弯落下再与引线框架/基板相连。在用薄型封装时,要求打弯位置应靠近管芯的边缘,以免键合引线触及管芯。为此专门设计并发了键合工具轨道控制程序，将引线按设定角度弯曲，并键合到预定位置上，而不发生引线畸变。

虽然为了形成这种典型的走线弧度需要较多的机械动作和额外的时间，但是这种键合方式的好处是可键合中心部位的压焊区，且走线强度好，可防止发生模塑变形（塑封时黏稠的液态模塑料流过键合线而使它移动），这远比键合时节省几毫秒的时间重要得多。

极靠近芯片边缘的低位键合走线是带第二个拐点走线方式的另外一种应用，它多用于 MCM 封装以及 IC 与其安装面一地面的连接。而且此键合方式必须控制好引线与芯片边缘的距离，以免短路现象的发生。

在很多球形键合应用中，为了得到最好的走线弧度，第二个键合点的位置常与第一个键合点在同一平面，或低于第一键合点所在平面。楔形键合正好相反，它的第二键合点通常高于第一键合点。但是也有一个值得注意的例外，称为芯片上引线（LoC），这种应用方式的特点是引线直接安装于芯片正面，两面用聚酰亚胺带粘接以保证金属引线框与芯片的电绝缘。除了独特的走线方式以外，它的另一个特点是 U/S 能量可能会被聚酰亚胺带削弱或吸收，这给获得可靠的第二键合点带来了问题。上述问题可通过键合动力学和各种焊接方式的可靠性解决。因此，当以动力的形式提供激活能时，就不必强调 U/S 的功率。

半导体行业协会（Semiconductor Industry Association，SIA）已经编制了国家半导体技术发展路线，并每两年更新一次。尽管它回避了对专业化及尖端技术的论述，但是却在 IC 的技术需求和性能方面，精辟地描述了半导体技术的未来发展，这正是市场、设备的研制部门以及消费品供应商努力使他们的产品发展与该发展路线保持一致的原因。

键合点节距将继续向窄节距方向发展，在 2000—2010 年，窄节距目标为 50 μm。为达到此目标，必须不断改进毛细管劈刀、内引线合金材料以及无引线偏移的模塑化合物。此外，研究改进键合设备，使之排除操作误差，并配备高放大倍数和位置反馈的检验系统以及高分辨力的伺服系统，这样的设备将满足或超出窄节距键合的需要。

SIA 的发展路线中详细给出了 BGA 所需的几种引线键合技术。与其他封装相比，BGA 对键合区节距的减小并不迫切，每个封装的内引线的互连数将超过 600。对于这类封装必须开发快速的键合周期和低温金丝楔形键合（＜170 ℃技术）。如果能接受编带式的 BGA 进行引线键合，那么就需要一台带旋转头的键合设备。另外，对奇异型封装键合时，仍需将它放入小舟/载体进行单个旋转操作。

由于大的键合数量将导致生产设备占地面积增加，因此引线键合很难满足未来封装的需求。在键合台中装入计算机辅助设计及键合参数文件，可以完全取消涉及超过 300 根引线（600 个键合点）的巨大程序运算。伺服计算机系统将执行运算程序，并驱动每个电动机械轴运转，没有任何干扰/延迟。为了得到高速、准确的键合和拉丝动作，保证在每分钟内完成大量的引线键合，必须要生产轻质劈刀头。决定键合互连技术寿命的因素是未来键合设备达到的速度。

7.2 载带自动键合

7.2.1 载带自动键合概述

载带自动键合(TAB)的概念源于20世纪60年代纽约通用电气研究室的MiniMod工程,它是从法语"Transfert Automatique Sur Banden"转化而来,由法国布尔通用电气的Geral Dehaine于1971年提出。在日本,TAB被称为带式载体,TAB封装称为带式载体封装(Tape Carrier Package,TCP)。

TAB技术最初是作为一种节省劳动力、高度自动化、卷带式组合焊接技术被开发的,适用于封装大批量、低I/O数的器件,其成本远低于引线键合。20世纪60年代到70年代初,对引线键合技术重新做了评价,引线键合设备不仅速度慢,而且依赖于操作人员,其工艺本身一直受可靠性问题的困扰,主要与操作者的不一致性有关,以及脆性的金－铝合金导致的冶金学失效和模塑化合物中离子掺杂引起的刻蚀。因此,一些公司一直在寻求更好的代用方法,最后IBM终于开发出了倒装芯片工艺,贝尔电话实验室开发出了梁式引线工艺,此外,通用电气公司开发出了MiniMod工艺。上述三种工艺都可以把芯片上所有的电极(焊盘)一次同时连接到下一级互连上,梁式引线的特点是晶圆的键合点上带有电镀的金悬臂梁。芯片从晶圆上划下后,芯片上所有的梁式引线用热压法,同时组合键合到封装或基板上。MiniMod工艺使用一种三层刻蚀的35 mm镀锡铜带,叠压到卷带式聚酰亚胺膜片上(类似于电影胶片)。内键合指用卷带式键合机同时一次键合到半导体芯片上的金凸点上,通常称为内引线键合(ILB)。内引线键合完成之后,芯片被测试。好的芯片从带上切下,靠外的焊点采用外引线键合(OLB),即把外引线键合到二级基板或卡的电极上。

日本很快认识到TAB技术潜在的高效性,到20世纪70年代,就把GE公司的这项工艺用于低成本消费类产品,例如计算器、手表。Sharp公司和Shindo有限公司是使用此项工艺的先驱。Sharp曾是日本最大的TAB用户,Shindo曾是最大的TAB载带制造商。在欧洲,Bull在20世纪70年代率先将MiniMod工艺用于计算机。在20世纪70年代到80年代初期,美国大部分的TAB业务集中到使用单层或双层载带组装双极TTL器件,处于领先地位的半导体制造商有Fairchild半导体公司(1987年同美国国家半导体公司合并)、Motorola公司、美国国家半导体公司、RCA公司和德州仪器公司。在20世纪70年代和80年代,3M公司成为处于领先地位的双层载带供应商,并一直保持到现在。在20世纪80年代的一个时期,TAB业务在美国变得分散,美国国家半导体公司以年产40亿只TTL TAB器件的产量跃居世界首位。然而,美国国家半导体公司和其他公司由于成本的原因,在20世纪80年代后期放弃了TTL TAB组装业务,转向了引线键合。20世纪80年代,Hewlett-Packard(HP)公司在转向引线键合之前,有几年曾用TAB制作计算器。HP公司在20世纪80年代开始把TAB用于喷墨打印机,并在其全TAB超级计算机中使用了带电镀焊料凸点的单一 TAB 工艺，TAB 所需部件由 Honeywell 公司制造。大约在 1986 年，美国国家半导体公司研制了一种称为 TapePak® 的 TAB 封装，它利用了一种单层带凸点的载带和一个带测试焊盘的模压环，该技术现已转让给 Delco Electronics 公司，且该公司至今仍为汽车应用生产这种 TapePak®。数字设备公司(DEC)在 20 世纪 80 年代为其 VAXR 9000 计算机生产线拟定了一个宏伟的 TAB 计划，致使 3M、Olin Mesa、Rogers 等公司争相开发双导体载带，大约在同一时期，IBM 也将双层载带工艺转让给 3M 公司，并在纽约建立了生产线。几年后，DEC 公司在 VAXR 9000 系列中停止使用 TAB，Olin Mesa、Rogers 等其他公司也都放弃了 TAB 载带业务。在设备界，美国 Jade 公司是 ILB 和 OLB 组合焊接设备的先驱，但目前已不再生产。瑞士的 Farco 设备公司同样也是如此，在 20 世纪 70 年代末期和 80 年代非常突出，但在 20 世纪 90 年代初期就放弃了这项业务。在 20 世纪 80 年代和 90 年代，随着 IC 对 I/O、速度、性能要求日益提高，TAB 更加适用于液晶显示(LCD)、打印头、超高速集成电路(VHSIC)、工作站和高端计算机。其用户包括 Bull、Casio、Cray Research、数字设备公司(DEC)、Fujitsu、Hitachi、HP、Matsushita、NEC、IBM-Japan、Seiko-Epson、Siemens、Sharp、Sun Microsystems、Tl-Japan 和 Toshiba 等公司。

TAB 有许多类型，大致分为一级互连和二级封装，其中包括带凸点的载带(BTAB)、转移凸点的载带(TBTAB)、可拆卸的载带(DTAB)、TapePak®，载带四边引线扁平封装、Micropack 和载带焊球阵列(TBGA)。

7.2.2 TAB 载带类型

TAB 载带也称为带式载体或膜载体，其具有不同的形状、尺寸、原材料和表面镀层，TAB 载带类型见表 7.1。TAB 载带具有三种基本形式：单层载带、双层载带和三层载带，如图 7.6 所示。TAB 载带制作步骤见表 7.2。

表 7.1 TAB 载带类型

类型	单层、双层或三层
导体	一种、两种或多种
铜箔	辊压；电镀
介质	环氧一玻璃、聚酰亚胺、聚合物、双马来酰亚胺三嗪
黏附层	改性环氧、酚醛缩丁醛、聚合物、聚酰亚胺
表面结构	平面、带凸点
表面镀层	锡、金、Ni－Au、焊料、选择镀

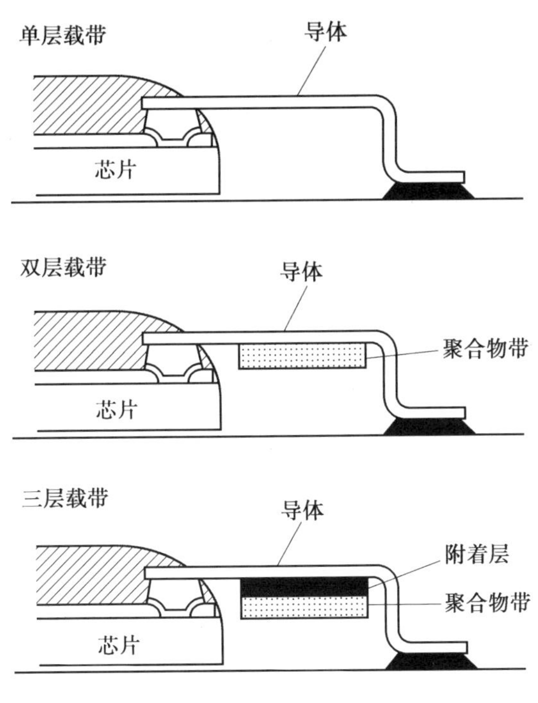

图 7.6 TAB 载带基本形式

表 7.2 TAB 载带制作步骤

单层(全金属)	双层(加法工艺)	三层(减法工艺)
1. 切割金属箔	1. 淀积金属黏附层/共用电极	1. 冲制聚合物黏附层
2. 涂抗蚀剂	2. 涂抗蚀剂(两面)	2. 层压金属箔
3. 曝光	3. 曝光(两面)	3. 固化黏结剂
4. 显影	4. 显影	4. 涂抗蚀剂
5. 刻蚀金属图形	5. 图形镀涂	5. 曝光
6. 去除光刻胶	6. 刻蚀聚合物	6. 显影
7. 清洗	7. 去除光刻胶	7. 为保护引线的背面涂覆
—	8. 刻蚀共用电极	8. 刻蚀金属
—	9. 清洗	9. 去除光刻胶
—	10. 表面镀涂	10. 清洗
—	—	11. 表面镀涂

1. 单层载带

单层载带由金属制成,铜箔的典型厚度为 35～70 μm,既可以刻蚀也可以冲制,有平面型引线焊点,也有凸起型引线焊点。过去曾用过电镀和未电镀的单层载带。除铜之外,铝、钢、42 合金和其他导体材料也可作为基体金属材料。

一般情况下,键合到单层载带上的器件是无法测试的,因为所有的引线均连在一起

(短路),除了 TapePak®设计有特殊的测量环。单层刻蚀载带无须专用冲制工具冲制链轮传送孔和定位窗(也称器件孔),因为它们与引线是同时刻蚀的,这就使得单层载带在三种类型中价格最便宜,所以它广泛用于低成本、高引线数的产品,如手表、电子标签、IC卡、血压监测计和汽车收音机。

2. 双层载带

双层载带通常不用黏结剂,而是直接把铜层粘接到聚酰亚胺介质膜上。制作工艺既可用减法工艺(3M 将其称为双层薄膜,3M 是世界上领先的双层 TAB 载带供应商),也可用加法工艺(3M 将其称为双层厚膜)。在减法工艺中,聚酰亚胺液体薄膜(通常为 12 μm)涂覆到 35 μm 厚的铜箔上,然后通过刻蚀铜和聚酰亚胺制出电路图形。该工艺有两个固有的缺点:第一,聚酰亚胺固化后会收缩,将导致尺寸精度和粘接强度问题;第二,聚酰亚胺在固化过程中会使铜箔退火。目前,减法工艺已很少使用了。在双层厚膜载带的加法工艺中,依次溅射铬和铜到厚度为 50～70 μm 的聚酰亚胺膜上,铬促进聚酰亚胺和铜的粘接,后者起着活化层的作用,以便通过光刻胶电镀最后图形。因为引线之间是由聚酰亚胺电隔离的,所以允许对双层载带进行测试和老炼。此外,双层载带比单层载带具有更好的可操作性和引线牢固性,双层载带不需要硬件工具,而且相比三层载带具有更短的加工周期。

3. 三层载带

三层载带是由金属箔(通常是铜)通过一种有机黏结剂与底膜材料(如聚酰亚胺)压制在一起而构成。聚酰亚胺膜厚通常为 75～125 μm,黏附层用钢模具冲制出链轮齿、内引线和外引线窗孔,铜箔通过电沉积或辊压(锻压)而制成。根据不同用途,每种方法各有其优缺点。电沉积箔盛行于日本和欧洲,而辊压箔在美国更常见。铜箔厚度通常以盎司/平方英尺(oz/ft^2)表示,常简称盎司,一盎司铜箔是 35 μm 厚;两盎司铜箔是 70 μm 厚;半盎司铜箔是 18 μm 厚。铜箔的性质(如结晶结构、粒度、硬度、抗拉强度、表面粗糙度、屈服强度、延展性、与介质的黏附性等)都可由各种特种工艺和处理方法来控制。电沉积箔有柱形晶体结构,退火后可变为等轴形晶体结构。因为制作工艺的原因,电沉积箔的一面比另一面光滑得多。辊压箔只有层状结晶结构,因为辊压工艺,晶粒沿材料的长度方向排列,这就导致了各向异性——这种材料体现出纵向(亦称加工方向)和横向间的差异。与电沉积箔相似,轧制(As-Rolled,AR)箔可以通过退火和处理来改善其性能以满足特殊应用。

在三层载带中,最常用的介质膜材料是聚酰亚胺和聚酯、环氧－玻璃以及双马来酰亚胺三嗪(Bismaleimide Triazine,BT)。聚酰亚胺(如 Kapton® 和 Upilex®)适于高性能应用;较低成本的环氧－玻璃和聚酯材料多用于消费类产品,如计算器和智能卡;BT 则用于要求比环氧－玻璃和聚酯具有更高玻璃转变温度的场合。

三层载带中使用的黏结剂成分包括改性环氧、聚酰亚胺、酚醛缩丁醛、聚酯和丙烯酸。对于高 I/O 数、高性能应用而言,黏附性是最重要的。此外,高的热稳定性、高黏附性、低吸湿性、低离子杂质等特性也要考虑。

因为三层工艺是用减法工艺来刻蚀铜箔,所以铜箔的厚度决定了可以刻蚀的引线节距(宽度和间距),因而细引线节距要求更薄的铜箔。电镀对内引线键合和外引线键合的成功与否起着重要影响，还影响到其他的参数，如存储寿命、老炼性能、长期可靠性和成本。电镀法包括镀锡、镀金、焊料(Sn－Pb)涂覆和选择镀，其中内引线和外引线由不同厚度的不同材料构成。

最常用的选择镀是ILB镀锡、OLB镀焊料，其他的选择镀包括OLB镀金、ILB镀薄焊料、OLB镀厚焊料。

电镀的厚度根据不同的用途而定，镀锡和镀焊料的典型范围是0.3～0.6 μm，而镀金层厚度为0.3～4.0 μm，镀金的镍底层厚度为0.3～1.0 μm。

电镀在美国并不普及，因为锡有可能形成晶须——在一定条件下镀锡后长成的锡单晶，其长度可达几毫米，有可能导致短路。晶须生长与电镀时的内建应力有关，但是它可通过热处理(退火)，把锡做成钯、镍或其他材料的合金，电镀后对锡进行再流，或是用焊料掩模覆盖非焊接区等方法来减小或消除。此外，锡容易氧化，必须在氮气环境下存储或运输。

4. 带凸点的载带

大多数TAB应用都采用带凸点的芯片和平面(无凸点)载带。然而近年来，有些应用希望采用带凸点载带，TapePak®就是其中一例。如引线键合一样，带凸点载带一个很大的优点是可用于标准晶圆(芯片)。带凸点的单层TAB载带如图7.7所示，最容易制作，而且已用于手表、传感器和汽车收音机。除了转移凸点载带外，三层带凸点载带在批量生产方面也尚不成熟，其原因之一是很难制作聚酰亚胺向上排布的三层BTAB结构，这严重限制了表面安装技术的应用。Masadu等人已经解决了这一问题，并且为CPU板研制了一种四边有载带的封装(QTCP)。

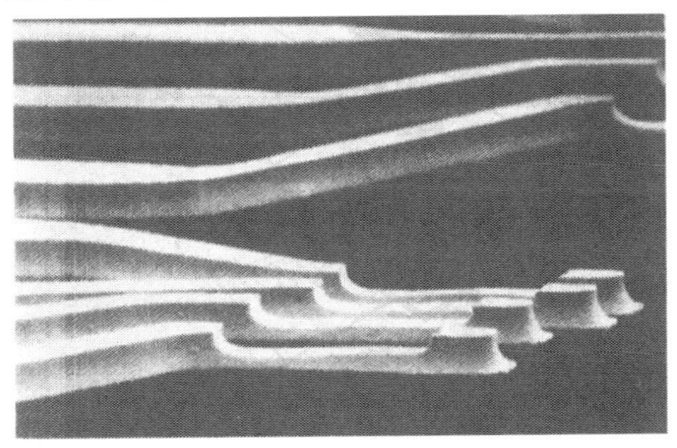

图7.7 带凸点的单层TAB载带

5. 转移凸点的载带自动焊

20世纪80年代中期，Matsushita电气公司开发了一种新型带凸点载带的制作方法。这种方法取代了双面光刻刻蚀凸点的方法，用凸点转移工艺制作载带凸点如图7.8所示。首先在一块玻璃基板上用选择掩模和导体层上镀金制作凸点，然后通过加热和加压把凸点转移到载带的内引线键合(ILB)焊盘，称为第一步键合；接着，带凸点的载带对准芯片焊点，并把内引线键合到芯片上，称为第二步键合。这种工艺非常适合消费类产品，如助听器、液晶电视。为了满足窄焊点节距、小批量生产的高I/O数、高性能专用集成电路(ASIC)器件的要求，Matsushita公司开发了一项改进型工艺，称为新TAB键合技术，如图7.9所示。该技术在127 mm见方的基板上排布了250 000～500 000个凸点。同时

Matsushita 公司还研制了一种单点键合工艺，其既适用于第一步键合（把凸点转移到引线上），又适用于第二步键合（内引线键合到芯片上）。

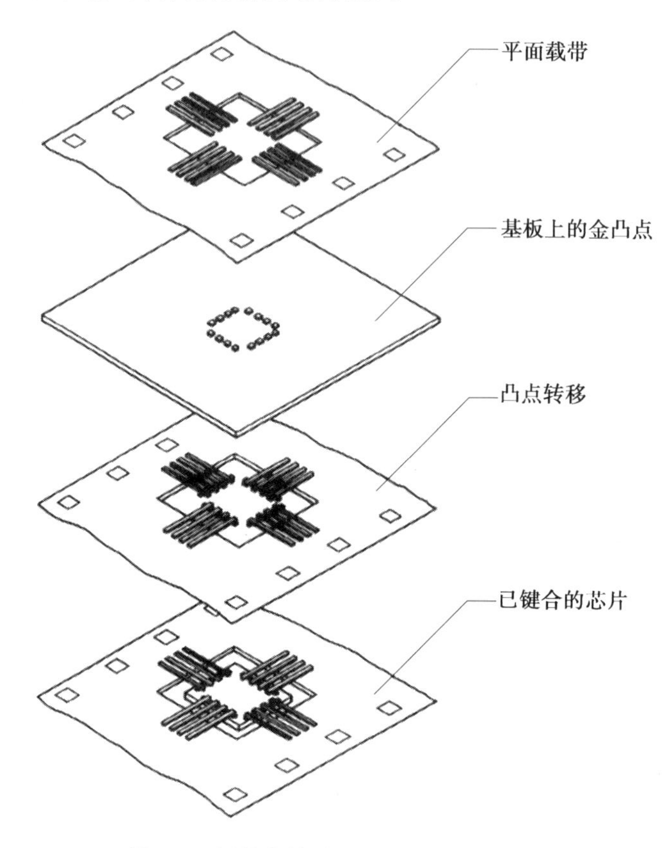

图 7.8 用凸点转移工艺制作载带凸点

Tatsumi 等人开发了多种凸点转移技术，利用引线键合设备制作金球，然后再转移到 TAB 载带上。通过转移焊球形成载带凸点工艺如图 7.10 所示。理论上这项技术可以应用于 80 μm 或更小节距的引线键合。

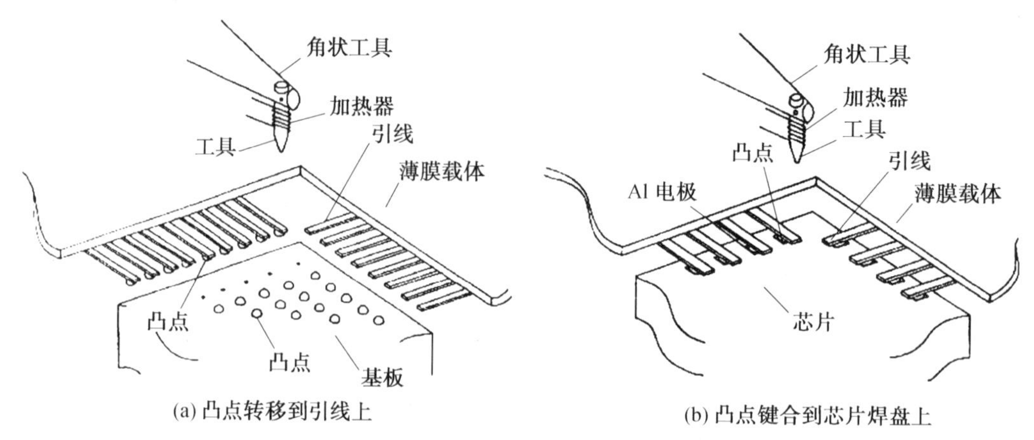

图 7.9 新 TAB 键合技术

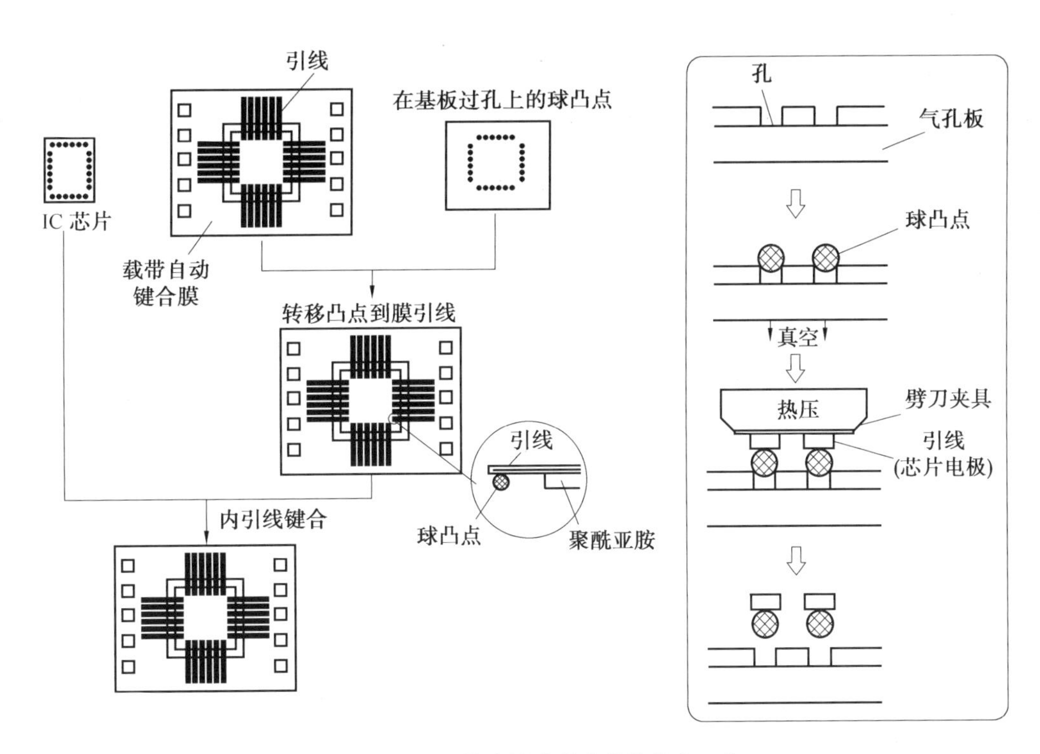

图 7.10 通过转移焊球形成载带凸点工艺

6. 双导体载带

载带的设计与 TAB 器件的电性能密切相关，对于高引线数、高性能应用来说，可以附加第二层金属作为接地面或是作为芯片的电源和接地面。这种类型的载带称为接地面型 TAB 载带(GTAB)或双金属层载带，有时也称双层导体载带、双层金属带或复合金属层载带。它降低了电源线和接地线的电感，能提供更好的阻抗匹配，同时也降低了串扰。面阵式 TAB 具有最佳的噪声特性，标准双金属层载带与单层金属载带相比，其噪声降低了 50%。

Motorola 公司是第一家批量生产双金属层 360 线发射极耦合逻辑电路(ECL)TAB 门阵列生产商，该产品主要用于 DEC 公司的 VAX 9000 计算机，美国和日本的其他公司也把双导体载带用于某些专用产品。

双导体载带的原材料既可以是三层带，也可以是双层带，前者把附加的铜箔用一黏结剂压制到聚酰亚胺上(把它做成 5 层的原材料)，后者用附加的铜平面直接压合，无须黏结剂。就五层原材料而言，典型的制作工艺是首先冲制定位孔、器件窗孔、对准孔、卸料孔等，化学刻蚀铜电路图形，并用激光打孔，化学镀互连孔，然后电镀铜，最后用金或锡镀涂表面。TAB 双导体载带剖面图如图 7.11 所示。

双导体载带最明显的优点是允许面阵列 TAB(ATAB)设计。ATAB 突破了只能在周边互连的限制，从而提高了 I/O 密度。

7. 卷带式 TAB 工艺

在卷带式 TAB 器件的大批量生产中，载带可能长达 20～100 m，内引线键合后的器件以卷带的形式运往客户，所用的隔离材料往往与生产线上加工每种器件所用的载带装

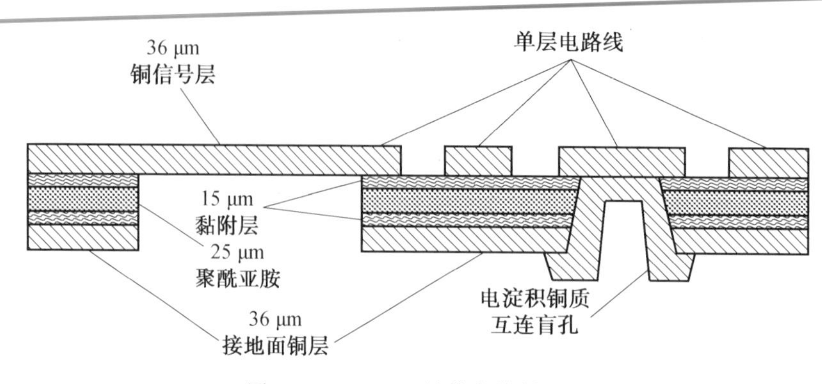

图 7.11 TAB 双导体载带剖面图

在一起。

一个典型的使用带凸点芯片和平面载带的 TAB 工艺流程如图 7.12 所示，在晶圆上制作凸点之后，再将晶圆安装到切割带上进行切割。然后键合内引线，在这一步工艺中，金属化的带便可键合到芯片焊盘的凸点上。内引线键合后，便可对芯片进行检测和一面或两面的包封，接着将器件逐一分割开，并在外引线键合前在一块可滑动的载体上对器件进行测试和(或)老炼。也可以做成卷带式，在外引线键合之前，从带上切割下每个器件。如果需要，引线可以加工成所需的形状，并与基板上的焊点对齐，外引线键合通常是焊接。在板上的安装方式包括芯片向上安装和芯片向下安装(称为倒装 TAB)。

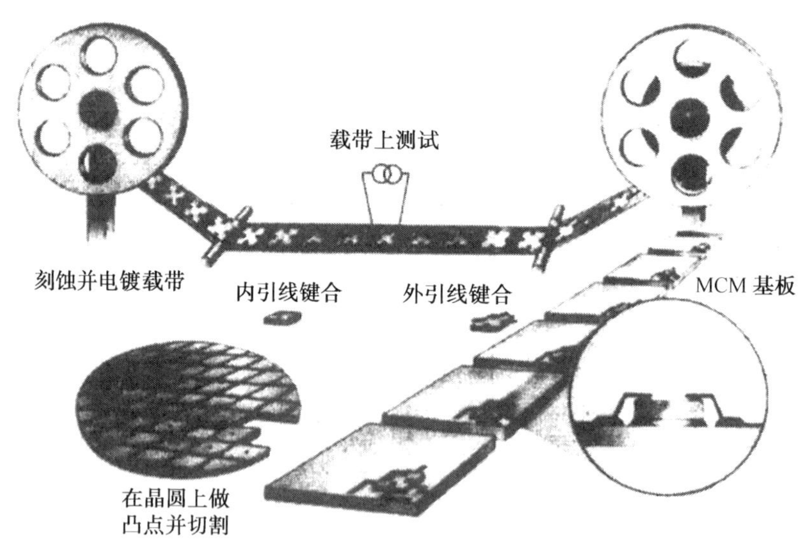

图 7.12 典型 TAB 工艺流程

7.2.3 晶圆凸点制作

晶圆凸点制作是在晶圆级或芯片级的压焊区上形成凸点的工艺。典型的凸点材料是 Au、Cu、焊料(Sn—Pb)或是它们的混合物，其他的金属如 Al、Ni、Cu、Ag 和各种合金也在不同的场合使用。制作凸点的目的是：为不同的芯片连接工艺提供合适的焊接材料；提供托脚以防引线与芯片边缘短路；保护焊点金属化(通常防止 Al 或 Al 合金刻蚀和沾污)；

在组合内引线键合中起着形变缓冲的作用。

晶圆凸点制作中最常形成的是金凸点，典型的金凸点制作工艺如图 7.13 所示。首先在真空系统中对钝化的硅晶圆上 Al 合金进行溅射、清洗。在晶圆上溅射一层 Ti－W 合金薄膜(约200 nm)，依次用 Ti 或 Cr 作为打底黏附层，用 W 作为隔离层以防 Au 和 Al 相互扩散，其他扩散阻挡金属有 Cu、Mo、Ni、Pd 和 Pt。接着在阻挡层的上部再溅射一层薄金层，以防阻挡层氧化并作为电镀凸点的底金属。在电镀之前，在晶圆旋涂或黏附一层液态或干膜光致抗蚀剂作为键合点选择镀金的掩模，然后光致抗蚀剂经过烘干、曝光、显影，用等离子清洗去除所有的有机残留物，电镀到要求的金层厚度(通常是 20～25 μm)。最后一步工艺是在氮气环境下对凸点进行退火，以降低镀层硬度，以便内引线键合。

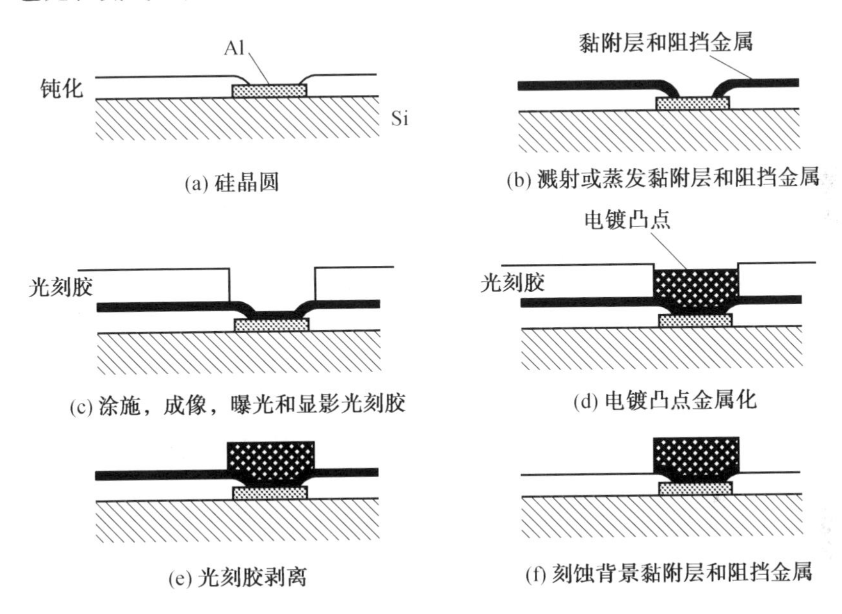

图 7.13 典型的金凸点制作工艺

对于低成本 TAB 应用来说，可用一种改进的引线键合机以传统的超声热压或热压球焊把金球直接放置到 Al 焊点上。用整平工具进行的区域精压可以使球上的尾尖平坦，以便为 ILB 提供较平坦的表面。NEC 公司已将这种技术作为 ILB 法用于某些专用封装的大批量生产中。

由于焊料凸点既可用于 TAB，也可用于倒装焊，因此它变得越来越重要了。芯片上制作 Au－Sn 凸点外观如图 7.14 所示。它是通过金属掩模将 Au/Sn 蒸发到已经制备好的凸点下金属化(Under Bump Metal，UBM)上，UBM 可以是蒸发或电镀 Cr－Cu－Au 等结构。Toshiba 公司的研究人员开发了一种用化学镀和超声焊形成焊料凸点的方法。Tanaka Denshi Kogyo 公司已论证了在芯片级 Al 焊点(Cr－Cu－Au 金属化系统)上用引线键合机和专门配置的 2Sn－98Pb 焊丝制作焊球的方法。

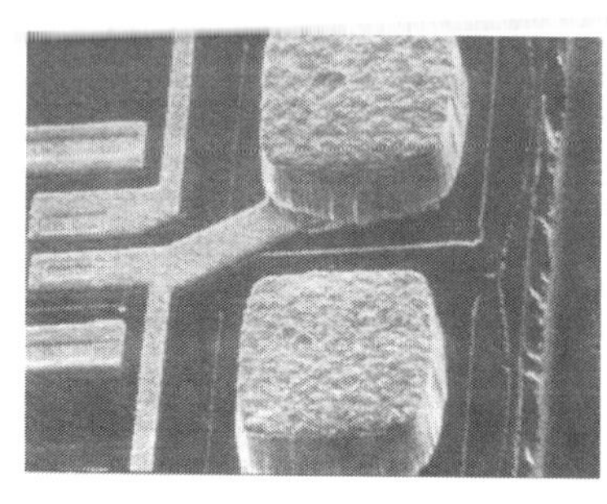
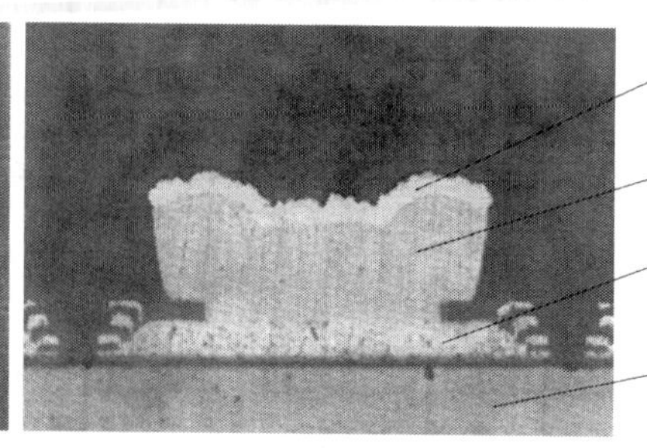

图 7.14 芯片上制作 Au－Sn 凸点外观

7.2.4 内引线键合

最初，TAB 内引线键合称为组合键合，所有的 TAB 引线通过热和压力（热压键合 T/C）同时键合到芯片的电极上，其目的是提供高强度牢固的金相键合。一些美国公司普遍使用另外一种 ILB，称之为单点键合，芯片焊点和载带内引线之间的连接每次只完成一个，是依次完成的。除热压焊和热声焊外，还有以下其他方法：①共晶/焊料/热气焊；②激光焊；③激光超声焊。

1. 热压焊

就热压焊（T/C）而言，其主要键合参数是温度、压力和键合时间，这要根据键合可靠性和生产量间的关系来折中选择。热压组合键合通常采用恒温加热法或脉冲加热法，加热工具既可是实心工具，也可是刃口型工具，如图 7.15 所示。恒温加热体通常是由低热膨胀合金制成，如 Fe－Ni－Co 合金（Inconel）或不锈钢/钨合金，带有天然或合成金刚石（单晶或多晶）尖端，或立方体结构的氮化硼（BN）。脉冲键合加热法通常用钼或钛刃口。化学气相淀积金刚石因其良好的导热性和耐磨性，在 TAB 组合键合中的应用日益增多，它是在特种陶瓷基底上淀积一种无黏结剂的多晶材料。

对于特种用途，加热方法将根据成本、键合材料、加热温度、引线数和芯片尺寸等慎重选择。重要的特性应包括良好的热导率、稳定性和耐磨性，光滑的表面（0.1～0.2 μm）、高温下不弯曲，而且便于用一块氧化铝板研磨清洁。

典型的卷带到卷带组合键合工艺流程如下：

①进入卷盘中的 TAB 载带要用隔离带分开，并对准键合台。

②晶圆盒中划开的芯片自动馈送到晶圆夹持器，以便进行芯片拾取。

③晶圆固定和切开。

④用图形识别系统判断晶圆上合格芯片。

⑤拾取每个合格芯片并传送到键合台上。

⑥芯片对准 X、Y 和 Ψ 方位。

⑦把装好芯片的键合台移动到键合站。

⑧用引线定位器检查载带内引线，并对准 X、Y 和 Ψ 方位，若位置偏斜，就跳过这个位置。

⑨键合头根据预先设定的键合压力、停留时间和冲击力进行键合。

⑩键合好的部分与保护隔离带一起输送到输出卷盘上。

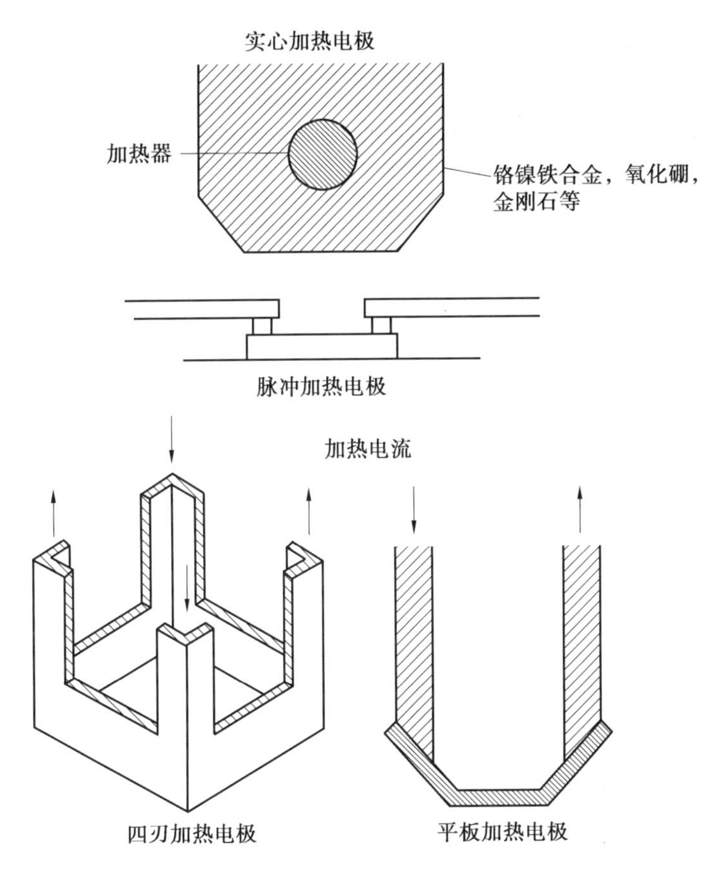

图 7.15 TAB 热电极

根据设备不同的设计，供给内引线键合机的 TAB 载带和芯片有几种可选方法。就大批量、高成品率的生产而言，芯片通常是以晶圆形式置于锯片的薄膜框架上，如前面所述。在某些场合，划片框架上的合格芯片预先存放在包装盒内。大多数键合机都设计成能接受输入级包装盒中的芯片，然后拾取每个芯片并传送到键合站。第三种方法是分选合格芯片，并把它们放入带凸腔的载带中(或称袋式载带)，类似于表面安装元器件(如电容器、电阻器和模塑半导体器件)所用的那类包装带。

2. 单点键合

单点键合是一种类似引线键合的工艺，一次只能键合一条引线。它既可用于内引线键合，也可用于外引线键合。与组合键合相比，单点键合具有以下优点：

①键合力非常低，因此钝化层龟裂、硅的凹坑和其他问题都可以减少或解决。

②有更多的工艺选择：热压、热超声、超声、激光或激光超声。

③因为每次只能键合一条引线，可以自动检测每一焊点的高度，而且可以分别控制键合压力，这就避免了与键合加热电极、载带、凸点和基板相关的流平度问题。对于大的芯片尺寸和高 I/O 数，这个问题更为重要。

④键合工具便于安装和更换，与组合键合相比，成本低得多。

⑤该工艺更适合小批量生产，同一键合工具可用来键合不同的器件，安装和更换时间

更短。

⑥有缺陷的引线可一次一个地返修。

⑦同一台键合机可用于 ILB、OLB 和返修。

⑧热超声和超声单点 TAB 键合类似于具有成熟基础设施和扩展的可靠性数据库的引线键合。

⑨大多数键合机是可编程的，并允许控制独立的键合参数。其程序可由一台机器转移到另一台机器，以保证其重复性。

⑩单点键合对于不平的基板更有效，例如陶瓷和印制电路板。

键合工具（加热电极）通常是由陶瓷、碳化钨、碳化钛和带金刚石尖的陶瓷制成，加热电极应根据成本、产量、生产要求和组装工艺的兼容性来选择，而且应有高的热导率、高耐磨性（硬度、密度和抗压强度）和传输超声能量的优良声学性质（适于热超声和超声焊）。

3. 激光键合

激光键合克服了热压焊两个最严重的限制，即要求高温和高压，这也是造成器件损伤和影响长期可靠性的根本原因。因为激光键合是一种通过很细的聚焦光束提供热能的非接触方法，所以它是既可用于周边设计，也可用于芯片表面的面阵列设计。激光键合非常适合高吸收率的材料。

Hayward 研究了使用工作在 1.064 μm 的光量子开关钕——钇铝石榴石（YAG）激光器的 ILB 工艺，该激光器是由微电子和计算机技术公司（MCC）研制，由电科学工业（ESI）公司生产。激光键合机 ILB 载带/芯片夹具如图 7.16 所示。器件和载带都由真空定位。器件有 152 个金凸点，其面积为 100 μm^2，高度为 25 μm，节距为 150～200 μm；载带是三层，镀锡层厚度为 0.6 μm，电镀后再进行再流焊，内引线宽度为 76 μm，厚度为 35 μm。需要研究的三个主要参数是激光功率、脉冲宽度和键合高度（芯片基底从凸点和载带第一接触点向上运动的距离）。基本的参数设定在 37 W（功率）、5 ms（脉冲宽度）和 25 nm（高度）。用 Shinkawa IL－20 键合机键合 300 只器件并与 T/C 键合做了对比，基准温度为 250 ℃，加热电极温度为 500 ℃，压力为 16 kgf（1 kgf＝9.806 65 N）。每组中抽测 10 只进行相同键合条件下的拉力试验，其余器件分别做温循试行（1 000 次循环）和高温储存（150 ℃，1 000 h）。与 T/C 键合器件相比，激光键合器件有稍低的平均键合强度，但数据分散性较小，并且显示出更慢的随时间退化速率。激光键合的内引线如图 7.17 所示。

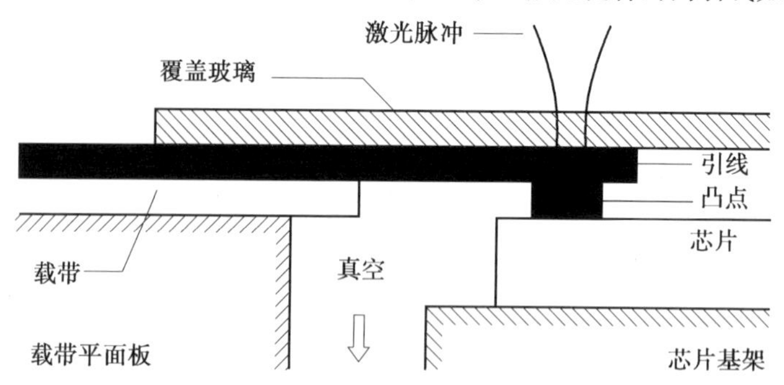

图 7.16　激光键合机 ILB 载带/芯片夹具

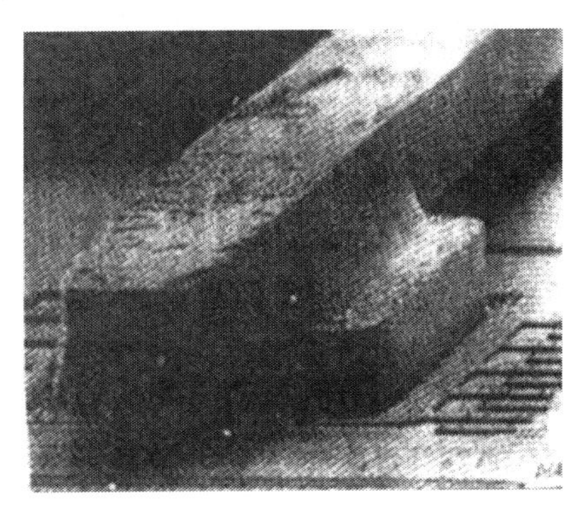

图 7.17 激光键合的内引线

Spletter 研究了 Au 对 Au 的 328 条引线激光 ILB，3 层 TAB 载带，引线为 45 μm 宽、35 μm 厚，节距为 100 μm。引线镀有 50 μm 金，然后键合到带有金凸点（凸点面积为 50 μm^2、高为 22 μm）的 0.63 cm^2 Si 芯片上，使用了倍频脉冲钕——钇铝石榴石激光器，把吸收率从 1.064 μm 的 2%～5%提高到 0.533 μm 的 25%～50%。键合了 30 个器件并进行了高温存储（150 ℃，1 000 h），温度循环（－65～ 150 ℃）1 000 次和液体到液体的热冲击（－55～125 ℃）1 000 次。平均抗拉强度为 35 g，标准偏差为 2.5 g。经过环境试验之后，合格键合点没有退化。

Zakel 等人研究了 Sn、Ni－Sn 和 Au 载带金属化与金或金锡凸点的 ILB 键合。与热压组合 ILB 相比，即使采用相同的载带和凸点材料，发现激光键合的金相结构也是不同的，而且界面结构对长期可靠性也很重要。在三元 Cu－Sn－Au 系统中，Au－Sn 共晶（80%/20%）焊料堆积在键合界面，由于 Cu－Sn－Au 在三元系统中形成 Kirkendall 微孔，因此焊接强度显著降低。Ni 保护层可阻止这种效应。然而，高温老炼形成脆性的 Ni、Sn 和 Au 金属间化合物。镀金载带和 Au－Sn 焊料凸点的激光 ILB，由于形成高稳定性的金属间化合物，因此高温老炼后，焊接强度降低很少。

4. 影响 ILB 的因素

有许多变量影响 ILB 的键合质量：载带材料的硬度，载带镀层的厚度和均匀性，载带表面清洁度、粗糙度和氧化程度，凸点硬度，凸点流平度，凸点的设计（相对于焊点结构的尺寸），凸点下金属化层，凸点润湿性和阻挡层的完整性，加热电极的设计，加热电极的质量，在室温和键合温度下加热电极的流平度，加热电极的热导率和温度均匀性，加热电极的耐磨性和抗氧化能力，加热电极与镀涂材料的黏附性（特别是锡），载带和芯片的对准，键合界面的流平度、界面温度，压力，超声/激光能量（如果使用）和停留时间控制，平台温度，降温速度和曲线。

ILB 工艺的成功也依赖于界面金属的合理选择。过去曾使用过多种界面金属，现在 Ti－W－Au 系统广泛地用作凸点下金属化层（UBM），此外是金焊料凸点和镀锡－金载带。

众所周知，高引线数器件的组合热压键合在高温（>400 ℃）和高压下，可能使 UBM 产生机械应力和热应力，进而影响器件的长期可靠性。

5. ILB 评价

与引线键合相同，ILB 键合评价方法可分为破坏性的和非破坏性的。两种最常用的方法：一是目检（光学/SEM）；二是拉力试验。对于带凸点的芯片键合来说，破坏性拉力试验适于判定键合强度和质量。芯片用真空固定，一条钩状线置于待测的内引线下面、芯片边缘和聚酰亚胺开口的中间。钩状线以受控制的速率上升，直到键合点或内引线断裂，并记录下所需要的压力。然后取下凸点，并检查每一个键合点的钝化、阻挡层断裂和其他损伤，如硅上的凹陷。就 Au—Au 热压键合而言，典型的失效模式包括以下几种：

①引线断裂。

②引线拉脱。

③凸点拉脱。

④凸点破裂。

⑤硅上形成凹坑。

除了光学显微镜和扫描电子显微镜（SEM）外，其他的非破坏性方法通常用来检查键合部件的质量，如扫描声学显微镜、X 射线分层扫描法、常规 X 射线检查、声学发射探测和激光/红外检查。

7.2.5 外引线键合

外引线键合（OLB）是把载带的外引线与封装、引线框架、基板相连接的工艺。同 ILB 类似，OLB 既可以是组合键合，也可以是单点键合。OLB 可选用多种工艺，根据应用，可选择以下几种方法：

①热压焊。

②热超声焊。

③热条焊。

④激光焊。

⑤超声焊。

⑥激光超声焊。

⑦红外焊。

⑧热气焊。

⑨气相焊。

⑩机械（DTAB、接头、插座、弹力夹等）连接。

ILB 之后，载带上的芯片通常要进行密封、测试、老炼等附加工艺，这些工艺供给的芯片可以是卷盘型、带型或是放置在滑动载体上，可以对芯片逐个进行操作，包封工艺根据最终应用，可以是芯片涂覆、浇注或传递模封。对于传递模封，ILB 器件通常是在模塑之前就键合到引线框架上。TAB 外引线键合如图 7.18 所示。

1. 热条 OLB

脉冲热条焊接是通过热条或热电极把引线机械地压到焊点上。热电极刀由电阻发热，以便为某项专门应用提供最佳的预定温度分布。

热循环从劈刀与引线接触开始，编程参数包括：热电极空载温度、斜率、助焊剂活化时间、助焊剂活化温度、键合时间、键合温度、设备上升温度、主轴上升时间。但热条加工顺序可根据应用而定，主要包括以下五步：

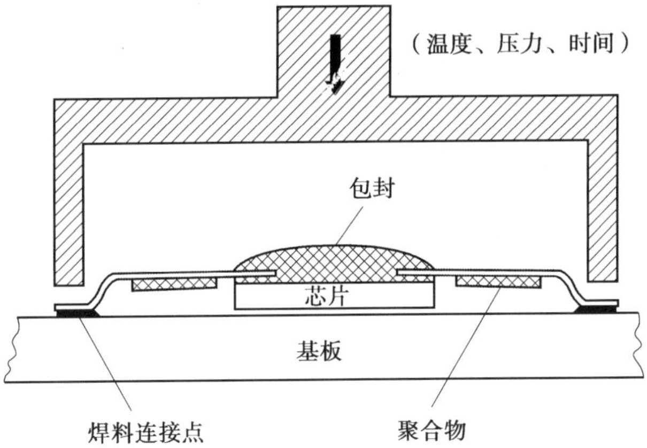

图 7.18 TAB 外引线键合

①切割和成型。

②芯片粘接。

③涂助焊剂。

④贴片和对准。

⑤焊料再流。

切割和成型过程包括把引线从载带支架上切下来并按要求使其为翼型或改进的翼型。引线切割后，应立即涂助焊剂并贴片。夹持条应能保证引线的共面性和随后操作过程中的间距（夹持条由一条聚酰亚胺窄带做成，它能使切割后的每行引线保持原位）。

Kleiner 研究了各种参数（如弯曲半径、材料类型和厚度、镀涂类型和厚度、倾斜度、冲切角度、力和速度）对不同外引线形状几何尺寸的影响；此外，还研究了对平行于芯片表面的成型引线的加工原理和要求，以及共面性和在弯曲半径处无断裂等问题。

如果芯片需要粘接，在引线外形设计中，应在硅芯片底面和芯片粘接区之间留出足够的容差，典型的芯片粘接材料是掺银热固性聚合物。

助焊剂的选择及其使用方法取决于界面材料。对于 Pentium TCP，Intel 公司建议把引线浸入适当活性的松香树脂中。这种焊剂无卤化物，也无残留物。焊脚的整个表面从顶到根部都应该浸到焊剂中。焊剂的比重及其固体含量、相邻引线间的表面绝缘电阻应分别严格控制在 0.80～0.81、1%～3%和$>10^9$ Ω。焊料再流应在熔化 30 min 内完成。最高的热电极温度为 275±2 ℃，停留 5 s 能形成满意的焊缝。压力应保持在每个刀口≤1.36 kg。

对 TAB 元器件的安放准确度要求比传统的表面安装元器件要严格得多。影响准确度的因素包括引线、焊点和基板上基准的定位容差。一种带有图像识别（PRS）装置的优良贴片机在 X、Y 方向具有±0.01 mm 的重复性（引线到焊点），旋转角为 3°。

影响再流焊工艺的一些参数包括：劈刀设计、热电极一致性、劈刀长度方向的不均匀温度和流平度、热电极膨胀率、基板弯曲度、基板的支撑、键合力、停留时间、热电极温度。

2. 各向异性导电膜

在一些应用中，如 LCD，因为待连接的片式元器件对温度的限制，焊接非常困难。各向异性导电膜(ACF)是用于LCD的一种键合方法,它可以把TAB外引线和ITO(铟—锡氧化物)连接到玻璃基板上。ACF是由均匀散布在环氧树脂黏结剂中的高导电性细金属颗粒组成,也可由镀涂导电材料的塑料芯制成。在压力下,它们只在垂直方向导电。ACF也被称为 Z 向导电黏结剂,典型的ACF导体包括镍、金和碳。ACF中的颗粒尺寸和分布非常严格,以免水平方向颗粒间短路。对于LCD的TAB OLB,利用加热和加压把外引线键合到ITO电极上。

Casio计算机公司研制了一种使用ACF的微型连接器(MC),它可以OLB 80 μm节距的LCD。将带塑料芯的导电颗粒镀涂Ni—Au,或将表面涂覆有一层很薄(1 000 Å以下)绝缘膜的更小的颗粒涂覆在导电颗粒外。后者与环氧树脂黏结剂混合,然后用与传统ACF同样的方式进行热压焊。在键合时,在压力方向的绝缘膜破裂呈现出导电性。黏结剂可以是热塑性的(可返修),也可是热固性的。

3. 高I/O数和节距对ILB和OLB的影响

在设计一种TAB封装时,外引线节距影响封装尺寸和组装的难易性。OLB节距越小,器件就越难组装到下一级封装。国际半导体器件标准机构(JEDEC)规定的标准OLB节距是0.65 mm、0.5 mm、0.4 mm和0.3 mm。

对于镀锡载带,随着节距的缩小,减小锡层厚度以避免过量的锡在相邻的引线间造成短路变得愈加重要。同时,锡层厚度在OLB中起着重要的作用。如果没有足够的锡,外引线的浸润性变差,这就会导致较弱的外引线焊接。

Saito研究了在热条OLB中,焊料镀涂厚度和外引线可焊性之间的关系。对于0.3 mm OLB节距,可接受的焊料厚度范围为3～10 μm,最佳范围为5～10 μm。对于更小的节距(0.25 mm和0.15 mm),可接受的厚度范围是3～7 μm,最佳厚度为5～7 μm。

7.2.6 TAB封装的应用

1. 载带焊球阵列

载带焊球阵列(TBGA)是IBM开发的一种焊球阵列TAB封装,它克服了传统周边式TAB封装的OLB的限制。它是利用带标准接地面的面阵列TAB(TBGA),与传统的TAB和卡级插装型封装相比有以下优点:

①较低的引线电感。

②较低的电源电感。

③较低的线间电容。

④较低的平均信号延迟。

TBGA是使用非粘接双金属层载带的结构,一面用作信号层,另一面用作电源和接地面的互连。焊接到载带上的焊球把整个封装互连到下一级组装上(PCB或卡)。用增强板保证焊料凸点和载带的平面度,还可以减小温度循环过程中的热应力,因为它的热膨胀系数与载体和卡相匹配。

ILB工艺可以是传统的周边排布I/O点的工艺,或是改进的C4倒装焊工艺,通常称为焊料粘接载带技术(SATT)。SATT可以键合在有源电路上,与热压ILB和引线键合相比,使用的焊点面积更小,因此可以减小芯片尺寸,并提高晶圆的生产率。

ILB 后，树脂包封用以提供机械保护，并增加内引线键合的疲劳寿命。

成分为 63：37 的 Sn－Pb 焊膏标准红外再流焊工艺可用于卡式组件。TBGA 的高度是 1.4 mm，质量小于 5 g。

2. TapePak®

TapePak®是由美国国家半导体公司在 1986 年左右开发的，它是可测试的模塑四边带引线的表面安装型封装，对于 20～124 的引线数范围，OLB 节距为 0.51 mm，对于更高引线数，节距为 0.38 mm。TapePak®使用了单层带凸点 70 μm 厚的铜载带，其压焊区是在晶圆级用薄膜金属化覆盖而成，用热压焊完成 ILB。ILB 之后，载带被截成条，器件用酚醛环氧树脂包封。接着，冲去连筋，分割成单个和镀涂焊料。把封装设计成带模塑环测试点，以便测试和老炼。在板级组装之前，在贴片机上进行去框－成型操作。

由于 TapePak®的尺寸很小，因此其电特性有明显的提高。例如 40 引线、7.6 mm 见方的 TapePak®最差情况下的引线长度为 2.54 mm，引线电阻为 2.4 mΩ，电感为 1.2 nH，线间电容为 0.2 pF。

3. Pentium TCP

Pentium TCP 称为“便携式革命”，它使 TAB 技术在美国复苏。世界上最大的半导体公司 Intel 开发了一种 TCP 型 Pentium，用于便携式装置，如膝上型、笔记本型和掌上型计算机及其相关产品。置于滑动载体（Slide Carrier）上的 Pentium 把芯片内引线键合到 JEDEC 类型的 UO－018，48 mm 三层一盎司（35.56 μm 厚）铜载带上，内引线和外引线键合区均在镍底层上镀金。用热压超声键合机完成内引线键合（ILB）。ILB 后，芯片和 ILB 区由高温热成型树脂涂层包封。它覆盖了芯片上表面、侧面和 ILB 区，直到聚酰亚胺载体环、芯片底面为裸露，以便面对 PCB 进行组装。

外引线节距根据不同的芯片，或是 0.25 mm，或是 0.2 mm。OLB 引线宽度为 0.10 mm，测试点为 0.5 mm^2，位于 0.4 mm 节距 OLB 窗口的外侧。器件装在滑动的塑料载体上，并封于存储管中运输，每个元器件的厚度为 0.615 mm，经过切割、引线成型，安装到 PCB 上之后，元器件超出 PCB 的总高度小于 0.75 mm。根据不同的元器件，切割后封装体的面积为 24 mm 或 20 mm 见方。把一个 320 条引线、0.25 mm 节距的元器件装在24 mm见方的封装体内，其质量最大只有 0.5 g。相比之下，296 引线的多层 PQFP 的质量为9.45 g。

对于板级安装来说，Intel 建议在板上其他元器件装好且经过清洁后，再使用热条、热气或激光再流焊工艺。

Pentium 要求在背面进行电热连接，因此，必须提供 3.75 mm±0.025 mm 的芯片粘接区。

Intel 建议使用掺银热固性聚合物，它在 130 ℃以上 6 min 固化成型。

对于不同的产品，TCP 封装的热阻是 0.8～2 ℃/W。PCB 的增强措施，如采用带或不带薄型热沉的散热通道都能满足便携计算机的热性能要求，而且不需要强制风冷。

4. ETA 超级计算机

ETA 系统公司（现已不再经营）曾经的目标是建造世界上最快的超级计算机。ETA 选用安装在单芯工艺板上的 TAB 器件，把 20000 CMOS 门阵列的每个器件封装在 284

引线 TAB 陶瓷四边引线扁平封装中。该 TAB 器件是由 Honeywell 公司提供的。芯片上的焊料凸点是由 95%Pb 和 5%Sn 制成，每个焊料凸点直径为 100 μm。凸点底层金属为 Ti－W－Cu－Ni，焊点节距为 254 μm，排列成两行，以保证有效的 ILB 节距为 127 μm。聚酰亚胺通孔设计成使每个键合焊盘搭接在与每个焊料凸点相对应的聚酰亚胺基底的孔上。在对应键合凸点的孔上面焊料熔化之后，塞住通孔，并再流到引线的准确部位。

Honeywell 公司的焊料凸点再流焊 TAB 在以下三个方面优于金凸点热压键合工艺：①较低的键合压力（对于 300 个凸点的器件，小于 1 kg，而金凸点为 11 kg）；②特有的流平度补偿，一个 100 μm 高的焊料凸点键合后典型值为 50 μm，因此流平度有 50 μm 的变化量，而金凸点只有 10 μm；③面阵列设计能力，焊料凸点可排布在整个芯片表面，而金凸点只能排布在四周。

带式载体封装（TCP）仍然是 LCD 工业中的主要互连方式，1994 年 LCD 占了带式载体最大的使用份额。TCP 还有一个很大的应用领域是智能卡，主要是在欧洲，所使用的载带类型主要是三层载带，芯片为引线键合。TCP 在美国最大的应用领域是喷墨打印机，载带类型是双层载带，用组合键合或单点键合进行连接。

微处理器向高密度和高性能发展的需求，使微处理器需要更多的 I/O 数和更细的 ILB、OLB 节距，管脚数继续随微处理器字节的增大而增长，ASIC 也对 TCP 的发展起着推动作用，随着 0.4 μm CMOS 五层金属工艺日益普及，迫切需要每块芯片有超过 1 200 的 I/O 数，这只有 TCP 和倒装芯片设计才能满足要求。

TAB 固有的优点是轻、薄、短、小，其柔性使它在许多应用领域保持优势，如手表、计算器、照相机、传感器和助听器。

低成本凸点工艺和材料的激增会把 TAB 的应用范围扩展到一些新的产品，如存储卡、智能卡、多芯片模块。

7.3 倒装芯片键合

焊料凸点倒装芯片互连源于 20 世纪 60 年代初，目的在于克服手工引线键合成本高、可靠性差和生产率低的缺点。最初，不太复杂的芯片通常接点排布在芯片的四周，这与引线键合型芯片相类似，当这项技术发展到极密集的面阵列时，就允许 I/O 数大大增多。倒装芯片键合（FCB）也叫作可控塌陷芯片连接（Controlled Collapse Chip Connection，C4），就是利用淀积在芯片上可浸润金属接点上的焊料凸点，以实现和基板上相应的可浸润焊料接点的连接。倒装芯片和基板对好位，用再流焊工艺把所有接点同时焊在一起。

倒装芯片键合与传统的芯片背面键合方法有所区别。在背面键合方法中，芯片的有源区面朝上进行引线键合。焊球受限金属化（Ball－Limiting Metallurgy，BLM）和上表面金属化（TSM）分别涉及芯片和基板焊盘连接的金属化问题。BLM 指的是芯片上表面焊盘冶金学可浸润焊料的区域。BLM 的变异是焊盘受限金属化（Pad－Limiting Metallurgy，PLM）和凸点下金属化（UBM）。TSM 涉及把装有带焊球的芯片焊接到基板接点上时的冶金学问题。

7.3.1 倒装芯片键合概述

倒装芯片的焊凸点互连,即把面朝下的硅器件用焊料和氧化铝基板焊在一起。倒装芯片键合第一次使用是在1964年,用于IBM公司360系统中的固态逻辑技术(SLT)混合组件。其设计目的是为了克服原来昂贵的手工引线键合可靠性差和生产率低的缺点,这种焊凸点也是芯片级密封系统的主要部分,该系统是在晶圆上制作玻璃钝化膜而成,而那个时代的大多数半导体器件是由昂贵的气密包封外壳来保护的。凸焊点冶金学设计如图7.19所示,为了通过玻璃保护层再次对通道或通孔进行气密密封,同时也提供了一种测试芯片和连接芯片的手段。

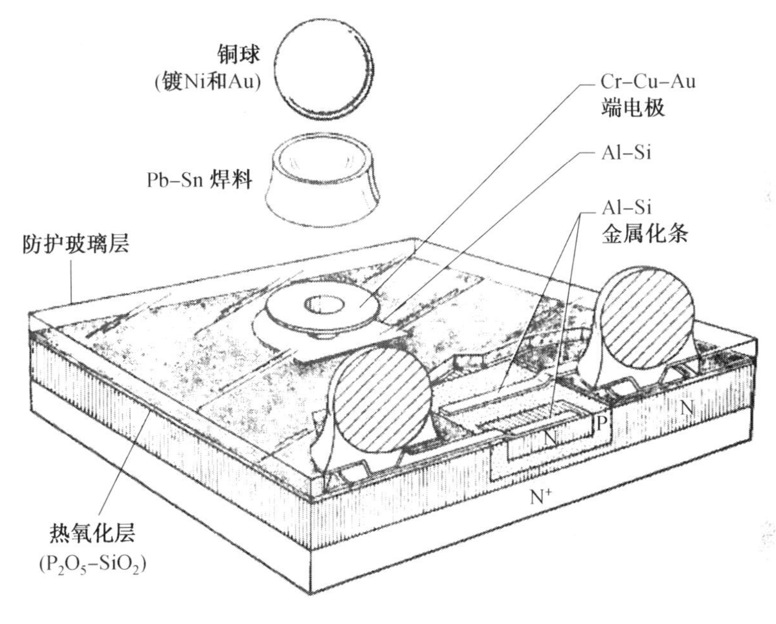

图7.19 凸焊点冶金学设计

起初,对于混合固态逻辑技术用的分立晶体管或二极管,铜球作为嵌入焊料凸点的刚性固定件,是用来使硅芯片未钝化的边缘避免和焊料涂覆的厚膜区短路。后来,在早期的集成电路时代,发明了可控塌陷芯片连接。在该技术中,使用厚膜玻璃阻挡的办法使焊料凸点得到限制(或可控),既不塌陷,又不流出电极区。这些厚膜玻璃阻挡层限制了焊料凸点流向基板金属化区的边缘,可控塌陷芯片连接(玻璃阻挡法)如图7.20所示。

随着固态逻辑技术的发展,采用了一种焊球受限金属化(BLM)焊盘的办法来限制芯片表面焊料的流动。焊盘图形通过依次蒸发薄膜金属制成,即依次蒸发Cr、Cu和Au,以保证通孔的密封,同时为焊料凸点提供一种可焊的导电基底。接着再蒸发一层很厚的(100～125 μm)97Pb/3Sn焊料作为初始导电层和芯片与基板间的焊接材料。

最早的集成电路芯片通常具有周边排布的C4 I/O焊盘,这一点和引线键合的芯片相似。焊盘直径为125～150 μm,焊盘间中心距为300～375 μm。焊盘的间距(节距)要和陶瓷基板上的厚膜电极AuPt或AgPd的网印分辨力和厚膜节距的可能性相兼容。

使用厚膜工艺可临时加入一个或两个板内电源焊盘,但到20世纪70年代中期,薄膜

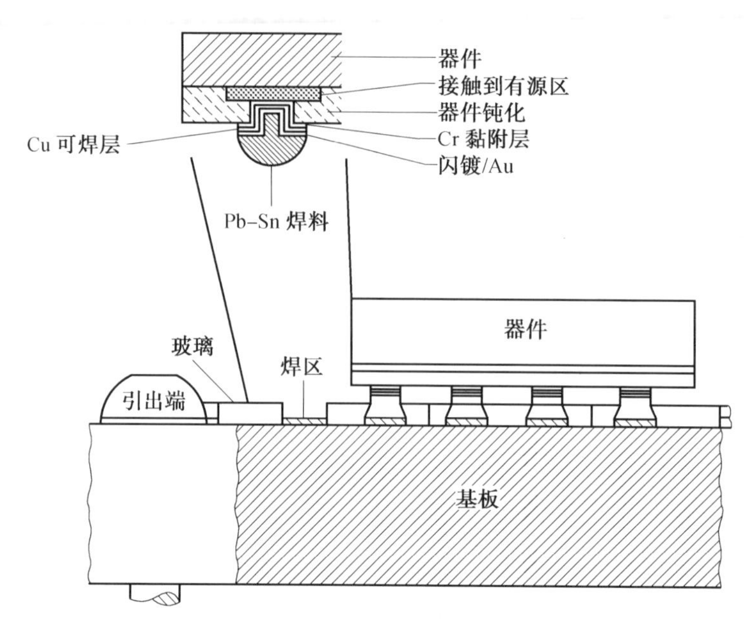

图 7.20 可控塌陷芯片连接(玻璃阻挡法)

金属化陶瓷(MC)技术问世后,内部不再使用大量的 I/O 焊盘。在陶瓷上使用薄膜 Cr—Cu—Cr 刻蚀技术使更窄的线宽和间距成为可能,线宽可细到 20 μm,节距可达60 μm,这就使布线避免了双排 I/O 焊盘和过多的内部连接。后来,出现了一种"减少"凸点的阵列,它可以连接 700 块逻辑电路芯片。就全布满面阵列而言,其中每个栅点都要对应一个焊料凸点,这就需要用复杂的多层共烧陶瓷封装技术。在这种封装中 I/O 线的排布可由通孔微型插座来调节,而多层埋置布线层与单层恰好相反,其上的绕行线受到 I/O 接点间每个通道容纳最多线数的限制。C4 面阵列的发展过程如图 7.21 所示。

一种早期全布满面阵列的有效方阵列中只有 120 个 I/O,长为 11 个 C4 焊盘,宽为 11 个 C4 焊盘,中心距为 250 μm(10 mil)。在阵列中的每一个交点上排有 1 个直径为 125 μm(5 mil)的焊料凸点,只有一个交点例外,以此作为定向的标记。有些封装,如共烧氧化铝多层陶瓷(MLC)封装,每个封装中装有 9~133 块面阵列排列的芯片以达到 IBM 的 4300 系列和 3081 系列计算机中所要求的高的双极电路密度。根据需要,逻辑电路和存储器电路芯片可混合使用。利用这种技术,可以把 25 000 个逻辑电路或 300 000 位的存储器封装在一个热导模块(TCM)基板上。把薄膜技术用于玻璃陶瓷基板,IBM 公司曾经在 9000 系列计算机用的一种模块上做了 70 000 只 C4。该模块具有 121 块集成电路,每块电路有 648 个焊盘,还具有 144 只极低电感量的 C4 多层陶瓷电容器,每只电容器有 16 个焊盘。早期的高密度的逻辑倒装芯片称作芯片上的计算机,在 29×29 面阵列中具有 762 个 C4 焊料凸点。与以前用的双层或三层布线相比,芯片上采用了四层金属布线。

随着光刻技术的巨大进步,0.35 μm 的线宽已可实现,又因先进的芯片布线技术也在迅速发展,用化学气相淀积形成柱状凸点,用化学机械抛光平面化布线层(5 层或 6 层),因此在布线密度、芯片尺寸和 I/O 数方面取得了长足进展。先进的 ASIC 含有 40 000 块双极电路(日立公司 Skyline 机器),I/O 数约为 2 250,远比 SIA 发展路线超前。IBM 和

Motorola 公司的 Power PC 微处理器倒装芯片可达到 650 个 I/O 的面阵列。

此外，C4 技术已经扩展到其他应用领域，它已用于混合模块的薄膜电阻器和片式电容器。在某些应用中，焊盘可以很大，如直径可大到 750 μm。另一个特例是，Schmid 和 Melchoir 在连接 GaAs 波导时，曾使用 C4 进行严格定位和校准。这里所用的 C4 只有 25 μm的宽度和高度。据报道密度最高的 C4 面阵是 128×128，25 μm的焊凸点，60 μm的节距，共有 16 000 个焊盘。C4 或与 C4 相类似的基板上的焊料连接及焊球阵列已用来把芯片载体和印制板连接在一起，并且已成为表面安装技术革命的一部分。C4 技术正在持续迅速地发展着。

(a) 周边排布 I/O

(b) 交错双排 I/O

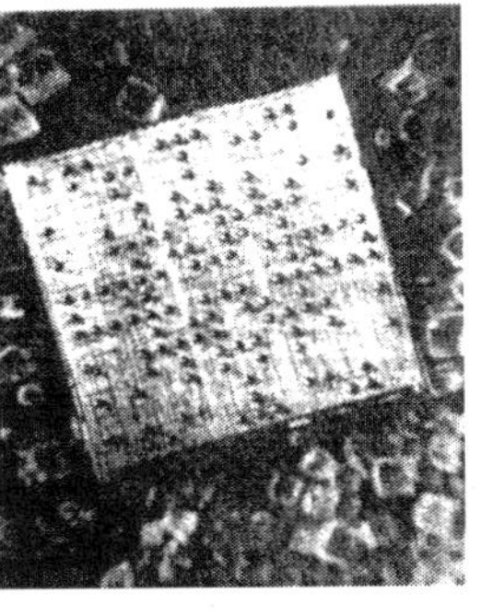
(c) 减少焊点的面阵列

(d) 全部满面阵列 I/O

图 7.21 C4 面阵列的发展过程

1. 材料

在选择 C4 用的焊料合金时，熔点是主要的考虑因素，高铅焊料(特别是 95Pb－5Sn 和 97Pb－3Sn 焊料)已广泛用于氧化铝陶瓷基板，主要是因为它的液相线温度高，大约为 315 ℃。若用于芯片连接，同时容许其他低熔点焊料用于模块到卡，则卡到板的封装不会使芯片上的 C4 再熔化。

组装顺序相反(如模块到板，然后芯片到模块)时，焊料熔点的顺序也要相反。Josephson超导器件就是以这种形式焊接的。焊料合金 51In－32.5Bi－16.5Sn(熔点为 60 ℃)适用于 C4 芯片，而高熔点合金 52In－48Sn(熔点为 117 ℃)用来焊接引出端和芯片载体。

和先进的有机载体(如聚酰亚胺 Kevlar®)或常规 FR－4 印制板的焊接，也需要较低的焊接温度，这时就要使用中温焊料，如 63Sn－37Pb 共晶焊料(熔点为 183 ℃)和 Pb－In 合金(如 50Pb－50In 焊料，熔点大约为 220 ℃)。使用不同熔点焊料进行混合连接也被证明是可行的。IBM 公司使用高熔化温度(315 ℃)的 Pb－Sn 焊料球焊接芯片，而用低熔点(183 ℃)共晶 Pb－Sn 焊料实现与印制板的焊接。这种情况，焊接温度适中，约为 250 ℃，而高 Pb 焊球并不熔化，而是被基板上的低熔点焊料浸润。

焊盘金属材料的选择将取决于焊料的选择。例如，如果和 Sn－Pb 合金一起使用，Ag 和 Au 都不是合适的焊盘材料。只需几秒钟，Au 就会完全溶进液体焊料中，在这种情况下，可以使用其他焊料合金，如 In，它对 Au 的溶解度很低；或者采用其他低溶解性的金属来作为焊盘材料。因此，Cu、Pd、Pt 和 Ni 是用于 BLM 和 TSM 的最常用的材料，所有这些金属都能与 Sn 形成金属间化合物，其中的 Ni 与 Sn 反应速度较慢，可限制焊盘与 Pb—Sn 焊料的反应速度。在芯片的一边，焊盘金属通常是夹在 Cr 或 Ti 粘接金属层和钝化金属层(通常是很薄的 Au 层)之间。基板上的 Cu、Pd 或 Ni 薄膜通常是由金保护，或涂覆上 Sn 焊料。C4 连接用的焊料是由基板提供的。MLC 基板通常要在 Ni 层上闪镀一层 Au。厚膜基板一般都带有 Pd 或 Pt 与 Au 或 Ag 的合金层，而且在焊接操作之前浸涂上一层焊料。据报道，Au—Pt、Ag—Pd、Ag—Pd—Au 和 Ag—Pt 都曾用作厚膜 TSM 焊盘材料。

2. 设计因素

前已讨论了影响选择焊盘和焊接材料的一些因素，但是在 C4 设计中，还必须考虑其他变量。焊接点高度必须高到足以补偿基板的不平度，尤其对于老式的厚膜基板。由于焊料的表面张力能把芯片支撑起来，因此必须要有足够的焊盘数以承载芯片的质量。一般来说，这是具有很少 I/O 数的器件的主要问题，如存储器芯片或芯片载体，它们的体积很大。大量研究结果表明，BLM 和 TSM 的尺寸、焊料量、芯片质量和 C4 高度之间都有一定内在关系。

额外虚设焊盘通常是用来增加组件的机械性能、可靠性或热性能。从电性能设计和可靠性的观点来说，焊盘位置是十分重要的。焊点到中心点距离(DNP)与其热循环疲劳寿命有关。

早期的焊料凸点是置于固体逻辑工艺(SLT)的 Si 非有源区，或是早期集成电路二极管一隔离区上，正像今天的引线键合区和 TAB 焊盘置于 Si 非有源区一样。但到 20 世纪 70 年代初期发现，C4 焊料凸点还能可靠地排放在 Si 有源器件和多层布线上。这一独特的能力已经使得面阵列凸点成为一种强有力的封装手段，同时也为设计者在进行复杂 ULSI 布线时提供了更大的自由度。人们自然会想到，面阵列倒装芯片要比周边连接的芯片小，也就意味着每块晶圆上的芯片更多，芯片的成本更低。

随着 VLSI 逻辑芯片的密度越来越高，更高的 I/O 数将促使人们向全阵列焊盘发展，在这种情况下，焊盘的尺寸和位置是由芯片的尺寸和全布满面阵列所确定的每个焊盘的实际形状来决定的。

C4 焊盘的数量与芯片尺寸和焊盘形状及布局的关系密切，面阵列排布焊盘要比周边排布焊盘具有更明显的优点。

7.3.2 凸点制造工艺

通过金属漏空掩模板进行蒸发仍然是最广泛应用的制造 C4 焊盘的技术。BLM 和焊料两者都是借助金属掩模版在晶圆表面蒸发和淀积出阵列的焊盘。业已证明这是一种切实可行的批量生产工艺，每个晶圆可以同时加工成许多芯片，每次蒸发可以加工很多晶圆。但是，它既不是成本最低的工艺，也不适合更精细的凸点和节距、更大的晶圆、更精密的交叠覆盖，或高 Sn 含量的(因为它比 Pb 具有更低的蒸气压)低熔点焊料。因此，涌现出许多种新型的晶圆凸点制作技术。例如，用薄的或厚的聚酯膜制作光刻掩模，网印焊膏，在活化层上通过光掩模电镀焊料使其成为 BLM，溅射淀积 BLM 薄膜然后进行光刻刻蚀。上述所有工艺设计的组合都已用于各种用途的晶圆上的凸点制作。

1. 金属掩模蒸发技术

IBM 公司用蒸发法制作 C4 凸点的技术是一种典型的方法。把带有开放通孔的钝化晶圆排列并组装到一块薄的 Mo 掩模下，金属掩模技术如图 7.22 所示。掩模和晶圆靠弹簧紧密地夹在一起，以免在操作和淀积过程中移动。

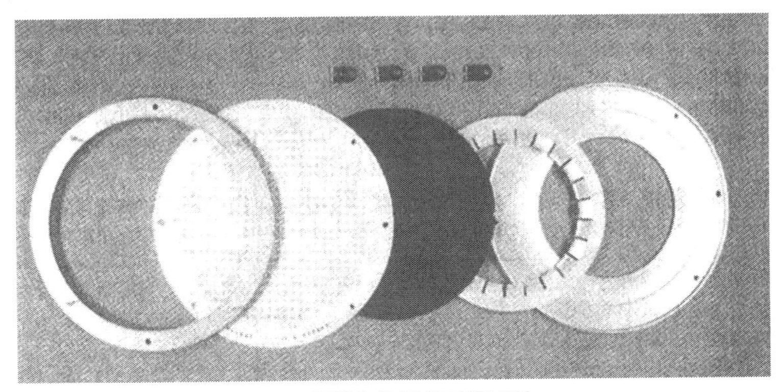

(a) 掩模和晶圆的对准工具

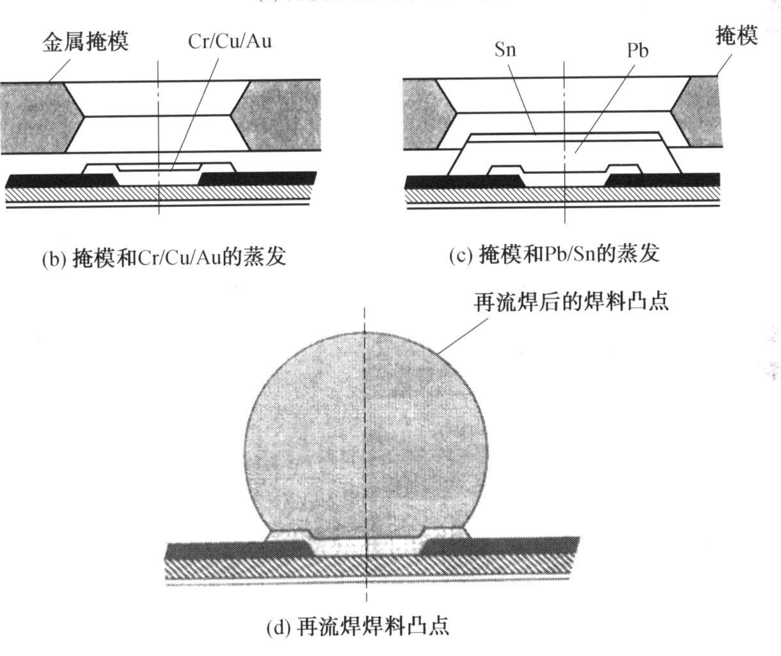

(b) 掩模和Cr/Cu/Au的蒸发

(c) 掩模和Pb/Sn的蒸发

(d) 再流焊焊料凸点

图 7.22 金属掩模技术

对通孔及其周围的钝化表面用氩离子溅射清洗或刻蚀，通常是用来去除芯片上最后一层金属膜上的氧化铝层及钝化层上的光刻胶残余物。这主要是为了保证低的接触电阻(典型值<10 mΩ)和与 SiO_2 或聚酰亚胺在其界面的良好粘接性。

BLM 的多层金属按下列方法进行淀积。典型的蒸发台具有多个金属源，其热能是由电阻、电感或电子束(电子枪)来提供的。Cr 首先升华，和钝化层相粘接，同时形成对铝的阻挡层；然后再同时蒸发 Cr 和 Cu 的渐变混合层，以免在多次再流焊中层间分离。接着蒸发纯 Cu 层以形成基本的可焊金属层。最后闪镀一层薄金以防止氧化并提高其浸润性，这是很必要的，因为晶圆在进入下一工序即蒸发焊料之前一般是暴露在空气中的。焊料淀积时需要一个厚的(在 100 μm 数量级)漏空掩模版。尽管 Pb 和 Sn 通常具有相同的电荷量，但要先蒸发淀积高蒸气压元素 Pb，然后在 Pb 的上面再蒸发 Sn，最后在 H_2 炉中再流，使其在大约 350 ℃下熔化，并使两层焊料均匀混合成球状。另外，H_2 能使 Pb 的氧化物还原，同时避免 Sn 的过氧化。

光刻工艺以及光刻与金属掩模的结合越来越普遍地用来制作端点。最常用的工序如下：首先 BLM 依次覆盖淀积，涂覆光刻胶，光刻胶图形显影；其次电淀积焊料；最后去除光刻胶并用镀涂的焊料凸点作掩模刻蚀出 BLM。另一种工序是，用溅射法覆盖淀积 BLM，涂覆光刻胶，通过光刻胶刻蚀出 BLM，然后用各种技术(如焊料浸渍法)淀积焊料，放置焊料球，或进行模板蒸发。显然，单掩模工艺与多掩模技术相比更简单和便宜，尽管它们在提供不同量的焊料时缺乏灵活性。在某些应用中，较大的焊料量可以减小应力。

2. 电镀法制作钎料凸点

膨胀率问题可能会限制金属掩模蒸发的应用。半导体芯片的迅速发展限制了金属掩模蒸发技术，随着半导体晶圆尺寸的增大，要保持晶圆上凸点的高度和大小的均匀性越来越困难。在光电子应用中需要非常小的凸点，这就很难用厚金属掩模来制作，而且对准误差限制了高密度阵列凸点的膨胀率问题。直接粘片(DCA)到有机板上的技术使得更多用户能把较低熔点的焊料用于凸点，尤其是具有 63%Sn 的 Sn－Pb 共晶合金。这些高 Sn 含量的焊料极难蒸发，因 Sn 的蒸气压低到了必须要有很强的激励源，它能使蒸发过程中晶圆上已蒸发的焊料再熔化。由于这些原因，与电镀法结合在一起的光刻图形法逐渐代替了金属掩模蒸发方法。

光刻法是直接把光刻胶涂覆在晶圆上，以保证端点即焊料凸点的分辨力，而且不会有全域掩模法的扩展问题，用光刻法便于制作更小的凸点。通过调整镀槽组分(或依次镀涂不同元素)可以实现各种成分的电镀。这些方法的不同组合已有报道。最常用的晶种层(即 BLM)覆盖淀积工序为：涂光刻胶，显影图形，然后电镀焊料，去除光刻胶，并用电镀的焊料凸点作为掩模刻蚀出 BLM。焊料凸点常规电镀工艺流程图如图 7.23 所示。

Hitachi 和 Honeywell-Bull 公司过去也用电镀焊料方法在晶种层上制造了凸焊点。Hitachi 公司把这些带凸点的芯片用于早期的混合电路。Honeywell-Bull 公司使用凸焊点来代替常规 TAB 的 Au 凸点，以便在不使用 Au－Sn 共晶合金的情况下一次完成内引线的组合焊接。

单掩模概念的独到之处已在 North Carolina 州的微电子中心(MCNC)得到证明，它不仅能同时做出焊料和端点的图形，而且还能制作再布线层。当一个晶圆是为引线键合而设计的，想把它转换成凸焊点的倒装芯片，但又不想重新设计芯片表面布线时，这种系统可以完成内部的再布线，同时还可做出低成本的凸点，一举两得。这一技术称作单掩模再布线(SMR)技术。均匀电镀的焊料在晶圆再流焊中使焊料主要分布到凸点区域。最终结构是在具有很高导电率的再布线线条上面被覆了一层很薄的焊料，以便与焊料量较大的凸点相连接，上述结构可用相同的金属化工艺和光刻步骤制作。所有这些都是以同样的金属化图形步骤制作而成。

在把晶圆切割成单个芯片之前的最后工序是对每个芯片进行电测试。最早是使用机

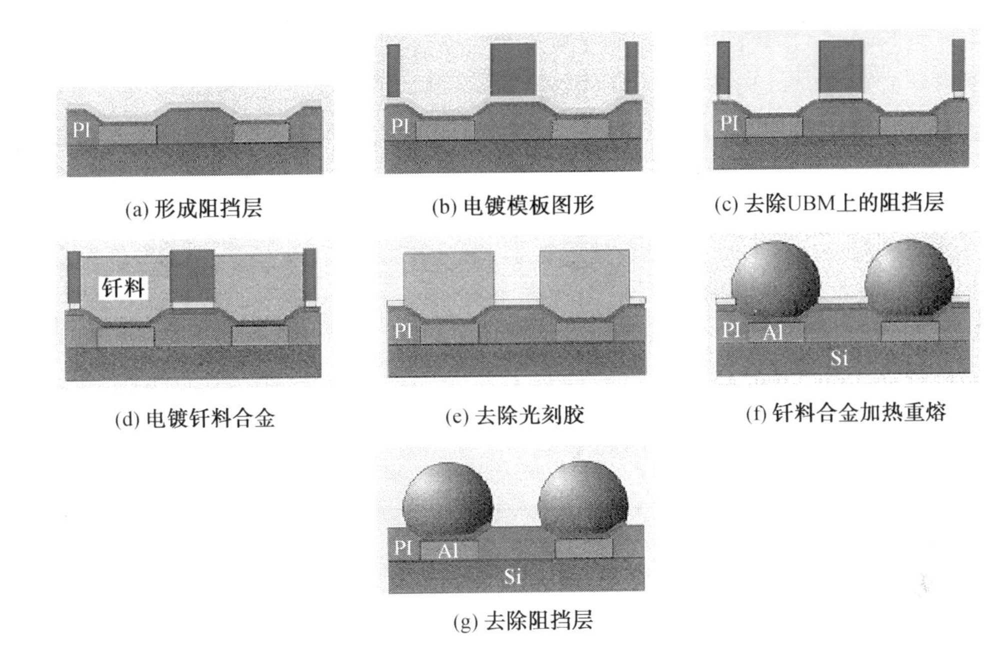

图 7.23　焊料凸点常规电镀工艺流程图

械探针使其与软焊料凸点相接触。而面阵列凸点则是用专用的丝编弯曲梁装置来测试。

7.3.3　组装与返修工艺

基板上可浸润的表面焊盘(与芯片上的焊点成镜像对应)是用厚膜或薄膜工艺制作的。薄膜工艺与上述的 BLM 工艺相似;而厚膜工艺涉及可浸润表面的研究,即在不浸润表面上如 Mo 或 W(常用于陶瓷基板内)电镀一层 Ni 和 Au。根据需要,焊料的流动可用玻璃或 Cr 阻挡层加以限制。

1. 自对准

C4 技术最突出的贡献之一就是自对准,即在粗对准时芯片上的焊点和基板上对应的焊盘可能发生较大偏移,当焊料与焊盘表面浸润时,在表面张力的作用下产生自对准,C4 焊接工艺步骤如图 7.24 所示。光电封装组件就广泛利用了这一现象,使得光电器件的波导和光纤的自对准精密度达到 ±1 μm。当使用炉子进行再流焊工艺时,生产效率非常高,使用自动化设备每小时可以生产上百万只 C4 焊接。

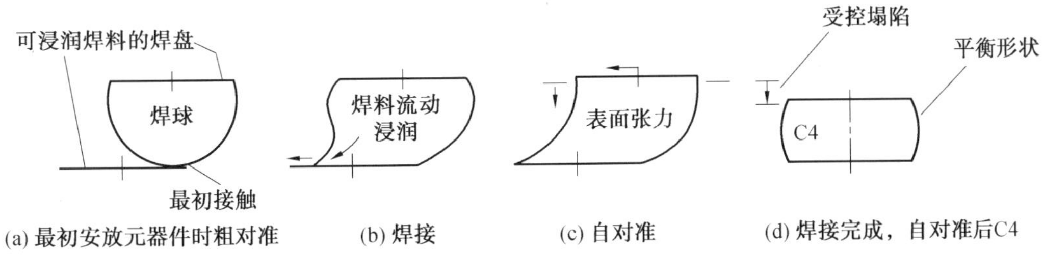

图 7.24　C4 焊接工艺步骤

2. 常规助焊剂的辅助焊接

如前所述，一旦把 BLM、TSM 和焊料放在适当的位置，那么就可以直接用 C4 技术来连接芯片和基板。芯片必须对准并面朝下地放在基板上。用现有的商用设备，安装精度在实验室可达±2 μm，在制造工厂可达±8 μm。正常情况下，基板上要涂覆一些助焊剂作为暂时的黏结剂使芯片定位。对于高 Pb 焊料，焊剂为水状的白色树脂，对于低 Pb 和其他低熔点焊料，焊剂则为水溶性助焊剂。芯片连接完成后，要用溶剂清洗焊剂残留物。对于松香焊剂，溶剂为氯化物或二甲苯；对水溶性焊剂，溶剂就是水。最后对组装件进行电测试。

3. 无焊剂的等离子体辅助干法焊接

对于无焊剂的等离子体辅助干法焊接（PADS）工艺来说，可用商用等离子体预处理设备完成干法预处理，以此来取代助焊剂。原来阻碍焊接的氧化物转化成氟氧化物。该转换膜使焊料钝化，当焊料熔化时，钝化膜破裂，暴露出焊料的活性表面，以便在没有液体焊剂或还原气体的情况下进行再流焊接。

芯片焊接工作的第一步就是把芯片准确地倒置于基板或载体相对应的焊盘上。为此，手动工具和自动工具均可采用。手动工具是由显微镜和垂直照明系统组成的光学操作头组成。它可以使操作者同时观察芯片和基板。用操作杆控制样品，使其有 6 自由度运动，芯片和基板的对准可在 2 μm 之内。对于粗糙的表面，通过增加两个照明系统和光纤光管使光学探针得到改进，光纤光管可使光线以某个角度投射到基板上。这种装置适用于任何一种基板。带有高 Pb(95Pb－Sn)焊凸点的硅芯片，在无焊剂的情况下连接到浸过共晶焊料的 FR－4 有机基板上，该基板是由印制板材料制成。自动安装装置使用图形识别器可以很快地把芯片安装到基板上，安装精确度为±(5～8) μm。

在助焊剂连接中，助焊剂起到一种黏结剂的作用，使芯片固定在合适的位置，以便在链式炉批量再流焊中装卸传送。由于在无助焊剂连接中不存在这种黏结剂，而是利用一种定位方法，在对位键合台上利用压力、时间和/或温度的各种组合，临时将芯片安放在基板上。上、下夹具都可加热，而安装芯片的控制计算机要根据用途施加所需的负载/时间/温度。固定后，把组件传送到充 N_2的再流焊炉中，由此就可以完成芯片的永久焊接和自对准。

芯片的安装准确度对小焊凸点尤为重要。而且在光电应用中，要求芯片相对基板的位置十分苛刻。当焊料再流时，便发生自对准，并使最终的芯片安装精密度达±1 μm。安装或再流焊后芯片和基板的相对位置可以用光学方法观察和测量。玻璃基板可用白光，硅片可用红外(IR)光，硅对 IR 光是透明的。若把红外显微镜用于薄膜定位图形或把微调建于元器件内，就能很精确地测量芯片到基板的相对位置。

最后的芯片焊接通常是在充 N_2的链式炉中完成的。有助焊剂和无助焊剂焊接可在同一个炉中进行。链式炉的生产效率很高，每小时可以焊接 100 万个倒装芯片的焊点。在实验室，用局部热源一次只能焊一块芯片。红外链式炉可以用来生产无助焊剂焊接和自对准的共晶焊料凸点。所用的基板上具有裸露的铜焊盘。无助焊剂焊接不需要焊接后的清洗。但是，对于有助焊剂的焊接工艺，通常必须对助焊剂残余物进行清洗。多年来，普遍使用氯化物溶剂，但其已因消耗臭氧层而被禁止使用。其他溶剂像二甲苯现在用于松香助焊剂清洗，而水基化合物是用于水溶性助焊剂。一旦芯片焊接完毕，便可对组件进行电测试。

4. 多芯片组装的返修

在高档多芯片模块中一个重要的问题是返修问题。而芯片焊接工艺是一种具有很高成品率的工艺，制造中很少发现有缺陷的焊接，需要更换的不合格芯片也很少遇到。尽管使用了已知优质芯片(Known Good Die,KGD)，有时由于工程需要，仍有必要替换多芯片组件中的芯片。倒装芯片中的返修工艺一般分三步：①拆除芯片；②修整焊盘；③安装和焊接新的芯片。

用超声扭转的机械方法拆下芯片可使芯片或基板上出现的任何损坏减到最小(例如当施加冷的机械拉拔、剪切或扭力时可能发生损坏)，超声扭转拆除芯片后残余焊料如图7.25所示。可用红外或键合台上下夹具加热器的传导进行局部加热。为了不使无须返修的好芯片的所有焊点熔化，固定基板的下夹具要加热到稍低于焊料熔化点的温度，而上夹具加热到焊料熔化温度以上。支座对准芯片，然后下夹具上升直到芯片靠支座上真空吸附的方法固定到上夹具为止，当下夹具降落时，芯片便留在支座上。

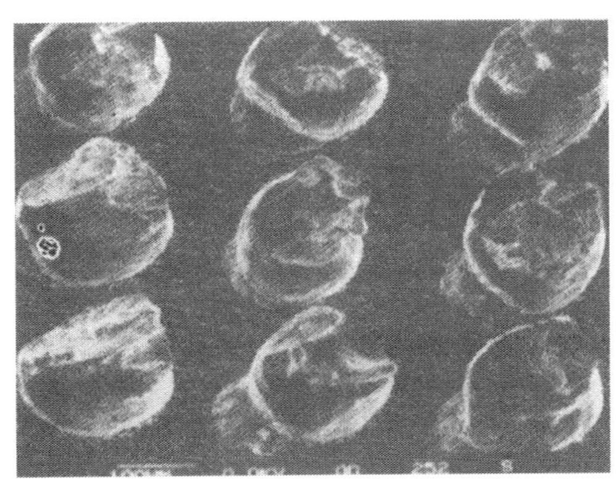

图 7.25 超声扭转拆除芯片后残余焊料

热拉拆除芯片后的基板焊盘如图7.26所示，所用的焊料是95Pb－5Sn，凸点直径为125 μm、节距为250 μm的41×41阵列。这是在空气中不用助焊剂的情况下完成的。为适应大约在315 ℃的焊料熔化温度，上夹具要加热到350 ℃，而下夹具加热到300 ℃。

拆下芯片后，焊盘需要整修。即去除焊盘上大部分焊料，使剩余的焊料非常均匀，不会影响新器件的连接成品率和组件的可靠性指标。过去，曾用热气返修工具作为整修工具，如图7.27所示，目前，最常用的工具是使用铜粉末冶金块做成吮吸焊料的吸块(这是IBM公司的专利)。若对位要求不严格，可用手工操作把吸块放在基板的焊盘上，若焊接的是芯片，还可以使用对位键合台。然后对组件进行再流焊接，再流过程中，多余的焊料通过表面张力就能被吸附到铜粉末冶金块上。从焊盘上拿去铜粉末冶金块，这时基板就可准备连接新的芯片了。经铜粉末冶金块修整过的基板焊盘阵列形状如图7.28所示。与原来的芯片连接方法完全相同，把新芯片连接到经铜粉末冶金块整修过的基板上，使用芯片安装设备，以正常方法对准和安装新芯片。也可以使用与原芯片相同的方法进行再流焊(必要时进行清洗)。

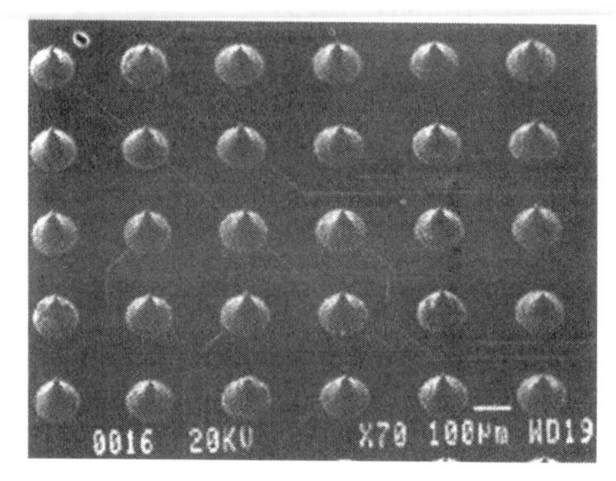

图 7.26 热拉拆除芯片后的基板焊盘

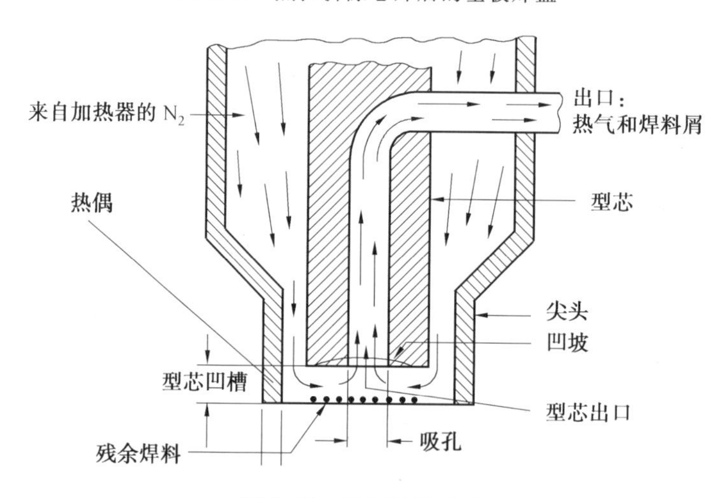

图 7.27 热气返修工具

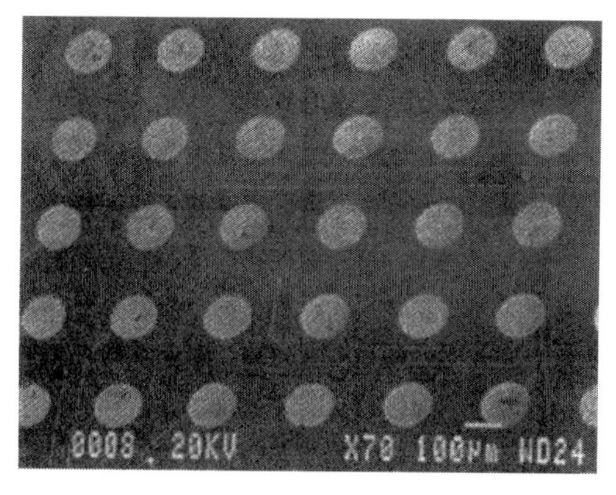

图 7.28 经铜粉末冶金块修整过的基板焊盘阵列形状

除电测试之外，许多技术都涉及焊接问题，焊接质量是新用户经常提到的问题，也是正在探讨的工艺问题。因为焊点是隐蔽的，所以用标准的检验工具难以看到。X 射线照相可用作光检测技术。X 射线可以检测各种异形的连接、气孔和焊料不足的焊盘等缺陷。用声学成像技术也可以检测凸点与焊盘的连接脱焊缺陷。

焊接高度通常指芯片与基板间的间隙，它对于热循环疲劳可靠性和光电器件对准（Z轴方向）是个很重要的因素。焊接高度可以用傅立叶变换红外分光仪来测量。在芯片和基板处的反射干涉峰，其峰间距离是芯片一基板间距的函数。

7.3.4 C4 的可靠性

1. 热失配封装可靠性问题

关于倒装芯片连接，经常提到的一个问题是能否在模块热循环寿命中保持结构的完整性和电性能的连续性。芯片和基板间的热膨胀失配会引起每个端子的剪切位移，在模块的整个寿命期间，会使累积塑性形变超过 1 000%。Norris 和 Landzberg 推导出了一种循环寿命与循环形变参数间的准经验模型，修改过的 Coffin-Manson 关系式为

$$N_{\mathrm{f}}=\left(\frac{A}{\varepsilon_{\mathrm{p}}}\right)^{1.9} f^{0.3}\,\mathrm{e}^{-(0.123/KT_{\max})} \tag{7.1}$$

式(7.1)是基于疲劳寿命和塑性变形幅值的 Coffin-Manson 关系式，式中，N_{f} 是疲劳寿命；A 是实验确定的材料参数；f 是频率；ε_{p} 是塑性应变；K 是强度因子；$T_{\max}$是最高温度。该式同时考虑了两个与时间有关的因素：一是频率项，寿命随频率增加而增长，但频率的幂较小；二是最高温度项，寿命随最高温度的增大而缩短。假设失效呈对数正态分布，那么样品便可以用加速热循环来考核。根据电学失效的统计寿命，可以外推出预测的现场寿命。1991 年，据 IBM 公司报道，自从 C4 技术从 1980 年应用以来，在 MLC 上的 C4 经过 12 年的热循环其疲劳磨损失效率为零，其寿命大于 1 012 h。

这些结果证明，焊料互连能经受高的应变积累；也证明了预测失效率的实用性。但是，早期的电视芯片只有 1 mm 见方，而且只有周边排布的 12 个凸焊点。失配剪切形变与给定的焊盘与中性点的距离成正比。该中性点通常记作 dnp（即芯片在热位移过程中与基板保持相对静止的点）。因为中性点接近芯片中心，所以 dnp 的最大值近似与芯片尺寸成正比。另外，Norris-Landzberg 模型以及后来的大量实验表明，寿命近似与剪切形变的二次方成反比。因此，在评估从电视芯片到更大和更密的 C4 焊盘时，热磨损应重新加以考虑。

后来，热磨损模型受到人们的密切关注。有人建议应把停留时间因素考虑进去，还建议应对焊料的裂纹增长和蠕变形变的表达式重新加以修正。人们进一步提出了几种有争议性的机理，包括空洞在热磨损模型中起的作用。热磨损模型远比上面讨论的简单公式的含义要复杂得多，对热循环的不同阶段，焊点的扫描电镜（SEM）结果表明，焊料和芯片之间的失配对失效起着重要作用。此外，少量和过量焊料的焊接失效呈现不同的机理，这里仅侧重于对 C4 形状的影响。

在建立热磨损模型过程中，一个更复杂的问题是焊接处因热而引起的应变不均匀。一个方法是把焊接形状与失效率联系在一起，尽管该模型很简单，但在试验中得到了有力的证实，即改变焊接的形状，并对焊接处做单循环和芯片循环扭矩试验。考虑到与时间和温度有关的焊料特性，需要使用更复杂、更先进的技术来全面地认识焊接形状的影响，在一个完整的分析中，还必须考虑芯片弯曲问题。这个伴随着 C4 焊接而产生的简单模型已经被证明完全可用来评估焊接的特性，并且有助于产品的设计。该模型不仅具有简易

性和基本合理性，而且现有产品的失效率已低达可忽略不计的程度。随着芯片越来越大，几百个焊盘已变得很普通，这就更加需要新的或经过修正的模型，这些模型会加深对热磨损机理的理解，并使失效率更加精确。

2. 提高热失配封装可靠性的措施

为了更好地理解热磨损模型，必须使C4能适合更大和更密的芯片，同时又不影响系统的可靠性。现有的模型和多种试验技术尽管还不完善，但它们已可用来评估各种可靠性的方案，其中几种方案很有发展前景，它们可分为改进几何形状、改变焊料组分以及改进基板材料等。

(1)改进几何形状。

通过排列焊盘使 dnp 达到最小，则焊盘处的热失配位移也能保持最小。例如，取消四角处的焊盘，或在极端情况下采用准圆阵列排列。

焊接的几何形状是由芯片和基板上的浸润面积、焊料量以及芯片的质量决定的。除非芯片很重，焊点一般是“截顶”的球状，而焊点高度只由界面半径和焊料量来决定。上述的几何模型说明，热磨损取决于形状，若能使几何形状达到最佳，那么就可以延长焊点寿命。

尽管一些考核项目主要靠机械试验来证实，但更建议采用热循环试验来证实。由于机械试验的局限性，下列优化原理和步骤可能是切实可行的。

①界面面积应当尽可能大。

②基板的浸润面积和芯片的浸润面积存在着一个最佳比值，对于每种特殊材料组，该比值要由试验来确定。对于陶瓷基板上的薄膜铜焊盘，若焊盘较大，该比值为1.2，其最佳值可近似地由基板和芯片间的热循环失效的平均分布值来表征。

③一定的界面半径，存在着一个最佳的焊料量。

前面讨论的是焊接问题，其形状主要由焊料的表面张力来决定。在这种情况下，焊球与金属接触，焊点呈双“截顶”球状。通常，最佳的球形连接部分具有有限的延伸，只能使寿命提高50%左右。另外，若改变焊接形状使其偏离球形，可以产生很大的影响，重芯片可能造成焊点塌陷，这会严重缩短寿命；而展宽和加长焊接面实质上是延长了寿命。机械试验表明圆锥形和圆柱形焊接的疲劳寿命相差一个数量级，圆锥形连接的断裂部分向中心部位转移。加宽的焊盘可用一系列技术来制造，包括在同一块芯片上使用两种不同的焊料。其中一种技术叫作自展宽焊接技术(Self-stretching Soldering Technology，SST)，如图7.29所示，它是利用一种较大的焊料凸点的表面张力去展宽焊料量较少的凸点。另外，在日本使用的堆叠而成的焊料柱起到了改善疲劳寿命的作用，堆叠焊料如图7.30所示。

此外，还可把焊料铸进铜的螺旋线中以形成较大高宽比的焊柱，采用浇铸的柱状焊料连接到封装端头如图7.31所示。这种方法已被用于把无引线片式载体连接到玻璃－环氧印制板上。该结构还没有缩小到足够精细的尺寸用于集成电路的互连。目前已研制出无铸造而成的焊料柱(没有铜螺旋线)用于封装到印制板的互连。

(2)改变焊料组分。

在取代95Pb－5Sn的已鉴定的焊料中，Pb－In系统的疲劳寿命最长。已经表明，热

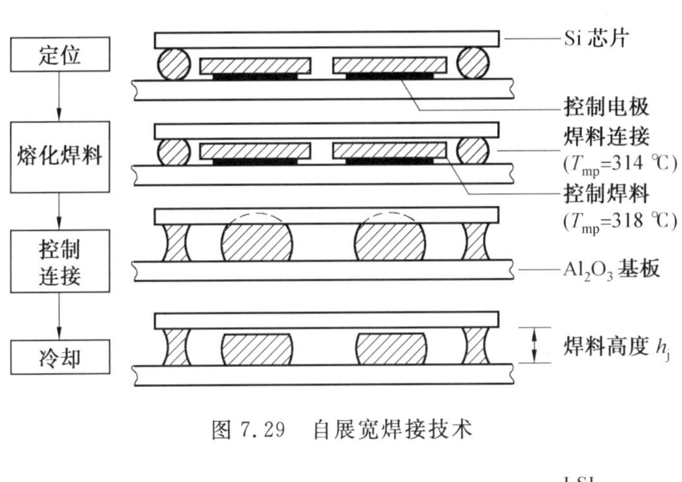

图 7.29 自展宽焊接技术

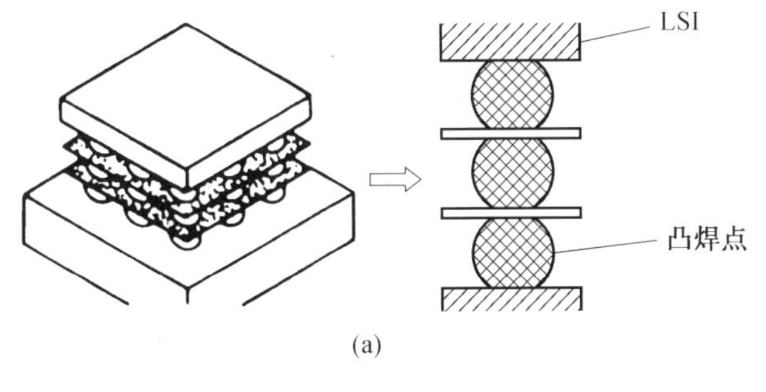

(a)

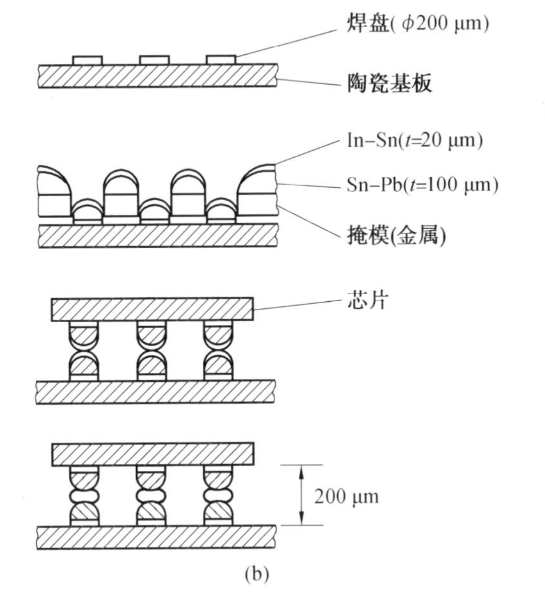

(b)

图 7.30 堆叠焊料

循环寿命对少量元素 15%～20%的 In 组分非常敏感。如果把 5%的 In 加入 95Pb－5Sn 中,热循环寿命可改善 2 倍;若加入 50%的 In,可改善 3 倍;若加入 100%的 In,可改善 20 倍。纯 In 常用于光电器件的焊接,在集成电路的早期研究工作中,主要是用 50Pb－50 In 作为超高热循环可靠性和工艺局限性的折中方案。这种焊料的应用之所以受到限制,主

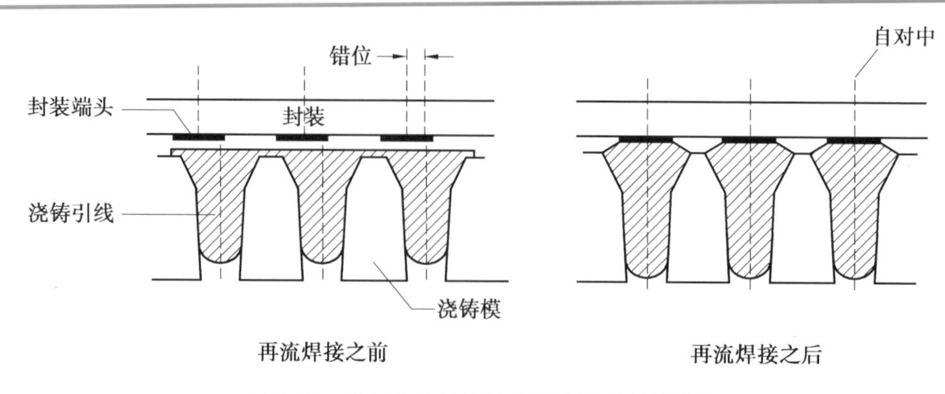

图 7.31 采用浇铸的柱状焊料连接到封装端头

要有两个原因：一是增加了非气密封装中刻蚀的敏感性，二是显著加速的热迁移率高于Pb—Sn合金。根据后一种机理，芯片和基板间的温度梯度使芯片 BLM 区的空位聚集，从而导致过早地出现大热阻或机械磨损。后来的工作主要放在低 In 含量(3%～5%)合金的研究方面，虽然它对疲劳寿命影响不大，但它不像 50Pb—50In 那样具有易刻蚀和加速热迁移的问题。对 95Pb—5In 焊料，几种热循环频率的试验表明，用 Norris 和 Landzberg 求出的关系式与 95Pb—5Sn 的关系式很相似。

后来对 95Pb—5Sn 焊料的优化表明，97Pb—3Sn 焊料与 95Pb—5Sn 相比也能使疲劳寿命提高两倍，而且没有 Pb—In 焊料的热迁移和刻蚀问题。因此，当用于 IBM 公司的3080 系统时，为了提高可靠性，还要改变焊料组分。大约在同一时期，人们认识到，金属化陶瓷上的 Cr—Cu—Cr C4 焊盘浸 Sn 对疲劳寿命有害，因为所用的焊料含有 10%的Sn，对于长期疲劳寿命这是不正确的 Sn 范围。因此，发明了一种工艺，即只把焊球放在引线端头，留下 C4 的裸露焊盘。于是，所有的 C4 焊料只来自芯片，这样疲劳寿命和芯片连接成品率都得到了改善。

(3)改进基板材料。

要想大大减小应变，最有效的解决办法是使基板的热膨胀系数与硅相匹配，图 7.32 所示是基板热膨胀系数对 C4 疲劳寿命的影响。

带有多层铝布线和聚酰亚胺或二氧化硅绝缘层的纯硅基板已经制造成功，并被证明是有效的，把硅芯片倒装焊到带有薄膜互连的硅载体上如图 7.33 所示。但是，该系统有两个缺点：①硅片中没有通孔，这就意味着所有布线必须从周边引出，以便进行引线键合或 TAB 焊接；②薄膜铝布线比在 BGA 型基板上的多层铜布线的电阻更大，布线更长。因此，这种方法在性能方面暴露出明显的缺点。

玻璃—陶瓷基板已经用作与硅的 CTE 几乎完全匹配的载体，其中的玻璃为微晶玻璃，类似于堇青石陶瓷。带有冲制和填充通孔及 Cu 布线的多层结构具有短的通路，导通电阻小，底部可做成 PGA 结构，只是在许多应用中可能成本太高。此外，CTE 的失配问题现已转到了封装和印制板的界面，而且必须解决这些连接的早期失效问题(例如 BGA 的焊接)。

早期的研究是利用与硅接近匹配的聚酰亚胺—Kevlar 机基板，随后采用了几种封装形式，其优点是可以改善 C4 连接的热疲劳寿命。氮化铝和 SiC 作为一级封装可以很好

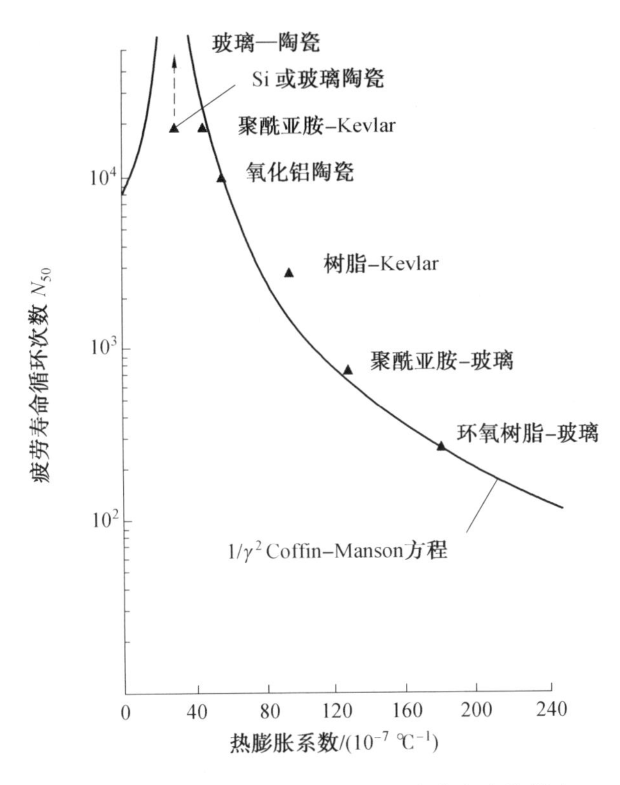

图 7.32 基板热膨胀系数对 C4 疲劳寿命的影响

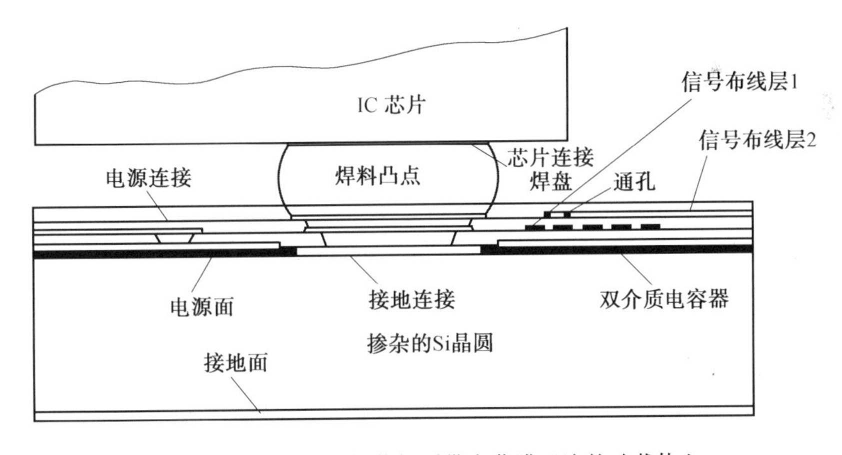

图 7.33 把硅芯片倒装焊到带有薄膜互连的硅载体上

地用于直接芯片粘接应用中。GaAs 也可以与其 CTE 很好匹配的蓝宝石同时使用。

功率循环是作为热循环的补充来评价这些材料的组分，因为它能更真实地模拟芯片和基板之间的温度差。当然，在选择不同的基板材料时，工艺限制、可布线性、介电常数以及热耗散是必须考虑的因素。

某些带下填料的芯片可直接粘接到 PWB 上，使用热膨胀匹配的树脂延长 C4 的寿命如图 7.34 所示，图中，α 为热膨胀系数。

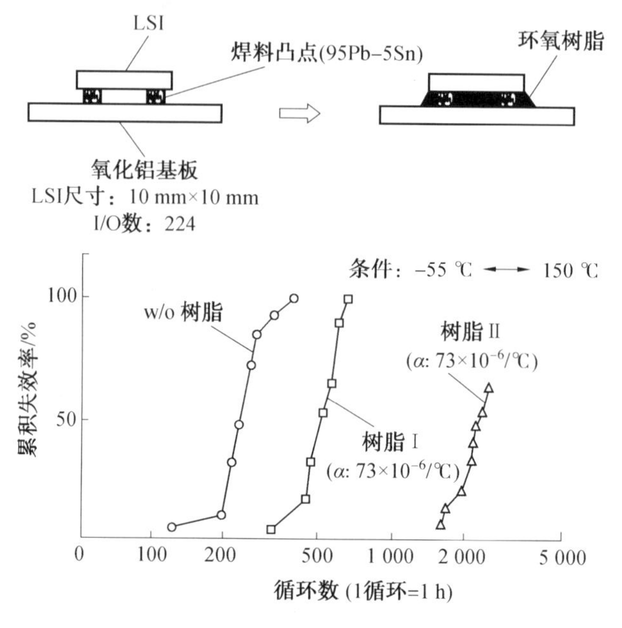

图 7.34　使用热膨胀匹配的树脂延长 C4 的寿命

某些聚合物可使焊料的疲劳寿命增加 10～100 倍，如掺大量二氧化硅粉末的环氧树脂，使其与焊料的 CTE 相匹配，并把芯片粘接到基板上。Nakano 于 1987 年就提出这一设想，而这一成果被 Tsukada 用来把硅芯片直接粘接到 FR－4 的薄膜上，该产品称作表面叠层电路(SLC)，这是首次把低膨胀率的 Si 芯片用直接倒装芯片法可靠地粘接到高膨胀率的 FR－4 PWB 上。首先使这项技术用于商品化产品的是 IBM 公司便携式计算机中的 PCMCIA 模块和 Motorola 公司钢笔大小的寻呼机。

采用该技术能明显地改善产品的可靠性，因为包封材料吸收和减少了所有重要的焊接应变，其量值只有无包封材料时焊接应变的 0.10～0.25。这可由有限元分析计算和试验分析得到证实。后者表明包封焊料的焊接应变只有无包封焊接应变的 10%，而且焊料或填充料无明显差别。陶瓷和聚合物倒装芯片的基板都适合采用下填料方法提高其可靠性。

使用下填料工艺的问题可能是返修困难且填充和固化缓慢，这些问题的解决方案目前正在探索中。业已证明存在着裂解的环氧衍生物，可热解包封料的应用是解决上述问题的潜在途径。

3. 其他可靠性问题

热迁移是高扩散率、低熔点焊料在高温度梯度应用中的主要问题。在 Pb－In 焊料的高湿度试验中还遇到刻蚀问题，Pb－Sn 焊料使 Ag－Pd 厚膜中的 Pd 耗尽而刻蚀了 Ag，并很快变为基板电极的 Ag－Pd－Au 三元合金。

值得注意的一个更主要的问题是，由在封装组件中痕量放射物质的 α 粒子辐射引起的器件的软误差。在 C4 中，高铅含量的合金大多数用于计算机，铅几乎总是带有痕量的 U 和 Th。随着 VLSI 器件密度的增高，以及器件内临界电荷水平的逐渐减小，要对这一问题更加小心。U 和 Th 已能成功地从 Pb 中去除，Sn 的问题相对较小。但是 Pb 有两种同位素 ^{214}Pb 和 ^{210}Pb，它们都是 ^{238}U 放射衰减链的一部分，该衰减链在形成 ^{206}Pb 的过程中先衰变成 Bi 和 Po，最后形成稳定的 Pb。现已发现，某些自然产生的 Pb 淀积物的 α 同位素含量很低，因此 α 粒子辐射低几个数量级。虽然其他淀积的同位素分离物或再熔 Pb 的价格非常昂贵，但仍在积极探索中。

由于 C4 连接的长度很短，而接触面积很大，因此互连本身的热阻很低，且远比 TAB 和引线键合的热性能好。引线键合采用 25 μm 直径和 2 500 μm 长的引线，而 TAB 采用 50 μm 见方的凸台和 1 750 μm 的长度。相比之下，C4 的典型尺寸为 125 μm 直径和 60 μm的长度。对 C4 来说，多年来芯片到基板的热阻低到了完全可以忽略不计的程度。早期的芯片具有 10～20 个周边排布的 C4 凸点焊接到氧化铝基板上，大约能耗散 0.5 W 的热量。一个风冷的模块，装有 6 块 4.5 mm 见方的芯片，每块芯片带有 11×11 阵列的焊料凸点，每块芯片大约可耗散 1.5 W 的热量。采用高导热系数的陶瓷（如 AlN 和 SiC）可以达到更高的功耗。为达到合理的性能设计，数字分析技术是必要的，因为倒装芯片的热通路与芯片的位置、尺寸、金属化、焊盘数量以及基板的热阻有关。

当今的大功率器件需要在芯片背面增加一个散热通路。对引线键合和 TAB 连接的芯片，芯片粘接可以达到这一目的。而在 C4 的情况中，由于芯片的背面没有电气和机械连接的复杂表面，因此它可以直接和各种热沉、导热胶或者焊料相连接，它们的热导率常常比芯片背面连接的塑料和陶瓷外壳的热导率要高。IBM 公司的多芯片模块就是一个实例，在这种模块中，装有弹簧的柱塞能把热量从芯片背面传导到水冷板上，从而增强了常规焊料连接的热路，每只芯片可耗散 4 W，那么 100 块芯片的模块就能耗散300～400 W的热。这就使 S/390/ES 9000 系列计算机达到 16.7 W/cm^2 的散热能力。

对于 C4 连接的芯片，芯片背面整个焊接会带来一定的危险，因为焊接高度非常小，所以不存在引线变形的弊端。但是，设计者必须考虑到可能存在的焊接疲劳问题。在一块 C4 安装芯片的背面焊接会对 C4 产生外力，从而降低疲劳寿命。建议把芯片背面的焊料焊接和 C4 焊接结合在一起，这种方法可以达到很低的热阻，当把芯片直接连接到 MCM 的水冷板时，热阻在 0.4 ℃/W 数量级。该结构能使每块芯片达到 100 W 以上。Hitachi 公司用这种设计方法在它的 M880 处理器组计算机中实现了功率稍小的单芯片模块制造。芯片到水的热阻为 2 ℃/W，不及多芯片模块设计好，因为在芯片和流动的水之间有更多的界面和层数。

4. 倒装芯片的老炼和已知优质芯片

可对装在临时基板上的 C4 芯片进行老炼循环，以改善与可靠性有关的芯片缺陷。为了便于在老炼后从临时基板上取下芯片，IBM 公司采用了一种减小半径的取下（R3）工艺，基板的焊盘尺寸减小到实际焊盘面积的 1/5。焊接和老炼后，芯片靠机械转动与临时基板脱离，在小尺寸焊盘上只留下少量焊料。由于大部分焊料仍留在芯片上，因此没有必要对芯片进行返修，除非在干 H_2 再流焊炉中重新成球。这一工艺已经在 10 000 块 CMOS 存储器芯片上得到证明，现场早期缺陷可靠性可以提高 30 倍以上。而且可以认为，失效的不是 C4 本身，而是 IC 芯片内部缺陷导致了老炼过程中的损坏，代替了所允许的现场应用中的失效。临时基板还可以再用，即一块样品基板可反复使用 20 次以上。

随着 VLSI 芯片布线密度日益密集，C4 的布线密度也随之提高。而阵列式结构将取代传统的周边引出的器件结构。在试验器件中，每块芯片上已能制作出 10 000 以上的焊盘，凸点直径为 25 μm，超前美国半导体协会发展路线的预测。对于这类器件选用光刻工艺为宜，与此同时，面阵列结构将越来越普及，并正在积极采用热膨胀匹配的基板或芯片下填料等放宽热疲劳限制的代用材料。高导热的封装材料和改善器件热耗散的新结构也在不断应用和推广。今后，对成品率和可靠性方面的要求要予以加倍重视。同时还将继续致力于纯化所有封装材料使其具有更低的 α 辐射，或采用一种性能更好的新型代用材料。

使用类似 C4 结构的领域将越来越广，这就必然会出现更多用于新的电子器件和基板的新材料(如光电子学应用中，GaAs 芯片就是用 C4 结构连接到蓝宝石基板上)，也会用 C4 把芯片连接到柔性电路板上和印制电路板上。

本章参考文献

[1] RAO R T, EUGENE J R, ALAN G K, et al. Microelectronics packaging handbook [M]. 2nd ed. Boston: Publishing House of Electronics Industry, 2001.

[2] CHARLES A H. Electronic packaging and interconnection handbook[M]. 4th ed. New York: McGraw-Hill Education, 2005.

[3] RICHARD K U, WILLIAM D B. Advanced electronic packaging[M]. 2nd ed. New York: John Wiley & Sons Inc, 2006.

[4] 王传声，叶天培. 多芯片组件技术手册[M]. 北京：电子工业出版社，2006.

[5] RAO R T. 微系统封装基础[M]. 黄庆安，唐杰影，译. 南京：东南大学出版社，2005.

[6] LANCASTER A, KESWANI M. Integrated circuit packaging review with an emphasis on 3D packaging[J]. Integration, 2018, 60: 204-212.

[7] ZAKEL E, SIMON J, AZDASHT G, et al. Gold-tin solder bumps for TAB inner lead bonding with reduced bonding pressure[J]. Soldering & Surface Mount Technology, 1992, 4(3): 27-32.

[8] WESLING P, EMAMJOMEH A. TAB inner-lead bond process characterization for single-point laser bonding[J]. IEEE Transactions on Components, Packaging, and Manufacturing Technology: Part A, 1994, 17(1): 142-148.

[9] LAU J H. Recent advances and new trends in flip chip technology[J]. Journal of Electronic Packaging, 2016, 138(3): 030802.

[10] WAN J W, ZHANG W J, BERGSTROM D J. Recent advances in modeling the underfill process in flip-chip packaging[J]. Microelectronics Journal, 2007, 38(1): 67-75.

[11] TOTTA P A. History of flip chip and area array technology[M]//Area Array Interconnection Handbook. Boston: Springer, 2001: 1-35.

第8章　先进封装

采用先进的设计思路和先进的集成工艺对芯片进行封装级的重构，并且能有效提高系统功能密度的封装，称为先进封装。

21世纪初，晶圆级封装技术问世。起初晶圆级封装依靠其封装尺寸小型化、低成本和高性能的优势在市场应用中获得认可，但随着用户需求的不断提升，移动设备向高集成化、轻量化以及智能化的趋势发展，对先进封装提出了更高的要求。2010年之后，封装技术有了质的突破，在封装体的横向和纵向上取得显著成效，出现扇出式晶圆级封装、2.5D与3D封装、异构集成封装以及系统级封装。

先进封装的特点是更多地采用前端工艺（芯片制造），例如溅射、化学气相淀积（Chemical Vapor Deposition，CVD）、金属化、硅通孔（Through Si Via，TSV）等工艺，利用堆叠、异构集成（指将不同类型、功能的芯片整合在同一封装体内）等技术提高系统功能密度。先进封装技术未来有两大发展方向：一是晶圆级封装，在更小的封装面积下容纳更多的电极引脚数量，满足“窄间距、高密度”的封装要求；二是系统级封装，通过封装整合多个独立功能的芯片于一体，实现体积微缩，提升芯片系统整体多功能性和设计灵活性。

本章主要介绍晶圆级封装、2.5D与3D封装和系统级封装技术及其典型结构。

8.1　晶圆级封装

8.1.1　晶圆级封装概述

晶圆级封装（WLP）是以晶圆为加工对象，在晶圆上同时对众多芯片进行封装、老化、测试，最后切割成单个器件。它以BGA技术为基础，是一种经过改进和提高的CSP技术，因此又将WLP称为晶圆级－芯片尺寸封装（WLP－CSP），晶圆级封装结构如图8.1所示。WLP和传统封装的区别在于：在传统封装中，将成品晶圆切割成单个芯片，然后再进行封装；而WLP是对晶圆进行整体封装，封装完成后再将晶圆切成单个芯片，晶圆级封装完整的工艺示意图如图8.2所示。

WLP工艺主要包括再布线（Redistribution Layer，RDL）技术和凸点（Bump）技术。

再布线技术是指在IC晶圆上，对芯片的铝焊区位置进行重新布局，利用二级钝化层（薄膜聚合物）和金属层将芯片的金属焊盘四周布局重新分布成面阵列布局，并使新焊区满足对焊球最小间距的要求。再布线结构示意图如图8.3所示。

再布线工艺流程如图8.4所示，具体工艺过程比较复杂，而且随着IC芯片的不同而有所变化，但一般都包含以下几个基本工艺步骤：

①在IC晶圆上涂布金属布线层间介质材料。涂布第一层聚合物薄膜（Polymer Layer）作为介质层，以加强芯片的钝化层（Passivation），起到应力缓冲的作用。早期的WLP

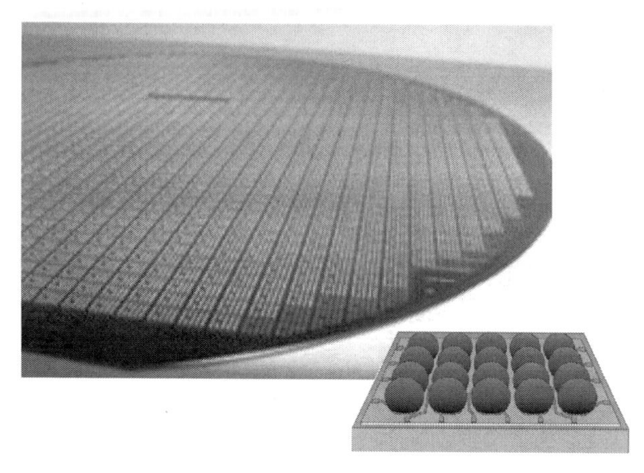

图 8.1　晶圆级封装结构

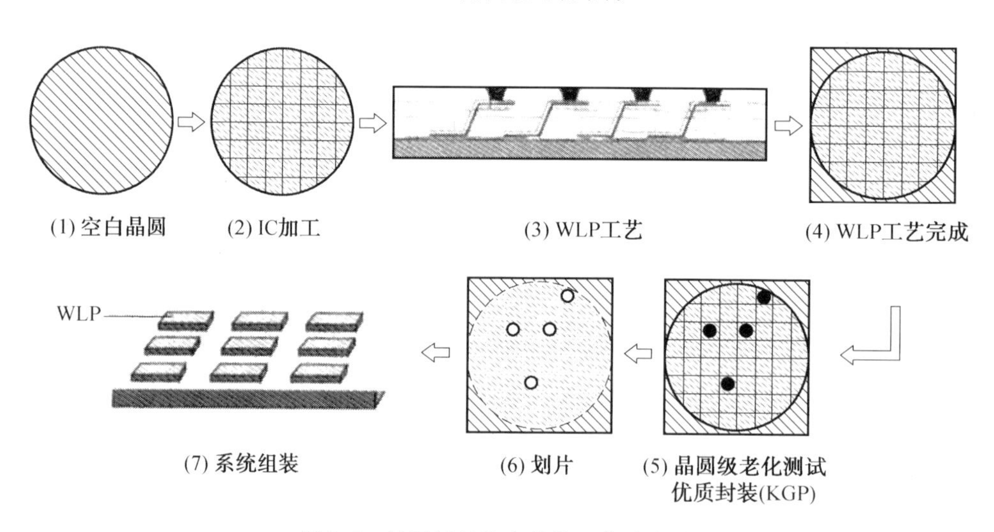

图 8.2　晶圆级封装完整的工艺示意图

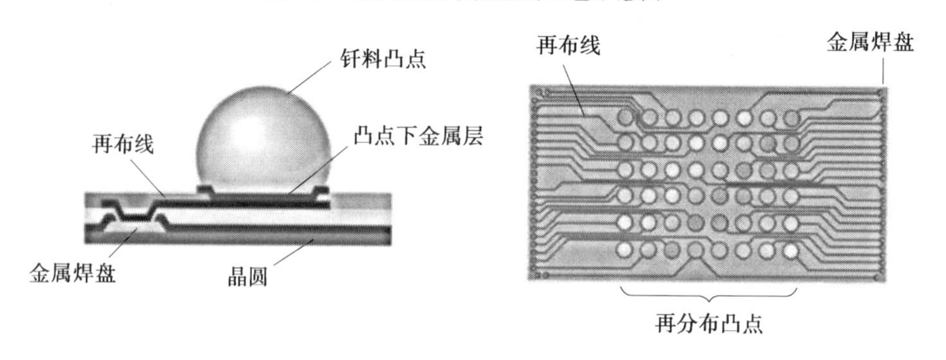

图 8.3　再布线结构示意图

选用苯并环丁烯(Benzocyclobutene，BCB)作为再布线的聚合物薄膜，但受制于低机械性能(低断裂伸长率和拉伸强度)和高工艺成本(需要打底粘合层)。目前最常用的聚合物薄膜是光敏聚酰亚胺(Photo-sensitive Polyimide，PSPI)。

②淀积金属薄膜并用光刻方法制备金属导线和所连接的凸点焊区。IC 芯片周边分

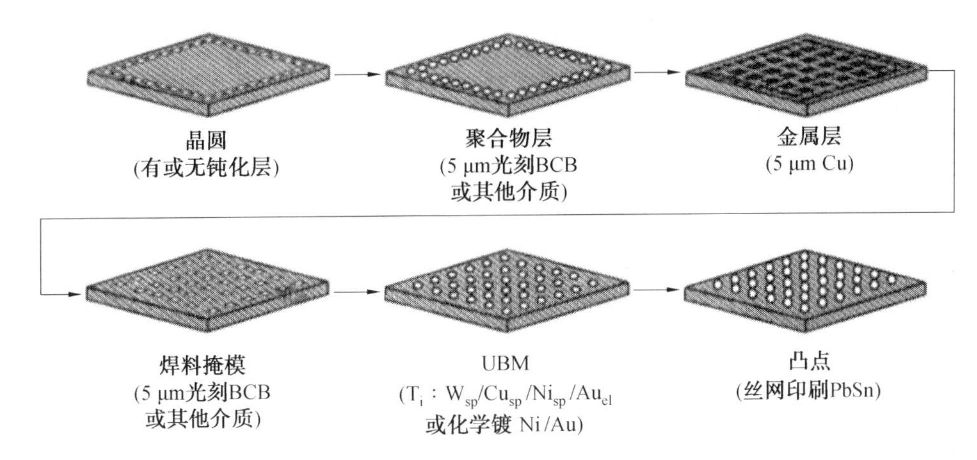

图 8.4 再布线工艺流程

布、小至几十微米的铝焊区就转成阵列分布的几百微米大的凸点焊区，且铝焊区和凸点焊区之间有金属导线相连接。常见的再分布金属材料是电镀铜(plated Cu)辅以打底的钛、铜溅射层(Sputtered Ti/Cu)。

③涂布第二层聚合物薄膜，使晶圆表面平坦化并保护 RDL，经过光刻后开出新焊区的位置。

④在凸点焊区采用溅射法淀积凸点下金属层(Under bump metal, UBM)，T_i：W_{sp}/Cu_{sp}/Ni_{sp}/Au_{el} 为凸点下金属层的过渡层材料，下标 sp 表示溅射，下标 el 表示电镀。

⑤在 UBM 上制作焊料凸点。丝网印刷焊膏并回流，目前应用在 WLP 的焊料球都是锡银铜合金，焊料球的直径一般为 250 μm。为了保证焊膏和焊料球都准确定位在对应的 UBM 上，就要使用掩模板。焊料球通过掩模板的开孔被放置于 UBM 上，最后将植球后的硅片推入回流炉中回流，焊料球经回流熔化与 UBM 形成良好的浸润结合，最终形成的焊料凸点呈面阵列布局。

凸点技术是晶圆级封装工艺过程的关键工序，它是在晶圆的压焊区铝电极上形成凸点。凸点的扫描电镜照片如图 8.5 所示。

图 8.5 凸点的扫描电镜照片

焊料凸点通常为球形，制备凸点的方法有三种：

①蒸发或电镀。

②丝网印刷并回流。

③预成型并回流。

芯片上典型晶圆级封装焊球尺寸的比较如图 8.6 所示。

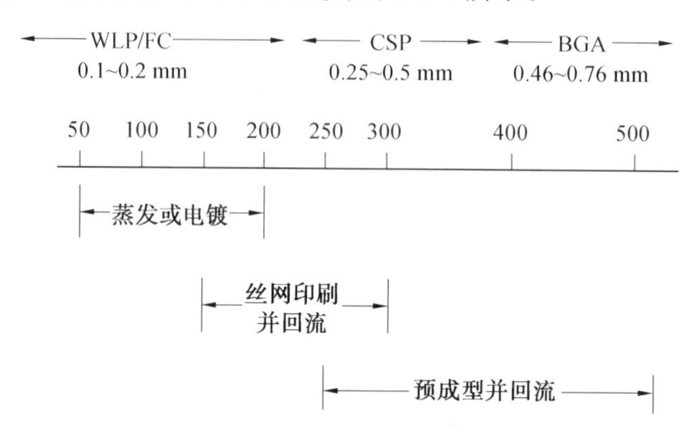

图 8.6 芯片上典型晶圆级封装焊球尺寸的比较

晶圆级封装以 BGA 技术为基础，是一种经过改进和提高的 CSP，充分体现了 BGA、CSP 的技术优势。晶圆级封装具有许多独特的优点：

①封装加工效率高，以晶圆形式进行批量生产制造。

②具有倒装芯片封装的优点，是真正的芯片尺寸封装，系统尺寸最小，晶圆级封装的尺寸优势如图 8.7 所示。

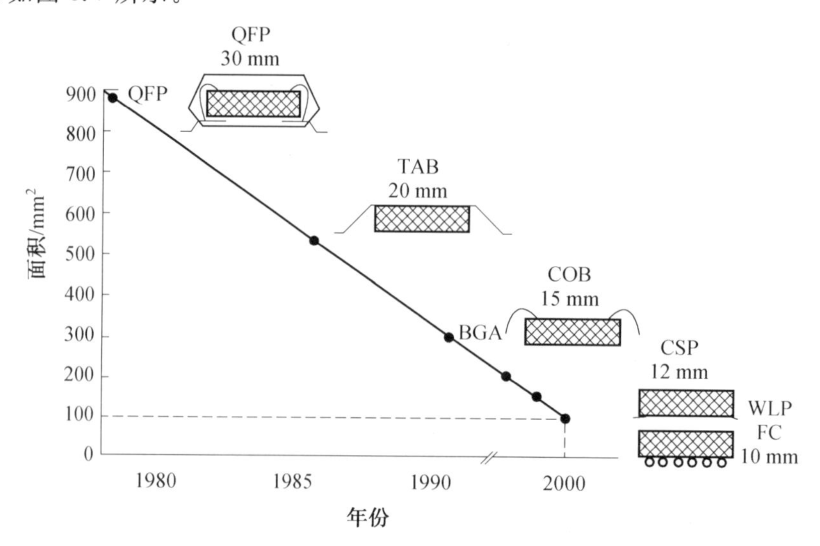

图 8.7 晶圆级封装的尺寸优势

③引线长度很短，寄生电容、电感都比较小，提高了电性能。

④互连全部采用薄膜工艺，可充分利用晶圆制造设备，降低晶圆级封装生产设施费用。

⑤晶圆级封装的芯片设计和封装设计可以统一考虑、同时进行，这将提高设计效率，减少设计费用。

⑥晶圆级封装在晶圆级实现所有互连、测试、老化，即从芯片制造、封装到产品发往用户的整个过程中，中间环节大大减少，周期缩短很多，因此降低成本。

晶圆级封装是尺寸最小的低成本封装，是真正意义上的批量生产芯片封装技术。

8.1.2 扇入式和扇出式晶圆级封装

晶圆级封装于2000年左右问世，按照再布线(RDL)的不同可以分为扇入式(Fan-in)和扇出式(Fan-out)两种类型，两种晶圆级封装类型如图8.8所示。

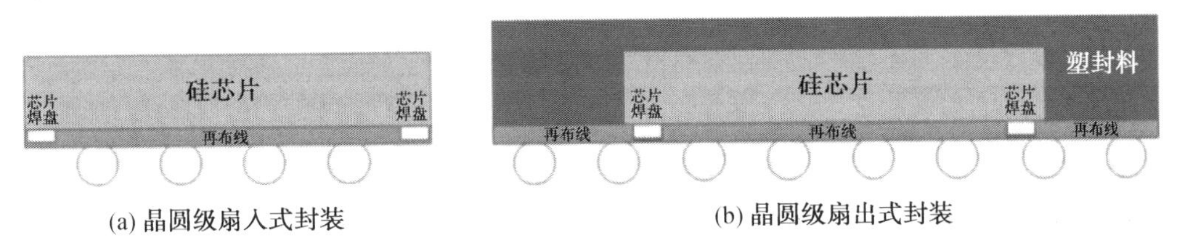

(a) 晶圆级扇入式封装　(b) 晶圆级扇出式封装

图8.8 两种晶圆级封装类型

传统的晶圆级扇入式封装(Fan-in Wafer Level Package，FIWLP)在晶圆未切割时就已经形成在裸片上，最终封装器件的二维平面尺寸与芯片本身尺寸相同。器件完全封装后可以实现器件的单一化分离(Singulation)。因此，FIWLP是一种独特的封装形式，并具有真正裸片尺寸的显著特点，通常用于I/O引出端数量少(一般小于400)和较小裸片尺寸的工艺当中。随着集成电路工艺的提升，芯片面积缩小，芯片面积内无法容纳足够的凸点数量。当芯片面积和封装面积接近极限之后，需要通过新的封装方式来超越这个极限，这时候封装朝着两个方向发展：一个是3D封装，通过在有限的封装面积内在垂直方向上进行堆叠实现多芯片封装；另一个是晶圆级扇出式封装(Fan-out Wafer Level Package，FOWLP)，实现在芯片面积范围外充分利用RDL做连接，形成更大的封装面积，以获取更多的凸点数。FOWLP突破了I/O引出端数目的限制，通过晶圆/晶圆重构增加单个封装体面积，之后应用晶圆级封装的先进制造工艺完成多层再布线和凸点制备，切割分离后得到能够与外部电性能互连的封装体。

扇出式封装技术完成芯片锡球连接后，不需要使用封装基板便可直接焊接在印刷线路板上，这样可以缩短信号传输距离，提高电学性能。FOWLP技术的优势在于能够利用高密度布线制造工艺，形成功率损耗更低、功能性更强的芯片封装结构，因此系统级封装和3D芯片封装更愿意采用FOWLP工艺。

FOWLP在封装体积、产品性能、封装成本和封装效率上都具有明显的优势。目前，FOWLP已经成功应用于众多不同功能芯片的封装，例如基带处理器、射频收发器、电源管理芯片、汽车安全系统77 GHz毫米波雷达模组、5G芯片、生物/医疗器件和应用处理器等。

8.1.3 典型扇出式封装结构

1. 树脂型扇出式封装结构

2006年英飞凌(Infineon)公司最先开发和应用扇出式封装技术,并在手机基带芯片封装中实现量产。由于扇出式封装第一步要重构晶圆,然后用环氧塑封料(Epoxy Molding Compound, EMC)将芯片包裹起来并完成再布线和凸点制作,从结构上看芯片像是被嵌入到塑封料中,因此英飞凌将此项技术称为嵌入式晶圆级球栅阵列(embedded Wafer Level Ball Grid Array,eWLB),图8.9所示是英飞凌嵌入式晶圆级封装。

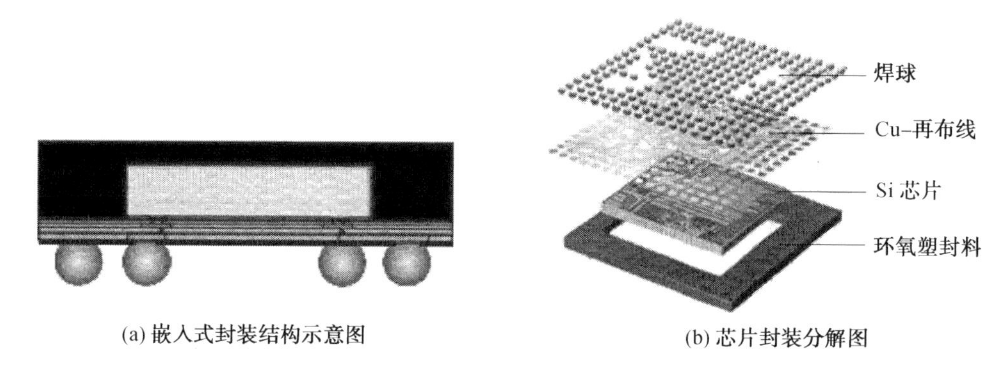

(a) 嵌入式封装结构示意图　　(b) 芯片封装分解图

图8.9　英飞凌嵌入式晶圆级封装

树脂扇出式封装中,根据再布线的工序顺序,主要分为先芯片(Die-First)和后芯片(Die-Last)两种工艺;根据芯片的放置方式,主要分为面朝上(Face-down)和面朝下(Face-up)两种工艺。综合上述四种工艺,封装厂根据操作的便利性,给出以下三种组合工艺,分别是先芯片/面朝下、后芯片/面朝下和先芯片/面朝上。

(1)先芯片/面朝下。

英飞凌公司开发嵌入式晶圆级球栅阵列的同一时期,飞思卡尔半导体(Freescale Semiconductor)公司也提出再分布芯片封装(Redistributed Chip Packaging,RCP)技术用来实现雷达和物联网模块的封装量产。两者都是先装芯片且芯片功能面朝下的封装方式。

将芯片倒装在贴有双面胶膜的金属载板上,整体进行塑封后,将载板和胶膜分别进行剥离,翻转剩余的芯片结构朝上进行再布线并植球,切割。图8.10所示是先芯片/面朝下FOWLP工艺的封装流程图。

(2)后芯片/面朝下。

2012年德卡技术(Deca Technologies)公司为解决传统工艺中存在的芯片偏移问题,提出先做再布线层(RDL-first)后装芯片的工艺,图8.11所示是后芯片/面朝下FOWLP工艺的封装流程图。该工艺在晶圆上直接形成钝化层,并通过开口方式将芯片焊盘露出,通过再布线工艺对开口部分进行布线,并在合适区域形成掩模开口,通过溅射金属层并进行电镀的方式形成铜柱,倒装芯片并进行塑封,剥离载板并在背面植球。后装芯片工艺的优点就是可以提高合格芯片的利用率,但工艺相对复杂。

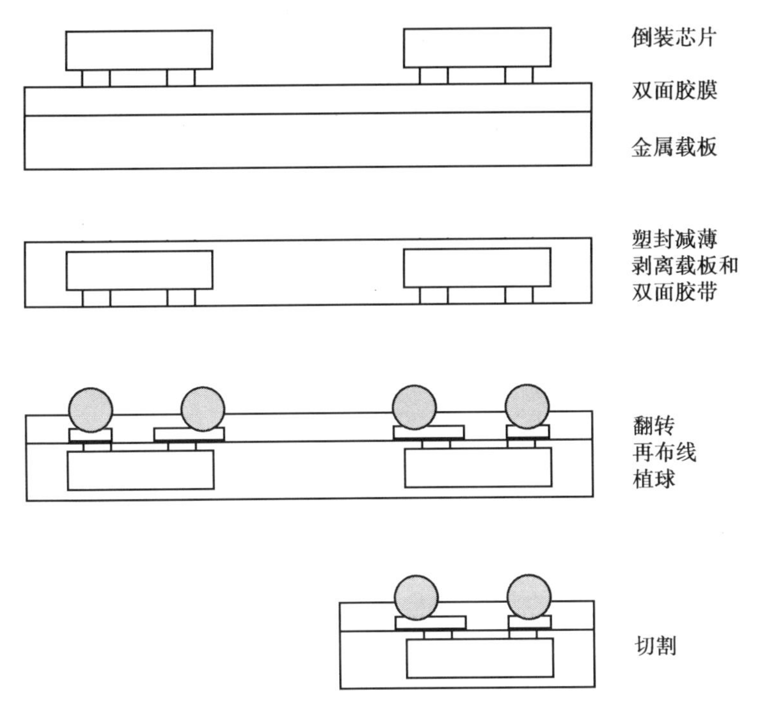

图 8.10 先芯片/面朝下 FOWLP 工艺的封装流程图

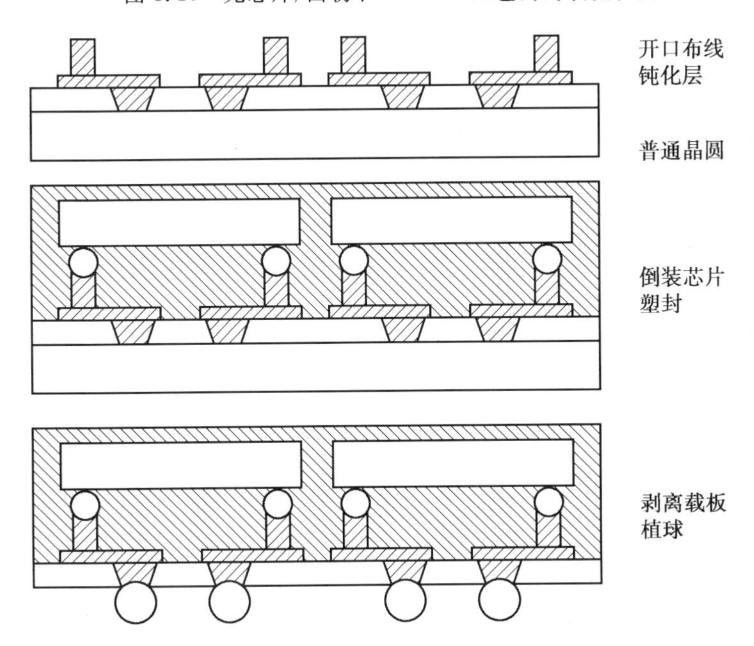

图 8.11 后芯片/面朝下 FOWLP 工艺的封装流程图

(3)先芯片/面朝上。

2013 年,随着技术发展通孔制备类技术日趋成熟,考虑到整体成本问题,新加坡微电子研究院提出了先芯片/面朝上的封装方式,图 8.12 所示是先芯片/面朝上 FOWLP 工艺的封装流程图。

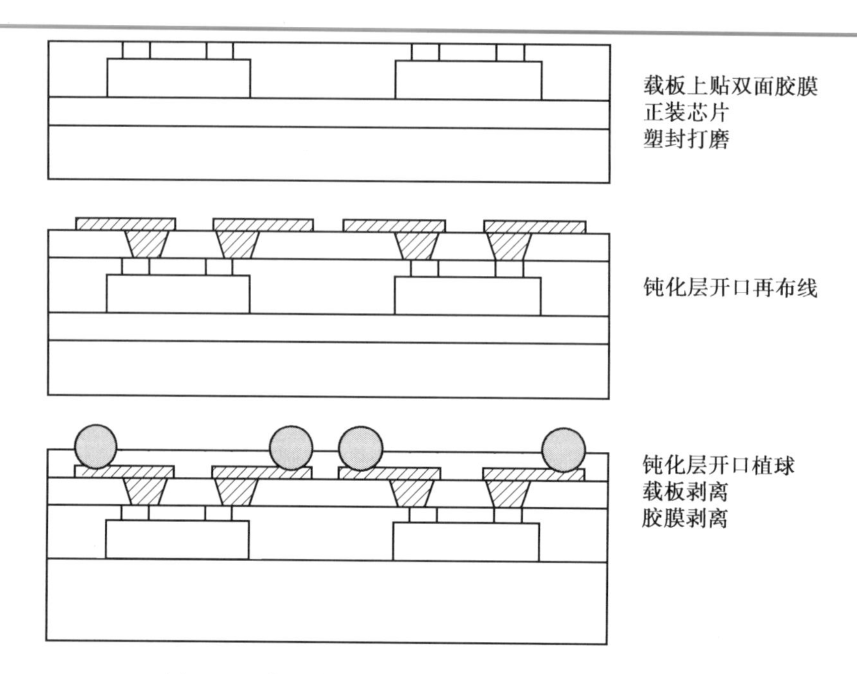

图 8.12　先芯片/面朝上 FOWLP 工艺的封装流程图

该工艺通过将芯片正装在贴有双面胶膜的载板上，利用塑封打磨的方式将芯片功能区露出，露出后芯片功能面朝上可以直接进行再布线工艺，并通过再布线开口的方式植球。

2. 集成扇出式封装结构

2016 年台湾积体电路制造股份有限公司(TSMC)开发出集成扇出(Integrated Fan-out, InFO)晶圆级封装技术。通过将数量较多的芯片或是无源器件集成在一个封装体内，在芯片的周围部分制作导通的结构，实现上下导通。InFO 技术不仅提供了系统扩展解决方案，还补充了芯片扩展，并有助于维持智能移动和互联网的摩尔定律(物联网)应用程序。图 8.13 所示是集成扇出式晶圆级封装。

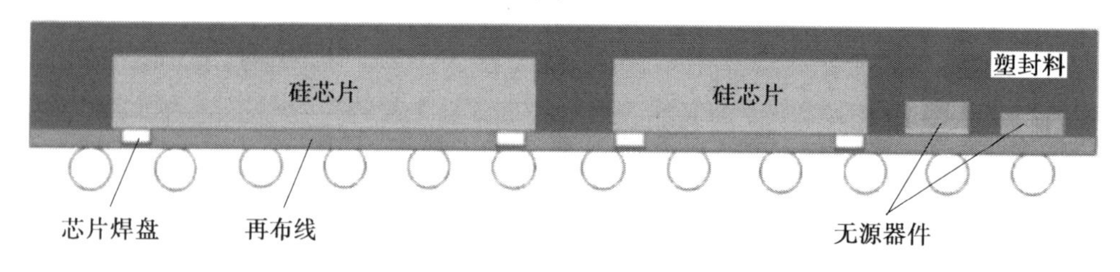

图 8.13　集成扇出式晶圆级封装

InFO 技术通常是以芯片后端工艺为基础，优先针对多芯片位置进行再布线工艺制备，纵向上通过金属铜柱或是塑封通孔(Through Molding Via, TMV)工艺等常见结构制备铜柱或是焊球等引出，并与其他封装体进行连接，图 8.14 所示是集成扇出式晶圆级封装工艺的流程图。

3. 板级扇出式封装结构

近几年随着扇出式封装进一步发展出现了大尺寸的板级扇出式封装(Fan-out Pancl-

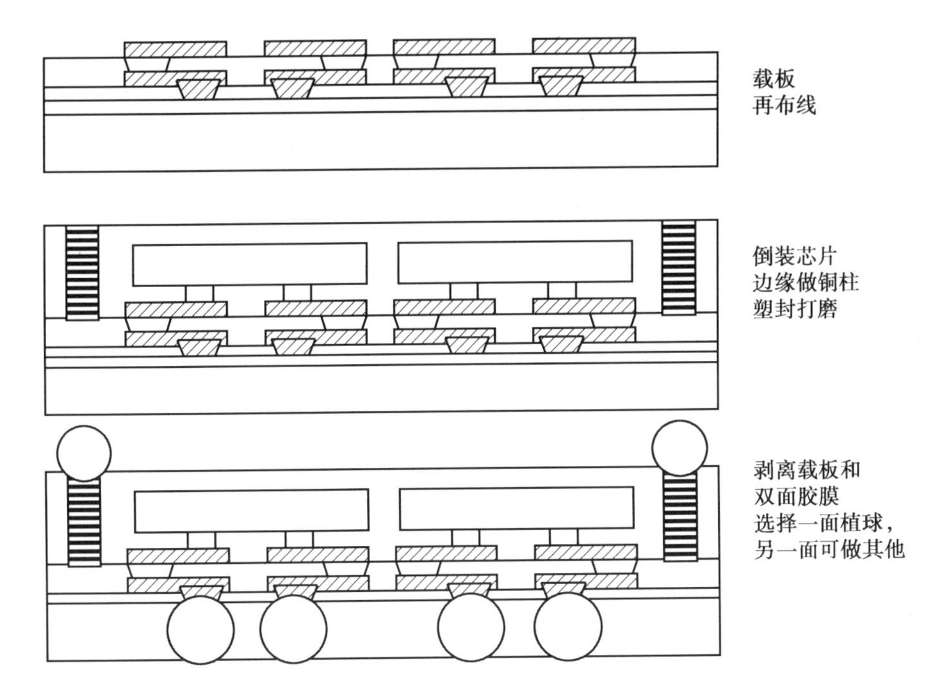

图 8.14 集成扇出式晶圆级封装工艺的流程图

level Package, FOPLP)，其面板可以采用 PCB 或玻璃基板。图 8.15 所示是晶圆级与板级封装形式对比。板级封装中面板尺寸大于 300 mm 晶圆尺寸，并且呈方形，这给板级封装带来了诸多挑战，如板级装片、芯片重构精度、面板翘曲和后续光刻、电镀、植球等。尽管如此，全球各大厂家仍然热衷于板级扇出式封装的布局，这主要有四点原因：成本驱动（更低的单颗封装成本）、技术驱动（芯片 I/O 引出端数量越来越多）、应用驱动（消费终端规模化应用）和战略驱动（布局未来）。

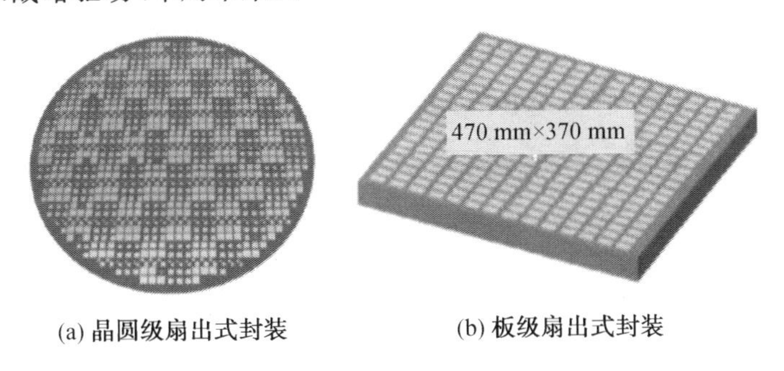

(a) 晶圆级扇出式封装　　(b) 板级扇出式封装

图 8.15 晶圆级与板级扇出式封装形式对比

图 8.16 所示是英特尔的嵌入式多芯片互连桥（Embedded Multi-die Interconnect Bridge, EMIB）先进封装技术。EMIB 理念跟基于硅转接板（Si interposer）的 2.5D 封装类似，采用在基板中埋入 Si 互连芯片实现芯片在水平方向上高密度互连。与 2.5D 封装相比，由于没有硅通孔，因此 EMIB 技术属于 2D 封装，具有正常的封装良品率、无须额外工艺和设计简单等优点。EMIB 技术在英特尔的高性能计算产品中得到广泛应用。

由于扇出式封装不需要使用昂贵的干法刻蚀设备和基板材料，因此具有很大的成本

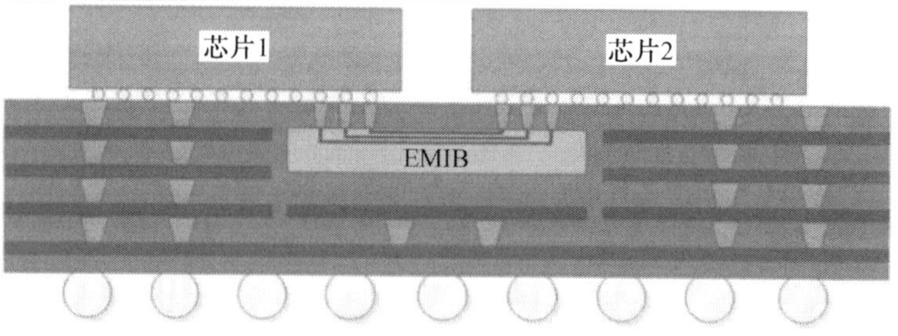

图 8.16 英特尔的 EMIB 先进封装技术

优势，成为各大厂家优先布局发展的战略方向。尽管如此，目前扇出式技术仍然面临诸多挑战：首先在重构晶圆工艺制程中仍然有许多技术需要攻关改善，例如异质材料间 CTE 失配导致的晶圆翘曲（Warpage）、晶圆弯曲（Wafer bow）、芯片偏移（Die shift）等问题；其次是高端产品对技术能力的高要求与目前扇出式封装量产工艺制程能力相对较低之间的矛盾，例如高端处理器和存储器系统级扇出式封装所必需的高光刻精度、细线宽线间距（<10 μm）、多层布线和三维堆叠等问题；最后由于目前芯片制造工艺节点大多还在 28 nm及以上，I/O 引出端数量相对较少，可以用扇入式和倒装芯片的封装方式解决，扇出式封装还没有呈现大规模爆发。

8.2 2.5D 与 3D 封装

随着各种智能设备小型化的发展，要求作为终端的传感器更便携化、多功能化。这些要求使得作为终端核心器件的芯片封装体必须具有更强大的功能以及更小的尺寸。堆叠 3D 封装突破传统平面封装的概念，在 2D 封装的基础上，把多个芯片、元器件、封装体甚至晶圆进行叠层互连，构成立体封装，使组装密度大幅度提高。堆叠 3D 封装作为一种新的封装形式，推进封装产品朝着高密度化、高可靠性、低功耗、高速化以及小型化方向发展。

8.2.1 堆叠芯片封装概述

堆叠芯片封装的集成型态是在硅、玻璃或其他材料的晶圆或晶圆上通过微米级的工艺手段集成各类裸芯片与无源元器件。该集成方式具有微米级的线宽和精度，具有高精度、高密度集成特点，是半导体工艺向上拓展后在异构集成中的应用。然而，与 SoC 类似，堆叠芯片封装的集成规模、功能复杂度相对较低，结构强度较低，环境适应性较弱，当前较难直接在系统中集成应用，通常需要进行二次封装。堆叠芯片封装的两种方式如图 8.17 所示，其集成型态既包括以转接板为过渡的 2.5D 集成，也包括芯片/晶圆直接堆叠的 3D 集成。

在 2.5D 和 3D 集成的基础上，堆叠芯片封装三种典型的集成型态如图 8.18 所示。

(a) 2.5D 封装

(b) 3D 封装

图 8.17 堆叠芯片封装的两种方式

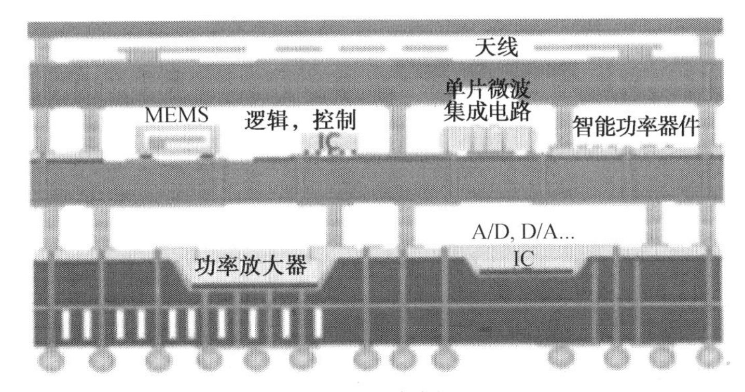

(a) 芯片与转接板

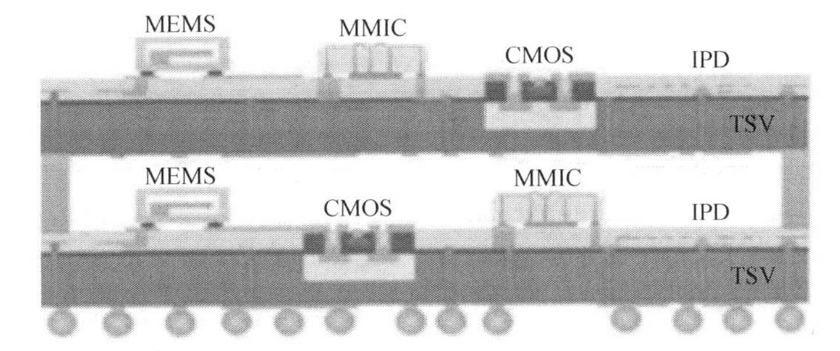

(b) 芯片与晶圆

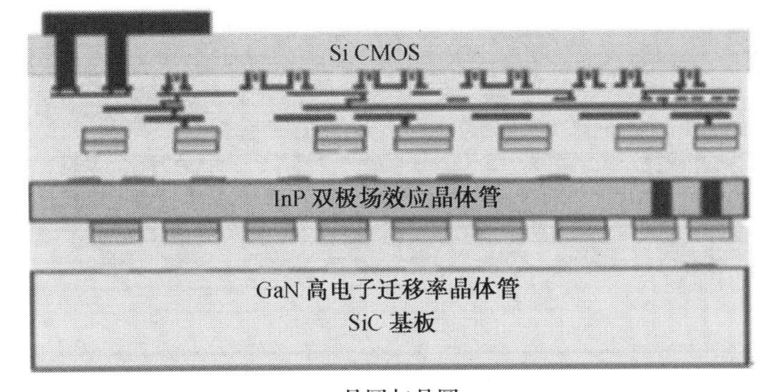

(c) 晶圆与晶圆

图 8.18 堆叠芯片封装三种典型的集成型态

(1)芯片与转接板(Die to Interposer, D2I)。制作硅通孔、集成无源元器件和硅基无源转接板(Si Interposer),表面集成有源器件后三维堆叠。

(2)芯片与晶圆(Die to Wafer, D2W)。D2W 的堆叠主要利用倒装方式和凸点键合方式实现芯片与晶圆的互连。与 D2I 相比,D2W 具有更高的互连密度和性能,并且可与高性能倒装芯片键合机配合,获得较高生产效率。

(3)晶圆与晶圆(Wafer to Wafer, W2W)。各同类或异类晶圆直接三维堆叠键合集成。

其中 D2I 是典型的 2.5D 集成型态,D2W 进入到 3D 集成领域,而 W2W 是典型的 3D 集成型态。三种集成型态的兼容性、灵活性和技术成熟度可以简单排序为 D2I＞D2W＞W2W。

8.2.2 2.5D 封装

1. 2.5D 封装主要特征

图 8.19 所示为 2.5D 封装的结构示意图。由图可知,2.5D 封装主要有三个组成部分:

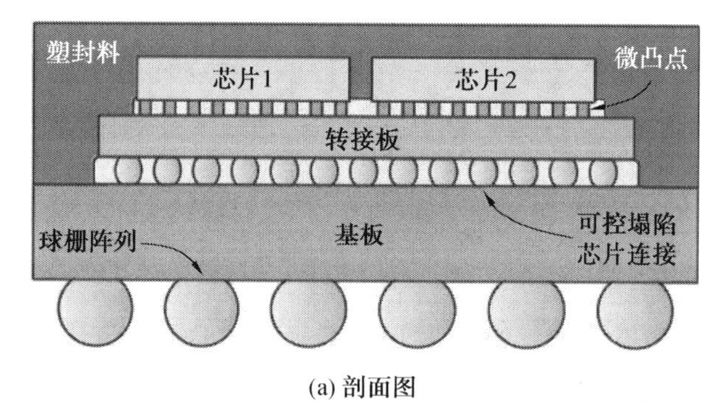

(a) 剖面图

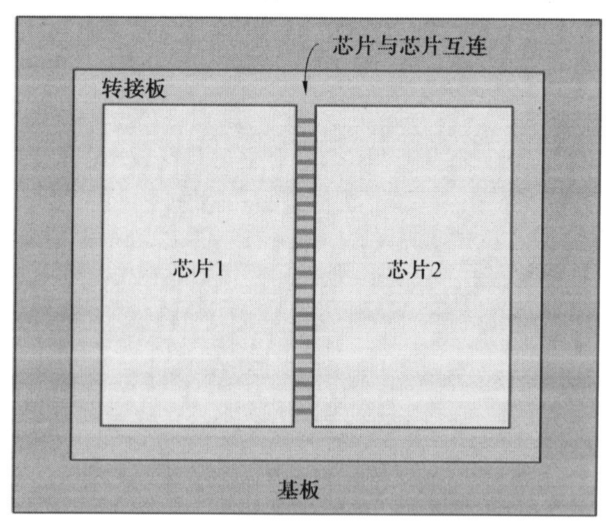

(b) 俯视图

图 8.19 2.5D 封装的结构示意图

(1)转接板。若采用转接板仅起互连作用,不含有源电路,则该转接板称为无源转接板,此时为2.5D结构。无源转接板作为过渡层内部有$X-Y$方向上金属布线,用于实现芯片与芯片之间电气互连,互连间距是转接板的重要参数,用于表征2.5D封装技术水平,一般在微米量级。

(2)微凸点。用于实现芯片与转接板在Z方向上的连接,常用的凸点有钎料焊球、铜焊柱或者铜一铜直接键合,凸点尺寸在微米量级。

(3)多个芯片。可以是同质集成或异质集成,也可以是在某个芯片位置进行3D堆叠。

因此2.5D封装是用于2个或更多芯片在水平方向上互连的基本封装技术,实现了芯片与芯片(Die to Die, D2D)之间高密度互连。

2.2.5D封装典型结构

图8.20所示为芯片一晶圆一基板(Chip on Wafer on Substrate, CoWoS)2.5D封装结构。芯片为现场可编程门阵列(FPGA)封装结构,上部4个FPGA芯片功能及结构都相同,相当于将一个大的逻辑芯片分割为4个小芯片,不同芯片通过下部的无源转接板(Interposer)互连。此种做法的好处在于降低逻辑芯片的尺寸,提高成品率,降低成本。CoWoS封装技术在高性能计算中被广泛采用。

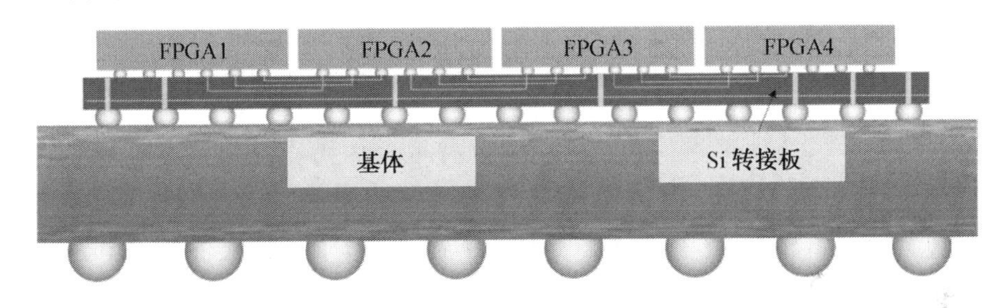

图8.20 芯片一晶圆一基板2.5D封装结构

图8.21所示为高带宽内存(High Bandwidth Memory,HBM)2.5D封装结构。HBM主要针对高端显卡市场,是当前行业内比较受欢迎的产品,HBM的性能比DDR5高三倍,但功耗只有其50%。HBM就是将多块内存芯片堆叠起来,将硅通孔作为桥梁,底下有逻辑控制器件,然后把它和倒装芯片或者一般的图形处理器(Graphics Processing Unit,GPU)通过2.5D的硅转接板集中在一起,HBM的结构实际上比较复杂,包含3D硅通孔和2.5D硅通孔。

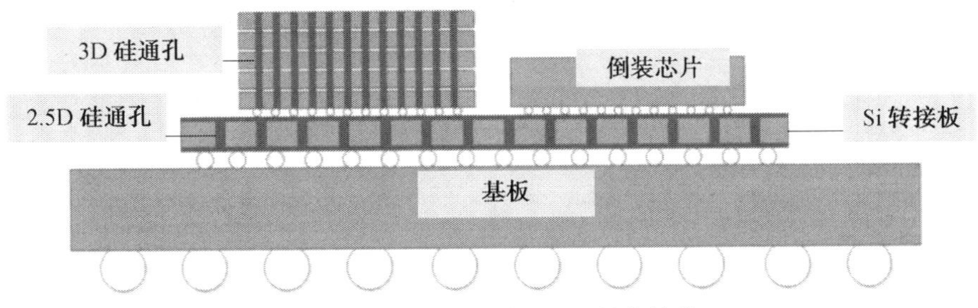

图8.21 高带宽内存2.5D封装结构

8.2.3 3D 封装

1. 3D 封装主要特征

图 8.22 所示为 3D 封装的结构示意图。由图可知，3D 封装主要有三个组成部分：

(1)硅通孔。采用硅通孔实现芯片正反面的互连。

(2)层到层(Tier to Tier，T2T)微凸点。两层微凸点用于实现上下芯片互连。

(3)多个芯片。3D 堆叠，利用硅通孔、微凸点、铜柱等实现互连。

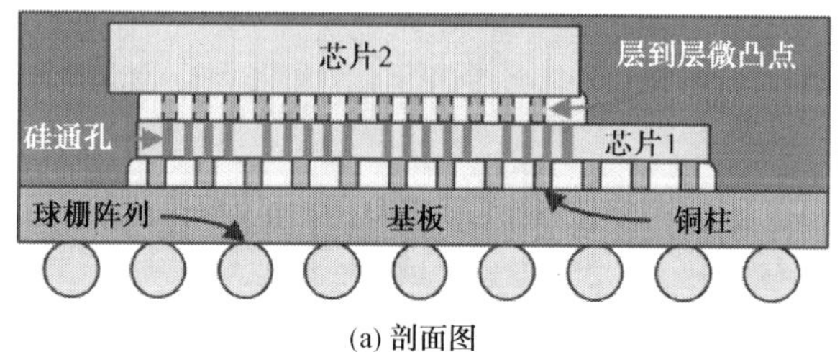

(a) 剖面图

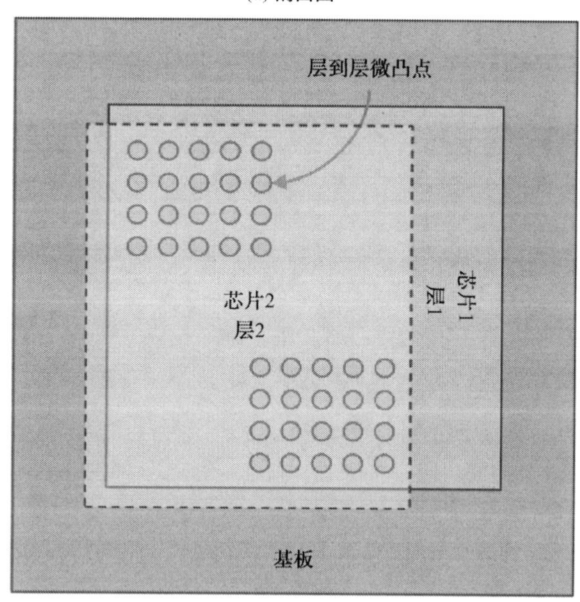

(b) 俯视图

图 8.22 3D 封装的结构示意图

2. 3D 封装典型结构

图 8.23 所示为混合存储立方体(Hybrid Memory Cube，HMC)3D 封装结构。HMC 使用堆叠的 DRAM 芯片实现更大的内存带宽。另外 HMC 通过 3D TSV 集成技术把内存控制器(Memory Controller)集成到 DRAM 堆叠封装里。对比 HBM 和 HMC 可以看出，两者很相似，都是 DRAM 芯片堆叠并通过 3D TSV 互连，并且其下方都有逻辑控制芯片。两者的不同在于：HBM 通过转接板和 GPU 互连，而 HMC 则是直接安装在基板上，中间缺少了转接板和 2.5D TSV。

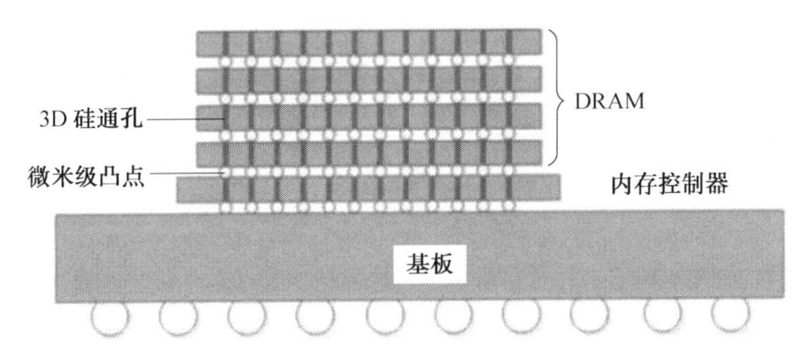

图 8.23 混合存储立方体 3D 封装结构

图 8.24 所示为英特尔的面对面异构集成芯片堆叠(Foveros)3D 封装结构。除了前面介绍过的 EMIB 先进封装之外,英特尔还推出了 Foveros 3D 堆叠封装技术,可以通过在水平布置的芯片上垂直安置更多面积更小、功能更简单的小芯片来让方案具备更完整的功能。EMIB 属于 2D 封装,可实现水平方向上高密度互连;而 Foveros 是 3D 封装,更适用于小尺寸产品或对内存带宽要求更高的产品。在体积、功耗等方面,Foveros 3D 堆叠封装的优势显而易见,可利用有源硅转接板(Active Si Interposer)、通孔 3D TSV、微凸点实现垂直方向上高密度互连。

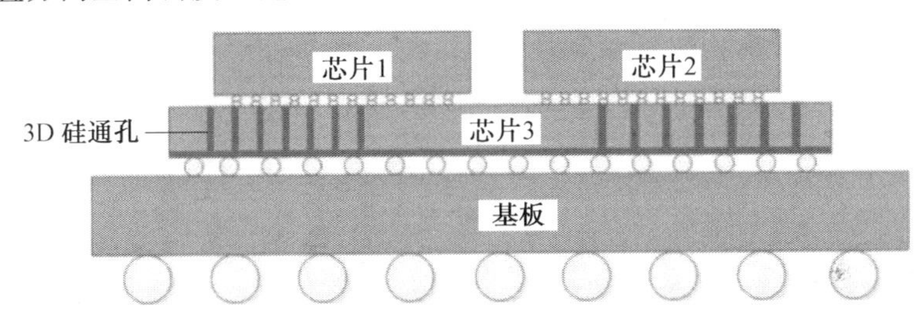

图 8.24 英特尔的面对面异构集成芯片堆叠 3D 封装结构

图 8.25 所示为 Co-EMIB 3D 封装结构。将 Foveros 和 EMIB 这两种技术结合在一起,称为融合 2D 与 3D 封装 Co-EMIB(Foveros+EMIB)技术,它是一种综合体。EMIB 主要负责横向互连,让不同内核的芯片像拼图一样拼接起来;而 Foveros 则是纵向堆叠,像盖高楼一样,每一层都可以有不同的设计。Co-EMIB 是一种弹性更高的芯片制造方法,可以让芯片在堆叠的同时继续横向拼接。因此,该技术可以将多个 3D Foveros 芯片通过 EMIB 拼接在一起,以制造更大的芯片系统。

目前,通过铜柱/凸点(Cu Pillar/Bump)进行互连的间距(Pitch)最小可以做到 40 μm 左右,为了进一步减小互连尺寸,TSMC 提出集成片上系统(System on Integrated Chip, SoIC)技术。图 8.26 所示为 3D 芯片堆叠与集成片上系统比较。SoIC 最鲜明的特点是无凸点(no-Bump)的键合结构,即通过铜和铜的直接键合,实现系统的集成,因此具有更高的集成密度,该技术可以实现间距 20 μm 以下的互连需求。SoIC 包含芯片对晶圆(Chip to Wafer, C2W)和晶圆对晶圆(Wafer to Wafer, W2W)两种直接键合技术。

3D 封装的发展除了受小型化趋势驱动,还受性能驱动。随着 5G 的兴起,频率不断增高,高频情况下,信号的传输损失受传输介质及传输路径长度影响较大。通过 2.5D/3D 封装可以有效地减小信号传输的距离,降低功耗,改善信号完整性。

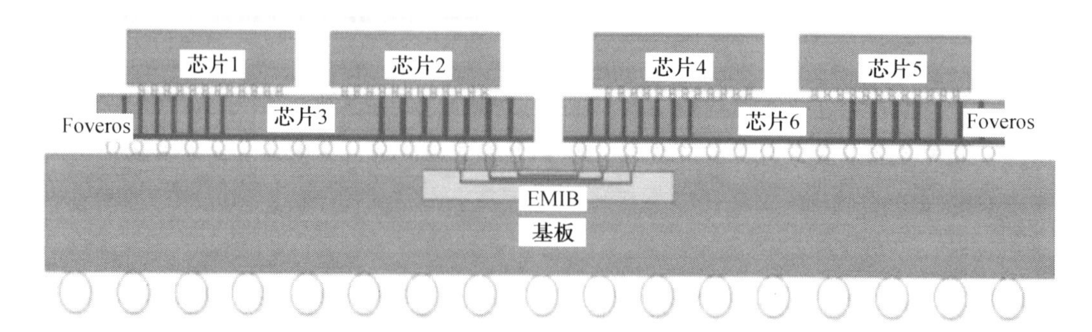

图 8.25 Co-EMIB 3D 封装结构

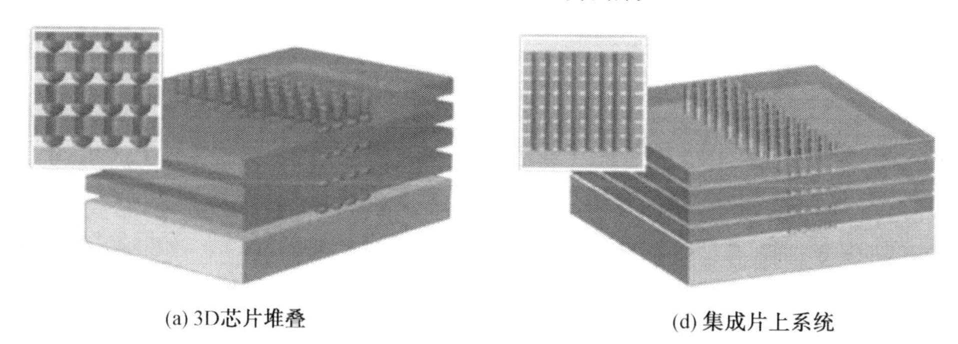

图 8.26 3D 芯片堆叠与集成片上系统比较

8.3 系统级封装

8.3.1 系统级封装概述

微系统是融合体系架构、算法、微电子、微光子、微机电系统(MEMS)五大要素,采用新的设计思想、设计方法、制造方法,将传感、处理、执行、通信、能源等五大功能集成在一起,具有多种功能的微装置。

微系统有三种典型的实现路径,分别是片上系统(System on Chip, SoC)、系统级封装(SiP)和基于封装的系统(System on Package, SoP),其中 SoC 是芯片级的集成,SiP 是封装级的集成,而 SoP 是系统级的集成。多功能芯片是 SoC,基于封装基板和多功能芯片的高密度集成构成 SiP,若干个具有特定功能的 SiP 及其他辅助元器件与系统母板集成构成 SoP,而 SoP 再与系统软件结合最终构成了面向用户的微系统产品。系统软件与功能算法是微系统的“灵魂”,而 SoC、SiP 和 SoP 构成了微系统的“肉身”,微系统集成实现途径的三层架构如图 8.27 所示。

SoC 期望在单芯片上通过异构甚至异质的方式集成多个系统功能,是微系统的终极目标,但其受限于材料和工艺兼容性等问题,技术难度大,研发周期长,成本高昂,还无法实现大规模的集成。因此,SoC 目前更多是以多功能芯片的形态存在,必须与其他技术手段相结合才能实际应用于电子装备和系统。SiP 是将多种异构芯片、无源元器件等采用二维或三维形式集成在一个封装体内,其具有更高的灵活性,更高的综合集成密度,更高

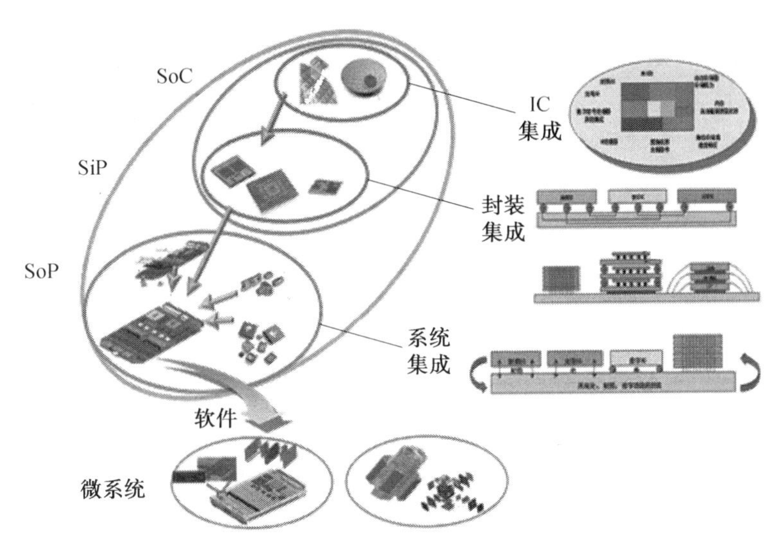

图 8.27 微系统集成实现途径的三层架构

的效费比，是目前微系统集成的热门研究领域。然而，SiP 由于其本身集成规模的限制，以及部分功能集成手段的制约，仍很难综合解决散热、电源、外部互连和平台集成等系统必备需求，也仍无法构成独立的系统。SoP 则是面向系统应用，基于系统主板，将 SiP、元器件和连接器、散热结构等部件集成到一个具备系统功能的广义封装内。SoP 可以加载系统软件，可以具有完整的系统功能，是功能集成微系统最合理、最直观的集成型式，也是整机和系统的核心集成能力，图 8.28 所示为 SoP 示意图。

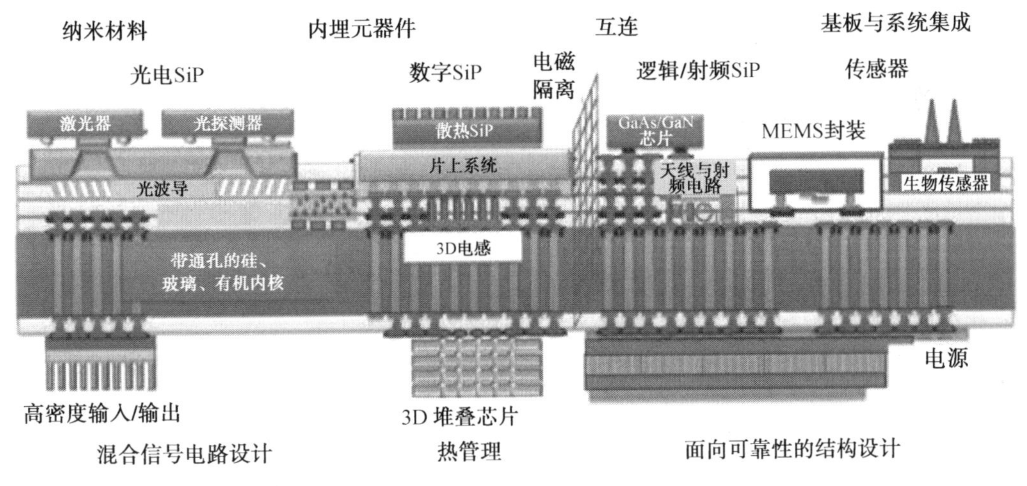

图 8.28 SoP 示意图

SiP 的集成型态是以高密度基板为核心，集成组装射频、模拟、数字、光电等各类元器件，构建高性能核心功能单元，实现芯片的互连、散热和环境适应性防护。该集成方式与晶圆级集成相比集成规模更大，功能更复杂，结构强度更能适应各种复杂环境需求。相应地，该集成方式的集成密度相对晶圆级集成较低。图8.29所示为 SiP 示意图。

SiP 主要采用的封装工艺有高密度表面贴装、封装堆叠、硅通孔和异构集成与小芯片。

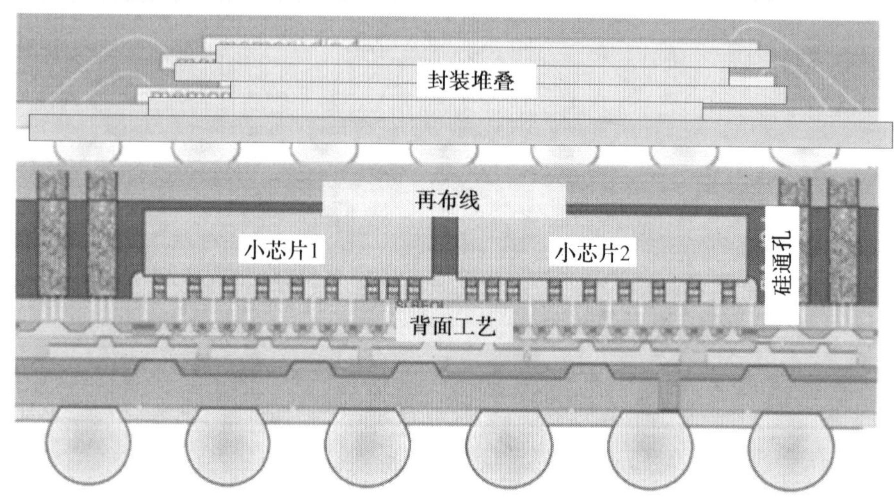

图 8.29　SiP 示意图

8.3.2　高密度表面贴装

高密度基板是 SiP 集成的物理载体，其功能包括：元器件之间的电气互连，传输射频、模拟、数字等信号；内埋集成部分无源元器件，包括电容、电阻、电感，以及功分器、滤波器等；为元器件提供散热通道。常用的 SiP 高密度基板包括多层树脂基板和多层陶瓷基板/管壳，其选择的影响因素包括线条宽度、布线层数、后续封装防护方式等。图 8.30 所示为高密度基板。

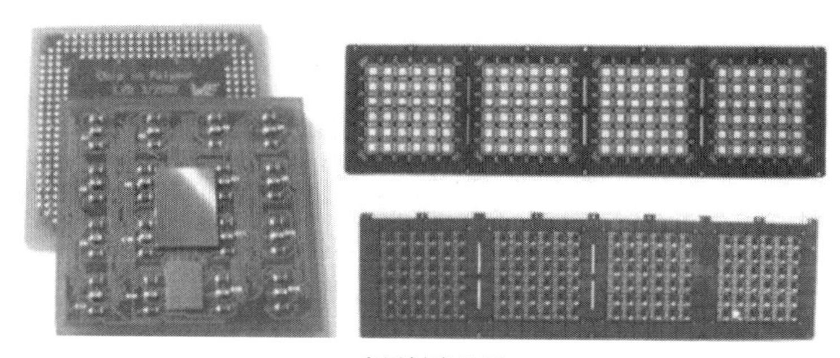

(a) 多层树脂基板

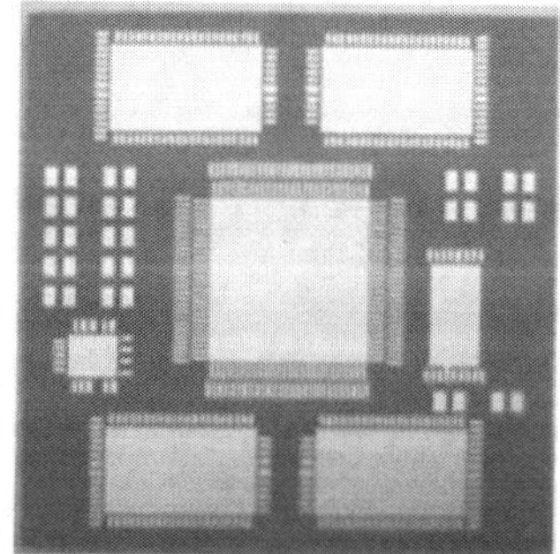

(b) 多层陶瓷基板/管壳

图 8.30　高密度基板

图 8.31 所示为典型的射频前端系统级封装模组。除了部分芯片采用引线键合的互连方式，其余有源及无源器件均采用表面贴装的形式。

图 8.31 典型的射频前端系统级封装模组

除了在水平方向上提高贴装的密度，还可以通过三维贴装技术实现小型化。若一个模组中存在一个或少数几个器件过大、占用较高的厚度空间，其他器件较小、较薄，可以采用有机转接板(Organic Interposer)将较小的 SMT 器件在垂直方向上堆叠。图 8.32 所示为三维高密度表面贴装技术。这样既能有效地利用厚度空间，又使水平方向尺寸减小，成功地实现小型化。

图 8.32 三维高密度表面贴装技术

8.3.3 封装堆叠

与芯片和晶圆级的三维堆叠类似，SiP 在平面上的集成空间已经不足，可通过封装堆叠实现集成，在提升集成密度的同时，降低互连长度，提升性能。封装与封装之间的互连可采用两种方式实现:引线键合和倒装焊。图 8.33 所示为典型的封装堆叠方式。

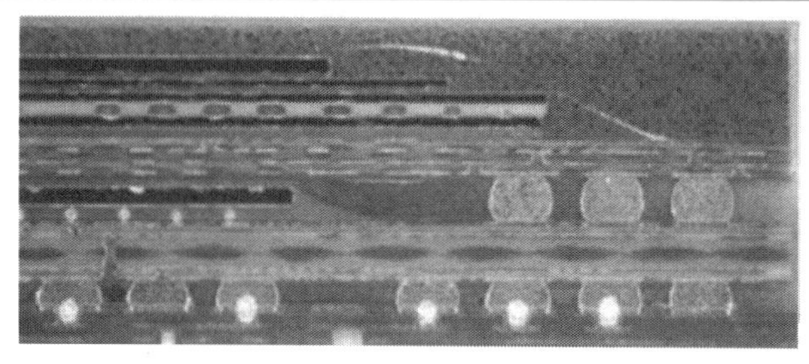

(a) 数字封装堆叠

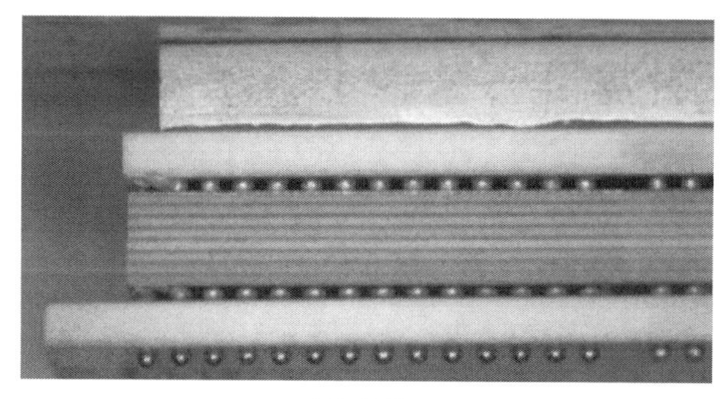

(b) 射频封装堆叠

图 8.33 典型的封装堆叠方式

8.3.4 硅通孔

作为上下互连的中介层结构，垂直互连结构对三维封装集成能力以及实现系统整合具有不可替代的作用，其中硅通孔(TSV)互连结构在近些年的先进封装领域中是最普遍的结构，垂直互连提高了封装体的高密度互连能力，使得集成度更高、传输速率更快、寄生干扰更小、高频特性更优越。

根据 TSV 在工艺制程中形成的顺序，TSV 互连结构可以分为先通孔工艺(Via First)、中通孔工艺(Via Middle)和后通孔工艺(Via Last)。

先通孔工艺如图 8.34 所示，图中背面工艺(Back End of Line，BEOL)是指在晶圆背面进行的加工过程，主要工序包括：背面减薄、通孔形成和背面金属化。背面工艺的完成意味着芯片工艺即前端工艺的结束。它是指在器件(如 CMOS 器件)结构制造之前，先进行通孔结构制造的一种通孔工艺方法。晶圆上先进行 TSV 结构的通孔刻蚀，孔内淀积高温电介质(热氧化或化学气相淀积)，然后填充掺杂的多晶硅。多余的多晶硅通过化学机械抛光(Chemical Mechanical Polishing，CMP)去除。这种方法允许使用高温工艺来制造绝缘化的通孔(即高温 SiO_2 钝化层)并填充通孔(即掺杂的多晶硅)。由于多晶硅通孔的高电阻率，先通孔工艺并未广泛用于有源器件晶圆。使用先通孔工艺的图像传感器产品和 MEMS 产品数量有限，对于这些应用，通孔尺寸较大(大于 100 μm)，因此掺杂多晶硅通孔的电阻是可以接受的。

中通孔工艺如图 8.35 所示。它是在工艺流程的制造过程中形成的 TSV 结构，是常常在形成器件之后但在制造叠层之前制造的通孔工艺。在有源器件制程之后形成 TSV

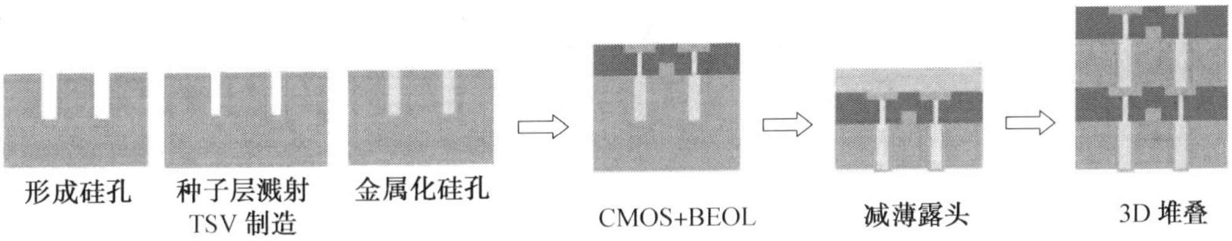

形成硅孔
种子层溅射
TSV 制造
金属化硅孔
CMOS+BEOL
减薄露头
3D 堆叠

图 8.34 先通孔工艺

结构,然后内部淀积电介质。电介质淀积对于中通孔工艺具有挑战性,因为必须使用相对低温的电介质淀积方法(小于 600 ℃),以避免损伤器件性能(但对于无源 Si 转接板,可以使用高温电介质作为绝缘钝化层,因为晶圆上没有有源器件)。淀积阻挡层钛金属和铜种子层,然后电镀铜填充通孔,或者可以通过化学气相淀积钨金属填充通孔。通常,钨用于填充高深宽比 TSV(深宽比大于等于 10∶1),而铜用于填充低深宽比 TSV(深宽比小于 10∶1)。中通孔工艺适用于 100 μm 及以下的 TSV 间距。中通孔工艺的优点是 TSV 结构间距小,再布线层通道阻塞较小以及 TSV 结构电阻较小。其主要缺点在于它必须适合产品器件性能要求,这样才不会干扰器件(如低热应力影响),并且也不会干扰相邻的布线层(即将 TSV 结构的凹陷减小到最小,使应力影响最小化)。此外,TSV 结构中通孔工艺成本相对较高,尤其是 TSV 结构的刻蚀工序、铜电镀工序以及化学机械抛光工序。

CMOS
形成硅孔
金属化硅孔
TSV 制造
BEOL
减薄露头
3D 堆叠

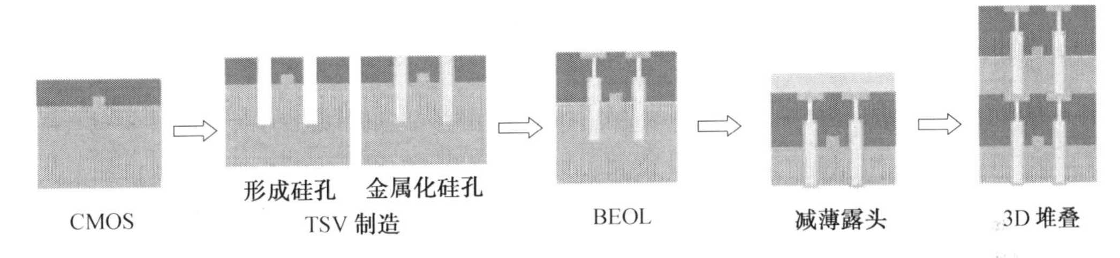

图 8.35 中通孔工艺

正面后通孔工艺如图 8.36 所示。它是在背面工艺(BEOL)处理结束后,从晶圆正面形成通孔的一种制造工艺。从概念上讲,在晶圆上制造的后通孔工艺与中通孔工艺相似,但是对工艺温度有进一步的限制(必须小于 400 ℃)。正面后通孔工艺的一个优点是 TSV 结构的粗略特征尺寸可与全局布线层的特征尺寸相媲美,因此简化了工艺集成的某些制造流程。对于通过晶圆与晶圆间键合形成的 3D 堆叠,正面后通孔工艺也具有一些优势。TSV 结构可以在工艺结束时形成,连接堆叠中的多层封装。正面后通孔工艺的一个缺点是 TSV 结构的刻蚀更具挑战性,因为除了 Si 刻蚀之外,还必须刻蚀整个电介质叠层;该工艺的另一个问题是它会阻塞布线通道,从而导致更大的芯片尺寸。由于这些限制,正面后通孔工艺的应用受到了限制。

背面后通孔工艺如图 8.37 所示。它是在背面工艺处理结束后,从晶圆背面进行通孔结构的一种制造工艺。对于晶圆到晶圆的堆叠,可以简化工艺流程,因为省去了许多背面工艺步骤,如背面焊料凸点和金属化。可以使用氧化物或聚合物黏结剂从正面到背面或从背面到背面键合晶圆。首先使用黏结剂将两个器件晶圆以面对面方式粘合,接下来,将顶部晶圆减薄,将 TSV 结构刻蚀至顶部晶圆和底部晶圆上的焊盘,孔内淀积电介质,最后,将金属淀积到 TSV 结构中并进行表面金属层再布线。背面后通孔工艺被广泛用于

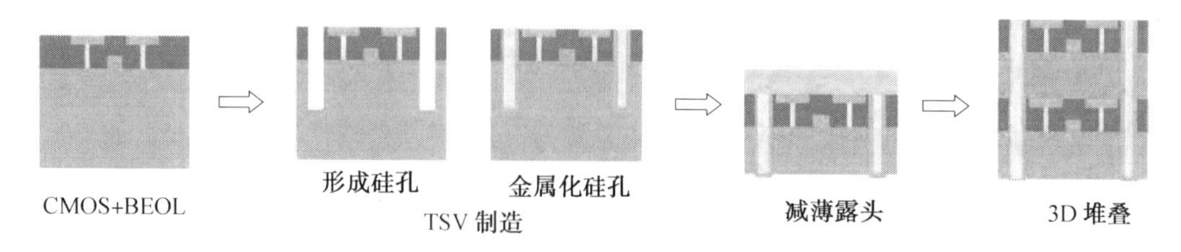

图 8.36 正面后通孔工艺

图像传感器和 MEMS 器件。对于这些应用，TSV 结构尺寸较大，因此通孔可以逐渐变细，从而简化了电介质和金属的后续淀积。由于通孔直径大(大于 100 μm)，因此可以实现足够的电介质保形性。通过掩模步骤或使用间隔物刻蚀形成 TSV 结构的底部介电层，TSV 结构内部淀积金属，通过电镀再分布层进行表面图案化。一般不需要完全填充 TSV 结构的金属，因此可以缩短处理时间或简化处理步骤。

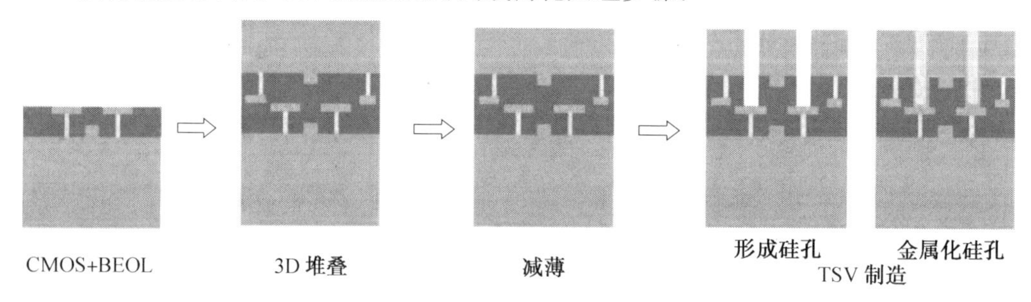

图 8.37 背面后通孔工艺

8.3.5 异构异质集成与小芯片

1. 异构异质集成

异构集成(Heterogeneous Integration)是将分开制造的不同元器件集成到更高级别的组件中，可以增强功能并改进工作特性，因此半导体器件制造商能够将采用不同制造工艺流程的功能元器件组合到一个器件中。异构异质集成分为异构集成和异质集成(Hetero Material Integration)两大类。

图 8.38 所示为异构集成封装示意图。异构主要指将多个不同工艺节点单独制造的芯片封装到一个封装内部，可以对采用不同工艺、不同功能、不同制造商制造的组件进行封装。例如将不同厂商的 7 nm、10 nm、28 nm、45 nm 的小芯片通过异构集成技术封装在一起。

图 8.39 所示为异质集成封装示意图。异质集成是指将不同材料的半导体器件集成到一个封装内，可产生尺寸小、经济性好、灵活性高、系统性能更佳的产品。如将 Si、GaN、SiC、InP 生产加工的芯片通过异质集成技术封装到一起，形成不同材料的半导体在同一款封装内协同工作的场景。

2. 小芯片技术

小芯片技术就是将复杂功能进行分解，开发出多种具有单一特定功能，可进行模块化组装的小芯片，实现数据存储、计算、信号处理、数据流管理等功能，并以此为基础，建立一

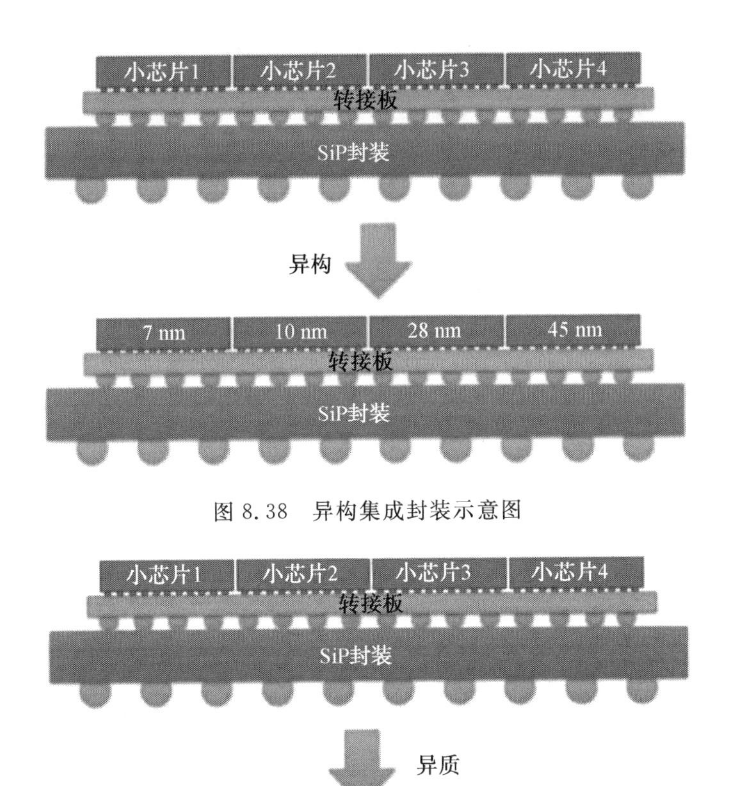

图 8.38 异构集成封装示意图

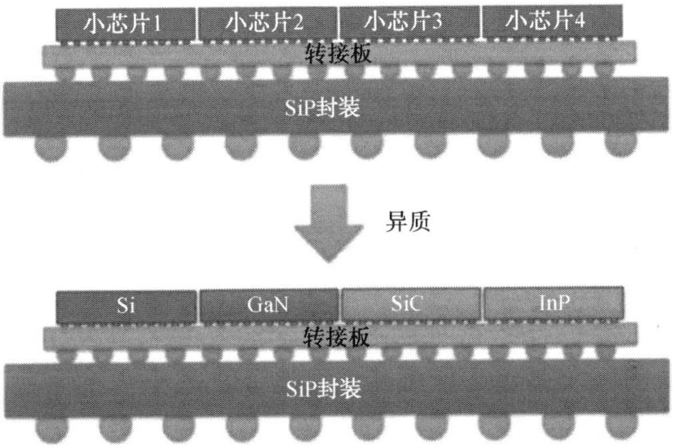

图 8.39 异质集成封装示意图

个小芯片的集成系统。

简单来说，小芯片技术就是像搭积木一样，把一些预先生产好的实现特定功能的芯片裸片通过先进的集成技术封装在一起，形成一个系统级芯片，而这些基本的裸片就是小芯片。

小芯片技术的优势在于：

(1)降低产品的设计和制造成本。

首先，小芯片可以大幅提高大型芯片的良率。目前在人工智能(Artificial Intelligence，AI)、高性能计算等应用中有超大的运算量需求，推动了逻辑芯片内的运算核心数量快速上升，同时，与之配套的I/O数量和SRAM容量也在大幅提升，使得整个芯片晶体管数量暴涨，大型芯片的晶体管数量提高到了惊人的2.6万亿个。芯片面积增长不仅增加了制造的难度，其固有不良率所带来的损失显著增加。将不同类型和功能的小芯片分开进行制造，这样可以有效改善芯片制造的良率，降低芯片制造的成本。

(2)让芯片设计更加灵活、开发周期更短。

小芯片可以将不同厂商、不同工艺制程的模块集成在一起。模块化的小芯片可以重复使用在不同的芯片产品当中，甚至直接从第三方供应商购买，能够显著降低大规模芯片设计的门槛，也有利于后续产品的迭代，同时也缩短了产品开发的周期。

(3)芯片制造的成本显著降低。

SoC由不同的计算单元所构成，包括SRAM、各种I/O接口、模拟或数模混合元器件，其中逻辑计算单元一般依赖先进高精度制程来提升其性能，而其他的单元对于制程工艺及精度的要求并不高，采用小芯片技术，用低精度制程工艺加工其他单元模块，可以显著降低芯片制造成本。

图8.40所示为SoC、SiP与小芯片技术比较。将SoC分解成GPU、CPU、I/O芯片，然后通过SiP技术将它们集成在一个封装内；通过小芯片技术，更小的区块拥有单独的国际互连协议(Internet Protocol，IP)，并且可以重复使用，根据特定客户的独特需求定制产品。

单片集成 SoC
- 在SoC层面验证
- 3~4年的开发时间
- 芯片中发现数百个缺陷
- 无法重复使用

多芯片集成 SiP
- 在SiP层面验证
- 2~3年的开发时间
- 芯片中发现数十个缺陷
- 部分可重复使用

单独IP集成小芯片
- 在小芯片层面验证
- 1~2年的开发时间
- 芯片中缺陷小于10个
- 大量可重复使用

图8.40 SoC、SiP与小芯片技术比较

本章参考文献

[1] HUEMOELLER R, KELLY M, HINER D, et al. 2.5D and 3D Multi-die packages using silicon-less interposers[C]. Fountain Hills: IMAPS 11th international conference and exhibition on device packaging, 2015:17-19.

[2] YOON S W, TANG P, EMIGH R, et al. Fanout flipchip eWLB (embedded Wafer Level Ball Grid Array) technology as 2.5D packaging solutions[C]. Las Vegas: IEEE 63rd electronic components and technology conference (ECTC), 2013:1855-1860.

[3] TSENG C F, LIU C S, WU C H, et al. InFO (Wafer Level Integrated Fan-Out) technology[C]. Las Vegas: IEEE 66th electronic components and technology conference (ECTC), 2016:1-6.

[4] YU D. A new integration technology platform: Integrated fan-out wafer-level-packaging for mobile applications[C]. Kyoto: IEEE symposium on VLSI technology, 2015:46-47.

[5] CHAN W T J,KAHNG A B,LI J J, et al. Revisiting 3DIC benefit with multiple tiers[C]. Austin: 18th system level interconnect prediction workshop, 2016:226-235.

[6] RIKO R, GU S, HENDERSON B, et al. 2. 5D & 3D integration: where we have been, where are we now, where we need to go[C]. Las Vegas: Fountain Hills: IMAPS 11th international conference and exhibition on device packaging, 2015:17-19.

[7] CHEN M F, CHEN F C,CHIOU W C ,et al. System on integrated chips (SoIC)(TM) for 3D heterogeneous integration[C]. Las Vegas :IEEE 69th electronic components and technology conference, 2019:594-599.

[8] TIAN D W, SUN Y Z, SONG Q L, et al. Research on SiP applications, key technologies and industry development trend[J]. China Integrated Circuit, 2021,30(04):20-35.

[9] RADOJCIC R. More-than-more 2. 5D and 3D SiP integration[M]. Berlin: Springer Publishing Company, 2017.